普通高等院校系列规划教材——材料类

聚合物共混改性基础

主 编 卞 军 蔺海兰

西南交通大学出版社
·成 都·

图书在版编目（CIP）数据

聚合物共混改性基础 / 卞军，蔺海兰主编. —成都：西南交通大学出版社，2018.1

普通高等院校系列规划教材. 材料类

ISBN 978-7-5643-5962-1

Ⅰ. ①聚… Ⅱ. ①卞… ②蔺… Ⅲ. ①高聚物－共混－改性－高等学校－教材 Ⅳ. ①TQ316.6

中国版本图书馆 CIP 数据核字（2017）第 317448 号

普通高等院校系列规划教材——材料类

聚合物共混改性基础

主　编 / 卞　军　蔺海兰

责任编辑 / 李　伟

特邀编辑 / 张芬红

封面设计 / 墨创文化

西南交通大学出版社出版发行

（四川省成都市二环路北一段 111 号西南交通大学创新大厦 21 楼　610031）

发行部电话：028-87600564　　028-87600533

网址：http://www.xnjdcbs.com

印刷：四川煤田地质制图印刷厂

成品尺寸　185 mm × 260 mm

印张　16.25　　字数　407 千

版次　2018 年 1 月第 1 版　　印次　2018 年 1 月第 1 次

书号　ISBN 978-7-5643-5962-1

定价　39.80 元

课件咨询电话：028-87600533

图书如有印装质量问题　本社负责退换

前　言

为获得理想的综合性能，对高分子材料进行高性能化、高功能化及高附加值化改性是当前高分子科学与工程的研究热点之一，具有重要的科学研究价值和工程实际意义。聚合物共混改性是较方便、灵活的方法，将不同种类的聚合物采用物理或化学方法进行共混，以改进原聚合物的性能或形成具有崭新性能的聚合物共混物，已成为高分子科学的一个重要研究领域。虽然对聚合物共混的研究已有近百年的历史，时至今日，聚合物共混的基础研究与应用研究，仍然是高分子材料加工中一项重要的工业技术，其应用已经遍及各种塑料和橡胶制品。高分子材料工业中许多成功产品的开发，都紧密依托聚合物共混改性技术。近年来，众多高分子材料学家通过深入研究，在新的共混体系和机理研究方面取得了较大的进展，得到了许多有应用价值的基本理论和技术方法。

本书共分为 9 章：第 1 章为绪论部分，介绍了聚合物共混改性的概念、目的、意义、方法及聚合物共混改性技术的发展，通过本章学习，读者可对本课程有一个总体的了解；第 2 章着重介绍共混聚合物的基本热力学性质、共混聚合物相分离的热力学、共混体系的相图及共混体系的相分离机理，通过本章学习，读者可对聚合物共混改性的热力学基础有一个全面的了解，掌握应用热力学研究共混改性的方法；第 3 章重点介绍聚合物间相容性的基本概念、相容性的预测及研究方法、提高相容性的方法及增容剂的作用原理和分类，通过本章学习，读者可全面了解相容性原理及增容技术在聚合物共混改性中的应用；第 4 章重点讨论混合的基本方式与基本过程、共混过程的理论模型、共混过程的实验研究方法及调控方法，通过本章学习，读者可全面了解聚合物共混改性工艺过程及其调控方法；第 5 章着重讨论聚合物共混体系的相形态及演变、相归并、形态结构类型、相界面、形态结构的研究方法、测试技术及其进展，通过本章学习，读者可全面了解聚合物共混体系相形态结构的基础；第 6 章讨论影响共混物性能的因素及共混物的典型性能，包括力学性能、流变性能及其他性能，通过本章学习，读者可全面了解聚合物共混改性对聚合物共混体系性能的影响规律；第 7 章讨论聚合物共混体系的制备及其设备，通过本章学习，读者可全面了解混合的基本概念及机理、制备方法及共混设备的工作原理；第 8 章为聚合物共混改性在塑料、橡胶等高分子材料中的应用实例，通过本章学习，读者可进一步了解聚合物改性在提升聚合物性能方面的重要意义；第 9 章讨论近年来得到广泛研究的聚合物填充（增强）体系、复合材料填充体系与短纤维增强体系，通过本章学习，读者可进一步了解填充和增强作为聚合物改性的另一个主流方向，以及在聚合物改性中的实际意义、一般原理与技术，了解聚合物基纳米复合材料的研究进展。

本书作者在多年讲授聚合物共混改性的基础上，还进行了聚合物加工与改性方面的研究，有较好的实践经验和教学经历。作者觉得有必要认真总结一下对聚合物共混改性理论及工艺方面的认识，于是编写了本书。在本书编写过程中，作者参阅了不少相关专业书籍，体会颇多，这为本书的编写提供了很大的帮助；同时作者还得到了西华大学及其教务处、西华大学材料科学与工程学院领导的大力支持，特别是西华大学首批“青年学者培养计划”、西华大学“教学师资支持计划”及西华大学校级“教学团队建设”等人才及教学质量工程项目的经费支持，在此表示衷心感谢。另外，也要感谢肖文强、包红羽、黄欢、陈林等研究生为本书成稿付出的辛勤劳动。

本书适合作为高分子材料类专业本科生、专科生和研究生的教材，也可供从事高分子材料生产、研究的科研技术人员阅读。

尽管我们力求将本书编写好，但由于编者学识水平和条件限制，加之聚合物共混改性涉及的概念、符号较多，书中疏漏和不妥之处在所难免，竭诚希望读者批评指正。

卞 军　蔺海兰

2017 年 9 月于西华大学

目　录

第 1 章 绪 论

内容提要：聚合物共混改性是材料科学的一个研究领域，与材料科学研究的整体发展密切相关。关于聚合物共混改性的研究，已有近百年的历史。时至今日，聚合物共混的基础研究与应用研究仍然是高分子材料领域的研究热点，在新的共混体系和机理研究方面都取得了长足的进展。聚合物共混改性的方法是高分子材料加工中一项重要的工业技术，其应用遍及各种塑料和橡胶制品。高分子材料工业中许多成功产品的开发，都和聚合物共混技术密切相关。本章首先介绍聚合物共混改性的概念、目的和意义，然后介绍聚合物共混改性的常用方法，最后对聚合物共混改性技术的发展进行回顾。

1.1 聚合物共混改性的概念

聚合物因具有性能多样性、可变性、来源广泛性及较好的加工性能而受到了普遍关注，已在工农业生产及社会生活等各个领域得到了广泛应用，并形成了一系列材料和产品。然而，随着科学技术的迅速发展，特别是日新月异、千变万化的材料应用需求，一些传统的聚合物在某些性能上已经难以满足使用要求。因此，必须对传统的聚合物进行改性以提升其综合性能。其次，某些聚合物虽然具有优异的使用性能，但加工成型困难，同样也需要借助改性的手段加以改进。通过合成的手段获得新的聚合物品种虽然是解决问题的一种途径，但因投入高、开发周期长等原因而难以迅速实现产业化。相比而言，通过将几种已有的聚合物材料进行复合或共混，可以实现不同聚合物之间的性能互补，获得性能优异的新材料或产品。因此，除了不断研究合成新的高分子材料外，对现有的聚合物进行改性受到了聚合物科学界和工程界的高度重视，尤其是在加工应用领域更加重视改性技术的发展，这已经成为一种经济、有效的生产与研究方法。近百年来，聚合物改性一直与合成技术同步发展，改性技术在解决应用需求的同时为合成技术指明了发展方向，合成技术的发展又为改性提供了有效手段，两者相互促进，共同发展。其中，聚合物共混改性是高分子材料改性的重要基础和内容，对于从事工程应用及应用基础研究的人员来说，有必要掌握与此相关的基本理论和技术。

聚合物共混是指将两种或两种以上聚合物进行混合，制成一种新的宏观均质材料的过程。共混产物即为聚合物共混物。

聚合物共混包括物理共混、化学共混及物理/化学共混等。

物理共混（以熔融共混为典型代表）就是通常意义上的“混合”，即聚合物分子链的化学结构没有发生明显变化，主要是体系组成与微相结构发生变化。

化学共混主要以化学反应为主，应归为聚合物化学改性范畴。化学共混在加工和应用领域较少使用，该法涉及高分子化学的内容较多，可以参考聚合物共聚物和高分子合金方面的著作。

物理化学共混是指在共混过程中发生某些化学反应，但只要化学反应比例不大，一般也归为物理共混改性研究的范畴。需要指出的是，聚合物共混技术的发展带动了聚合物共聚物和高分子合金技术的发展，有些文献也把它们归入化学共混，这里应注意其细微区别。此外，还有文献将以聚合物为基体通过共混技术实现的填充改性、短纤维增强改性及聚合物基纳米复合材料也纳入共混改性的范畴，实际生产中其他改性与共混改性常混合实施，其交叉融合程度正向更加深入的方向发展。

本书作为专业教材主要讨论物理共混，一方面是因为物理共混（特别是熔融共混）有着更广泛的工业应用前景，另一方面也是由于其原理是其他改性技术的基础，只有掌握这一基础，才能更好地把握其他技术的发展。

关于高分子共混物、高分子共聚物以及高分子合金这三个概念的区别：一般来讲，高分子共混物各组分之间主要是分子之间次价力结合，即物理结合。而高分子共聚物则主要是化学键的结合，但是在高分子共混过程中，难免由于剪切作用使大分子链断裂，产生大分子自由基，从而产生少量嵌段或接枝的共聚物；另外，由于共混组分增加相容性的需要，有必要对组分采取接枝来改善其界面性能，因此很难将聚合物共聚物和共混物进行严格区分。也有文献将聚合物共聚物归为广义的聚合物共混物概念。在工程应用中，由于聚合物共混物是一个多组分多相体系，各组分始终以自身聚合物的形式存在，在显微镜下观察可以发现其具有类似金属合金的相结构（即宏观均相结构，微观相分离）。因此，通常把具有良好相容性的多组分高分子体系叫作高分子合金，其形态结构为微观非均相或均相。那些相容性不太好，形态结构呈微观非均相或宏观相分离的高分子共混物不属于高分子合金之列。从组分结合力上来讲，高分子合金各组分间通常存在化学键或较强的界面作用力，包括部分聚合物共混物和嵌段接枝共聚物，而一般聚合物共混物各组分相互作用较弱。

1.2 聚合物共混改性的目的和意义

聚合物共混改性的目的和意义主要体现在如下几个方面：

（1）综合均衡各聚合物组分的性能，取长补短，消除各单一聚合物组分性能上的不足。如聚丙烯（PP）虽然密度小，透明性高，拉伸强度、压缩强度、硬度及耐热性均优于聚乙烯（PE），但其冲击强度、耐应力开裂性及柔韧性不如 PE。由 PP 和 PE 共混得到的 PP/PE 共混物则同时保持了两组分的优点，具有较高的拉伸强度、压缩强度和冲击强度，且耐应力开裂性比 PP 好，耐热性则优于 PE。

（2）使用少量的某一聚合物可以作为另一聚合物的改性剂，改性效果显著。如在聚苯乙烯（PS）、聚氯乙烯（PVC）等脆硬性树脂中掺入 10%～20%的橡胶类物质，可使它们的冲击强度大幅度提高（见表 1-1）。

表 1-1　增韧聚苯乙烯、聚氯乙烯的冲击性能

物料名称	冲击强度/（kJ/m^2）
PS	≥12～16
增韧 PS	≥24.5
PVC	6
增韧 PVC	59～88

（3）共混改性可以改善聚合物材料的加工性能，如航空航天领域常要求聚合物材料具有良好的耐高温性能。然而耐高温聚合物一般熔点高、熔体流动性差，缺乏适宜的溶剂而难以加工成型。聚合物共混技术在这方面显示出重要的作用。例如，难熔难溶的聚酰亚胺与熔融流动性良好的聚苯硫醚共混后可以方便地采用注射成型；由于两种聚合物均有卓越的耐热性能，二者形成的共混物仍是极好的耐高温材料。

（4）聚合物共混可以满足一些特殊的需求，制备一系列具有崭新性能的新型聚合物材料。如为制备耐燃高分子材料，可与含卤素等耐燃聚合物共混；为获得装饰用具珍珠光泽般的塑料，可将光学性能差异较大的不同聚合物共混；利用硅树脂的润滑性，与许多聚合物共混得以生产具有良好自润滑作用的聚合物材料；还可将拉伸强度较悬殊的两种相容性欠佳的树脂共混后发泡，制成多层多孔材料，其具有美丽的自然木纹，可代替木材使用。

（5）对某些性能卓越但价格昂贵的工程塑料，可通过共混，在不影响使用要求的前提下降低原材料成本，如聚碳酸酯、聚酰胺、聚苯醚等与聚烯烃的共混。由于这些共混体系常需加入增容剂，所以在估算成本降低的幅度时，要考虑到增容剂的用量和价格。表 1-2 列出了一些重要的工程塑料及其共混物的性能。

表 1-2　一些重要工程聚合物及其共混物的性能

聚合物及其共混物	商品名	伸长率/%	弯曲模量/GPa	拉伸强度/MPa	缺口冲击强度（23 °C）/（J/m）	热变形温度（1.8 MPa）/°C
PC	Lexan	90	2.20	56	640	132
PC/ABS	Pulse	100	2.59	53	530	96
PC/SMA	Arloy	80	2.20	45	640	121
PC/PET	Macroblend	165	2.07	52	970	88
PC/PBT	Xenoy	130	2.07	56	854	121
PA-6, 6	Zytel	60	2.83	83	53	90
PA/PO	Zytel-ST	60	1.72	52	907	71
PA/PPS		90	2.18	45	955	—
PA-6/ABS	Elemld	—	2.07	48	998	200
HIPS		8	7.66	159	105	235
PSF	Udel	60	2.69	70	69	174
PCF/PC		14	2.46	62	390	180
POM	Delrin	40	2.83	48	75	136
POM/弹性体	Duraloy	220	1.04	37	<220	60
POM/弹性体	Duraloy	75	2.62	69	123	136

注：PC 为聚碳酸酯、SMA 为苯乙烯-马来酸酐共聚物、PET 为聚对苯二甲酸乙二醇酯、PBT 为聚对苯二甲酸丁二醇酯、PA 为聚酰胺、PO 为聚苯氧树脂、PPS 为聚苯硫醚、HIPS 为聚苯乙烯、PSF 为双酚 A 型聚砜、PCF 为对二甲苯二聚体、POM 为聚甲醛。

当前，聚合物共混改性已成为高分子材料科学及工程中最活跃的领域之一，它不仅是聚合物改性的重要手段，更是开发具有崭新性能新型材料的重要途径。国外工业化生产的聚合物品种已达数百种，国外生产的较重要的聚合物共混物的组成、商品名及典型的性能参数可以参考相关手册。

总之，采用共混技术对已有聚合物材料进行改性几乎是高分子材料加工、应用和新材料开发中不可或缺的工艺技术和过程。学生在学习和实践共混技术的过程中能真正领悟聚合物结构与性能的关系，这对高分子材料其他知识的学习和科学研究将有极大的帮助。

1.3 聚合物共混改性的方法

聚合物改性技术总体上可以分为共混改性、化学改性、填充与增强改性、表面改性、复合改性等。其中，共混改性以其流程简单、效果好及易于产业化等原因而发展迅速，成为应用最广的改性方法之一。

共混改性方法一般以物理方法为主，包括机械混合法、溶液混合法、胶乳乳液混合法、粉末混合法等。物理方法于 20 世纪四五十年代快速发展，以次价力结合为主，如 NBR（丁腈橡胶）/PVC 共混胶。后期发展的化学改性方法有接枝共聚（组分间有化学反应）、嵌段共聚（组分间有化学反应）、互穿网络（组分间没有化学反应），在 20 世纪 50—70 年代迅速发展，物理/化学方法也可归为此类（部分接枝共聚和嵌段共聚通常不归入共混改性）。

共混改性方法按共混时物料状态或工艺技术可分为熔融共混、溶液共混、乳液共混等。

共混的其他技术进展包括相容剂技术、互穿聚合物网络技术、动态硫化技术、反应挤出成型技术、形态结构研究、增韧机理研究等。

1.4 聚合物共混改性技术的发展

聚合物共混物的历史可追溯到 1846 年，当时，Hancock 将天然橡胶与古塔波胶混合制成了雨衣，并提出了将两种橡胶混合以改进制品性能。

第一个工业化生产的聚合物共混物是于 1942 年投产的聚氯乙烯（PVC）与丁腈橡胶（NBR）的共混物。NBR 作为长效增塑剂与 PVC 混合。同年（1942 年），陶氏（Dow）化学公司研发出苯乙烯与丁二烯的互穿网络聚合物（IPN），首次提出了“聚合物合金”这一术语。1942 年还发展了 NBR 与苯乙烯-丙烯腈共聚物（SAN）的机械共混物（即 A 型 ABS 树脂）。ABS 树脂作为聚苯乙烯的改性材料而著称。这种新型材料坚而韧，改善了聚苯乙烯的脆性。此外，ABS 树脂耐腐蚀性好，易于加工成型，可用于制备机械零件，是最重要的工程塑料之一。因此，ABS 树脂引起了人们极大的兴趣和关注，从此开拓了聚合物共混改性这一新的聚合物科学领域。

ABS 树脂与 PVC 及聚碳酸酯的共混物是十分重要的聚合物材料，已于 1969 年投入市场。迄今，25%以上工业化生产的聚合物共混物含有 ABS 组分。含有 ABS 树脂的聚合物共混物占据很大的市场。1986 年聚合物共混物的销售量中，此类共混物在欧洲占 74%，在日本占

77%，在北美占69%。在美国，每年有约80个ABS共混物新品种投入市场。

1960年发现，难于加工成型的聚苯醚（PPO或PPE）中加入聚苯乙烯（PS）即可顺利地进行加工成型。共混物 PPE/PS 是相容性的，其密度高于组分密度的加权平均值，性能上表现明显的协同作用。此类共混物于1965年在美国通用电气（General Electric）公司投产，商品名为Noryl，现在已成为销量很大的重要工程材料。

1975年，美国杜邦（Du Pont）公司开发了超高韧聚酰胺——Zytel-ST。这是于聚酰胺中加入少量聚烯烃或橡胶而制成的共混物，冲击强度比聚酰胺有大幅度提高。这一发现十分重要，现在已知其他工程塑料如聚碳酸酯（PC）、聚酯、聚甲醛（POM）等，加入少量聚烯烃或橡胶也可大幅度提高冲击强度。

表1-3列出了一个多世纪以来关于聚合物共混物发展的重要事项。

表1-3 聚合物共混改性发展进程中的重要事项

年 代	重要事项及意义
1846年	聚合物共混物的第一份专利——天然橡胶与古塔波胶共混
1912年	世界上最早的聚合物共混物出现——橡胶增韧聚苯乙烯
1933年	第一个接枝共聚物
1942年	研制成PVC/NBR共混物，NBR作为常效增塑剂使用；发表了热塑性聚合物共混物的第一份专利
1942年	制成苯乙烯和丁二烯的互穿网络聚合物（IPN），商品名为“Styralloy”，首先使用了“聚合物合金”这一名称
1942年	发展了A型ABS树脂（机械共混物）
1951年	制成了结晶聚丙烯，此后发展了PP/PE共混物
1952年	第一个嵌段共聚物
1954年	美国马尔邦化学公司首先用接枝共聚-共混法制成ABS树脂，聚合物共混工艺获得重大进展
1960年	发现了PPE/PS相容性共混物，并于1965年开始Noryl系列共混物的工业化生产
1960年	建立了互穿网络聚合物（IPN）的概念，开始了一类新型聚合物共混物的发展
1960年	提出了裂纹核心理论，使橡胶增韧塑料机理的研究有了重大进展
1962年	ABS与α-甲基苯乙烯-芳腈共聚物共混，制成高耐热ABS
1964年	四氧化锇（OsO_4）染色技术研究成功，使得可用透射电镜直接观察共混物的形态结构
1965年	研制成SBS树脂，发表了SBS的第一篇专利
1969年	ABS/PVC共混物工业化生产，商品名为“Cycovin”
1969年	制成PP/EPDM（三元乙丙橡胶）共混物
1975年	杜邦公司发展了超韧性尼龙——Zytel-ST
1976年	发展了PET/PBT共混物（Valox800系列）
1979年	研制成PC与PBT及PET的增韧共混物，商品名为“Xenoy”
1981年	制成了苯乙烯-马来酸酐共聚物（SMA）与ABS的共混物（Cadon）以及SMA与PC的共混物（Arloy）

续表

年　代	重要事项及意义
1983 年	PPE/PA 共混物研究成功，商品名为“Noryl GTX”
1984 年	发展了聚氨酯/聚碳酸酯共混物，它广泛应用于汽车工业，商品名为“Texin”
1984 年	发展了 ABS/PA 共混物
1984 年	发展了用于汽车工业的 PC/PBT/弹性体共混物，商品名为“Macroblend”
1985 年	制成了 PC 与丙烯酸酯-苯乙烯-丙烯腈共聚物（ASA）的共混物，商品名为“Terblend”
1986 年	PC/ABS 新型共混物，商品名为“Pulse”，适用于轿车内衬

近年来，有关聚合物共混改性的理论研究和工业实践更加活跃。当前，国内外关于聚合物共混改性领域的研究主要体现在以下几个方面：

（1）形态结构研究方面。通过对聚合物共混物形态结构的控制，设计制造出性能更为优良或更有特色的聚合物共混物。例如，分散相层片化赋予聚合物共混物以某种新功能（阻隔性、抗静电性等）；少量起增韧作用的弹性体在形态中的网络化显著提高了其对脆性基体的增韧效果；结晶聚合物通过与非晶聚合物或其他结晶聚合物共混，使其球晶细化，从而增加了韧性。同时，人们对聚合物共混物形态结构的认识有了新的发展。

（2）聚合物共混物增韧机理的研究。20 世纪 70 年代以前，橡胶增韧聚合物及其增韧机理主要偏重于对脆性聚合物基体的研究。20 世纪 80 年代以来，对韧性聚合物基体的增韧机理加强了研究，认为其对冲击能的耗散主要依赖于基体产生剪切屈服导致的塑性形变来实现，而不是像脆性基体那样主要依赖于银纹化。热塑性聚合物作为基体分为脆性和韧性两类，其橡胶增韧机理有两种主导机制，这又是一个重要的进展。近年来，对刚性聚合物粒子增韧塑料及其机理的研究颇为活跃，形成了一个新的分支。刚性聚合物粒子增韧的必要条件是基体聚合物具有高的韧性、刚性粒子与基体良好的界面黏结、刚性粒子恰当的浓度。外界冲击能在刚性粒子发生屈服形变之前，通过刚性粒子传递给韧性基体引起塑性形变而耗散。

（3）增容技术的研究。20 世纪 70 年代以后，除了非反应型增容剂不断扩展品种和应用外，反应型增容剂如雨后春笋般层出不穷，由此促进了许多不相容共混体系的相容，并为开发一系列（主要是聚酰胺、聚苯醚系列）新型高分子合金奠定了基础。

此外，作为第三代高分子合金技术的代表，还有各类 IPN 技术、动态硫化技术、反应挤出技术、分子复合技术及它们的联合应用等。

复习思考题

1. 名词解释：聚合物改性；共混改性；化学改性；高分子合金；动态硫化。
2. 聚合物改性的目的和意义有哪些？试举例说明。
3. 聚合物共混改性的发展趋势是什么？
4. 聚合物共混改性有哪些方法？聚合物共混改性比其他改性方法具有哪些优势？

第 2 章 聚合物共混改性的热力学基础

内容提要：聚合物间的相容性是决定多组分体系物理性质的重要因素。本章首先介绍共混聚合物的基本热力学性质，接着详细介绍共混聚合物相分离的热力学、聚合物共混体系的相图，并对聚合物共混体系的相分离机理进行了简单介绍。

2.1 共混聚合物的基本热力学性质

不同的物质相混合，能否形成分子水平的混合物主要取决于热力学判据：

$$\Delta G_{\mathrm{m}} = \Delta H_{\mathrm{m}} - T\Delta S_{\mathrm{m}} \tag{2-1}$$

式中，ΔG_{m}为混合吉布斯自由能变化；ΔH_{m}为混合热（焓变）；ΔS_{m}为混合熵变；T为混合时的热力学温度。

若共混体系的$\Delta G_{\mathrm{m}} < 0$，则可满足热力学相容的必要条件。$\Delta G_{\mathrm{m}}$由两部分组成：$\Delta H_{\mathrm{m}}$和$\Delta S_{\mathrm{m}}$。为满足$\Delta G_{\mathrm{m}} < 0$的条件，就需要对比混合过程中$\Delta H_{\mathrm{m}}$和$\Delta S_{\mathrm{m}}$对于吉布斯自由能的贡献。

在混合过程中，熵总是增大的，混合熵变总为正值，是有利于混合的。但是，对于聚合物共混，ΔS_{m}的数值总是很小的，特别是对于ΔH_{m}数值较大的体系，ΔS_{m}对ΔG_{m}的贡献是可以忽略的。因而，$\Delta G_{\mathrm{m}} < 0$的条件能否成立，主要取决于混合过程中的热效应($\Delta H_{\mathrm{m}}$)。当$\Delta H_{\mathrm{m}} < 0$时，$\Delta G_{\mathrm{m}} < 0$；当$\Delta H_{\mathrm{m}} > 0$时，只有$\Delta H_{\mathrm{m}} < T\Delta S_{\mathrm{m}}$，才能使$\Delta G_{\mathrm{m}} < 0$。

2.1.1 混合熵变

为了描述高分子溶液的热力学性质，Flory 和 Huggins 借助了金属的晶格模型，考虑了高分子的长链分子结构，于 1942 年提出了适用于不可压缩高分子溶液的统计热力学理论，即 Flory-Huggins 格子模型理论。随后将该理论推广到多组分高分子-高分子体系、多分散性高分子混合体系、超临界气体-多分散高分子混合体系及剪切流动体系，并获得了广泛的应用。

由 Flory-Huggins 格子模型理论得到高分子溶液的混合熵变表达式为

$$\Delta S_{\mathrm{m}} = -R(n_1 \ln \varphi_1 + n_2 \ln \varphi_2) \tag{2-2}$$

式中，R为气体常数；n_1和n_2、φ_1和φ_2分别为小分子溶剂和高分子溶质在溶液体系中的物质的量和体积分数。

而由两种小分子形成的理想溶液的混合熵变为

$$\Delta S_{\mathrm{m}}^{i} = -R(n_1 \ln x_1 + n_2 \ln x_2) \tag{2-3}$$

式中，i 表示理想状态，x_1 和 x_2 分别为溶剂和溶质的物质的量分数。

与理想溶液的混合熵相比，高分子溶液的混合熵中体积分数代替了物质的量分数，但计算所得到的 ΔS_{m} 比理想溶液的混合熵的计算值要大得多。这是因为高分子是由许多重复单元组成的长链分子，具有一定的柔顺性，每个分子本身可以采取许多构象，因此高分子溶液中分子的排列方式比同样分子数目的小分子溶液的排列方式多得多。

将格子模型理论推广到多分散性聚合物混合体系，可得其混合熵：

$$\Delta S_{\mathrm{m}} = -R(n_1 \ln \varphi_1 + \sum n_i \ln i) \tag{2-4}$$

式中，n 和 φ 分别是各种聚合物溶质的物质的量和体积分数；$\sum$ 是对多分散试样的各种聚合度组分进行加和（不包括溶剂）。

该理论也可以推广到高分子-高分子体系。广义地说，共混聚合物也是一种溶液，两者之间的相容性可以用热力学理论进行分析。令 A、B 两种聚合物分子链中分别含有 x_{A} 和 x_{B} 个“链段”，在共混物中两种“链段”的物质的量分别为 n_{A} 和 n_{B}，体积分数分别为 φ_{A} 和 φ_{B}，则有

$$\Delta S_{\mathrm{m}} = -R(n_{\mathrm{A}} \ln \varphi_{\mathrm{A}} + n_{\mathrm{B}} \ln \varphi_{\mathrm{B}}) \tag{2-5}$$

2.1.2 混合热（焓变）

在 Flory-Huggins 格子模型理论中，相邻格子间有三种相互作用：溶剂/溶剂、链节/链节、溶剂/链节，假设其相互作用能量分别为 E_{11}、E_{22} 和 E_{12}。体系中小分子溶剂、高分子溶质的体积分数分别为 φ_1 和 φ_2。E_{11}、E_{22} 均为混合前就存在的，对混合热有贡献的仅有 E_{12}。每生成一对 E_{12} 就要破坏半对 E_{11} 和半对 E_{22}，此过程中的混合热为

$$\Delta E_{\mathrm{m}} = E_{12} - \frac{E_{11} + E_{22}}{2} \tag{2-6}$$

等距离的紧邻格子数称为配位数 Z，假设高分子的“链段”数为 x，则一个高分子周围有 $[(Z-2)x+2]$ 个空格，当 x 很大时可近似等于 $(Z-2)x$，每个空格被溶剂分子所占有的概率为 φ_1，也就是说一个高分子可以生成 $(Z-2)x\varphi_1$ 对作用能为 E_{12} 的相互作用，则有

$$\Delta H_{\mathrm{m}} = (Z-2)x\varphi_1 N_2 \Delta E_{12} = (Z-2)\varphi_2 N_1 \Delta E_{12} \tag{2-7}$$

式中，N_1、N_2 分别为溶液中溶剂和溶质的分子数。令相互作用参数 χ 为

$$\chi = \frac{(Z-2)\Delta E_{12}}{kT} \tag{2-8}$$

χ 是一个无量纲的量，称为 Flory-Huggins 常数，物理意义为一个溶质单元被放入溶剂中作用能变化与动能之比，它直接描述了链段与溶剂分子间的相互作用。由式（2-6）和式（2-7）可得 ΔH_{m} 的表达式为

$$\Delta H_{\mathrm{m}} = \chi kTN_1\varphi_2 = \chi RTn_1\varphi_2 \tag{2-9}$$

χ 取决于 ΔE_{12}，对于无热效应的溶剂体系，$\Delta E_{12} = 0$，$\chi = 0$；对于溶剂与大分子链段

相互作用强于无热效应的溶剂体系，$\Delta E_{12} < 0$，$\chi < 0$；对于弱于无热溶剂的体系，$\Delta E_{12} > 0$，$\chi > 0$。

推广到高分子-高分子体系，和混合熵一样，还是令 A、B 两种聚合物分子链中分别含有 x_A 和 x_B 个“链段”；在共混物中，两种“链段”物质的量分别为 n_A 和 n_B，体积分数分别为 φ_A 和 φ_B，则有

$$\Delta H_m = \chi RT x_A n_A \varphi_A = \chi RT x_B n_B \varphi_B \quad (2\text{-}10)$$

2.1.3　混合自由能变化

将式（2-2）和式（2-9）代入式（2-1），可得到高分子溶液的混合自由能为

$$\Delta G_m = RT(n_1 \ln \varphi_1 + n_2 \ln \varphi_2 + \chi n_1 \varphi_2) \quad (2\text{-}11)$$

将式（2-5）和式（2-10）代入式（2-1），可得到高分子-高分子体系的混合自由能为

$$\Delta G_m = RT(n_A \ln \varphi_A + n_B \ln \varphi_B + \chi x_A n_A \varphi_B) \quad (2\text{-}12)$$

由前述讨论可知，$\Delta G_m < 0$ 的条件能否成立，主要取决于混合过程中的热效应(ΔH_m)，而热效应的大小主要由体系的 χ 值决定。

2.2　共混聚合物相分离的热力学

本节在共混聚合物基本热力学性质的基础上，首先讨论不同温度（不同 χ 值）下共混体系自由能随体系组分变化的各种情况，得到了相分离的临界条件；然后以更实用的溶解度参数代替 χ 值，对共混体系的热力学相容性进行进一步的探讨。

2.2.1　共混聚合物相分离的热力学和临界条件

广义地说，共混聚合物也是一种溶液，两者之间的相容性可以用热力学理论进行分析。前面已由 Flory-Huggins 格子模型理论得到了聚合物共混体系的自由能。为了便于讨论，现假设每个格子的体积均为 V_u，体系的总体积为 V，则链段 A 和链段 B 的体积分数分别为

$$\varphi_A = \frac{x_A n_A V_u}{V}，\quad \varphi_B = \frac{x_B n_B V_u}{V} \quad (2\text{-}13)$$

则混合自由能的表达式（2-12）可改写为

$$\Delta G_m = \frac{RTV}{V_u}\left(\frac{\varphi_A}{x_A}\ln \varphi_A + \frac{\varphi_B}{x_B}\ln \varphi_B + \chi \varphi_A \varphi_B\right) \quad (2\text{-}14)$$

这里，括号内前两项是熵对自由能的贡献，第三项是焓的贡献。显然 A、B 的混合是否能得到均相共混物，取决于熵项和焓项的相对大小。就熵项来说，x_A 和 x_B 越大，其值越小。另一方面，作用参数 χ 越大，焓项越大。所以体系能否互容取决于 χ、x_A 和 x_B 的数值。

假设 $x_A = x_B = 100$，选定一系列的 χ 值，考查 ΔG_m 随 φ_A 和 φ_B 的变化情况（见图 2-1）。

当 χ 很小（如 $\chi = 0.01$）时，焓项贡献极小，体系的 ΔG_m 在整个组成范围内都小于零，且曲线具有一个极小值，此时在整个组成范围内体系都是均相的。相反，当 χ 值较大（如 $\chi = 0.1$）时，熵项较焓项小，在整个组成范围内 ΔG_m 大于 0，曲线具有极大值，此时任何组成的共混物的自由能均比相应的纯 A 和纯 B 的自由能大，故 A 和 B 在整个组成范围内不可能形成稳定的均相体系。

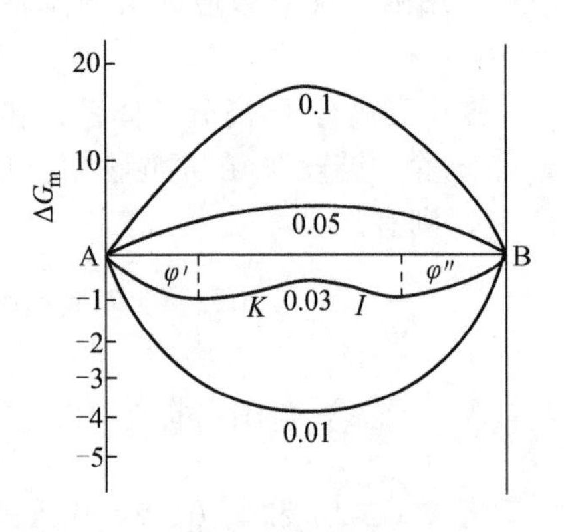

图 2-1　A、B 共混体系的 ΔG_m 随组成的变化（曲线旁的数值是相应的 χ 值）

当 χ 取某些中间数值（如 $\chi = 0.03$）时，虽然体系在整个组成范围内 ΔG_m 小于零，即共混过程自发进行，但此时曲线有两个极小值（称为双节点），即由两个极小自由能组成：φ' 和 φ''。这样，如体系的总组成处于 φ' 和 φ'' 之间，它便会产生相分离，形成组成分别为 φ' 和 φ'' 的两相，因为这样可使体系得到更小的自由能。也就是说，体系不再是在全部组成范围内是均相的。这一讨论也适合于 $x_A \neq x_B$ 的情况，不过此时 ΔG_m 随组成变化的曲线不再是对称的。

从图 2-1 中还可以看出，这类具有两个极小值的曲线必定有两个拐点（K 和 I）。在拐点处函数的二阶导数为零。另外，χ 很小时，曲线只有一个极值，随着 χ 变大，必定会出现一个临界的 χ 值，超过临界值后就会出现两个极小值和两个拐点，而体系处于临界状态的条件就是二阶导数和三阶导数均为零，即

$$\frac{\partial^2 \Delta G_m}{\partial \varphi_A^2} = 0 \text{ 和 } \frac{\partial^3 \Delta G_m}{\partial \varphi_A^3} = 0 \tag{2-15}$$

同时有

$$\frac{\partial^2 \Delta G_m}{\partial \varphi_B^2} = 0 \text{ 和 } \frac{\partial^3 \Delta G_m}{\partial \varphi_B^3} = 0 \tag{2-16}$$

由式（2-15）或式（2-16）可解出 A、B 临界的体积分数 φ_{AC} 和 φ_{BC} 为

$$\varphi_{AC} = \frac{x_B^{1/2}}{x_A^{1/2} + x_B^{1/2}}，\quad \varphi_{BC} = \frac{x_A^{1/2}}{x_A^{1/2} + x_B^{1/2}} \tag{2-17}$$

同时解出临界的 χ 值（χ_C）为

$$\chi_C = \frac{1}{2}\left(\frac{1}{x_A^{1/2}} + \frac{1}{x_B^{1/2}}\right) \tag{2-18}$$

由式（2-18）可以看出，χ_C 随着试样分子量的增大而减小。由于聚合物的分子量通常很大，所以发生相分离的临界 χ_C 通常很小。当 $\chi < \chi_C$ 时，共混聚合物才能在全部组成范围内形成热力学上相容的均相体系。当 $\chi > \chi_C$，但 $\Delta G_m < 0$ 时，两种聚合物只能在某种组成范围内

形成均相体系。当χ值增大至$\Delta G_{\mathrm{m}} > 0$时，两种聚合物在任何组成下均将发生相分离，形成热力学上不相容的非均相体系。

假设体系中 A 和 B 的相互作用参数$\chi > \chi_{\mathrm{C}}$，$\Delta G_{\mathrm{m}} < 0$，且$x_{\mathrm{A}} = x_{\mathrm{B}} = x$，则式（2-18）可简化为

$$\chi_{\mathrm{C}} = \frac{1}{2}\left(\frac{1}{x_{\mathrm{A}}^{1/2}} + \frac{1}{x_{\mathrm{B}}^{1/2}}\right)^2 = \frac{2}{x} \tag{2-19}$$

对于前面讨论的特例$x_{\mathrm{A}} = x_{\mathrm{B}} = 100$，则$\chi_{\mathrm{C}} = 0.02$。而对于一般的聚合物，$\chi$均高于此临界值，故大多数的聚合物-聚合物共混均不能形成均相体系。对于给定的聚合物-聚合物体系来说，在给定温度下，χ为常数。同样，也可利用式（2-19）得到体系由均相过渡到多相时的分子量，即$\chi_{\mathrm{C}} = 2/\chi$，这里$\chi_{\mathrm{C}}$就是临界的“链段”数，通常也可视为临界聚合度。其意义是，A、B 的聚合度大于χ_{C}时为多相，小于χ_{C}时则为均相。由此可以看出，分子量对相容性的影响是很重要的。但从实验方面对其进行定量研究却并不容易。首先是因为不易选择到合适的研究体系，对于χ值较高的共混物，只有当分子量小到数千或更低时才能相容，研究的意义不大。

上面详细讨论了ΔG_{m}随χ值变化的情况，但是聚合物间的相互作用参数χ是不易直接从实验测定的。为了更为直观地讨论聚合物共混体系的热力学相容性，我们可以用更普通的物理量——溶度参数δ来讨论共混过程的热效应。

2.2.2　溶解度参数

Hildebrand 早在 20 世纪初就注意到物质间的相互溶解能力取决于它们内聚能的差别，并推导出相应的 Hildebrand 公式。其后该公式又被应用于聚合物中，得到了非极性（或弱极性）聚合物混合时热量变化的 Hildebrand 公式：

$$\Delta H_{\mathrm{m}} = V_{\mathrm{m}}\varphi_{\mathrm{A}}\varphi_{\mathrm{B}}(\varepsilon_{\mathrm{A}}^{1/2} - \varepsilon_{\mathrm{B}}^{1/2})^2 \tag{2-20}$$

式中，φ_{A}和φ_{B}为 A、B 聚合物的体积分数；ε_{A}、ε_{B}为 A、B 聚合物的内聚能密度；V_{m}为混合后的总体积。

引入溶解度参数的概念，其定义为内聚能密度的平方根：

$$\delta = \sqrt{\varepsilon} = \sqrt{\Delta E / V_{\mathrm{m}}} = \sqrt{(\Delta H - RT)/V_{\mathrm{m}}} \tag{2-21}$$

式中，ΔE为内聚能；V_{m}为摩尔体积；ΔH为蒸发热。

则式（2-20）变为

$$\Delta H_{\mathrm{m}} = V_{\mathrm{m}}\varphi_{\mathrm{A}}\varphi_{\mathrm{B}}(\delta_{\mathrm{A}} - \delta_{\mathrm{B}})^2 \tag{2-22}$$

式（2-22）给出了混合过程中的焓变与组成聚合物的溶解度参数之间的关系。此式在形式上与低分子化合物的相应表达式相同。将式（2-22）与式（2-14）中焓项比较，并将φ_{A}用式（2-13）表示，可得到

$$\chi = \frac{V_u}{RT}(\delta_A - \delta_B)^2 \tag{2-23}$$

由式（2-23）可以讨论给定的$(\delta_A - \delta_B)$值产生相分离的临界分子量或是给定分子量时产生相分离的临界溶度参数之差。前面已给出，当 $M_A = M_B$ 时，作用参数χ与临界“链段”数 χ_C 有简单关系 $\chi_C = 2/\chi$，代入式（2-23）有

$$\chi_C = \frac{2}{\chi} = \frac{2RT}{V_u(\delta_A - \delta_B)} \tag{2-24}$$

进而可以得到临界的分子量为

$$M_C = \chi_C V_u \rho = \frac{2RT\rho}{(\delta_A - \delta_B)^2} \tag{2-25}$$

式中，ρ 为聚合物的密度。根据式（2-25）也可计算给定分子量时临界的$(\delta_A - \delta_B)$值。取 R = 8.31 J/（K · mol），T = 298 K，ρ = 1 g/cm^3，计算结果如表 2-1 所示。

表 2-1　临界分子量和 $(\delta_A - \delta_B)$

M_C	$(\delta_A - \delta_B)/(\mathrm{J/cm^3})^{1/2}$	M_C	$(\delta_A - \delta_B)/(\mathrm{J/cm^3})^{1/2}$
1 000	2.22	100 000	0.224
5 000	1.0	500 000	0.10
10 000	0.69	1 000 000	0.069
50 000	0.336	5 000 000	0.031

根据表 2-1 可对聚合物的相容性做一些粗略的预测。例如，分子量为 10^5 的 A 和 B 两聚合物，两者完全相容的条件是 $(\delta_A - \delta_B) < 0.224(\mathrm{J/cm^3})^{1/2}$。从表 2-2 中所列的聚合物的溶解度参数值来看，这显然是一个难以满足的条件，绝大多数聚合物都不能满足，即使组成聚合物的化学结构很相似也不能满足。事实上，目前实验中发现的完全相容的高分子合金体系，绝大多数是组成聚合物间具有特殊的相互作用（如氢键）。另一方面，利用表 2-1 还可在已知体系时，预测其可相容的分子量范围。例如，若 $\delta_A - \delta_B = 0.69$，那么仅当 $M_A = M_B$<10 000 时才有可能得到完全相容的共混体系。

表 2-2　常见聚合物的溶解度参数

聚合物	$\delta/(\mathrm{J/cm^3})^{1/2}$	聚合物	$\delta/(\mathrm{J/cm^3})^{1/2}$
聚丙烯	18.4 ~ 19.4	聚碳酸酯	19.4 ~ 20.1
聚乙烯	16.2 ~ 16.6	聚乙烯醇	25.8 ~ 29.1
聚苯乙烯	17.8 ~ 18.6	聚丁二烯	16.6 ~ 17.6
聚氯乙烯	19.4 ~ 20.5	聚醋酸乙烯酯	19.0 ~ 22.6
聚氨酯	20.5	聚丙烯腈	26.0 ~ 31.5
环氧树脂	19.8 ~ 22.3	醋酸纤维素	23.3
聚甲基丙烯酸甲酯	18.4 ~ 19.4	聚甲醛	20.9 ~ 22.5

关于溶解度参数的测量，对于小分子，可先测定蒸发热，再根据式（2-21）求得。但是聚合物远在其蒸发温度之下就会发生降解或分解，溶解度参数的测定只能用间接方法测定。

（1）溶胀平衡法（用于交联聚合物）：用具有不同溶解度参数的溶剂对指定聚合物进行溶胀，达到溶胀平衡时，能最大限度地溶胀聚合物的溶剂的溶解度参数，应与指定聚合物的溶解度参数最接近。溶胀的程度用溶胀度 Q 度量：

$$Q=\frac{W-W_0}{W_0}\times\frac{1}{\rho_s} \tag{2-26}$$

式中，W 为溶胀后样品质量；W_0 为溶胀前样品质量；ρ_s 为溶剂的密度。

当小分子溶剂进入网络体内和网络体自动恢复达到一个平衡时，网络就停止溶胀，这个状态称作溶胀平衡，此时溶胀度达到最大，记为 Q_e。图 2-2（a）为不同溶剂的平衡溶胀度对溶剂溶解度参数的曲线，其峰值可确定聚合物的溶解度参数。

（2）特性黏度法（用于非交联聚合物）：在不同溶解度参数的溶剂中测定聚合物的特性黏度，具有最高特性黏度的那种溶剂应与聚合物的溶解度参数最接近，见图 2-2（b）。

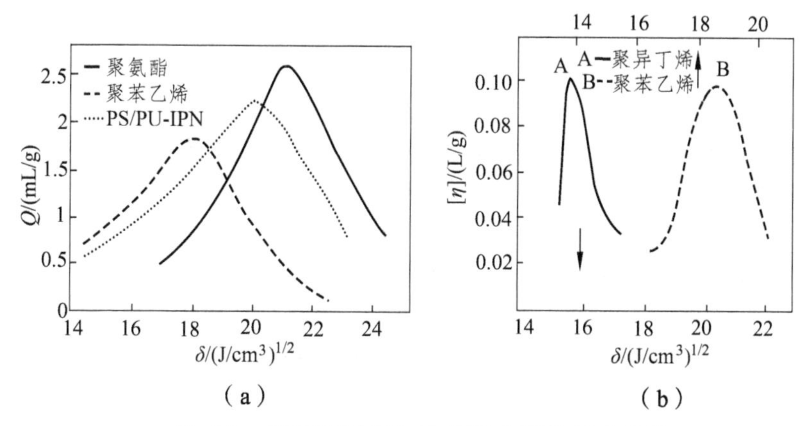

图 2-2　利用溶胀度和特性黏度测溶解度参数

利用相互作用参数χ和溶解度参数探讨聚合物热力学的相容性，虽然都具有理论上的意义，但在实际应用中均有自身的局限性。要深入了解聚合物热力学的相容性，需要通过共混的方法对聚合物进行改性研究，即通过绘制并分析共混聚合物的相图，进一步了解聚合物热力学的相容性。

2.3　聚合物共混体系的相图

相图可方便地用来描述多组分聚合物的相容性。聚合物共混体系的相图是描述由聚合物 A 和聚合物 B 组成的共混体系的相容性与温度、组成以及分子量关系的图形。

2.3.1　聚合物共混体系相图的绘制

通过控制温度大小在一定范围内变化，可以得到一系列带有两个极小值的随体系组成变化的曲线（见图 2-3），将这些曲线上的拐点相连而成的曲线就是旋节线，将这些曲线的极小值相连形成一条曲线（双节线），即为共混体系发生相分离行为的边界曲线。在这条曲线以外的区域，共混体系是稳定的均相体系，在曲线以内的区域即为分相区域。在实际应用过程中，相图可采用浊点法和反相色谱法进行绘制。

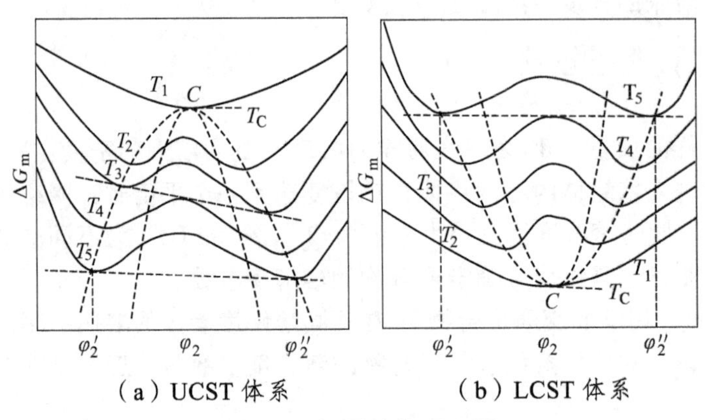

（a）UCST 体系　　（b）LCST 体系

图 2-3　相图的物理内涵

1. 浊点法

由两种聚合物形成的共混物，往往不能在任意配比和温度下实现彼此完全互容。有一些聚合物共混物只能在一定的配比和温度范围内完全相容，超出此范围，就会发生相分离，形成两相体系。

浊点法是最常用的绘制相图的方法。其基本原理是当共混物由透明均相体系变为两相体系时，由于两相折射率不同，其透光率会发生变化，体系会变浑浊。确定这一相转变点的具体方法是：将共混物薄膜用显微镜观察，在某一温度下试样透明，则为均相；缓慢改变温度，取记录开始观察到浑浊的温度；继续升温至浊点以上，再逆向转变温度，记录浑浊开始消失的温度，则记录的两个温度的平均值即为浊点。改变共混配比，得到一系列不同组成时的浊点，将所得到的浊点连成的曲线称为浊点曲线。此外，光散射方法观察共混物散射光强随温度的变化，也是确定相容的有效方法。

2. 反相色谱法

对于一些折射率相近的共混体系，无法用浊点法测定相分离行为，可以用反相色谱法进行测定。与浊点法相似，反相色谱法也是测定共混组分的相分离行为。其测定过程为以某种小分子作为“探针分子”，测定体系的保留体积 V_g。当共混物发生相分离时，探针分子的保留机制发生变化，使得 $\lg V_g$-$1/T$ 曲线偏离直线。在出现转折点处，就是共混体系出现相态变化之处。

2.3.2　聚合物共混体系相图的类型

温度不同，共混体系的互容能力不同，相分离机理也随之不同。根据温度对互容能力的影响，可将混合体系分为两类。

第一类体系，温度越高，互容能力越强。高温下体系为均相，低温下体系分为两相。在不同温度下绘制一系列 ΔG_m - φ_2 曲线，得到图 2-3（a）。

随着温度升高，两极小值相互靠近，这表明发生分相的组成范围不断缩小。温度升到临界温度 T_C 时，合二为一，在此温度以上任何组成的溶液都是均相体系。此类体系称为上临界互溶体系，温度 T_C 称为上临界互溶温度（UCST）。

第二类体系，温度越低，互容越好。低温下体系为均相，高温下体系分为两相，如图 2-3（b）所示。极小值随温度降低相互靠近，低温下达到临界温度 T_C，称为下临界互溶温度（LCST），此类体系称为下临界互溶体系。

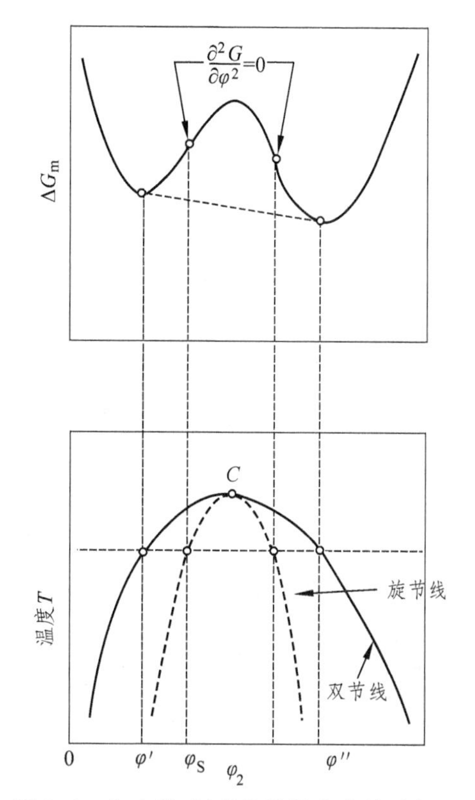

图 2-4　自由能-组成曲线转化为溶液相图

将图 2-3 中数据重新绘制（见图 2-4），以温度为纵坐标，以双节点组成为横坐标得到的曲线就是双节线，以拐点组成为横坐标得到的曲线就是旋节线。这样双节线与旋节线将溶液体系划分为 3 个区域，这两条曲线组成溶液的相图，相图中的不同区域代表溶液不同的状态（见图 2-5）。

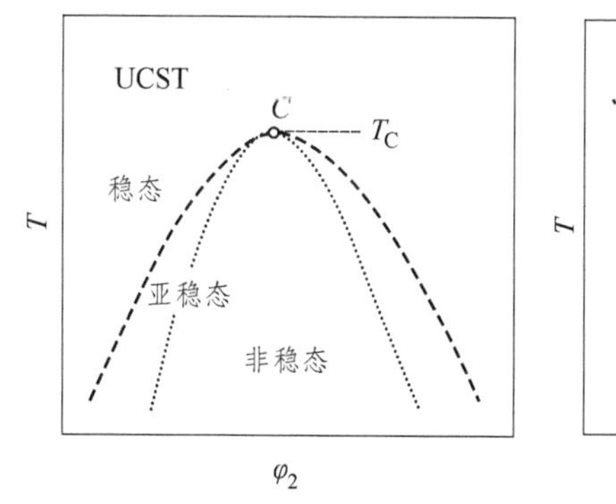

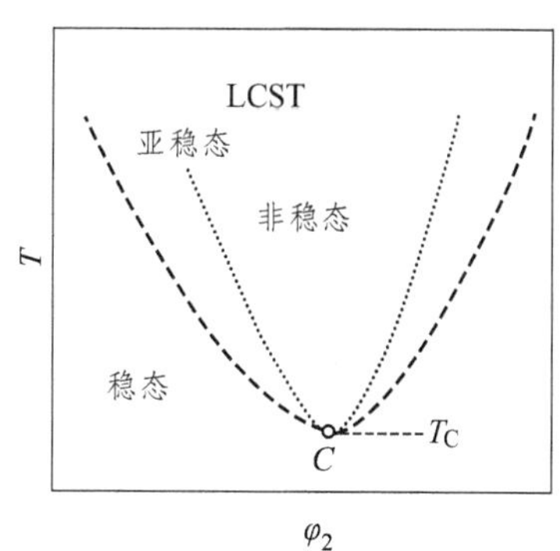

图 2-5　溶液的相图

还有一些特殊体系会同时出现上临界互溶温度和下临界互溶温度，温度过高或过低时都会发生分相，只有当体系处于两个温度之间时，才会在任意组成都为均相。聚苯乙烯/环己烷溶液就是这样的，如图 2-6 所示。

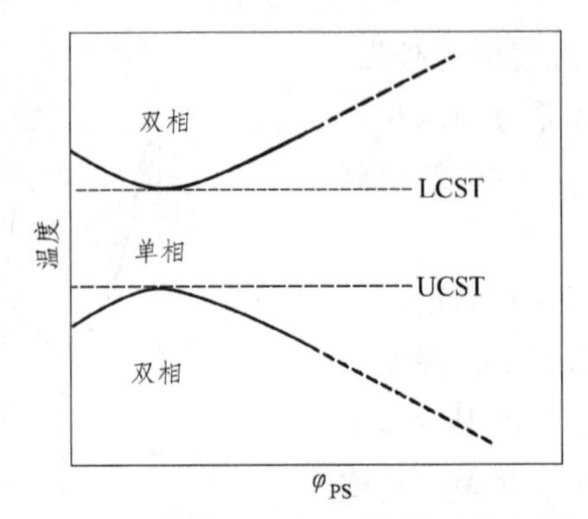

图 2-6 聚苯乙烯/环己烷溶液的相图

2.3.3 聚合物共混体系相图的实例

1. 无定形聚合物的共混体系

表 2-3 中表示出了部分聚合物-聚合物共混体系的相图类型。图 2-7 是 PS（$\overline{M_n}$ = 2 100 和 2 700）/聚异戊二烯（PI）（$\overline{M_n}$ = 2 700）的共混体系相图，属于 UCST 型。当两种聚合物分子量不大，属于低聚物的范围时，在相图中实线下侧温度下，所组成的试样均发生相分离，而在实线上侧温度下均为相容。图 2-8 是 PS 和聚甲基乙烯基醚（PVME）共混的 LCST 型相图。PVME 的 $\overline{M_w}$ = 51 500，而 PS 分子量在 1 万～20 万内变化。此时图中实线下侧表示相容体系，而在上侧温度下，所组成的试样均发生相分离。同时，随着 PS 的分子量增加，相图曲线向下移动，使相容范围变窄，而 LSCT 向着 PS 组成变小的方向移动。

表 2-3 部分共混体系相关实例（无定形状态）

聚合物 1	聚合物 2	类型
聚苯乙烯	聚异戊二烯	UCST
聚苯乙烯	聚异丁烯	UCST
聚二甲基硅氧烷	聚异丁烯	UCST
聚氧化丙烯	聚丁二烯	UCST
聚苯乙烯	聚乙烯甲基醚	LCST
苯乙烯-丙烯腈共聚物	聚己内酯	LCST
苯乙烯-丙烯腈共聚物	聚甲基丙烯酸甲酯（PMMA）	LCST
聚硝酸乙烯酯	聚丙烯酸甲酯	LCST
乙烯-醋酸乙烯共聚物	氧化丁基橡胶	LCST
聚己内酯	聚碳酸酯（PC）	LCST
聚偏氟乙烯	聚丙烯酸甲酯	LCST
聚偏氟乙烯	聚丙烯酸乙酯	LCST
聚偏氟乙烯	聚甲基丙烯酸甲酯（PMMA）	LCST
聚偏氟乙烯	聚甲基丙烯酸乙酯	LCST
聚偏氟乙烯	聚乙烯基甲酮	LCST

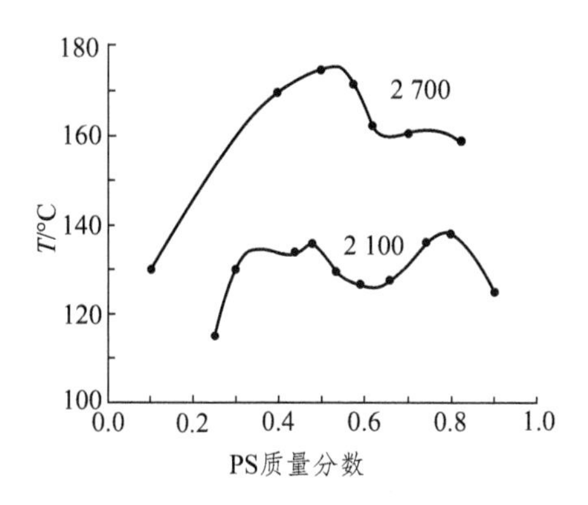

图 2-7　PS（$\overline{M_n}=2\,100$ 和 2 700）/PI（$\overline{M_n}=2\,700$）共混的 UCST 型相图

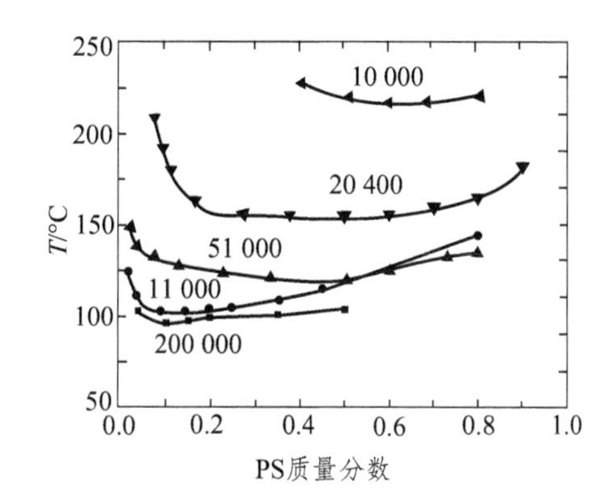

图 2-8　PVME（$\overline{M_w}=51\,500$）和/单分散 PS 共混的 LCST 型相图（PS 的 $\overline{M_w}=10\,000,\ 20\,400,\ 51\,000,\ 11\,000,\ 200\,000$）

2. 包含结晶性聚合物的共混体系

对于结晶性聚合物和无定形聚合物共混体系，或结晶性和结晶性聚合物共混体系而言，存在结晶的熔点如何变化的问题。如在聚偏氟乙烯（PVDF）和 PMMA 的共混体系中，LCST 型相图就出现在高于 PVDF 结晶熔点的温度范围。图 2-9 给出了 PVDF/PMMA 共混体系的状态图。其中 T_m 为 PVDF 的熔点，T_0 为结晶温度，T_g 为玻璃化温度。对于 PVDF/PMMA 体系而言，在大于 PVDF 熔点时表现出相容性，故可在高温下混合并用液体氮骤冷的试样来热分析。从图 2-9 中可以看出，对于 T_g 而言，加和性大致成立，并在高温下显示两种高聚物的相容性。T_m 随着 PMMA 含量的增加而有所下降。这种现象即使在 PVDF 充分等温结晶的条件下也会表现出来，所以这一点可以用结晶性高聚物和溶剂体系的熔点下降加以解释。

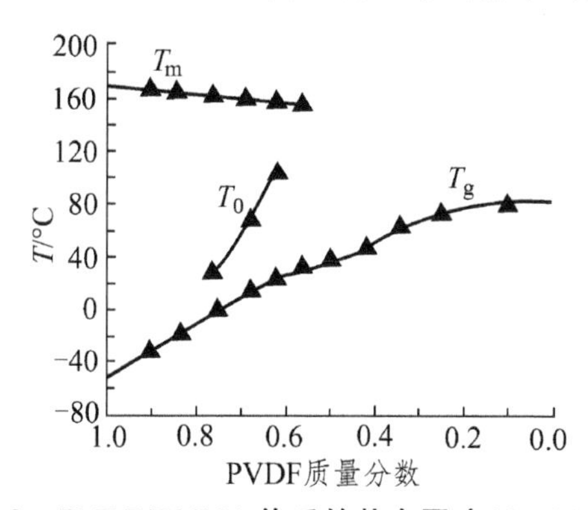

图 2-9　PVDF/PMMA 体系的状态图（10 °C/min）

对于由结晶性聚合物组成的共混体系而言，如果两种聚合物可在高温下相容，那么两种高聚物的熔点就会下降，并且会产生同时熔融的现象（共熔现象）。但到目前尚未发现这种体系，而只有结晶性聚合物和结晶性单体之间表现出共熔现象。如聚氧化乙烯（PEO）和三噁烷体系，在 PEO 的体积分数 $\varphi_2=0.6$ 附近时，就产生共熔现象（见图 2-10）。

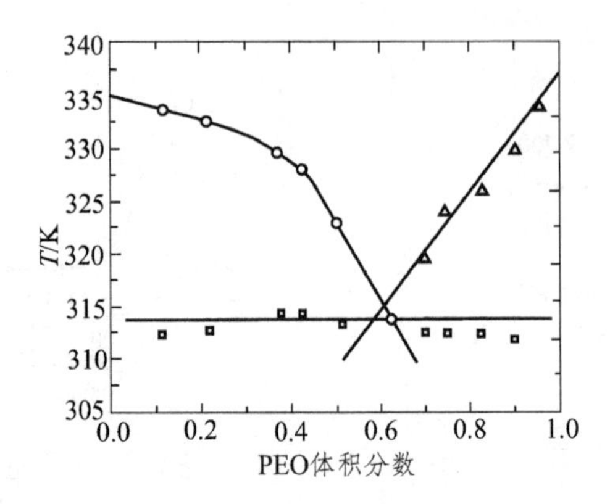

图 2-10 聚氧化乙烯（PEO）和三噁烷的共熔现象

2.4 聚合物共混体系的相分离机理

当聚合物共混体系中ΔG_m大于零或ΔG_m随组成变化的曲线上出现拐点（有两个极小值）时，则两个组分就不会在任何比例下都能完全互容，即会发生相分离。

2.4.1 聚合物共混体系相分离的产生

想要了解两组分在整个组成范围内的混溶情况，必须从自由能与组成的关系进行深入分析。混溶的判据之一为自由能小于零：

$$\Delta G_m = \Delta H_m - T\Delta S_m < 0 \tag{2-27}$$

但是$\Delta G_m < 0$是混溶的必要条件，不是充分条件。

图 2-11（a）中混合自由能ΔG_m与聚合物体积分数φ_2的关系曲线，单纯下凹，曲线上处处$\partial^2 \Delta G / \partial \varphi_2^2 > 0$，这样的体系中任何局部的相分离都会造成自由能的上升，如图 2-11（b）所示，体系在任意组成形成均相溶液。因此，由$\Delta G_m < 0$与$\partial^2 \Delta G / \partial \varphi_2^2 > 0$共同构成互容的充分条件。

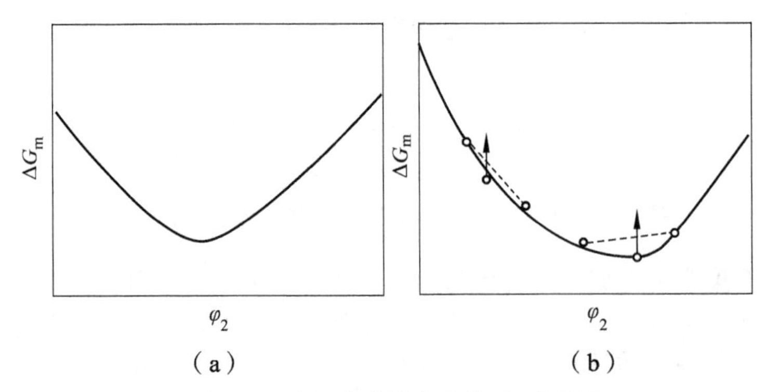

图 2-11 均相溶液的自由能-组成曲线

图 2-12 中曲线出现两个极小值，分别位于 φ_2' 和 φ_2'' 处。这样的体系只有当组分处于两极小值之外时才能成为均相，而组分处于 φ_2' 和 φ_2'' 之间时会分为两相，两相的组成恰为 φ_2' 和 φ_2''。φ_2' 和 φ_2'' 的确切位置为过两极小值公切线的两个切点，φ_2' 和 φ_2'' 的相对体积可由杠杆原理计算得到（见图 2-13）。

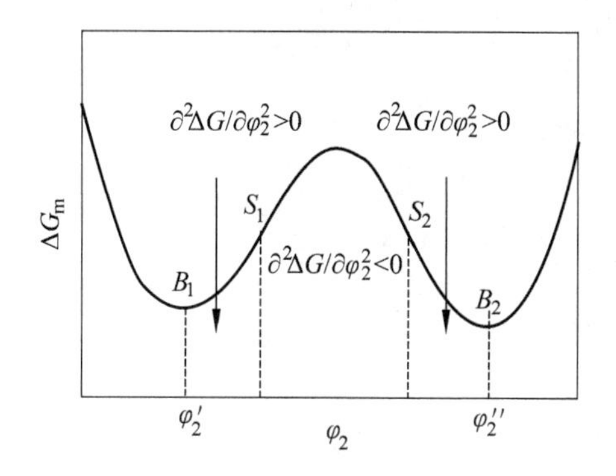

图 2-12　发生相分离的自由能-组成曲线

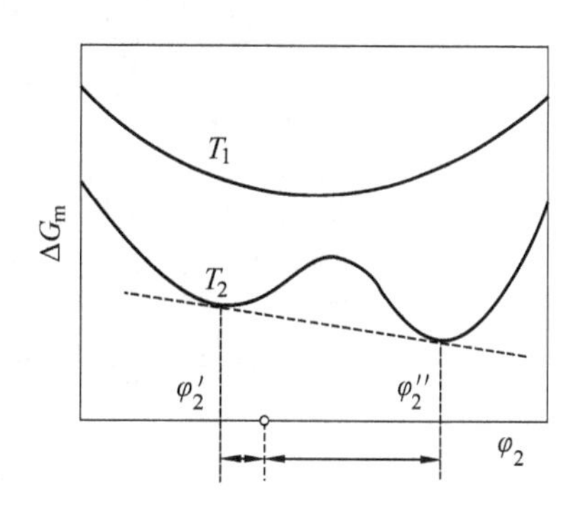

图 2-13　杠杆原理图

2.4.2　旋节线机理

对于总组成处于两拐点之间的体系（也就是图 2-5 中的非稳态区域），分相过程没有热力学位垒，是自发过程。在此区域，均相是极不稳定的状态，微小的组成涨落均可导致体系自由能降低（见图 2-14）。但是，在相分离初期，两相的组成差别很小，相区之间没有清晰的界面。随着时间的推移，在降低自由能的驱动力作用下，高分子会逆着浓度梯度方向进行相间迁移，即分子向着高浓度方向扩散，产生越来越大的两相组成差。最后，两相逐渐接近双节线所要求的连续的平衡相组成，显示出明显的界面（见图 2-15）。另一方面，由于分相能自发产生，也就是在体系内到处都有分相现象，这就会使分散过程快速进行，并且相区之间有一定程度的相互连接。由于这种分相过程发生在曲线拐点间的旋节线区域内，所以称作旋节线机理。

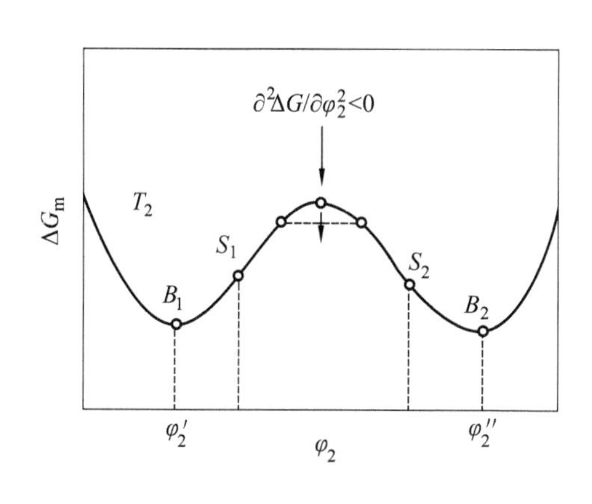

图 2-14　相分离的自由能-组成曲线

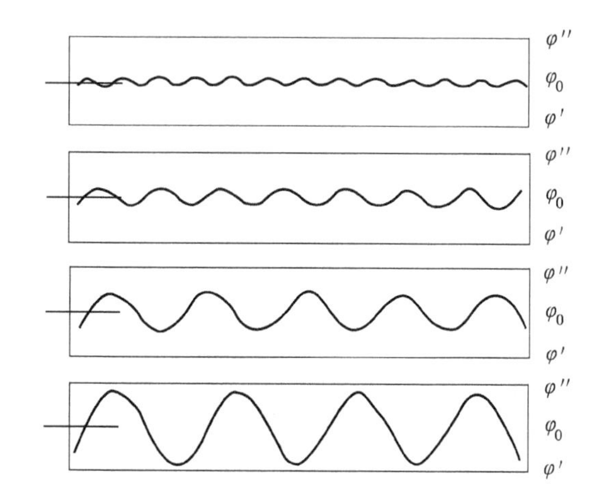

图 2-15　旋节分离相分离过程

图 2-16 显示了聚合物合金聚苯乙烯/聚溴代苯乙烯（PS/PBrS）旋节分解后期电镜照片。由于相分离能自发产生，体系内到处都有分相现象，故分散相间有一定程度的相互连接。

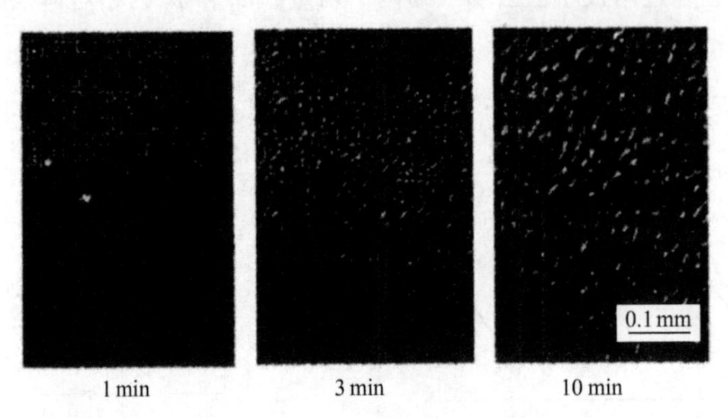

图 2-16　PS/PBrS（1：1）体系在 200 °C 旋节分解后期电镜照片（T_e = 220 °C）

2.4.3　成核和生长机理

如果体系的总组成处于极小点和拐点之间，也就是在相图上的旋节线和双节线之间的区域（图 2-5 中的亚稳态区域），则相分离属于成核和生长机理。图 2-17 所示为相分离的自由能-组成曲线。

在亚稳态的浓相会很快通过热运动被溶液重新稀释，回到均相状态。但如果在外场激励下，分离处的浓相液滴尺寸足够大，这个液滴就能够独立存在，这个过程称为成核。一旦生成核，再度分离出的浓相液滴就会与浓相核融合，使浓相液滴不断长大，这个过程称作增长。成核增长过程不断继续，直至体系完全分成组成为 φ_2' 和 φ_2'' 的两相。这种相分离就称作成核增长机理，如图 2-18 所示。

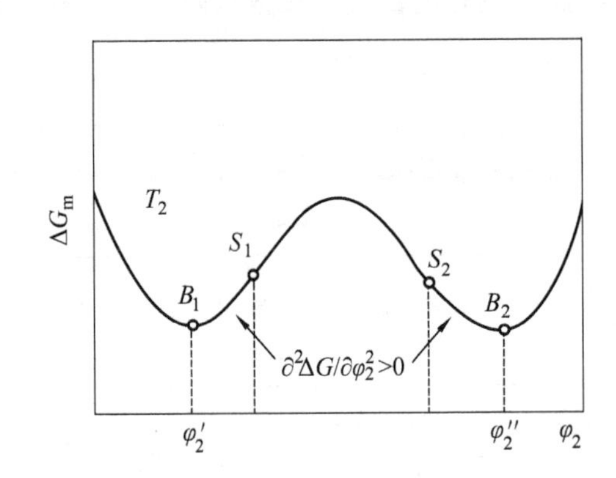

图 2-17　相分离的自由能-组成曲线

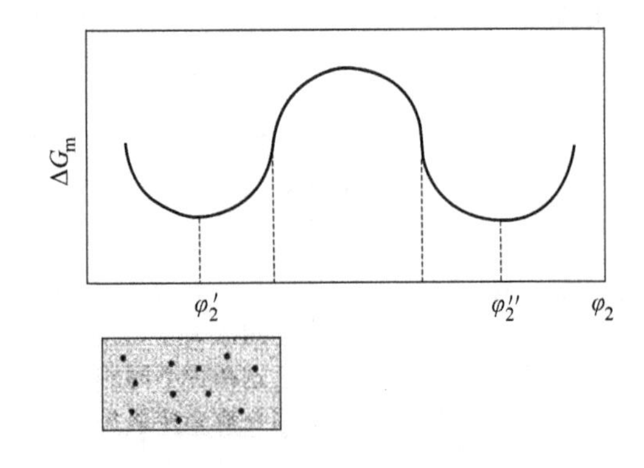

图 2-18　成核增长相分离

在此区域内，体系不会自发地分解为相邻组成的两相。但是，如果直接分为 φ_2' 和 φ_2'' 两相，则自由能仍然是降低的。这种分相，无法通过体系微小的浓度涨落来实现。但是，混合物在振动、杂质或过冷等条件下，可以克服势垒形成零星分布的“核”。若“核”主要由 φ_2 构成，则其一旦形成，核中相的组成为 φ_2，核邻近处相的组成为 φ_2'，但稍远处基体混合物仍然具有原来的组分 φ_2，故基体内以组分 φ_2 为主的分子流将沿着浓度梯度方向（即低浓度方向）扩散。这些分子进入核区，使“核”的体积增大，即所谓“生长”，构成分散相。图 2-19 为核的形成及生长示意图。这种分相过程一直延续到原有的基体耗尽，共混物在全部区域中都达到平衡态组成 φ_2' 和 φ_2'' 的两相体系为止。分散相一般不会发生相互连接。

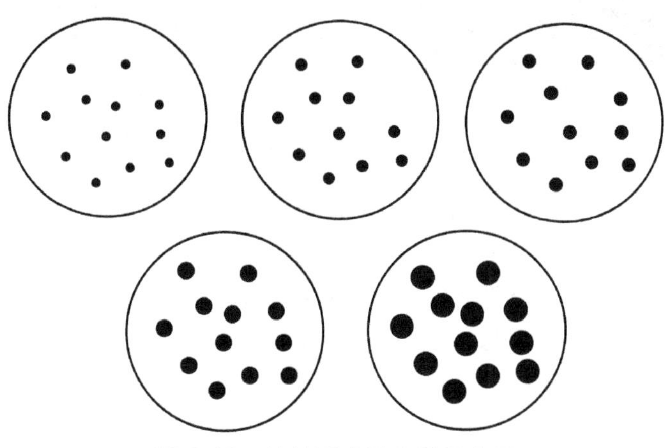

图 2-19 核的形成及生长示意图

成核增长相分离的结果是分散相散布于另一相的机体之中，类似岛屿分散在大海之中，故称作海岛结构。图 2-20 为聚丙烯/二苯醚体系的成核增长相分离的电镜照片。在旋节分解相分离过程中，同样由于链段运动受阻，很难在短时间内达到完全的相分离，常常由于黏度原因停留在某个中间阶段，这种中间阶段处于两个连续相交织缠绕的状态，称作双连续相结构。

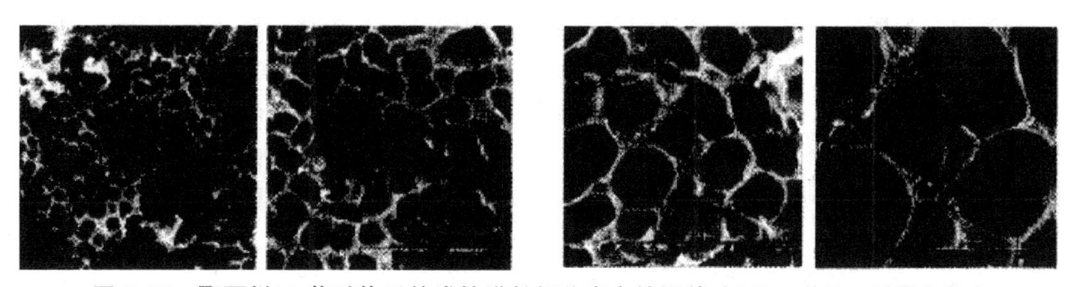

图 2-20 聚丙烯/二苯醚体系的成核增长相分离电镜照片（PP：20%，质量分数）

总之，在旋节线内的区域，是不稳定体系，相分离属于旋节线机理。在旋节线和双节线间的区域，是亚稳体系，相分离按成核和生长机理进行。如果体系最后达到平衡，两种相分离的结果是没有本质区别的。然而实际上无论是熔融共混或溶液共混，由于体系的高黏度，真正的平衡总是不易实现的。这两种不同的分离机理就可能导致完全不同的形态和性质。对旋节线机理来说，不平衡的相分离会使两相组成的差别较平衡时两相组成的差别小，且分散相有些交叠，形成表观的相容。而成核和生长机理的不平衡态则表现为分相没有发生或是分散区域的量较平衡状态少。这样，两种相分离机理产生的形态和性质自然会有很大不同，图 2-21 为观察到的聚合物合金成核增长与旋节分解机理分离后的形态照片。

（a）成核增长机理分离后的形态

（b）旋节分解机理分离后的形态

图 2-21　聚合物合金成核增长与旋节分解

2.4.4　含结晶聚合物共混物的相分离

结晶性聚合物与无定形聚合物之间有相容性时，若将共混物体系置于熔点温度之下，则结晶性聚合物就有可能析出成球晶。这种球晶不像均聚物那样紧密，并在片晶之间留下无定形聚合物，而且球晶的生长速度也受很大影响。

设结晶性聚合物和非结晶性聚合物分别以 C 和 A 表示，则含结晶性聚合物的共混体系有 A/C 和 C/C 两种。接下来讨论含结晶性聚合物共混体系的结晶过程以及液液相分离对结晶过程和形态结构的影响。

1. 结晶过程

结晶聚合物冷却至平衡熔点 T_m^0 以下时即发生结晶，开始结晶的温度为 T_C，则 $\Delta C = T_m^0 - T_C$ 为过冷程度，ΔC 依赖于冷却速度和成核机理。成核机理有 3 种：① 过冷熔体的均相成核；② 大分子取向的诱发成核；③ 在外相表面的非均相成核。在含结晶聚合物共混时，②和③最重要。在剪切应力作用下，聚烯烃甚至可在平衡熔点以上 20 ~ 30 °C 结晶。

结晶过程包括成核、片晶生长、球晶生长和晶体聚集体生长等不同阶段。依成核机理、结晶速度和结晶程度的不同可形成各种不同的晶态，如片状单晶、轴晶、树枝状晶体、伸展链晶体、纤维状晶体和外延性晶体等；此外，依压力、组成和应力场的不同，某些聚合物可以形成多种晶胞结构。

对于非相容的聚合物共混物，可直接运用聚合物结晶理论。但应指出，结晶作用不仅形成有序的晶相结构，也会使非晶相产生一定的有序结构。对 A/C 型聚合物共混物，相界面的存在不容忽视，其结构也是一个重要的研究课题。

相容性聚合物共混时的结晶要复杂一些。这时一种组分的结晶是在双熔体的均相熔体中进行的，总的自由能ΔG 变化为

$$\Delta G = \Delta G_m + \Delta G_e \varphi_e \tag{2-28}$$

式中，ΔG_e 为结晶作用引起的自由焓变化；φ_e 为晶相的体积分数。

显然，对于相容共混体系，$\Delta G_m < 0$，所以只要 $\Delta G_e < 0$，结晶就能发生，从而产生液固相分离。

由于两者是完全相容的，所以二者互为稀释剂。对于 A/C 体系，非晶聚合物为结晶聚合物的稀释剂，晶体熔点下降。对于 C/C 体系，两种聚合物晶体的熔点都会改变。

对于相容聚合物共混物，一种聚合物可视作另一种聚合物的稀释剂，若稀释剂是可结晶的，那么它对另一聚合物结晶的影响可归纳为 5 点：① 对结晶无明显影响；② 延滞结晶速度；③ 用量较大时阻止结晶；④ 加速结晶；⑤ 对另一种聚合物的链段提供促进活动的环境，使正常情况下不结晶的聚合物结晶。

少数 C/C 体系，如聚氟乙烯/聚偏氟乙烯会发生共晶现象，生成类质同晶体。这种共混物也称为类质同晶共混物。这时，无论在熔融状态还是结晶状态，两组分都是相容的。因此整个共混物表现单一的玻璃化转变温度 T_g 和单一的熔点 T_m。但与无规共聚物的情况不同，T_g 和 T_m 对加和混合规律常显示很大的正偏差。事实上，对类质同晶共混物，高熔点组分含量直到大约 50%，T_m 仍保持不变。这是由于最大结晶度一般为 50%左右。在冷却过程中，高熔点组分含量大的类质同晶共混物首先结晶，所以固化后，晶相和非晶相的组成并不相同。当高熔点组分含量少时，也是高熔点组分首先结晶，然后低熔点组分再结晶。在这两种情况下都是晶相的组成决定熔点的高低。

2. 液液相分离对结晶过程和形态结构的影响

以聚已内酯（PCL）与 PS 共混为例，当 PCL 浓度大于 50%时，PCL 即从共混物中结晶出来。若结晶前，体系已由旋节机理发生相分离，则固化后此液相结构被保持下来。在 PCL 结晶过程中，PS 从增长的球晶中被排斥出去，形成围绕球晶的皮层。在聚偏氟乙烯和 PMMA 的共混物中，此皮层厚度为 2 ~ 5 nm。

在一定相分离条件下，甚至可形成由结晶作用所稳定的更复杂的形态结构。聚偏氟乙烯和 PMMA 的共混物，在一定的相分离和结晶条件下，可在相分离的微区内发生次级相分离，从而形成稳定的香肠状结构。

复习思考题

1. 简述高分子的热力学相容性与高分子合金的概念。

2. 写出 n_1 mol 组分 1 和 n_2 mol 组分 2 混合形成理想溶液的自由能 ΔG_m。

3. 将 $\mu_1-\mu_1^0=RT\left\{\ln(1-\varphi_2)+\left[1-\left(\frac{1}{r}\right)\varphi_2+\chi\varphi_2^2\right]\right\}$ 的 $\ln(1-\varphi_2)$ 展开并只取到第二项，右式的结果如何？当 $r\to\infty$ 时，得到什么？

4. 什么是溶解度参数 δ？聚合物的 δ 怎样测定？根据热力学原理解释非极性聚合物为什么能够溶解在与其 δ 相近的溶剂中？

5. 根据摩尔引力常数，用 Small 基团加和法，计算聚乙酸乙烯酯的溶解度参数（该聚合物密度为 1.18 g/cm^3），并与文献值比较。

6. 解释产生下列现象的原因。

（1）聚四氟乙烯至今找不到合适的溶剂。

（2）硝化纤维素难溶于乙醇或乙醚，却溶于乙醇和乙醚的混合溶剂中。

（3）纤维素不能溶于水，却能溶于铜氨溶液中。

7. Flory-Huggins 用统计热力学方法推导出高分子溶液的混合熵 $\Delta S_{\mathrm{m}} = -R(n_1 \ln \varphi_1 + n_2 \ln \varphi_2)$，与理想溶液混合熵 $\Delta S_{\mathrm{m}}^{i} = -R(n_1 \ln X_1 + n_2 \ln X_2)$ 相比，何者较大？说明原因。

8. Flory-Huggins 推导 $\Delta S_{\mathrm{m}} = -R(n_1 \ln \varphi_1 + n_2 \ln \varphi_2)$ 的过程中，有何不合理的情况？

9. 计算下列 3 种溶液的混合熵 ΔS_{m}，比较计算结果可以得到什么结论？

（1）99×10^4 个小分子 A 和 1 个大分子 B 相混合。

（2）99×10^4 个小分子 A 和 1 个大分子（聚合度 $\chi=10^4$）相混合。

（3）99×10^4 个小分子 A 和 10^4 个小分子 B 相混合（注：k 的具体数值不必代入，只要算出 ΔS_{m} 等于多少 k 即可）。

10. 已知聚苯乙烯的分子量为 M_2，在环已烷中的热力学参数为 ψ_1（熵参数）和 θ（θ 为温度）。试根据 Flory-Huggins 理论和热力学的相平衡条件，经过怎样的运算（指出运算步骤和所根据的方程），作出 PS-环已烷体系的相图。

第 3 章　聚合物共混体系的相容性及增容

内容提要：聚合物与聚合物共混，能达到完全相容和部分相容的体系并不多，更多的是不相容体系。这种不相容的行为是由于共混物各相之间缺乏足够的相互作用力。而共混物熔融时存在较大的表面张力，使其在混合过程及加工过程中相与相不可能相容。因此，如何提高聚合物共混物的相容性已成为实施共混过程的关键。相容性是聚合物共混理论中的重要概念，也是共混改性实施中需要考虑的重要因素。由于相当大一部分共混物的组成之间彼此相容性欠佳，这就使改善相容性成了许多共混体系制备成败的关键。本章首先介绍聚合物间相容性的基本概念、相容性的预测方法和研究方法，接着介绍提高相容性的方法及增容剂的作用原理和分类。

3.1　聚合物间相容性的基本概念

3.1.1　热力学相容性

热力学相容性指从热力学角度来探讨聚合物共混组分之间的相容性，实际上是互溶性，达到分子水平相容，其条件是共混体系的混合自由能的变化小于零（$\Delta G_m < 0$）。这里称为“热力学相容性”，是为了与广义的相容性区分。

热力学因素是共混体系形成均相体系或发生相分离的内在动力。因此，相容热力学是聚合物共混体系的重要理论基础之一。聚合物共混物相容热力学的基本理论体系是 Flory-Huggins 模型，在本书第 2 章已经详细讨论了。

然而，在实际的共混体系中，能够实现热力学相容性的体系是很少的。在实际应用中，将“相容体系”的概念限定于热力学相容体系，其涵盖面就显得有些狭窄。

3.1.2　广义相容性

广义相容性（Compatibility），是指共混物各组分彼此相互容纳，形成宏观均匀材料的能力。大量的实验研究结果表明，不同聚合物对之间相互容纳的能力，是有很大差别的。某些聚合物对之间，可以具有极好的相容性；而另一些聚合物对之间的相容性是有限的；还有一些聚合物对之间几乎不相容。由此，可按相容的程度划分为完全相容、部分相容和不相容。相应的聚合物对，可分别称为完全相容体系、部分相容体系和不相容体系。

聚合物对之间的相容性，可以通过聚合物共混物的形态反映出来。

完全相容的聚合物共混体系，其共混物可形成均相体系。因而，形成均相体系的判据亦可作为聚合物对完全相容的判据。如果两种聚合物共混后，形成的共混物具有单一的 T_g，则就可以认为该共混物为均相体系。相应地，如果某聚合物对形成的共混物具有单一的 T_g，则可认为该聚合物对是完全相容的，如图 3-1（a）所示。

部分相容的聚合物，其共混物为两相体系。聚合物对部分相容的判据，是有两个 T_g 峰且两个 T_g 较每一种聚合物自身的 T_g 峰更为相互接近，如图 3-1（b）所示。在聚合物共混体系中，最具应用价值的体系是部分相容两相体系，同时也是聚合物共混改性研究的重点。

还有许多聚合物对是不相容的。不相容聚合物的共混物也有两个 T_g 峰，而且两个 T_g 峰的位置与每一种聚合物自身的 T_g 峰是基本相同的，如图 3-1（c）所示。

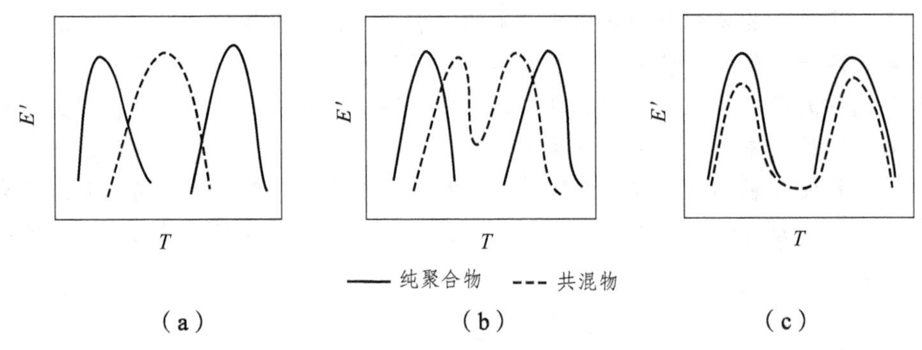

图 3-1　以 T_g 表征共混物相容性的示意图

从以上叙述中可以看出，“部分相容”是一个很宽泛的概念，它在两相体系的范畴之内，涵盖了不同程度的相容性。对部分相容体系，相容性的优劣具体体现在界面结合的牢固程度、实施共混的难易，以及共混组分的分散度和均一性等诸多方面。

对于两相体系，人们总是希望其共混组分之间具有尽可能好的相容性。良好的相容性，是聚合物共混物获得良好性能的一个重要前提。然而，在实际应用中，许多聚合物对的相容性却并不理想，难以达到通过共混来对聚合物进行改性所需的相容性。于是，就需要采取一些措施来改善聚合物对之间的相容性，这就是相容化（Compatibilization）。

3.1.3　相容性、互溶性与混溶性

与相容性概念相关的还有两个重要术语，分别是互溶性（Solubility）和混溶性（Miscibility）。

互溶性，也可称为溶解性。具有互溶性的共混物是指达到了分子程度混合的共混物。在聚合物共混物中，分子程度的混合是难以实现的。因而，互溶性这一概念在聚合物共混物研究领域并未得到普遍接受。

具有混溶性的共混物，是指可形成均相体系的共混物。其判据为共混物具有单一的 T_g。混溶性这一概念在共混改性研究中，特别是均相共混体系的研究中是一个被普遍接受的概念。可以看出，混溶性的概念相当于前述相容性概念中的完全相容。

综上所述，相容性这一概念不仅涵盖混溶性的概念，而且包含了完全相容、部分相容等

多种情况。本书介绍的重点是两相体系，涉及的主要是部分相容的聚合物。因而，本书将主要使用相容性这一概念。

3.2　相容性的预测

聚合物之间的相容性是决定聚合物共混物性能的关键，是研究聚合物共混物结构与性能关系的基础，因而预测聚合物间的相容性有助于缩小“聚合物对”的选择范围，避免盲目性。常用的预测高分子共混物间相容性的方法主要有以下两种。

3.2.1　溶解度参数原则

从热力学角度考虑，$\Delta H_{\mathrm{m}} \to 0$时有利于自发相容过程的进行。所以从 Hildebrand 溶解度参数原则公式中可以判断，溶解度参数值接近或相等的共混体系有自发相容的趋势。随着聚合物间溶解度参数差值的增加，混合时将逐渐需要外部供给更多的能量，即体系的相容性变差。溶解度参数值可以通过各种实验、计算方法确定，也可以通过查阅聚合物手册得到。

一般规律是溶解度参数值越接近的聚合物之间的相容性越好。例如，$\delta_{\mathrm{PVC}} = 19.7\ \mathrm{J^{1/2}/cm^{3/2}}$，$\delta_{\mathrm{PMMA}} = 19\ \mathrm{J^{1/2}/cm^{3/2}}$，$\delta_{\mathrm{PAN}} = 25.7\ \mathrm{J^{1/2}/cm^{3/2}}$，实践证明 PVC/PMMA 共混体系的相容性确实优于 PVC/PAN（聚苯胺）体系。但这种方法不是对所有体系都适用。例如，发现 SPS（聚苯乙烯）/PAN、SPS/PEK（聚醚酮）和 SPS/PSA（苯酚磺酸）共混体系的实际相容性与用溶解度参数法预测的结果存在一定差异。因为溶解度参数理论仅适用于非极性聚合物共混体系，它仅考虑了分子间色散力对 ΔH_{m} 的贡献，实际上很多聚合物体系分子间的作用力还存在极性基团间的偶极力及氢键的作用。Hansen 建议采用包括上述 3 种力的三维溶解度参数来判别相容性。这种方法预测聚合物共混物的相容性考虑了分子间色散、极性与氢键相互作用对相容性的影响。对于共聚物，可以调节共聚组成来改变溶解度参数，使两个聚合物在三维空间的距离缩短，以提高共聚物与均聚物的相容性。通过计算值和实验结果的比较，揭示共混物相容性的趋向。采用三维溶解度参数来判别相容性，实验的准确性无疑得到了提高，但是由于较为烦琐，使用并不普遍，多数情况下仍采用一维溶解度参数判别相容性。但对于极性聚合物合金，除了看两种聚合物的 δ 值外，还需考虑它们的极性相近。所以在进行预测之后，一定要通过实验进行验证。

3.2.2　混合焓变原则

将两种聚合物混合时，形成相容体系的热力学条件是$\Delta G_{\mathrm{m}} = \Delta H_{\mathrm{m}} - T\Delta S_{\mathrm{m}} < 0$，其中$\Delta G_{\mathrm{m}}$为混合自由能变化，$\Delta H_{\mathrm{m}}$、$\Delta S_{\mathrm{m}}$分别为混合焓变、混合熵变。由于聚合物混合时，$\Delta S_{\mathrm{m}}$变化很小，因此可用$\Delta H_{\mathrm{m}}$来预测共混体系的相容性。聚合物共混时，只有放热才能够互容。Schneier 将 Gee 提出的适用于不同液体溶胀硫化橡胶的热焓变化公式应用于聚合物共混体系，推导出两相聚合物共混体系的混合焓变计算式：

$$\Delta H_{\mathrm{m}} = \left\{ x_1 M_1 \rho_1 (\delta_1 - \delta_2)^2 \left[\frac{x_2}{(1-x_1)M_1\rho_1 + (1-x_2)M_2\rho_2} \right]^2 \right\} \tag{3-1}$$

式中，x 为聚合物的摩尔质量分数；M 为聚合物结构单元分子量；ρ 为聚合物密度，单位符号为 g/cm^3；δ 为聚合物的溶解度参数，单位符号为 $J^{1/2}/cm^{3/2}$。

根据式（3-1）可以估算共混体系的相容性。一般以黏度低者为组分 1，黏度高者为组分 2，用不同顺序得出的结果可能有所不同。ΔH_m 的临界值为 $\Delta H_{m,cr}$（体系的混合自由能 ΔG_m = 0 时的混合热）。以 ΔH_m 对聚合物合金体系的不同配比作图，当 ΔH_m 均小于此临界值时，则为完全相容体系；相反，如果 ΔH_m 均大于此临界值，则为完全不相容体系；如果 ΔH_m 与 $\Delta H_{m,cr}$ 相交，则为部分相容体系。通过计算可以得到共混体系的组成与 ΔH_m 的关系曲线来对相容性进行预测。

3.3 相容性的研究方法

目前已有很多实验方法用以表征聚合物共混物的相容性，其中主要有以下几种方法。

3.3.1 玻璃化转变温度法

玻璃化转变温度（T_g）法是判定聚合物共混物相容性的一种重要方法。首先测量出每个纯组分各自的 T_g 和共混体系的 T_g，然后进行比较。如果共混物两组分完全相容，则只有一个 T_g，如图 3-1（a）所示，可形成均相体系；如果部分相容，则有两个 T_g，但不再与各组分的 T_g 相同，而是两 T_g 相互靠近，相容性越好，则两 T_g 越靠近，如图 3-1（b）所示；如果完全不相容，则有两个 T_g，且分别与两组分各自的 T_g 相同，如图 3-1（c）所示。测定 T_g 的方法，常用 DSC 法和动态力学性能测试法。

图 3-2 是未增容的和 3 种不同增容剂增容的 PVC/PA6 共混物的正切损耗曲线。a 曲线是未增容的 PVC/PA6 的正切损耗曲线，两个损耗峰分别对应于 PVC 的 T_g（82 °C）和低熔点 PA6 的 T_g（55 °C），未增容的 PVC/PA6 共混物中两相相容性较差，因此呈现两个正切损耗峰（即有两个 T_g）。b、c、d 曲线分别是 PE-g-MAH（马来酸酐）、ABS-g-MAH 及 EVA-g-MAH 增容的 PVC/PA6 共混物的正切损耗曲线，3 条曲线都只有一个损耗峰（即只有一个 T_g），这说明 3 种增容剂都对 PVC/PA6 有增容作用。

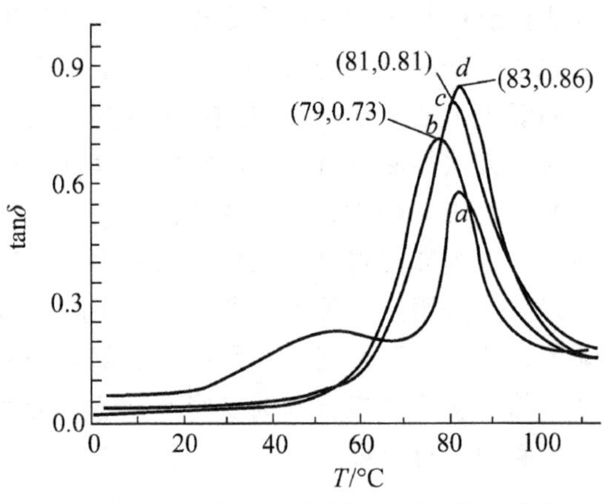

图 3-2 PVC/PA6 共混物的正切损耗曲线

采用 DSC 法测定 PP、PA12 及 PP-g-MAH 共混物的熔融结晶温度，如图 3-3 所示。从图 3-3 可知，PP/PA12 质量比为 80/20 体系与各自纯组分相比，共混后 PP 组分熔融结晶温度提高了 4.9 °C，PA12 组分增加了 7.1 °C，PP、PA12 能相互提高对方的结晶温度，因此 PP 对 PA12 有异相成核作用，同理 PA12 对 PP 也存在着异相成核作用。随着相容剂 PP-g-MAH 的加入，两个熔融结晶峰汇聚成一个更尖锐的结晶峰，可见 PP-g-MAH 能改善 PP、PA12 的界面相容性。

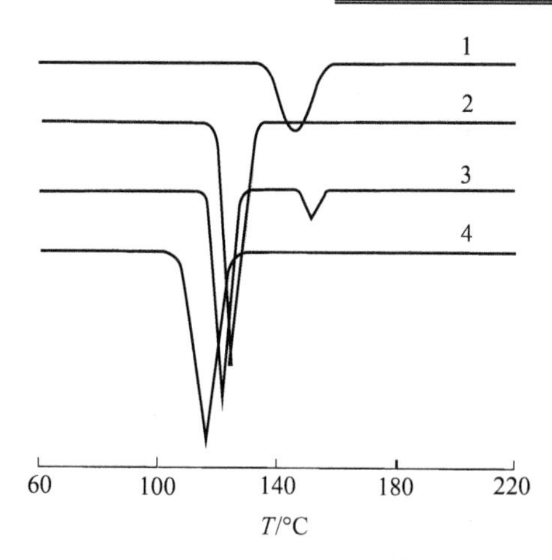

图 3-3　PP、PA12 及 PP-g-MAH 共混物的 DSC 图谱

1—PA12；2—PP/PP-g-MAH/PA12，质量比为 68/12/20；3—PP/PA12，质量比为 80/20；4—PP

3.3.2　Han 氏曲线法

$\lg G'(\omega)$-$\lg G''$关系曲线是 Han 在 1982 年以均相聚合物的分子黏弹性理论为基础，针对均相聚合物提出来的，所以又称为 Han 曲线（Han Plot）。一般而言，均相聚合物体系的 Han 曲线与多相聚合物体系的明显差异在于：前者不存在温度依赖性；而后者存在温度依赖性，并且这种温度依赖性与相行为的变化有关。即对于均相共混体系，不同温度的 G'-G''曲线形成一条主曲线；对于非均相共混体系，不同温度的曲线则相互分离，不能形成一条主曲线。利用 Han 氏图能判断体系的相容性，不同温度 G'-G''曲线重合的，则体系相容；不同温度 G'-G''曲线不重合的，则体系不相容或部分相分离。因此，可以将 Han 曲线开始出现温度依赖性的临界温度作为多组分聚合物体系的相分离温度。

3.3.3　平衡熔点（T_m^0）法

计算聚合物共混体系的平衡熔点（T_m^0），观察有无熔点下降的现象是判断结晶共混物组分的分子间是否存在相互作用力的又一可靠方法。结晶聚合物的平衡熔点定义为分子量为无穷大的、具有完善晶体结构的聚合物的熔融温度。计算含有半结晶聚合物的共混体系的平衡熔点（T_m^0）有两种方法：一是通过由 Gibbs-Tomson 方程演化而来的公式，此方法虽然可靠，但并不常用，因为它需要测定片晶的厚度；二是通过 Hoffman-Weeks 方程计算 T_m^0。

$$T_m = T_m^0(1-1/\gamma^*)+T_c/\gamma^* \tag{3-2}$$

式中，T_m 为实验测得的表观熔点；T_m^0 为平衡熔点；γ^* 为结晶温度为 T_c 时的片晶增厚因子。测定 T_m^0 的实验方法如下：测定在不同 T_c 下等温结晶所得到的样品的 T_m，以 T_m 对 T_c 作图，并将 T_m 对 T_c 的关系外推到与 $T_m=T_c$ 直线相交，该交点取作该样品的 T_m^0，具体算法如图 3-4 所示。图中样品的 Hoffman-Weeks 曲线的延长线与 $T_m=T_c$ 的交点 T_m^0 所对应的温度值，就是样品的平衡熔点。

虽然有研究表明，Hoffman-Weeks 曲线有可能是弯曲的，从而造成所求得的平衡熔点有误差，但是由于这种方法只需测得实验的 T_m，简便易行，因此仍然得到广泛的使用。

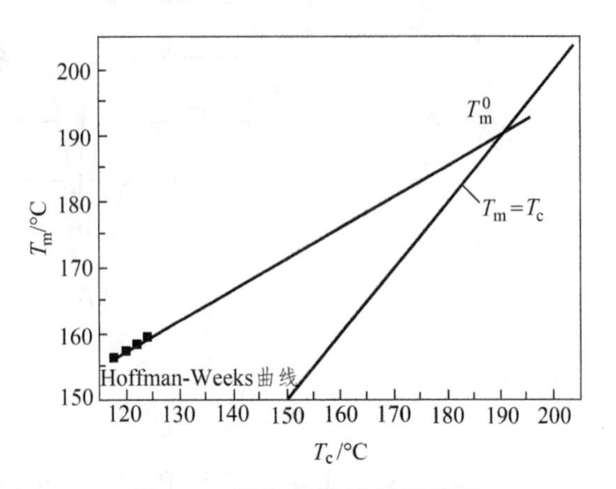

图 3-4　平衡熔点计算示意图

3.3.4　聚合物相图

两种聚合物形成的共混物，往往不能在任意的配比和温度下实现彼此相容。有一些聚合物对，只能在一定的配比和温度范围内完全相容（形成均相体系），超出此范围，就会发生相分离，变为两相体系。按照相分离温度的不同，相分离温度又分为“低临界相容温度”（LCST）与“高临界相容温度”（UCST）两大类型，如图 3-5 所示。共混物的相分离温度和发生相分离的组成的关系图，被称为共混物的相图。共混物相图所表征的相分离行为，显然可以用来研究共混组分之间的相容性。当共混物由均相体系变为两相体系时，其透光率会发生变化，这一相转变点称为浊点，且可以用测定浊点的方法测定出来。浊点法是对相容性进行理论研究的常用方法。反相色谱法、EPR 方法都可以用来建立共混体系相图。

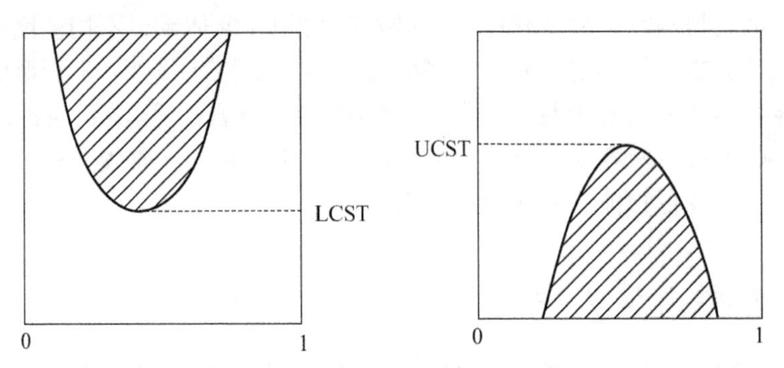

（a）具有低临界相容温度的体系　（b）具有高临界相容温度的体系

图 3-5　共混体系发生相分离的类型

3.3.5　其他方法

（1）红外光谱法。红外光谱法也可以用于共混组分的相容性研究。对于具有一定相容性的共混体系，各组分之间彼此相互作用，会使共混物的红外光谱谱带与单一组分的谱带相比，发生一定的偏移。偏移主要发生在某些基团的谱带位置上。例如，当共混组分之间生成氢键时，偏移会更为明显。

（2）电镜法。利用电子显微镜拍摄的共混物形态照片，也可用于研究共混组分之间的相容性。一般来说，当共混组分之间相容性较好，且形成了一定厚度的界面过渡层时，在电镜上可观测到两相之间界面较为模糊。此外，当共混工艺相同时，相容性好的共混体系的分散相粒径也较为细小。电镜法可与其他表征方法合并使用，作为相容性的辅助表征方式。

（3）界面层厚度法。当共混体系内各组分之间具有相容性时，两相边界处会形成界面层，因此通过对边界层厚度进行研究也是考察两相相容性的有效方法。相容性好，界面层厚度大；相容性差，界面层薄，甚至不会形成界面层。

（4）界面张力测定法。界面张力和相容性都是聚合物共混体系研究的重要内容，界面张力和相容性密切相关：溶解度参数相近，相容性好，界面张力较小。因此，测定聚合物间界面张力的大小，可以判断聚合物间的相容性。

（5）共混物薄膜透明度测定法。相容聚合物体系是均相的，其光学性质也是均匀的，只有一个折射率，因此是光学透明的；而不相容聚合物体系，则不透明。但是，测定薄膜透明度法是粗略定性方法，不能作为判断聚合物相容性的绝对标准，因为不相容的聚合物薄膜在以下情况也是透明的：① 如果两组分聚合物折射率相同；② 薄膜太薄，光透过薄膜只通过其中一相；③ 分散相尺寸小于可见光波长。

（6）共同溶剂法。这种方法通常被称为目测法，即用同一种溶剂将两种聚合物溶解，配制成一定浓度的聚合物共混物溶液，在一定温度下放置，如果此溶液可以长期稳定，不发生分层现象，则为相容体系；反之，放置一段时间后出现分层，则为不相容体系。影响此方法实验结果的因素很多，所以这种方法表征的只是在一定聚合物浓度、溶剂种类、温度等条件下聚合物间的相容性。

（7）稀溶液黏度（DSV）法。当聚合物合金溶解在某种共同溶剂中形成共混物溶液时，组分间的相互作用（吸引或排斥）将对溶液黏度产生影响。DSV 法就是通过溶液黏度的变化来表征聚合物之间的相容性。在不同溶液浓度下，以黏度对聚合物的组成作图，如果呈线性关系，则表明聚合物之间达到了分子水平的完全相容；如果呈非线性关系，则为部分相容；如果呈现“S”形曲线，则表明两种聚合物完全不相容。

除了以上方法外，超声波技术、小角激光散射、小角 X 射线散射、小角中子散射、核磁共振（NMR）等也可用于聚合物合金相容性的表征。

3.4 提高相容性的方法

当两种或多种聚合物共混时，其界面间的物理或化学作用决定了体系的整个力学行为，两相间的相互作用越强，两相间的黏合力就越大，也就越能有效地转移相间应力，使共混物获得良好的力学性能。因此，如何改进不相容共混体系的相容性，目前是一个十分活跃的领域。增容是对不相容共混物的界面性质和形态进行改性的技术。通过形态控制和界面改性，增加相界面黏结力，提高相分散程度和形态结构的稳定性，使不相容共混物的性能大大提高，从而制备出工业上有应用价值的新材料。

常用的改进聚合物共混物相容性的方法包括：① 用接枝、嵌段共聚物作增容剂；② 在共混组分之间引入特殊的相互作用；③ 加入低分子量化合物增容剂；④ 其他方法。

3.4.1 加入增容剂

增容剂对提高共聚物性能有重要意义。增容剂通过富集在两相界面处改善两相之间的界面结合。此外，增容剂还可以促进分散相组分在共混物中的分散。增容剂的类型有非反应性共聚物、反应性共聚物等。增容剂也可以采用原位聚合的方法制备。

1. 加入非反应性共聚物

在聚合物 A 与聚合物 B 的共混体系中，可以加入 A-B 型接枝或嵌段共聚物作为增容剂。其中，增容剂中的 A 组分与聚合物 A 相容性良好，B 组分与聚合物 B 相容性良好。

如果 A-B 型共聚物难以合成，也可以加入 A-C 型共聚物。其中，C 组分与聚合物 B 有良好的相容性。当然，也有一些非反应性共聚物，不属于 A-B 型或 A-C 型，也能起增容作用。

2. 加入反应性共聚物

使用 A-C 型反应性共聚物，可以改善聚合物 A 与 B 的相容性。其中，共聚物的组分 C 可以与聚合物 B 发生化学反应。例如，在 PP/PA 共混体系中，可以采用 PP 接枝马来酸酐（PP-g-MAH）作为增容剂。在共混过程中，MAH 可以与 PA 发生化学反应，从而改善 PP 与 PA 的相容性。反应型增容剂是一种由非极性高分子主链及活性基团组成的聚合物，由于它的非极性高分子主体能与共混物中的非极性聚合物相容，而极性基团又能与共混物的极性聚合物的活性基团反应或键合，起到很好的相容作用，因此它属于一种强迫性增容。与非反应型增容剂相比，反应型增容剂具有用量少、效果好、成本低的优点。反应型增容剂的活性基团一般为酸酐、羧酸、氨基、环氧基、羟基等，它们都具有高的反应活性。因马来酸酐（MAH）具有易接枝的特点，聚烯烃接枝 MAH 被广泛用作聚烯烃和聚酰胺共混体系的增容剂。

3. 原位聚合方法

原位聚合法中的增容剂不是预先合成的，而是在加工成型过程中产生的。例如，将三元乙丙橡胶（EPDM）与甲基丙烯酸甲酯（MMA）在过氧化物存在的条件下从双螺杆挤出机中熔融挤出，形成 EPDM、PMMA 与 EPDM-g-MMA 三种组分的共混物，其中 EPDM-g-MMA 在共混物中起增容剂作用。

原位聚合方法又称为反应共混法，由于其具有简便易行的特点，已成为共混改性的新途径。

4. 加入低分子量化合物增容剂

利用低分子量化合物进行交联接枝等生成共聚物，使相界面上存在交联产物，起着类似嵌段共聚物的作用，因而可获得细微的形态和较高的韧性。低分子量化合物要选择仅能与一组分交联的化合物，这样才能使共混物获得良好的物理、机械性能。双马来酸亚胺与 NR 和 PP 混合时，由于橡胶相交联以及在相界面上形成了嵌段、接枝共聚物，因而大大提高了抗冲击强度。

在低分子量反应性化合物中，通常使用过氧化物，用作反应过程的引发剂，特别是引发 MAH 与改性的增容剂的接枝。例如，把过氧化物倒挂到聚烯烃的主链上，直接用作增容剂。这些具有过氧化物功能的聚合物可用作三元共混的增容剂。目前用过氧化聚合物作乙丙橡胶和热塑性工程塑料共混的增容剂，实际上过氧化聚合物在共混物中起交联剂作用。表 3-1 列出了一些低分子增容剂。

表 3-1　低分子增容剂实例

体　系	A 组分	B 组分	增容剂
3-1	PET	尼龙 6	对甲基苯磺酸
3-2	聚氯乙烯	聚丙烯	双马来酰亚胺或氯化石蜡
3-3	PBT	NBR	硅烷，多官能团
3-4	PP	NR	过氧化物＋马来酰亚胺
3-5	PP，尼龙 6	NBR	二羟甲基酚衍生物

3.4.2　增加共混组分之间的相互作用

在共混组分之间，引入可以相互作用的基团，使聚合物之间发生强烈的相互作用，如分子间形成氢键、偶极-偶极作用、酸碱作用、电荷转移络合等，有助于改善共混体系的相容性。例如，PVC 与聚甲基丙烯酸甲酯、聚丙烯酸酯类以及其他一些聚酯类聚合物具有相容性，原因在于：聚甲基丙烯酸甲酯等聚合物中的酯基，可与 PVC 产生类似氢键的强烈相互作用。在研究 PVC/EVA 共混体系时发现，当醋酸乙烯的含量大于一定值时，EVA 可以与 PVC 完全相容，也是由于 EVA 中酯基的密度达到一定值后，可与 PVC 中的β-H 形成氢键。由于产生氢键而使相容性提高的共混体系还包括 TPU（聚氨酯）/PVC。由于二者共混后，在它们的分子之间形成氢键，故共混体系相容性较好。

在聚合物分子链上引入可形成氢键、离子键或酸碱相互作用的基团，可使完全不相容的共混体系的相容性得到改善。强相互作用还包括氢键、偶极-偶极、π-氢键、n-π络合、离子-偶极、离子-离子等，有关这方面的实例如表 3-2 所示，表中各聚合物通过这些特殊强相互作用而使相容性大大提高。表 3-3 为典型的离子键型增容剂。

表 3-2　形成强相互作用的聚合物共混体系及其相互作用类型

共混聚合物	相互作用类型	共混聚合物	相互作用类型
PVC/PCL	氢键	PEO/phenoxy	氢键
PAA/PEO	氢键	PVME/phenoxy	氢键
PA/ABS	氢键	PPO/PS	π-氢键
羟基化 PS/PEMA	氢键	PVF_2/PMMA	偶极-偶极
PBT/PVC	氢键	PVF_2/PVAC	偶极-偶极
EVA/PVC	氢键	PMMA/PC	n-π络合
PMMA/PVC	氢键	PC/PBT	n-π络合
PCL/phenoxy	氢键	TMPC/PC	n-π络合
PS/PCL	氢键	St-Co-MAA-Li/PEO	离子-偶极

注：PEO 为聚环氧乙烯；PAA 为聚丙烯酸；phenoxy 为双酚 A 多羟基醚；PVME 为聚乙烯基甲基醚；PVF_2 为聚偏氯乙烯；PVAC 为聚醋酸乙烯酯。

表 3-3 典型的离子键型增容剂

A 组分	B 组分	增容剂
PS	PMMA	磺酸化 PS
PS + PPO（聚苯醚）	EPDM	PS（含磺酸盐）
PA6	PE	AC（羧酸盐）
PBT	PE	EVA

3.4.3 形成交联结构

对于不相容的聚合物，采用化学交联的方法可以防止共混体系发生相分离，改善共混体系的相容性。在交联过程中，首先形成具有增容作用的接枝共聚物，该增容剂使分散相进一步细化，从而形成所希望的形态结构，交联作用使所形成的结构稳定化。例如，PS 和 PE 为不相容聚合物，但加入过氧化物进行交联后，PS/PE 共混体系的相容性明显提高。

3.4.4 互穿网络聚合物（IPN）法

互穿网络聚合物（IPN）是两种或两种以上交联聚合物相互贯穿而形成的相互交织的聚合物网络，它可以看作是一种特殊形式的聚合物共混物，具有明显的增容作用。Parnell 等通过 DSC 研究了 PVC/TPU 共混物的玻璃化转变，该共混物出现一个玻璃化转变温度，从而证明该共混物具有相容性。其可能的机理为 TPU 中的氨酯基与 PVC 形成半 IPN 后，再形成氢键，因而使 PVC 与 TPU 的相容性提高。

3.4.5 其他方法

如果能减少相畴尺寸至纳米级或微米级，使共混组分近似呈分子链（或分子簇）之间的相互贯穿缠结，而在复合材料的加工过程中又能保持这种相互缠结的结构，就可以改善共混组分间的相容性，提高复合材料的性能。用普通的熔融共混或溶液共混方法很难实现共混物之间这种分子链水平的相互贯穿缠结，而用单互穿聚合物水基微乳液方法就可以达到这一目的。例如，将聚苯乙烯制成纳米级或微米级的水基微乳液，加入亲油性单体如甲基丙烯酸甲酯等，选择合适的引发体系使单体聚合，制成相互缠结互穿的聚合物微粒水基微乳液。利用这一方法可使两种不相容聚合物分子链发生相互贯穿缠结，改善聚合物的相容性，从而提高复合材料的性能。

3.5 增容剂的作用原理及分类

高分子合金的技术关键是增加不相容聚合物之间的相容性，即增容技术。一般情况下，在体系中引入增容剂，即可达到目的。而增容剂以界面活性剂的形式分布于共混物两相界面处，降低了界面张力。增容剂的作用：一方面提高了共混物的分散度，使分散相颗粒细微化和均匀分布；另一方面加强了共混物两相间的亲合力，使不同相区间能更好地传递所受的应力，使呈热力学不相容的共混物成为工艺相容的共混物，故要求增容剂与共混物的两个相均有良好的相容性和黏合力，并优先集聚在两相界面中，而不单独溶于共混物中的任何一相。

增容剂要与高分子 A 或高分子 B 同时相容，应具备以下条件：① 增容剂必须与 A 或 B 的链段相近或相似；② 通过单体接枝使非极性化的 A 或 B 具有极性化；③ 可同偶联剂的作用一样，促使 A 与 B 的界面相容。因而增容剂可采用多种方法。选择增容剂时选用能与 A 或 B 同时相容的一种聚合物，如 PVC 与 PP 合金使用 CPE（氯化聚乙烯）作为增容剂，但这种选择范围太小。现在采用化学方法，采取接枝或链段反应制作新的增容剂类型。随着增容剂的广泛研制与开发，品种已相当繁多，目前已开发的增容剂可分为反应型和非反应型两大类。另外，无机纳米粒子作为新型的增容剂，由于其独特的性能，越来越受到学者们的重视。

3.5.1　非反应型增容剂的种类与增容机理

这类聚合物增容剂是目前应用较多，也是较早开发出的一类增容剂。应用最早和最普遍的增容剂是一些嵌段共聚物和接枝共聚物，尤以前者更为重要。接枝或嵌段共聚体的链段分子量不宜过大，否则增容效应将由于分子间和分子内链的相互缠结作用而降低。能起到有效增容的链段分子量取决于聚合物结构，在一般情况下，以含有 10 ~ 15 个单体单元的链段组成的接枝或嵌段共聚体作为相应均聚体的增容剂比较合适。接枝过多的接枝共聚体，由于主链的作用受到限制，增容效应亦将降低。嵌段共聚物的增容作用一般都优于接枝共聚物，因为后者的主要链段被其支链限制住而不易靠近界面，只有当其支链少且长、均聚物分子量小于共聚物主链两支化点之间的分子量时，才能有较好的增容作用。

3.5.1.1　非反应型增容剂的种类

若以 A、B 分别代表组成共混物的两种聚合物，目前已开发出的增容剂有 3 种类型，即 A-B 型、A-C 型（ABC 型）、C-D 型。

1. A–B 型

A-B 型增容剂是效果最好而且最理想的增容剂，是将 A 高分子接枝或嵌段 B 高分子单体形成的。A-B 型增容剂，不是高分子 A 的链段完全接枝或嵌段于高分子 B，而是很小部分结构单元相近或相似。虽然 A 高分子只是接枝部分 B 高分子的单体链段，但 A-B 与 B 同时具有较好的相容性，这时外力作用于 A 高分子相中，通过 A-B 增容剂的界面可传递到 B 高分子，所以 AB 共混物具有较好的性能。如用作 PS/PP 共混物增容剂的 PS-PP 嵌段共聚物（PS-b-PP）和 PS-PP 接枝共聚物（PS-g-PP）就是 A-B 型增容剂的例子。

2. A–C 型

A-C 型增容剂是聚合物 A 及能与聚合物 B 相容的聚合物 C 组成的嵌段或接枝共聚物。高分子 A 首先与增容剂 A-C 共混，共混物形成相容的界面，相容的界面可与高分子 B 形成化学键合相容模式。A-C 型增容剂广泛用于非极性聚合物与极性聚合物的共混体系。A 相接枝的 C 一般为氢键或不饱和单体，具有较强的界面极性。如用作 PS/PVDF 共混物增容剂的 PS-PMMA 嵌段共聚物（PS-b-PMMA）就是 A-C 型增容剂的例子。

3. C–D 型

C-D 型增容剂由非 A 非 B，但分别能与 A、B 相容的 C 及 D 组成的嵌段及接枝共聚物。高分子 A 与高分子 B 共混，虽然加入的增容剂与 A、B 没有完全一样的链段，但增容剂 C-D，其中 C 可与 A 相容，不与 B 相容，而 D 端的链段可与 B 相容，而与 A 不相容，同样可使 A 与 B 高分子形成相互相容的界面相。C-D 型增容剂像“胶黏剂”一样将高分子 A 与高分子 B 相互锚接形成一个宏观上的统一相。用作 SAN/SBR 共混物增容剂的聚丁二烯-PMMA 嵌段共聚物（BR-b-PMMA）就是 C-D 型增容剂的例子。

早期开发的增容剂大多是 A-B 型，由于任意两个组分 A 与 B 共混，要制备与之结构相同的 A-B 型增容剂，在化学合成方面会有一定的限制。因此，目前高分子共混物增容剂的研制已从早期主要为 A-B 型逐步转向 A-C 型和 C-D 型。

3.5.1.2 非反应型增容剂的增容机理

非反应型增容剂，它们本身没有反应基团，依靠其大分子结构中同时含有与共混组分 A 和 B 相同或相似的分子链，分别与 A 和 B 发生物理缠结，因此可以在 A 和 B 两相界面处起到“乳化作用”或“偶联作用”，增加了两聚合物的相容性，如图 3-6 所示。这类增容剂具有无副作用、使用方便等优点，但也存在用量较多、成本较高的缺点。一般而言，嵌段共聚物的增容作用一般都优于相同成分的接枝共聚物，因为接枝共聚物主要是由较长的主链和较短的支链构成，支链的运动受到主链的限制。对于接枝共聚物，只有其支链长且密度不高、均聚物分子量小于共聚物主链两支化点之间的分子量时，才能有较好的增容作用。对于嵌段共聚物，它的 A 段在聚合物 A 中相容，B 段被排除在外，而 B 段在聚合物 B 中相容，A 段又难以被 B 聚合物相容，所以该类聚合物容易聚集在界面区域，能很好地起到增容剂的作用。

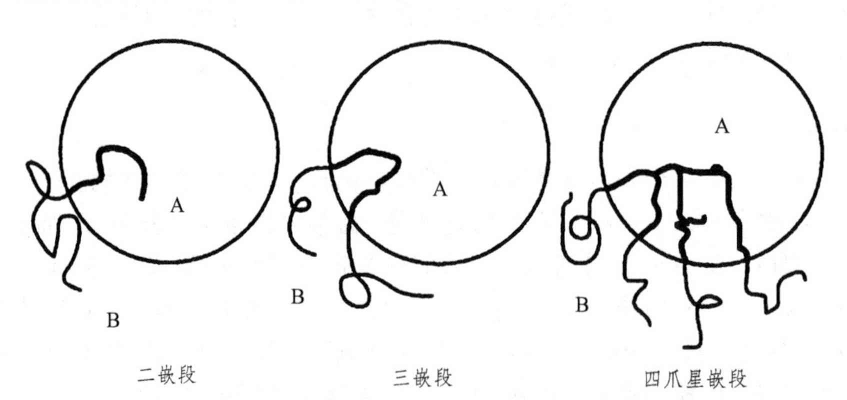

图 3-6 非反应性共聚物作为相容剂的作用机理示意图

这 3 种增容剂的作用为：① 降低两相之间的界面能；② 在聚合物共混过程中促进相的分散；③ 阻止分散相的凝聚；④ 强化相间的黏结。

对于非反应型增容剂，为了起到良好的增容效果，许多研究者在分子量、分子结构特征等方面进行了广泛的探讨，主要结论概括如下：

（1）从图 3-6 中可看出，增容剂应在两相界面处定位，所以嵌段 A 和 B（或接枝共聚物的主干 A 和支链 B）应分别与 P_A 或 P_B 有良好的相容性，但其不能完全与 P_A 或 P_B 相容，否则形成溶入任一共混组分而离开两相界面的现象，则其本身也必然为复相结构，起不到增容剂的作用。

（2）一般而言，嵌段共聚物的增容效果优于相同成分的接枝共聚物，即 A-b-B 优于 A-g-B，这是由于接枝共聚物大多数由较长的主链和较短的支链组成，支链的运动受到主链的限制。

（3）二嵌段共聚物的增容效果优于相应的三嵌段共聚物（A-B-A 型或 B-A-B 型），这主要是由于三嵌段共聚物的中间嵌段在大分子链上有两个结点处于界面处，链的构象受到较大的限制，因而影响其与 P_A 或 P_B 的相容性。星型四嵌段共聚物与均聚物的相容性更差。

（4）嵌段共聚物中各嵌段的分子量与 P_A 和 P_S 分子量的匹配对其增容效果有显著的影响。

（5）接枝共聚物增容效果的描述。A-g-B 中的支链 B 与均聚物 Ps 的相容性与其分子量比有关，以 M_n 代表均聚物分子量，M_g 代表相应支链分子量，则 $M_n/M_g<1$ 时完全相容，二者比值越大，相容性越差。这种情况与嵌段共聚物类似，此外，接枝共聚物 A-g-B 的主链 A 与均聚物 P_A 的相容性与支链密度密切相关，对于高支链密度的 A-g-B，两支链结点之间 A 链段极短，由于构象的限制，即使均聚物 P_A 的分子量远小于两支链结点之间 A 链段的分子量，也不可能相容，所以用作增容剂的接枝共聚物，其支链以长且密度不高为宜。

（6）增容剂用量。从聚合物共混物的性能需求以及生产的经济性考虑，在满足预定增容效果的前提下，增容剂的用量应尽可能降低，其最低用量以饱和相界面为准。估算如下：对于 P_A 及 P_B 共混体系，若 A-b-B 共聚物作为增容剂，设 P_A 为分散相，其体积分数为 φ_A，呈球状颗粒存在，球粒半径为 R，则单位体积共混物中相界面面积为 $3\varphi_A/R$；设 A-b-B 大分子截面面积为 a，则 A-b-B 饱和所有界面所需的质量分数 W 为

$$W = 3\varphi_A M/(aRN) \tag{3-3}$$

式中，M 为增容剂 A-b-B 共聚物的分子量；N 为阿伏伽德罗常数。

通常可设 a 为 $0.5\ \text{nm}^2$，若 $\varphi_A = 0.2$，$R = 1\ \mu\text{m}$，$M = 10^5$，则需 20%（质量分数）的增容剂；同样情况下，若 $M = 10^4$，则仅需要 2%的增容剂。所以在保证增容效果及综合性能的前提下，应使用分子量较低的嵌段共聚物作为增容剂。

（7）A-b-B 及 A-g-B 共聚物可作为 P_A、P_B 增容剂，显然，若聚合物 P_C 与 P_A 相容或 P_D 与 P_B 相容，则往往 A-b-B 及 A-g-B 还可以作为 P_C/P_B 共聚物的增容剂，以及可作为 P_A/P_D 共混物的增容剂。若上述两条件均成立，A-b-B 及 A-g-B 还可能作为 P_C/P_D 共混物的增容剂。

（8）从聚合物相容性与结构的关系出发，增容剂的结构还可以不限于嵌段或接枝共聚物，当 P_C 上同时带有 P_A、P_B 所有的某些基团，则 P_C 就有可能成为 P_A、P_B 共混物的有效增容剂，或更广义上说，若 P_C 只要同时具有与 P_A、P_B 良好的相容性，则可能在 P_A、P_B 共混时，起到有效的增容作用。

3.5.1.3　非反应型增容剂的实例

能够作为非反应型增容剂的种类很多，通常用的商业化的非反应型增容剂见表 3-4 至表 3-6。

表 3-4　A-B 非反应型增容剂的种类

聚合物 A	聚合物 B	增容剂
PS	PI（聚酰亚胺）	PS-b-PI
PS	PMMA	PS-b-PMMA, PS-g-PMMA
PS	PP	PS-g-PP
PS	PE	PS-b-PE, PS-g-PE
PS	PA	PS-b-PA, PS-g-PA
PS	PE	PS-g-PE
PS	PEO（聚环氧乙烯）	PS-g-PEO
PS	PC	PS-g-PC
PS	PEA（聚丙烯酸酯）	PS-g-PEA
PS	PF（苯酚甲醛树脂）	PS-g-PF
PMMA	PF	PMMA-g-PF
PMMA	EPDM	PMMA-g-EPDM
PE	PP	EPM, EPR, EPDM
PEO	PA	PEO-g-PA
PDMS（聚二甲基硅氧烷）	PEO	PDMS-g-PEO, PDMS-g-PEO
PC	PDMS	PC-g-PDMS
PMMA	PDMS	PMMA-g-PDMS
PVC	LDPE（低密度聚乙烯）	CPE
AC	PAN	AC-g-PAN
PP	PA6	PP-g-PA6

表 3-5　A-C、ABC 非反应型增容剂的种类

聚合物 A	聚合物 B	增容剂
PVC	PP	CPE, CPP
PVC	PS	PS-b-PCL, CPE
PVC	BR（丁二烯橡胶）	CPE
PS	PPO	SEBS
LDPE	PVC	EPDM
PS	PE	SB, SIS, SEBS, CPE
PS	PP	SBS, SEBS
PS	EPDM	SBS, SEBS
PDMS	PMMA	PDMS-g-PEO
SMA（苯乙烯-顺丁烯二酸酐共聚物）	PC	PS-g-PBA
SAN	SBR	BR-b-PMMA

表 3-6　C-D 非反应型增容剂的种类

聚合物 A	聚合物 B	增容剂
PPO（聚苯醚）	PA	SEBS
PPO	PVDF（聚偏氟乙烯）	PS-PMM 无规共聚物，PS-PMMA
PE	PS	SEBS
PET	PS	SEBS, SEPS
PVC	BR	EVA

张秀斌等在 HIPS/PVC 共混体系研究中，采用自由基引发的溶液聚合法合成了高抗冲聚苯乙烯接枝聚甲基丙烯酸甲酯（HIPS-g-PMMA）作为相容剂。这属于上述的 A-C 型相容剂。结果表明：HIPS-g-PMMA 对 HIPS/PVC 共混体系表现出较好的增容效果，共混物的拉伸强度、屈服强度及断裂伸长率明显增加，冲击强度增大，电镜照片显示两相界面变得模糊。

游长江等研究了苯乙烯-乙烯/丙烯二嵌段共聚物（SEP）对 PP/PS 共混体系的形态和力学性能的影响。结果表明：SEP 在 PP/PS 体系中作为相容剂，显著降低了分散相（PS）的平均粒径，提高了共混物的力学性能。对于 m（PP）：m（PS）= 70：20（质量比）的体系，SEP 的增容作用尤为明显。

3.5.2　反应型增容剂种类及作用机理

反应型增容剂需要带反应官能团的高分子，反应官能团的引入有以下 3 种方法：① 现有的高分子本身在主链、侧链和链端上带有官能团；② 通过共聚合含有特定官能团的共聚单体；③ 现有高分子的化学改性。上述 3 种方法各有优势和不足。

3.5.2.1　反应型增容剂的种类

增容剂中，A-B 型接枝型增容效果很好，但制备较难。研究发现，在共混挤出中，高分子与可反应的单体，在熔融状态下，可产生接枝和嵌段反应。同时，依据共混及反应条件，实现反应挤出。因而，向共混物中直接加入或就地形成带有可反应性官能团的聚合物，在相界面上发生嵌段或接枝生成 A-C 型或 C-D 型增容剂，从而达到降低界面张力，增加高分子 A 与 B 形成的物理缠结，促使两相均匀分散。这类技术称为反应性增容技术。

用于反应挤出的单体具有以下特点：① 含有可反应的官能团，如双键等；② 沸点高于高聚合物的熔点；③ 含有羧基、酸酐基、环氧基、酯基、羟基等官能团；④ 热稳定性好；⑤ 对引发剂不起破坏作用。

反应性增容通常是在挤出机中进行的，按其反应形式分为三类：① 利用带官能团的组分在熔融共混时就地形成接枝共聚物或嵌段共聚物；② 加入至少能与其中一种共混组分起反应的聚合物，通过共价键或离子键起增容作用；③ 加入低分子组分起催化作用，使共混物的形成与交联反应同时进行。目前采用最多的是第一种类型，所涉及的官能团组分主要有酸酐、羧酸、胺、羟基化合物、环氧化合物、离子基团等。常用于反应增容的主要化学反应有酰胺化反应、酰亚胺化反应、酯化反应、胺解反应、酯交换反应、开环反应和离子键反应。

3.5.2.2 反应型增容剂的反应机理

反应型增容剂的增容原理与非反应型增容剂有显著的不同，这类增容剂与共混的聚合物组分之间形成了新的化学键，所以又可称为化学增容，它属于一种强迫性增容。通常反应型增容剂为一些反应性高分子，它原则上可以进行小分子的各种化学反应。但是有时高分子链的位阻效应和高分子共混时，熔体的黏性可大大降低增容反应的速度和均匀性，直至反应不能发生。同时，用于增容反应的反应基团浓度一般较低，共混反应的时间也较短，这就进一步降低了反应发生的可能性。因此如果希望增容反应发生，所用的反应性高分子必须含有反应活性很强的官能团，反应必须快并且最好是不可逆的，共混时必须尽可能减少传质的限制，即混合是充分的。反应增容的概念包括外加反应型高分子增容剂与共混聚合物组分反应而增容，也包括使共混聚合物组分官能化，并凭借相的反应增容。

3.5.2.3 反应型增容剂实例

当具有可以反应的功能基的两种聚合物熔融共混时，分子间就可以生成一定量的接枝或嵌段共聚物，这种共聚物是通过两种聚合物的官能团形成离子键或共价键而得到的。在加工过程中生成的增容剂，其化学结构与未反应的均聚物相同，并聚集在相表面，降低了表面张力，同时由于缠结作用改进了共混物的机械性能。反应型增容剂的种类一般可分为如下几类：

（1）含 MAH 的反应性高分子酸酐类单体是最早用于聚合物接枝改性的官能化单体，最早开发于 1987 年，马来酸酐是最常用的接枝单体。马来酸酐被用来作为主要的接枝改性单体是因为马来酸酐较其他的接枝单体更易发生接枝反应。MAH 接枝聚烯烃被广泛用作聚烯烃和聚酰胺共混体系的增容剂。PP-g-MAH 能作为 PP/PA6 体系的增容剂的原因是 PP-g-MAH 和 PA6 发生了如下反应：

$$\begin{array}{l}\sim CH-C(=O)\\ \quad | \qquad\quad \diagdown O \\ \quad CH_2-C(=O)\end{array} + NH_2-PA6 \longrightarrow \begin{array}{l}\sim CH-C(=O)-NH-PA6\\ \quad |\\ \quad CH_2-C(=O)-OH\end{array} \longrightarrow \begin{array}{l}\sim CH-C(=O)\\ \quad | \qquad\quad \diagdown N-PA6\\ \quad CH_2-C(=O)\end{array}$$

比较高酸酐接枝率（HAC）的 PP 和低酸酐接枝率（LAC）的 PP 对 PN/P66 体系的影响。通过比较不同含量的 LAC 和 HAC 对共混体系的影响，认为影响分散相 PA 粒子尺寸的是马来酸酐的含量，而不是增容剂的含量。常见的几种马来酸酐化增容剂如下：

① MAH 化 PE。

国内外许多研究者对 PE-g-MAH 研究较多，王玉东等人采用了较为经典的方法：按一定比例将引发剂和 MAH 溶于少量的丙酮内，再将所有溶液均匀滴入盛有 HDPE 的混料器中，充分混合，快速晾干后，在挤出机上进行熔融挤出，造粒即得。他们将此接枝物用作 HDPE/PA1010 增容剂。唐萍等人研究了 MAH 接枝 LDPE 对 PET/PE 共混物的增容作用。PET 与聚烯烃相容性较差，PE-g-MAH 上的酸酐官能团可促进共混物的相容性。利用 PE-g-MAH 来增韧 PA6、PA66、PA610、PA1010 等也是常用的。

② MAH 接枝 PP。

PP-g-MAH 作为一种十分有价值的材料，不少人对此做了比较详细的研究。接枝过程在 PP 的熔点以上，一般为 190 ~ 230 °C，将 PP、MAH、引发剂等在一定的条件下共混挤出。

该反应具有操作简单，无须回收溶剂，可实现工业化连续生产等优点。但由于生产过程中存在高温，PP 链叔碳原子上的氢断裂倾向大，易产生降解和交联反应，破坏 PP 本身的结构，且破坏程度往往随着接枝率的提高而加重，甚至造成产物的二次加工困难。因此 PP-g-MAH 的制备需要较严格的控制工艺参数，方可得到性能良好的 PP-g-MAH。它主要用于 PP/PA 的增容剂。周伟平等以 PP-g-MAH 为相容剂，用双螺杆挤出机对 PA6/SEBS/PP-g-MAH 进行共混（SEBS 是热塑性弹性体 SBS 的加氢产物，又称为氢化 SBS），结果表明，PA6/SEBS/PP-g-MAH 体系的拉伸强度、抗弯强度和冲击强度，都比 PA6/SEBS 体系有不同程度的提高，吸水率有较大幅度降低。该相容剂属于 C-D 型反应性共聚物。

李志君等以甲基丙烯酸缩水甘油酯（GMA）和苯乙烯多单体熔融接枝聚丙烯为相容剂，研究了该相容剂对 PA6/HIPS 共混物的熔融流变性能、结晶行为、两相形态和力学性能的影响。结果表明，在相容剂的质量分数为 10%时，共混物分散相的尺寸明显变小，力学性能得到较大提高。

卞军等以甲基丙烯酸缩水甘油酯（GMA）和苯乙烯多单体熔融接枝聚丙烯为相容剂，研究了该相容剂对 PP/PVC 共混物的两相形态和力学性能的影响。结果表明，相容剂的加入改善了不相容体系 PP/PVC 的力学性能。

③ MAH 化 EPDM。

使用 MAH 接枝 EPDM 是改善 PA 韧性的一种重要手段，对此许多研究者都进行了不懈的努力，得到了很多卓有成效的结果。国内外多家知名公司都利用 EPDM-g-MAH 推出了自己的增韧 PA66 和超韧 PA 系列产品。EPDM-g-MAH 与 PA 反应形成了化学键，因而它们有很好的相容性。PA/EPDM 体系中的弹性体的粒径较大，一般为 18 ~ 30 μm，PA/EPDM-g-MAH 分散相尺寸较小且分布均匀，粒径为 0.2 ~ 1.5 μm。崔红跃等采用熔融接枝方法制备了相容剂 EPDM-g-MAH（EPDM 为三元乙丙橡胶），应用于 PA6/PP 共混体系，研究了 EPDM-g-MAH 用量、PA6/PP 配比、加工方式等对 PA6/PP/EPDM-g-MAH 共混体系的相态结构、力学性能的影响，同时研究了分散相颗粒平均粒径（d）、表面间距（τ）与冲击强度之间的关系。结果表明，接枝物 EPDM-g-MAH 可有效改善 PA6/PP 体系的相容性，且冲击强度显著提高。

（2）含羧酸基团及羧酸衍生物的反应性高分子主要有 AA（已二酸）接枝的 PP、AA 或 MAA 共聚的 PE、PS、NBR 及羧酸基团封端的 PA6、PET、PBT。它们经常被用于 PA、PPE（聚苯醚）、PE、PBT、PET、HIPS 等体系，以开发新型高分子合金。

已内酰胺接枝的 EPR 被用来提高 PA6 的冲击强度，异氰酸酯封端的 PA6 被用来增韧 PET，羧酸酯接枝的 PE 被用来增容 PA6/PE 和 PS/PE 共混物。用来增容 PET/EPDM 共混物的同步加成反应和增容 PA6/AC 共混物的胺解反应是两个很有趣的反应。含羧酸衍生物的反应性高分子在共混物增容中最常发生的反应为酯交换类型的反应，这类反应发生在各种聚酯、聚芳酯、聚碳、聚酰胺和聚苯氧树脂等之间。

（3）含杂环的反应性高分子主要有两种：环氧和噁唑琳基团。环氧树脂本身含有的末端环氧基团通常被用于环氧树脂的反应共混增韧，环氧基团与羟基、氨基以及羧基均可反应，生成化学键。环氧基团封端的 PPE、聚苯氧树脂、PMMA 也被用于反应性共混增容。噁唑琳类等反应性聚合物共聚的 PS 及接枝的 PP 等也常用于高分子合金的反应型增容中。

（4）含氨基官能团的反应性高分子主要是聚酰胺类。它们含有的氨基官能团可以与含有酸酐、羧酸、环氧等官能团的反应性高分子及离聚物反应，增容聚合物，从而提高各种聚酰胺与其他聚合物共混物的冲击强度、拉伸强度、渗透性能、耐温和结晶性能及界面性能等。

（5）含羟基官能团的反应性高分子与含氨基官能团的反应性高分子相比，含羟基官能团的反应性高分子的种类比较多。PET 和 PBT 的末端羟基被用来与羧酸等反应，可以增容许多 PET、 PBT 的共混物，以提高它们的力学性能和渗透性能等。PA6 的末端羟基、聚苯氧树脂（PO）含有的羟基、HTBN（端羟基聚丁二烯丙烯腈）的封端羟基也都被用于各自共混物的反应增容中。另外，羟基官能团还被接枝到 EPR、PP 等高分子上并用于反应共混增容。

（6）能产生离子键作用的反应性高分子除上述形成共价键的反应以外，还有离子键。高分子中含有的吡啶和叔氨基团可以与磺酸、羧酸及离聚物形成离子键并达到增容的目的。用于共混物增容的离子键相互的作用比较重要的另一类产生于离聚物之间，如含有磺酸锌盐的 PS、EPDM，含有羧酸锌盐或钠盐的乙烯类共聚物，以及含有磷酸酯的 EPDM，它们通过离子键相互作用而增容，并提高共混物的冲击和拉伸性能等。例如，当乙烯-甲基丙烯酸共聚物与聚甲基丙烯酸甲酯、聚甲基丙烯酸共混时，得到的是不相容体系。但加入醋酸锌后，则锌离子与酸之间形成离子价，生成的共聚物起到嵌段共聚物增容剂的作用，体系由不相容变成相容。表 3-7 为典型的离子键型增容剂。

表 3-7 典型的离子键型增容剂

A 组分	B 组分	增容剂
PS	PMMA	磺酸化 PS
PA6	PE	AC（羧酸盐）
PBT	PE	EVA

除共聚物可以作为增容剂外，低分子的活化物也可以直接作为增容剂。这种低分子增容剂不仅包括一些反应型单体及低分子量聚合物，还包括一些能与聚合物合成的一个组分相容，并与另一组分反应、交联或键合，从而提高共混物的相容性。常用的反应型增容剂见表 3-8。

表 3-8 反应型增容剂的种类及聚合物合金

增容剂类型	适用的聚合物共混体系
PP-g-MA, PA-g-AA, EAA, EP-g-MMA, EPDM-g-MA	PA/PP，PA/PE，PA/EPDM
离子聚合物	PO/PA
有机硅改性 PO（环氧丙烷）	PA/聚酯
SMA	PC/PA（PBT）
噁唑啉改性 PS	苯乙烯类树脂/PA（PC，PO）
SEBS-g-MA	PPO/PA，PP/PA（PC），PS/PO，PE/PET
PCL-S-GMA	PBT/PA
核壳多层结构丙烯酰亚胺聚合物	PO/PA（PC），PA/PC
Et（乙醇）-MAH-EA 三元共聚物	PA/PC，PPO/PA，PBT/PC
梳状共聚物（主链为 EGMA，支链为乙烯共聚物）（系列产品）	PE/PS，EP/PMMA，PE/PVC，PE/ABS，PP/PS，PP/ABS，PA/PPO，PBT/ABS，PBT/PPS（PC，PPO），ABS/PBT
梳状共聚物（主链为酸、环氧改性丙烯酸树脂、PS、PE、PBT 等，支链为乙烯基聚合物）	PA/ABS(AS)，PPO/ABS，PS/ABS，PA/ABS，PBT/ABS，PA/PPO，PBT/PPO，PA/PS，PBT/PS，PC/PS，PPO/PO，PS/PO

提高相容性也可以采用其他方法，如交联法、接枝法等。在橡胶-橡胶共混体系中，两相间的交联是提高相容性的有效途径。王文等运用辐射接枝技术，制备了甲基丙烯酸缩水甘油酯（GMA）接枝 SAN（SAN 为苯乙烯-丙烯腈共聚物）作为相容剂，应用于 PA6/ABS 共混体系。该相容剂能有效地提高 PA6/ABS 共混物的力学性能，表现出优良的增容效果。

原位聚合法中的相容剂不是预先合成的，而是在加工成型过程中产生的。例如，将三元乙丙橡胶（EPDM）与甲基丙烯酸甲酯（MMA）在过氧化物存在的条件下从双螺杆挤出机中挤出，形成 EPDM、PMMA 与 EPDM-g-MMA 三种组分的共混物。其中，接枝共聚物 EPDM-g-MMA 在共混体系中起相容剂作用。原位聚合方法又称为反应性共混，由于具有简便易行的特点，已成为共混改性的新途径。

复习思考题

1. 名词解释：热力学相容性；广义相容性；混溶性；增容剂；平衡熔点；聚合物相图；反应增容；原位增容。
2. 试从热力学角度解释聚合物的相容性。
3. 研究聚合物相容性有哪些方法？
4. 简述聚合物共混体系常用的增容剂的分类、作用原理以及选取原则。
5. 如何提高聚合物共混体系的相容性？
6. 试述非反应性增容的原理。如何改善 PVC 和 PP 的相容性？

第4章　聚合物共混改性过程及其调控

内容提要：熔融共混法是聚合物共混改性的主要方法。熔融共混法是将处于熔融状态的聚合物共混组分，在一定的共混设备中，通过适当的共混过程而获得预期的共混物。本章首先介绍混合的基本方式与基本过程、聚合物共混过程的理论模型，接着介绍共混过程的实验研究方法及共混过程的调控方法。

4.1　混合的基本方式与基本过程

从理论上分类，混合的方式可分为分布混合与分散混合两大类。但在实际共混过程中，两种混合方式是并存的。

4.1.1　分布混合

分布混合，又称分配混合，是混合体系在应变作用下通过流动单元位置的置换而实现的。对于“海-岛”两相结构体系，分布混合指分散相粒子不发生破碎，只改变分散相的空间分布状况及增加分散相分布的随机性的混合过程。该过程可使分散相的空间分布趋于均匀化。在分布混合中，分散相物料主要通过对流作用来增加分布的随机性。

相对分布混合，还有“层流混合”。层流混合是通过黏性流体（在熔融共混中是聚合物熔体）的层流，对混合体系施行某种变形来实现的。层流混合实际上是分布混合的一种特定形式。

4.1.2　分散混合

分散混合是指既增加分散相空间分布的随机性，又改变分散相粒径及粒径分布的过程。在熔融共混中，分散相粒子在外界（混合设备）的剪切力作用下破碎，分散相粒子的粒径变小，粒径分布也发生变化。

在共混过程的初始阶段，分散相物料的粒径通常会大于“海-岛”结构两相体系理想的粒径，所以，分散混合对于共混过程是不可或缺的。即使是聚合物填充体系，由于填充剂会发生聚结，导致填充剂颗粒变大，因而分散混合也是必须要有的。鉴于分散混合在共混过程中的重要性，本章将对其做重点介绍。

4.1.3　分布混合与分散混合的关系

在实际的共混过程中，分散相粒子的变形、破碎（主要来源于分散混合）以及空间分布的均匀化（主要来源于分布混合）是同时发生的。换言之，分布混合和分散混合在实际的共混过程中是共生共存的。分布混合和分散混合的驱动力都是外界（设备）施加的作用力（如剪切应力及相应的应变）。

分布混合和分散混合的作用效果也是相辅相成的。分布混合使分散相的空间分布状况得到均化，为分散混合创造了有利的条件；而分散混合的结果，除了分散相粒径变小之外，也使分散相的空间分布更为均匀。

尽管分布混合和分散混合是共生共存的，但在共混过程的某一具体阶段，两者又是各有侧重的。在某一阶段，分布混合为主导；而在另一阶段，则是分散混合为主导。

分散混合过程使分散相颗粒细化，直接影响分散相颗粒的平均粒径和粒径分布。而共混物两相体系中分散相颗粒的平均粒径和粒径分布，对共混物的性能有重要影响。对于特定的共混体系，相对于所要求的性能，通常有一个最佳的分散相平均粒径范围。分散相平均粒径在这个范围之内，共混物的某些重要性能（如力学性能）可以获得提高。此外，分散相颗粒的粒径分布对于性能也有影响，一般要求粒径分布窄一些。

4.1.4　流动场的形式：剪切流动与拉伸流动

共混过程中，外界的作用力通过连续相传递给分散相，促使分散相颗粒发生破碎。流动场的形式以及相应的共混物熔体的流动行为，是共混物分散过程的重要影响因素。

共混物熔体处于流动场的形式主要有剪切流动与拉伸流动。

流动过程中在与流动方向垂直的方向（横向）产生速度梯度的，称为剪切流动；在与流动方向平行的方向（纵向）产生速度梯度的，称为拉伸流动，如图 4-1 所示。图中，箭头所示为流动的方向，箭头长度的差异代表速度梯度。

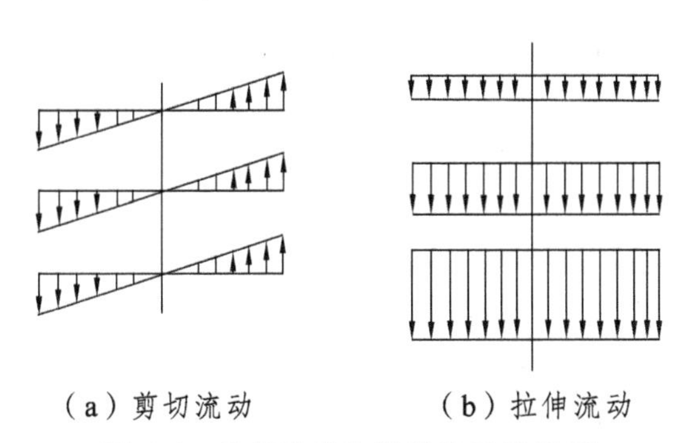

（a）剪切流动　　（b）拉伸流动

图 4-1　剪切流动和拉伸流动示意图

在实际的熔融共混过程中（如熔融挤出过程中），剪切流动和拉伸流动是同时存在的。在大多数情况下，聚合物共混过程以剪切流动为主。一般用剪切应力和剪切速率来表征剪切流动。分散相颗粒的破碎，也主要是受剪切力的作用。

当连续相的熔体黏度显著低于分散相黏度的时候，拉伸流动也可起重要作用。共混设备提供的剪切力，是通过连续相传递给分散相的。当连续相的熔体黏度显著低于分散相黏度时，传递作用就会变弱，以剪切流动为主导的分散作用就会相应地削弱。在这种情况下，为了改善共混效果，就要通过共混设备结构的调整，强化物料在共混设备中的拉伸流动。

4.1.5 影响熔融共混过程的主要因素

聚合物两相体系的熔融共混过程受诸多因素的影响，主要有以下 5 个因素：

① 聚合物两相体系的熔体黏度（特别是黏度比）以及熔体弹性；

② 聚合物两相体系的界面能（界面张力）；

③ 聚合物两相体系的组分含量配比以及物料的初始状态；

④ 流动场的形式（剪切流动、拉伸流动）和强度（如剪切流动中的剪切速率）；

⑤ 共混时间（具体的共混时间是共混物料在混合设备各个区段的停留时间）。

4.2 聚合物共混过程的理论模型

对于聚合物共混过程，可以用数学模型进行模拟，以探讨这一过程的基本规律。这些理论推导可得到一系列有重要意义的推论。

4.2.1 分散相粒子的运动与变形过程

研究共混过程中处于熔融状态下的聚合物体系，研究的对象是该体系中一个分散相颗粒的运动、变形直到破碎分散的过程。对于这一过程，研究者提出了若干理论模型。

4.2.1.1 液滴模型

液滴模型是由 Taylor 在研究稀乳液中的液滴在剪切作用力下的变形时建立的数学模型。该模型后来由 Cox 进一步推广。“液滴模型”分析了处于悬浮液中的液滴（为牛顿流体体系）在外界剪切力作用下的变形与破裂行为，此模型对研究“海-岛”结构的聚合物两相体系也有指导意义。

对于以液滴分裂机理进行的分散过程，Taylor 的“液滴模型”是分散相颗粒变形与分散破碎最基本的模型。

处于悬浮液中的液滴在外界剪切力作用下会变成椭球状，液滴在剪切力作用下的变形示意图如图 4-2 所示。

液滴在剪切力作用下的变形可由式（4-1）表示：

$$D=\frac{L-B}{L+B}=\frac{5(19\lambda+16)}{4(\lambda+1)\left[\left(\frac{20}{We}\right)^{2}+(19\lambda)\right]^{\frac{1}{2}}} \tag{4-1}$$

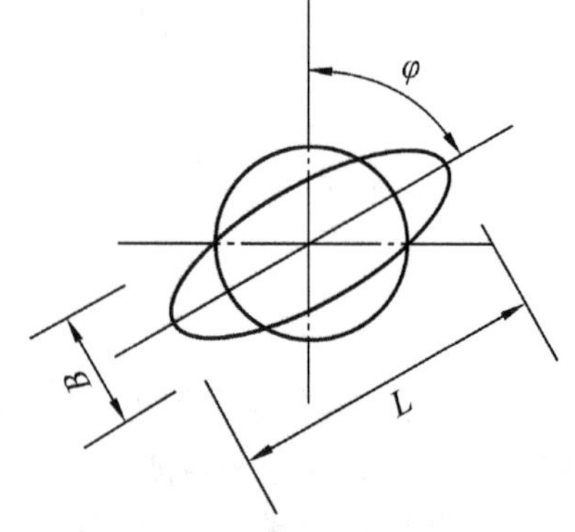

图 4-2 液滴在剪切力作用下的变形示意图

式中 D——液滴（分散相）的形变；

L 和 B——变成椭球状的液滴的长轴和短轴的长度；

λ——两相黏度之比，$\lambda = \eta_d / \eta_m$，$\eta_d$ 和 η_m 分别是分散相与连续相（基体）的黏度；

We——Weber 数（也称之为 Ca，即 Capillary 数）。

$$We = \frac{\eta_m \dot{\gamma} R}{\sigma} \tag{4-2}$$

式中 η_m——连续相的黏度；

$\dot{\gamma}$——剪切速率；

R——液滴（分散相）的半径；

σ——两相间的界面张力。

由式（4-1）和式（4-2）可以讨论影响液滴（分散相）形变的因素。由式（4-2）可知，如果 We 很小，则表明界面张力占主导作用，可以形成稳定的液滴。由式（4-1）可知，当 We 增大时，液滴的形变 D 也相应增大。

“液滴模型”认为，对于特定的体系和在一定条件下，We（或 Ca）可有特定的临界值（We_{crit} 或 Ca_{crit}）。当体系的 We 值小于临界值时，液滴是稳定的；若大于临界值，液滴就会变得不稳定，进而发生破裂。

影响 We 的因素包括连续相的黏度 η_m、剪切速率 $\dot{\gamma}$、液滴的半径 R，以及两相间的界面张力 σ。而影响液滴形变 D 的因素，除 We 值之外，还有两相黏度比 λ。此外，体系所处的流动场的形式（剪切流动或拉伸流动）对液滴的变形与破碎也有重要影响。

对液滴（分散相）的形变与破裂进一步做如下讨论。

（1）剪切速率 $\dot{\gamma}$ 的影响。

剪切速率增大，可使 We 值增大，进而使液滴的形变增大。剪切力是促使液滴发生形变的因素，剪切速率增大就意味着外界作用较强，因而使液滴形变增大。

（2）大粒子比小粒子容易变形。

较大的分散相粒径，也使 We 值增大，易于变形。这表明分散相的大粒子比小粒子容易变形。液滴的变形达到一定程度就会发生破碎。因而，分散相的大粒子比小粒子容易变形，相应地也就容易进一步发生破碎。大粒子比小粒子容易变形，是由于在相同的剪切力场中，大粒子比小粒子受到更大的外力。

（3）连续相黏度 η_m 的影响。

连续相的黏度增大，也可以使 We 值增大，进而使液滴（分散相）的形变增大。外界作用力是通过连续相传递给分散相的，连续相的黏度增大，就意味着传递作用增强。

（4）界面张力 σ 的影响。

两相间的界面张力 σ 降低，可以使 We 值增大，进而使液滴的形变增大。界面张力是阻止液滴变形、使液滴保持稳定的因素，降低界面张力有利于液滴变形。对于聚合物共混两相体系，界面张力 σ 是与两相聚合物之间的相容性密切相关的。相容性较好时，界面张力 σ 较低，分散相容易变形，进而破碎。

（5）两相黏度之比 λ 的影响。

由式（4-1）可见，两相黏度之比 λ 对液滴的形变也有重要影响。关于两相黏度之比 λ 对分散相破碎分散的影响，将在后续章节中详细讨论。

（6）关于熔体弹性。

将式（4-1）应用于聚合物共混体系，会遇到一个问题：高聚物熔体具有黏弹性行为，而式（4-1）没有考虑流体的弹性形变。聚合物共混物熔体中的分散相颗粒在变形中，会发生弹性形变，这部分弹性形变具有可恢复性，可以用弹性形变自由能来表征。与界面张力σ的作用一样，弹性形变自由能也是阻止液滴变形，使液滴保持稳定的因素。因而，Van Oene 提出，可以将弹性形变的能量叠加到界面能中，如式（4-3）所示。

$$\sigma_{\mathrm{eff}} = \sigma_{12} + \frac{R}{6}(G_{\mathrm{d}} - G_{\mathrm{m}}) \tag{4-3}$$

式中　σ_{eff}——有效界面张力；

σ_{12}——共混体系静止状态下的界面张力；

R——分散相粒径；

G_{d}与G_{m}——分散相储能模量与连续相储能模量。

式（4-3）是对界面张力值的一种修正，体现了共混物熔体在运动变形过程中，总体的可恢复性的形变能和相应的阻止变形能力。弹性形变自由能与界面能还可以在一定条件下相互转化。

（7）液滴破碎的判据。

液滴的变形达到一定程度就会发生破碎。液滴破碎的判据可由式（4-4）给出：

$$\frac{\tau(19\lambda + 16)}{16(\lambda + 1)} > \frac{\sigma}{R} \tag{4-4}$$

式中　τ——剪切应力。

由式（4-4）可见，增大剪切应力，或者降低界面张力，有利于液滴的破碎。同时，分散相粒径R较大，易于破碎，即分散相中的大粒子比小粒子容易破碎。

（8）流动场形式的影响。

流动场形式（剪切流动或拉伸流动）对液滴的变形与破碎也有重要影响。Taylor 发现，对于牛顿流体，拉伸流动比剪切流动更能有效地促使液滴破裂。在剪切流动中，液滴破裂需要两相黏度之比λ在一定范围之内；而拉伸流动所限定的λ的范围比剪切流动要宽。这一规律，在聚合物两相体系的共混中也得到验证。如前所述，当连续相的熔体黏度显著低于分散相黏度的时候，以剪切流动为主导的分散作用就会相应地削弱。在这种情况下，为了改善共混效果，就要设法强化物料在共混设备中的拉伸流动。

4.2.1.2　双小球模型

利用“双小球模型”可以对分散相颗粒破碎的条件与规律进行进一步探讨。“双小球模型”讨论的是一个分散相颗粒破裂成两个小颗粒的条件，因而，该模型实际上也属于对液滴分裂机理（逐步进行的重复破裂）的理论探讨。

采用“双小球模型”进行的理论推导中，假设在一个分散相颗粒中有两个假想的球形粒子。两个假想的球形粒子处于运动的连续相流体中。如图 4-3 所示，两个假想的球形粒子处于连续相流体提供的恒定剪切速度场中（速度场的流向与 x 轴平行）。将其中一个粒子置于坐标系的原点，而分析第二个粒子的运动轨迹。

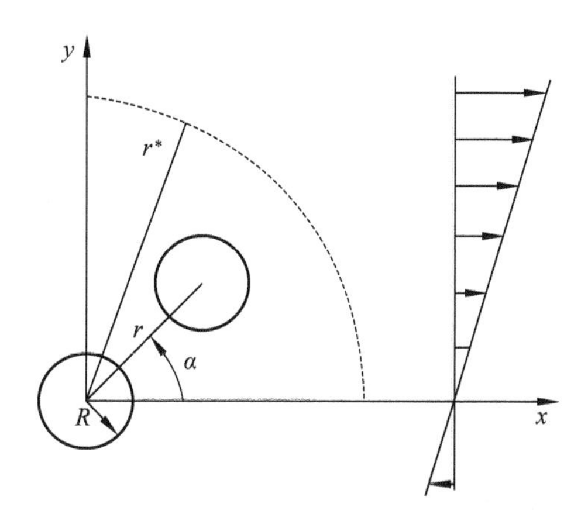

图 4-3　处于恒定剪切速度场中的两个假想的球形粒子

如图 4-3 所示，每个球形粒子的半径为 R，两个粒子中心的距离为 r：

$$r=\sqrt{x^2+y^2} \tag{4-5}$$

式中，x 和 y 为第二个粒子的坐标。$2R\leqslant r\leqslant r^*$，$r^*$ 为两个粒子中心的临界距离。

两个假想的粒子之间，有相互连接的作用力，即分散相粒子的内力。内力是阻止分散相颗粒发生破碎的力，包括聚合物熔体的黏滞力、弹性力和界面张力等。同时，假想的粒子还受到连续相流体的剪切应力场的外力作用。在外力和内力的共同作用下，粒子发生运动。当两个粒子中心的距离超出临界距离 r^*时，两个假想粒子之间相互连接的作用力就不再起作用，这意味着分散相颗粒发生了破碎。

假想的粒子处于恒定剪切速度场中，连续相的运动速度为

$$u=\dot{\gamma}y \tag{4-6}$$

式中　u——连续相的运动速度；

$\dot{\gamma}$——剪切速率。

式（4-6）表明，在粒子所处的恒定剪切速度场中，连续相的运动速度是呈线性变化的。粒子所受的外力，按 Stokes 公式为

$$F=6\pi R\eta v \tag{4-7}$$

式中　F——粒子所受的外力；

R——球形粒子的半径；

η——流体的黏度；

v——连续相流体与球形粒子的相对运动速度。

由于 Stokes 公式表征的是固体小球在流体中运动时受到的黏滞阻力，所以，将这一公式用于共混物两相体系时，η（流体黏度）应为连续相黏度。

外力 F 可以分解为沿 x 轴方向、y 轴方向的分力，即 F_x 和 F_y，相对运动速度 v 也可分解为 v_x 和 v_y：

$$v_x = \dot{\gamma} y - \frac{\mathrm{d}x}{\mathrm{d}t} \tag{4-8}$$

$$v_y = \frac{\mathrm{d}y}{\mathrm{d}t} \tag{4-9}$$

代入外力公式：

$$F_x = 6\pi R\eta \left(\dot{\gamma} y - \frac{\mathrm{d}x}{\mathrm{d}t} \right) \tag{4-10}$$

$$F_y = 6\pi R\eta \frac{\mathrm{d}y}{\mathrm{d}t} \tag{4-11}$$

两个粒子之间相互作用的内力为 F_{r}，内力包括分散相聚合物熔体的黏滞力、弹性力、界面张力等。由于假设粒子处于恒定速度的稳定流体之中，内外力是平衡的。

$$F_x = F_{\mathrm{r}} \cos\alpha = F_{\mathrm{r}} \frac{x}{r} \tag{4-12}$$

$$F_y = F_{\mathrm{r}} \sin\alpha = F_{\mathrm{r}} \frac{y}{r} \tag{4-13}$$

式中　F_{r}——两个粒子之间相互作用的内力；

　　　α——两个粒子之间连线与 x 轴的夹角。

将式（4-12）代入式（4-10），式（4-13）代入式（4-11），得到

$$6\pi R\eta \left(\dot{\gamma} y - \frac{\mathrm{d}x}{\mathrm{d}t} \right) = F_{\mathrm{r}} \frac{x}{r} \tag{4-14}$$

$$6\pi R\eta \frac{\mathrm{d}y}{\mathrm{d}t} = F_{\mathrm{r}} \frac{y}{r} \tag{4-15}$$

联立方程，消掉 $\mathrm{d}t$，得到

$$\frac{\mathrm{d}x}{\mathrm{d}y} - \frac{x}{y} = -Kr \tag{4-16}$$

其中

$$K = \frac{6\pi R\dot{\gamma}\varphi}{F_{\mathrm{r}}} = \frac{6\pi R\tau}{F_{\mathrm{r}}} \tag{4-17}$$

式中　τ——剪切应力。

式（4-16）是非线性的微分方程。将其进行简化，令 $r = x + y$，求解式（4-16）的微分方程，得到

$$\frac{x+y}{y} = C\mathrm{e}^{Ky} \tag{4-18}$$

其中，C 为积分常数，将 C 计算出后，代入式（4-18），得到假想的球形粒子（第二个粒子）运动轨迹的方程：

$$\left(\frac{x+y}{x_0+y_0}\right)\left(\frac{y_0}{y}\right)=\exp\left[Ky_0\left(1-\frac{y}{y_0}\right)\right] \tag{4-19}$$

式中 x_0、y_0——第二个粒子起始位置的坐标。

第二个粒子的运动轨迹必须满足 $2R \leqslant r \leqslant r^*$ 的条件。当 r 在临界距离 r^* 之内、$2R$ 距离之外时，粒子的运动轨迹可由上述方程决定。当其运动超出临界距离后，就不再受上述轨迹方程的约束，而是沿着与流体速度场平行的方向运动了。

对于分散相粒子运动轨迹的影响因素，可进行如下分析。

分散相粒子运动的轨迹方程，实际上是以数学的方法模拟了图 4-2 所示的分散相破碎的过程。尽管推导过程是建立在一系列假设的基础上的，仍然可用来对影响分散相粒子运动轨迹的因素进行定性分析。分散相粒子的运动轨迹受到 K 值、r^* 值和粒子的起始位置等因素的影响。可通过实例说明其影响因素。

实例 1

设 $y_0=2R$，$\alpha=90°$（即 $x_0=0$），相当于第二个粒子的初始位置与第一个粒子相接触，且两个粒子中心的连线方向与流体速度场的方向垂直。同时设 $R=0.5$，$r^*=3$。本实例中，第二个粒子的运动轨迹如图 4-4 所示，图中标出了 $K=2$、$K=3$、$K=4$ 和 $K=\infty$ 时，粒子的运动轨迹。

在实例 1 中，当 $K=2$ 时，第二个粒子只是围绕着第一个粒子转动。当 $K=3$ 时，第二个粒子与第一个粒子距离拉开，有分开的趋势，但未能超出临界距离，就又回到了一起，并且两粒子的连线转动到与流体流动方向平行的方向。由于这两个粒子是位于一个分散相颗粒中的，所以，$K=3$ 的情况，表示分散相颗粒发生了拉长变形和转动，但没有破碎。当 $K=4$ 时，粒子运动能够超出临界距离，两个粒子能够分开，意味着分散相颗粒发生了破碎。当 $K=\infty$ 时，粒子以平行于 x 轴的方向运动。

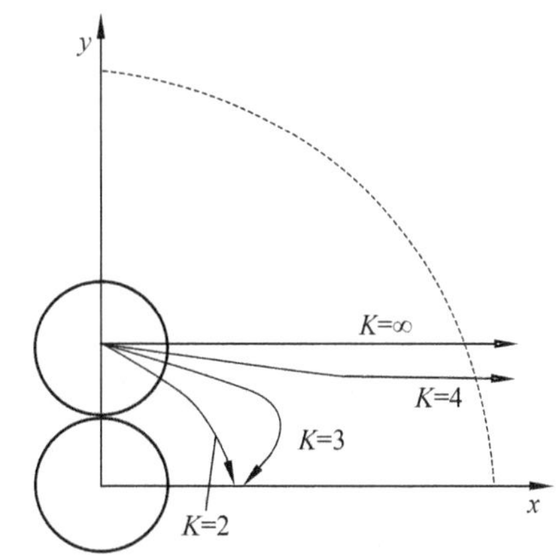

图 4-4 分散相粒子的运动轨迹（实例 1）

实例 2

设 $y_0=4R$，相当于第二个粒子的初始位置与第一个粒子有一定距离，其他条件与实例 1 相同，则第二个粒子的运动轨迹如图 4-5 所示，图中标出了 $K=0.5$、$K=1$、$K=2$ 和 $K=\infty$ 时，粒子的运动轨迹。

在实例 2 中，当 $K=0.5$ 时，第二个粒子先向右下方运动，再围绕着第一个粒子转动。当 $K=1$ 时，第二个粒子与第一个粒子距离拉开，但未能超出临界距离（类似于实例 1 中 $K=3$ 的情况）。当 $K=2$ 时，粒子运动能够超出临界距离。

如上述实例所示，K 值对粒子的运动轨迹有重要的影响。当 K 值达到（或超过）某一临界值时，粒子运动才能够超出临界距离。K 值取决于剪切应力、分散相内力等因素。增大剪切应力或降低分散相内力可以使 K 值增大。

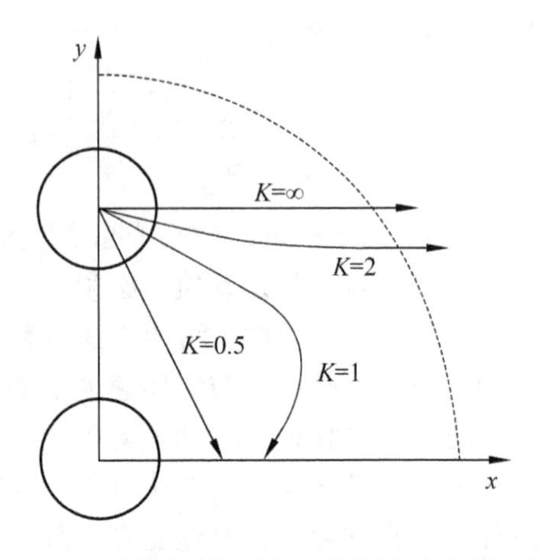

图 4-5　分散相粒子的运动轨迹（实例 2）

将“双小球模型”与“液滴模型”对比，可以看出，K 值与 We 值是相似的：$K=6\pi\dfrac{R\eta\dot{\gamma}}{F_{\mathrm{r}}}$，$We=\dfrac{R\eta\dot{\gamma}}{\sigma}$，其中 η 为连续相黏度。所不同的是，对于分散相颗粒内力的表征，K 值用的是内力 F，而 We 值用的是界面张力 σ。We 值对于内力只考虑界面张力 σ，显得不够全面；而 K 值则回避了内力 F_{r} 的具体表征，而侧重于对 K 值与分散相粒子运动轨迹关系的推导。

临界距离 r^* 值也是一个影响因素。r^* 值取决于分散相熔体颗粒的伸长变形能力。分散相颗粒的伸长变形能力则由分散相物料本身的性能所决定，且与熔体的温度有关。应指出的是，分散相熔体颗粒的伸长变形能力不仅可以决定 r^* 值的大小，而且会影响分散相颗粒的形貌。

将实例 1 与实例 2 进行对比，可以发现，当两个粒子的初始距离加大时，粒子的分离可以在 K 值较小的条件下就得以实现。由于两个粒子是位于一个分散相颗粒中的，两个粒子的初始距离较大，表示分散相颗粒的粒径较大。换言之，粒径较大的分散相颗粒易于破碎分散。这与“液滴模型”得到的推论是一致的。

从上述实例中，可以得到如下推论。

（1）剪切应力、分散相内力这两个因素与分散相颗粒的破碎分散密切相关。增大剪切应力或降低分散相内力有利于分散相颗粒的破碎分散。为了促进分散相颗粒的破碎，可以提高外界（即设备）对共混体系的作用力，或降低分散相的“内力”，包括黏滞力、弹性力、界面张力等。

（2）由于粒径较大的分散相颗粒更易于被破碎分散，所以分散相颗粒的破碎分散过程中，同时会发生分散相粒径的自动均化过程。

（3）在分散相的破碎分散过程中，分散相颗粒会发生伸长变形和转动。当伸长变形的分散相颗粒转动到与剪切应力平行的方向时，就难以进一步破碎了。为促进分散相的破碎分散，共混设备施加给共混体系的作用力方向应该不断地或周期性地变化（物料的流动方向也相应地不断变化），以便使处于不同方位的分散相颗粒，都能受到有效的剪切应力作用。

在共混设备（如双螺杆挤出机）的设计中，就是通过混合装置及部件的设计，使物料的运动方向不断变化，达到充分分散的目的。

4.2.1.3　毛细管不稳定性模型

毛细管不稳定性是指柱形流体线条在另一种流体中的不稳定现象，变形的细流线会分裂成一系列细小的液滴。毛细管不稳定性模型，可用于研究前述“细流线破裂机理”的破碎过程及影响因素。

如前所述，按照“细流线破裂机理”进行的破碎过程，分散相大粒子先变为细流线，细流线再在瞬间破裂成细小的粒子（小液滴）。Tomotika 发现，“细流线”破裂的时间取决于界面张力、连续相与分散相的黏度比、“细流线”的直径等因素。

按照细管不稳定性模型，当“细流线”受到外界扰动时，柱状流线逐渐发生正弦式的变形。这种正弦式变形的幅度与时间的关系，受到扰动的波长、界面张力、连续相与分散相的黏度比、“细流线”的初始半径等因素的影响。在一定条件下，变形将随时间发生指数式增长。

$$\alpha = \alpha_0 \exp(qt) \tag{4-20}$$

式中，α 为在时间 t 时的扰动振幅；α_0 为扰动的初始振幅；q 为扰动的增长速率；t 为时间。

Tomotika 估计，当扰动振幅 $\alpha = 0.8R_0$ 时（R_0 为“细流线”的初始半径），“细流线”可以断裂。由此，可以估算出“细流线”破裂的时间。其公式为

$$t_b = (1/q)\ln(0.8R_0/\alpha_0) \tag{4-21}$$

式中，t_b 为“细流线”破裂的时间；q 为扰动的增长速率，取决于扰动的波长、连续相与分散相的黏度比、界面张力等因素；R_0 为“细流线”的初始半径；α_0 为扰动的初始振幅。

4.2.2 作用在分散相粒子上的外力和内力

在共混过程中，作用在分散相粒子上的外力和内力分别受制于各自的影响因素，是不断变化的。本节具体探讨作用在分散相粒子上的外力和内力的变化规律。

4.2.2.1 作用在分散相粒子上的外力

在讨论分散相粒子上受到的外力时，也采用两个小球的模型。与讨论分散相粒子的运动轨迹时不同，这里假设两个小球之间以“连接杆”相互连接，将其中一个小球放在坐标系的原点，而第二个小球在某一时刻处于某一固定的位置。在这样的前提下，讨论两个小球之间的“连接杆”在纵向（即两个小球中心连线方向）上受到的外力。

处于流体中的小球受到的力，按 Stokes 方程，为 $F = 6\pi R\eta v$ ［见式（4-7）］。其中，v 是连续相流体与球形粒子的相对运动速度。但由于已假设一个小球放在坐标系的原点，而第二个小球在某一时刻处于某一固定的位置，则连续相流体与第二个小球的相对运动速度就是连续相流体的速度［见式（4-6）］：$v = u = \dot{\gamma}y$。

而流体的速度场方向是平行于 x 轴方向的（见图 4-3），所以，第二个小球受到外力的方向平行于 x 轴，大小为

$$F = 6\pi R\eta\dot{\gamma}y \tag{4-22}$$

外力 F 可以分解为沿两个小球中心连线（即连接杆）方向的分力和垂直于小球中心连线的分力。其中，沿小球中心连线的分力为

$$F_1 = 6\pi R\eta\dot{\gamma}y\cos\alpha = 6\pi R\eta\dot{\gamma}y\frac{x}{r} \tag{4-23}$$

式中，F_1为外力F沿小球中心连线的分力；R为小球的半径；η为流体的黏度；α为小球中心连线与x轴的夹角；r为两个小球中心的中心距。

经过推导，可以得出，当$\alpha = 45°$时，F_1获得最大值。换言之，当两个小球中心连线与流体速度场方向的夹角为45°时，“连接杆”纵向上受到的外力达到最大值。“连接杆”纵向上受到的外力，就是促使两个小球分开的力，也就是使分散相颗粒分散破碎的力。

当$\alpha = 90°$时，$\cos\alpha = 0$，F沿两个小球中心连线的分量为0，即F_1为0。当$\alpha = 0°$时，$y = 0$，有$v = 0$，$F = 0$，因而$F_1 = 0$。换言之，当两个小球中心连线垂直于流体速度场方向或平行于流体速度场方向时，“连接杆”纵向上受到的外力都为0，这时，两个小球无法分开，即分散相颗粒无法分散破碎。以上推导表明，分散相颗粒的方位对分散破碎有重要意义。

除了F沿两个小球中心连线的分量F_1之外，F还有垂直于两个小球中心连线的分量F_2：

$$F_2 = 6\pi R\eta\dot{\gamma}y\sin\alpha = 6\pi R\eta\dot{\gamma}\frac{y^2}{r} \tag{4-24}$$

F_2是促使两个小球的“共同体”发生转动的力。当$\alpha = 90°$时，F_2获得最大值；当$\alpha = 0°$时，F_2为0。

综上所述，一个分散相颗粒处于连续相流体的剪切力场中，首先会在F_2的作用下发生转动，与此同时，F_1也逐渐增大，分散相颗粒在F_1作用下发生伸长变形。当分散相颗粒的取向与流体速度场方向的夹角为45°时，F_1的作用达到最大，这时，最有利于分散相颗粒的破碎分散。

关于分散相颗粒受到的外力的上述分析，可以与4.2.1节讨论的分散相粒子的运动轨迹进行对照。这两种分析，分别基于不同的假设，但所得的推论是可以互相对应和互相补充的。这两种分析，都得出了分散相颗粒的取向方位与分散作用有重要关系的推论，因而，都提示共混设备施加给共混体系的作用力方向应该不断地或周期性地变化。

此外，借助于分散相颗粒所受外力的分析，可以对分散相粒子的运动轨迹分析做出补充说明。当分散相颗粒的取向与流体速度场方向的夹角为45°时，分散相颗粒受到的分散作用力最大，这有助于分散相颗粒的变形超出临界距离r^*，实现破碎分散。

4.2.2.2 分散相粒子的内力

分散相颗粒受到的内力，包括黏滞力、弹性力、界面张力等。分散相熔体黏度、熔体弹性和两相之间的界面张力，是影响分散相颗粒所受内力的要素。

分散相的黏弹性行为与分散相组分的特性、温度等因素有关。分散相熔体的变形分为黏性变形和弹性变形两部分。纯黏性的变形是不可恢复的，而弹性变形具有可恢复性。此外，聚合物熔体通常具有切力变稀的流变特性，因而，分散相的熔体黏度还与受到的剪切力有关。

分散相与连续相之间的界面能，也是分散相颗粒受到的内力的重要组成部分。当分散相颗粒变小时，比表面积增大，界面能也相应增大，使分散相颗粒进一步破碎所需的能量也相应增大。在分散相颗粒的分散破碎过程中，大粒子比小粒子容易破碎，其原因，除了外界剪切力作用的因素外，也有界面能的影响。

4.2.3　层流混合

聚合物共混中的层流混合，是分布混合的一种特定形式。在实际的共混过程中，层流混合作为混合的一种形式，是普遍存在的。同时，层流混合又作为共混过程理论研究的模式，对其进行了相应的研究。

层流混合的理论研究基于一种基本假设：在层流混合的过程中，层与层之间不发生扩散。基于层流混合，建立了多种数学模型，如平行板模型、同心圆筒模型。这里，只介绍同心圆筒模型。

4.2.3.1　混合组分初始位置对混合结果的影响

同心圆筒模型如图 4-6 所示，由两个同心圆筒组成。共混物料（熔体）被放置在两个同心圆筒之间。共混物料由 A、B 两个组分组成，其中，A 组分含量较大，充满两个同心圆筒之间的空间；B 组分含量较少，在图中用两个同心圆筒之间的线段表示。在混合过程开始之前，B 组分被放置在某一特定的位置，然后，外圆筒开始旋转，而内圆筒固定不动。观察 B 组分形态的变化。对应于 B 组分不同的初始位置，B 组分形态的变化结果是不同的。

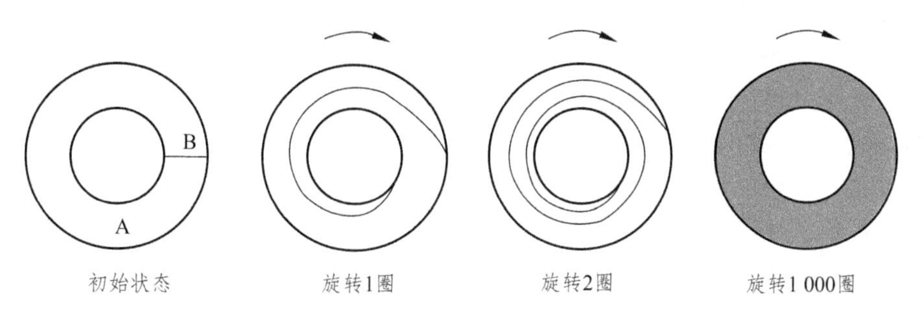

（a）B 组分的初始位置是贯穿两个圆筒之间的一根直线

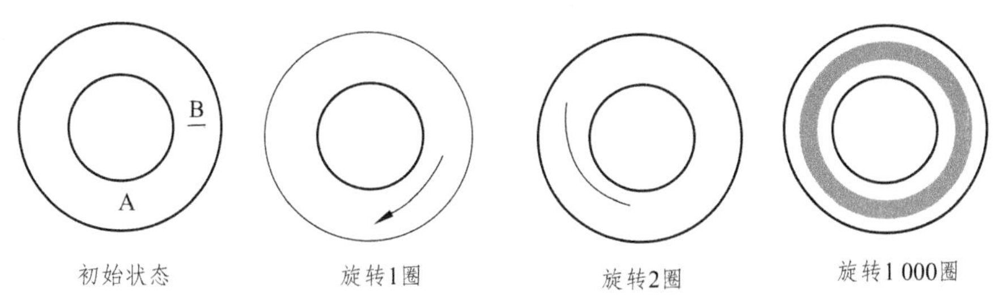

（b）B 组分的初始位置是两个圆筒之间的一段短线

图 4-6　双组分共混体系层流混合过程的同心圆模型图

如图 4-6（a）所示，B 组分的初始位置，是贯穿两个圆筒之间空间的一根直线。此后，是外圆筒旋转 1 圈、2 圈，乃至 1 000 圈，相应的 B 组分的形态。当外圆筒旋转的圈数足够多时，从宏观的角度，B 组分已经均匀分布在两个圆筒之间了。如图 4-6（b）所示，B 组分的初始位置，是两个圆筒之间的一段短线。当外圆筒旋转的圈数足够多时，B 组分分布在两个圆筒之间的一个环状区间，而并没有充满两个圆筒之间的整个空间。

比较图 4-6（a）和（b），共混物料的初始位置不同，混合的结果有很大差异。由此，可以得到一个重要的推论：共混物料初始的分布状况，对共混产物有重要影响。

4.2.3.2 层流混合过程中两组分的界面

如图 4-6 所示，在层流混合过程中，两组分之间的界面是增大的。因而，在层流混合研究中，可以将界面作为层流混合过程的定量量度。随着界面面积的增大，混合趋于均匀，尽可能使界面增大，可优化层流混合过程的效果。

如图 4-6 所示，随着圆筒转动，混合体系的总应变增大，两组分之间的界面也相应增大。数学推导表明，界面的增加正比于总应变。在共混过程中，如果剪切力的方向不断地或者周期性地变化，则总应变会相应增大。因而，不断地或者周期性地改变剪切力的方向，可以优化混合效果。这与通过分散相粒子的运动轨迹分析得出的推论是一致的。

在 4.2.1.2 小节的推导中，利用两个小球的模型，探讨了影响分散相颗粒破碎与分散过程（即分散混合过程）的因素；在 4.2.3.1 小节中，利用同心圆筒模型，探讨了层流混合（分布混合的特定形式）的影响因素。在实际的共混过程中，同时存在着分散相颗粒的变形、破碎与分布的均化，所以分散混合与分布混合是共生共存的。由于分散混合与分布混合这种共生共存的关系，基于不同模型的推导得出了一些相近的推论，有的推论可以互相补充。

在分散混合中，由于分散相大粒子更容易破碎，所以共混过程是分散相粒径自动均化的过程。这一自动均化过程的结果，是使分散相粒子达到一个最终的粒径，即“平衡粒径”。对于共混过程分散动力学的推导，可以导出这一平衡粒径的表达式。

在聚合物共混过程中，同时存在着“分散过程”与“集聚过程”这一对互逆的过程。

首先，共混体系中的分散相物料在剪切力作用下发生破碎，由大颗粒经破碎变为小粒子。由于在共混过程的初始阶段，分散相物料的颗粒尺度通常是较大的，即使是粉末状的聚合物，其粒径也远远大于所需的分散相粒径，所以这一破碎过程是必不可少的。

在共混的初始阶段，由于分散相粒径较大，而分散相粒子数目较少，所以破碎过程占主要地位。但是，在破碎过程进行的同时，分散相粒子相互之间会发生碰撞，并有机会重新集聚成较大的粒子。这就是与破碎过程逆向进行的集聚过程。破碎过程与集聚过程的示意图如图 4-7 所示。

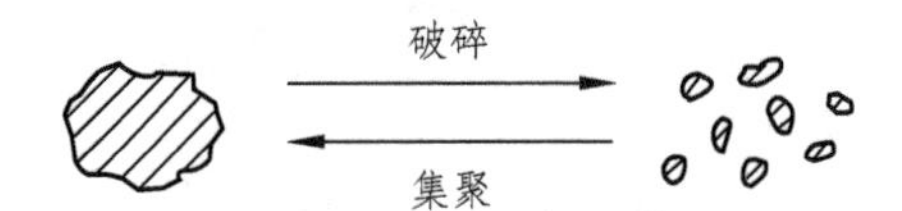

图 4-7 “破碎”与“集聚”过程示意图

在共混过程中，分散相组分是在外力作用之下逐渐被分散破碎的。当分散相组分破碎时，其比表面积增大，界面能相应增加。反之，若分散相粒子相互碰撞而凝聚，则可使界面能下降。换言之，分散相组分的破碎过程是需在外力作用下进行的，而分散相粒子的集聚则是可以自发进行的。

在共混过程初期，破碎过程占主导地位。随着破碎过程的进行，分散相粒子粒径变小，粒子的数量增多，粒子之间相互碰撞而发生集聚的概率就会增加，导致集聚过程的速度增加。

对破碎过程和集聚过程的影响因素，分别讨论如下。

影响破碎过程的因素，主要来自两个方面：一是外界作用于共混体系的剪切能 E。对于简单的剪切流变场而言，单位体积的剪切能可由式（4-25）表示：

$$E = \tau\dot{\gamma} = \eta\dot{\gamma}^2 \tag{4-25}$$

式中，τ为剪切应力；η为共混体系的黏度；$\dot{\gamma}$为剪切速率。

影响破碎过程的另一个方面的因素，是来自分散相物料自身的破碎能。分散相物料的破碎能 E_{db} 可由式（4-26）表示：

$$E_{db} = E_{dk} + E_{df} \tag{4-26}$$

式中，E_{dk} 为分散相物料的宏观破碎能；E_{df} 为分散相物料的表面能。其中，表面能 E_{df} 与界面张力σ和分散相的粒径都有关系；宏观破碎能则取决于分散相颗粒内部阻碍变形和破碎的因素，包括其熔体黏度、弹性等。

$$E_{df} = \sigma\frac{S}{V_d} \tag{4-27}$$

式中，σ为界面张力；S 为分散相粒子的总表面积；V_d 为分散相粒子的总体积；$\frac{S}{V_d}$ 为分散相粒子的比表面积。

假设分散相粒子为粒径大小相等的球形粒子，则有 $S = 4\pi R^2 n$，其中，R 为分散相粒子的半径，n 为分散相粒子总数，而 $n = \frac{V_d}{\frac{4}{3}\pi R^3}$，于是有 $S = \frac{3V_d}{R}$，带入式（4-27），得到

$$E_{df} = \frac{3\sigma}{R} \tag{4-28}$$

很显然，增大剪切能 E 可使破碎过程加速进行，可采用的手段包括增大剪切应力τ或增大共混体系的黏度。而降低分散相物料的破碎能（包括降低宏观破碎能 E_{dk}，或降低两相间的界面张力σ），也可使破碎过程加速。

作为破碎过程的逆过程的集聚过程，是因分散相粒子的相互碰撞而实现的。因此，集聚过程的速度就取决于碰撞次数和碰撞的有效率。所谓碰撞的有效率，就是分散相粒子相互碰撞而导致集聚成大粒子的概率。而碰撞次数则取决于分散相的体积分数、分散相粒子总数，以及剪切速率等因素。

降低界面张力不仅有利于促进分散相的破碎，而且有利于抑制粒子的集聚。可以采用添加相容剂的方法来降低界面张力。

如前所述，在共混过程中，在初始阶段占主导地位的是破碎过程，而随着分散相粒子的粒径变小，分散相粒子数目增多，集聚过程的速度就会增大。反之，对于破碎过程而言，由于小粒子比大粒子难以破碎，所以随着分散相粒子的粒径变小，破碎过程速度会逐渐减小。于是，在破碎过程与集聚过程之间，就可以达到一种平衡状态。达到这一平衡状态后，破碎

速度与集聚速度相等，分散相粒径也达到一平衡值，被称为“平衡粒径”。平衡粒径是共混理论中的一个重要概念。

Tokita 根据上述关于破碎过程与集聚过程的影响因素，提出一个关于分散相平衡粒径与共混体系黏度、剪切速率、界面张力、分散体积分数、分散相物料宏观破碎能、有效碰撞概率的关系：

$$R^* = \frac{\frac{12}{\pi}P\sigma\varphi_{\mathrm{d}}}{\eta\dot{\gamma} - \frac{4}{\pi}P\varphi_{\mathrm{d}}E_{\mathrm{dk}}} \tag{4-29}$$

式中，R^*为分散相平衡粒径；P 为有效碰撞概率；σ 为两相间的界面张力；φ_{d} 为分散相的体积分数；η 为共混物的熔体黏度；$\dot{\gamma}$ 为剪切速率；E_{dk} 为分散相物料的宏观破碎能。

Tokita 所提出的这一关系式，为进一步探讨调控共混过程、降低分散相粒径的方法创造了有利的条件，是关于共混过程的一个经典公式。

4.3 共混过程的实验研究方法

4.3.1 流变学方法

流变学方法的主要仪器有毛细管流变仪、转矩流变仪（如 Brabender 流变仪）、熔融指数仪等。毛细管流变仪适合于理论研究，Brabender 流变仪较为接近工业应用，而熔融指数仪测定的熔体流动速率在生产中有普遍应用。

其中，毛细管流变仪可以表征共混对流变学参数（如非牛顿指数、表观黏度）的影响；Brabender 流变仪则可反映共混过程中体系的流变性能。

Brabender 流变仪可以采用不同的混合装置，如转子式的共混装置（相当于密炼机），或螺杆式的共混装置（相当于挤出机）。采用带转子式的共混装置的 Brabender 流变仪，可以测定共混过程中的转矩-时间关系曲线。共混过程中的转矩变化，可以从流变性能的角度，反映共混体系的混合过程。

采用带螺杆式的共混装置的 Brabender 流变仪，则可以模拟挤出过程。通过出口压力的测定，可以表征聚合物熔体的弹性。

4.3.2 形态学方法

与共混过程相关的形态学研究，可以有多种研究方式，主要包括以下两种：一是不同共混条件对共混产物形态的影响；二是共混过程中，共混体系形态的变化。形态变化，是共混过程的重要表征方式，也可以将形态研究与流变学研究结合。例如，在 Brabender 流变仪测试中，可以在某些点取样，用显微镜观测形态，观察与共混过程相关的形态变化，以及形态变化与流变性能的关系。

4.3.3　对共混产物性能的评价

改变共混过程的条件，可以获得不同的共混产物。对这些共混产物性能的测试结果，是评估共混过程的重要依据。共混产物的性能，包括力学性能等。共混过程的调控可以影响共混物形态，共混物的不同形态可以影响共混产物的性能，因而可以用共混产物性能来评价共混过程调控的效果。这是很常用的评价方法。

4.3.4　研究方法进展

利用设备改进，在共混过程中进行在线采样，并进一步分析研究，以了解共混过程规律的方法，已经获得多方面的应用。

利用双螺杆挤出机上安装的激光小角光散射在线采集与分析系统，可以在双螺杆挤出过程中，对聚合物共混体系的分散相粒径的变化进行在线分析。这一研究方法，对于探讨共混过程中的形态变化很有意义。

4.4　共混过程的调控方法

对聚合物共混过程的研究，目的在于对共混过程进行调控，以使共混产物获得所需的结构形态和性能。共混过程受到共混组分的因素、共混工艺以及设备因素等诸多因素的影响。对共混过程的调控有两种不同的方式：一是围绕共混物料体系的调控；二是围绕共混设备的调控。本节重点介绍围绕共混物料体系的调控，而围绕共混设备的调控将在其他章节中介绍。

如本章前面所述，聚合物两相体系的熔融共混过程受 5 个主要因素的影响：一是聚合物两相体系的熔体黏度（特别是黏度比），以及熔体弹性；二是聚合物两相体系的界面能（界面张力）；三是聚合物两相体系的组分含量配比，以及物料的初始状态；四是流动场的形式（剪切流动、拉伸流动）和强度（如剪切流动中的剪切速率）；五是共混时间。本节将以物料体系的性能（特别是聚合物两相体系熔体黏度）为核心，分别讨论对这 5 个因素的调控，侧重点是对物料体系的调控。

分散相粒径的大小是共混效果的重要体现，因而也是共混调控效果的表现。在实际共混过程中，得到的共混物的分散相粒径时常比最佳粒径大。因此，通常受到关注的是如何降低分散相的粒径，以及如何使粒径分布趋于均匀。此外，对于分散相有特定形貌要求的体系，分散相形貌也是共混过程调控的对象。

4.4.1　共混组分熔体黏度及弹性的影响与调控

4.4.1.1　共混组分熔体黏度的影响

共混组分的熔体黏度是共混工艺中需考虑的重要因素，对混合过程及分散相的粒径大小有重要影响。在“液滴模型”“双小球模型”、R^*的表达式中，都涉及了黏度的影响。这里，就共混组分的熔体黏度与共混过程及分散相粒径的关系，进一步讨论如下。

1. 分散相黏度与连续相黏度的影响

由平衡粒径 R^*的表达式［式（4-29）］可以看出，分散相物料的宏观破碎能 E_{dk} 减小，可以使分散相平衡粒径降低。宏观破碎能 E_{dk} 取决于分散相物料的熔体黏度和弹性。降低分散相物料的熔体黏度可以使宏观破碎能 E_{dk} 降低，进而可以使分散相粒子易于被破碎分散。换言之，降低分散相物料的熔体黏度，将有助于降低分散相粒径。

另一方面，外界作用于分散相颗粒的剪切力，是通过连续相传递给分散相的。因而，提高连续相的黏度，有助于降低分散相粒径。由 *We* 值的表达式［式（4-2）］也可以看出，提高连续相的黏度可提高 *We* 值，增大分散相颗粒的变形，有助于分散相颗粒的破碎，进而降低分散相粒径。

综上所述，提高连续相黏度或降低分散相黏度，都可以使分散相粒径降低。这一推论在共混研究中得到了广泛的验证。在实际的共混体系中，若连续相黏度较高而分散相黏度较低，则分散相较易分散；反之，连续相黏度较低而分散相黏度较高，则分散相不易分散。但是，连续相黏度的提高与分散相黏度的降低，也是要受一定制约的。

2. 连续相黏度提高与分散相黏度降低的制约因素

共混过程存在一个基本规律：熔体黏度较低的一相倾向于成为连续相，而熔体黏度较高的一相倾向于成为分散相。该规律也可表述为“熔体黏度较低的一相易于包覆在熔体黏度较高的一相之外”。

由于熔体黏度较低的一相倾向于成为连续相，就会对“降低分散相黏度”形成制约；同样，熔体黏度较高的一相倾向于成为分散相，就会对“提高连续相黏度”形成制约。换言之，提高连续相黏度或降低分散相黏度，都是有一定限度的。这个限度就是两相熔体黏度相互接近，乃至相等。

综合考虑上述两方面因素，可以得到一个重要的推论：为了获得较好的分散效果，两相熔体黏度不可以相差过于悬殊，两相熔体黏度较为接近为好。

这一推论对于认识共混过程具有总体上的指导意义。但需要指出的是，对于具体的共混体系，在不同的条件下，熔体黏度比值对于形态的影响可能会很复杂，应具体加以研究。

此外，需要再补充说明一点：共混过程中某一种聚合物倾向于成为连续相或分散相，并不意味着该聚合物一定能成为连续相或分散相，连续相或分散相的形成还要受到组分配比的影响。

3. 两相熔体黏度之比对分散相粒径的影响

上述分析中得到一个重要的推论：对于聚合物两相体系，为了获得较好的分散效果，两相熔体黏度不可以相差过于悬殊，两相熔体黏度较为接近为好。这一推论，得到了实验结果的验证。

两相熔体黏度相等的一点，被称为“等黏点”。聚合物共混的一些实验研究结果表明，对于一部分共混体系，在两相熔体黏度接近（接近等黏点）的情况下，有利于获得良好的分散效果，可获得最小的分散相粒径。例如，在橡胶-橡胶共混体系中，天然橡胶（NR）/顺丁橡胶（BR）共混体系，在两相黏度接近于相等时，分散相 BR 的粒径最小；在天然橡胶/乙丙橡胶（EPM）、天然橡胶/丁苯橡胶（SBR）的共混体系中，也都有相同的情况。对于一些塑料-橡胶共混体系，也可以得到类似结果。例如，尼龙/EPR、PBT/EPR 共混体系，在两相黏度接近于相等时，分散相 EPR 的粒径最小。

但是，以两相黏度相等或很接近于相等的条件来获得最小的分散相粒径，并不适用于所有的共混体系。例如，对于 PP/PC 体系，当两相黏度比由 2 增加到 13 时，分散相粒径增大了 3～4 倍（这表明两相熔体黏度的比值不可以相差过于悬殊）。但是，在两相黏度比为 0.25 时，分散相粒径为最小。

4. 黏度相近原则

综上所述，对于熔体黏度与分散效果的关系，比较全面的论述应该是：为了获得较好的分散效果，两相熔体黏度的比值不应相差过于悬殊——这是大前提。在此大前提下，对于某些共混体系，两相黏度接近相等可以使分散相粒径达到最小值；但对于另外一些体系，使分散相粒径达到最小值的两相黏度，却并不是很接近于相等的。这个论述，可以简称为“黏度相近原则”。

4.4.1.2　共混物熔体弹性的影响

聚合物熔体受到外力的作用，大分子会发生构象的变形，这一变形是可逆的弹性形变，使聚合物熔体具有弹性。与单一聚合物一样，共混物的熔体也具有黏弹性的流变行为。共混物熔体的弹性，也是共混过程需要调控的重要因素。关于共混物熔体弹性对分散相尺寸和形态的影响，目前还不是很清楚。已有的关于共混物熔体弹性与分散过程的研究结果，分述如下。

1. 熔体弹性较高的分散相颗粒难于破碎

研究结果表明，与纯黏性的液滴相比，弹性液滴在破碎之前，需要更高的临界变形速度。对于剪切流动场，弹性较高的液滴的破碎需要更大的剪切速率。这和黏度较高的分散相颗粒难于破碎是相似的。

弹性形变的能量可以对界面能做出贡献。Van Oene 提出，可以将弹性形变的能量叠加到界面能中［见式（4-3）］。由于弹性使界面张力增大，所以弹性分散相颗粒的变形与破碎的难度都增大。

2. 熔体弹性较高的组分倾向于成为分散相

与纯黏性的流体相比，弹性流体可在更高的体积分数形成分散相。在共混体系中，某一组分体积分数增大本来是不利于该组分成为分散相的。而弹性流体可在更高的体积分数形成分散相，这就表明具有较高弹性的组分更倾向于成为分散相。相应地，具有较低弹性的组分倾向于成为连续相。

Van Oene 的研究结果也表明，高弹性的聚合物熔体难于发生形变；弹性对界面张力的贡献，使得高弹性相有被低弹性相包覆的趋势。这类似熔体黏度与共混过程关系中的“熔体黏度较低的一相倾向于成为连续相，熔体黏度较高的一相倾向于成为分散相”的规律。

3. 熔体弹性不应相差过大

共混组分在共混温度下的熔体弹性不应相差过大。熔体弹性相差过大，会使各组分在共混过程中受力不均匀，影响混合效果。熔体弹性方面的这一规律，与熔体黏度方面的规律是类似的，因而，可以简称为“弹性相近原则”。

4. 熔体弹性对分散相尺寸的影响

已有的研究结果表明，由于高弹性的聚合物熔体难以发生形变，使得具有高弹性的分散相颗粒难以破碎。这就使某些实际共混体系中得到的分散相粒径值，会高于理论预测值。

4.4.1.3 共混物熔体黏度与熔体弹性的调控

在上述讨论中，为改善共混效果，分别提出了熔体黏度相近和熔体弹性相近的要求（相近并不是一定要相等或很接近于相等，但不能相差过大）。为此，需要相应的调控熔体黏度与熔体弹性的方法。

对于熔体黏度与熔体弹性的调控，讨论如下。

1. 熔体黏度的调控

聚合物熔体的表观黏度，与温度、剪切应力等因素有关。因而，对于某些聚合物体系，改变共混温度，或改变剪切应力，可以调节两相的熔体黏度。

2. 调节共混温度

对于橡胶-塑料共混体系，在熔体黏度（表观黏度）接近于相等的条件下共混，通常可以获得较好的分散效果。利用聚合物熔体黏度与温度的关系，通过调节共混温度，可以调控共混体系的熔体黏度比值。

典型的橡胶-塑料共混体系的熔体黏度-温度关系如图 4-8 所示。橡胶的熔体黏度对温度的变化不敏感，而塑料的熔体黏度对温度的变化则较为敏感。相应地，在橡胶与塑料的熔体黏度-温度曲线上，会有一个交汇点。这个交汇点就是因温度变化而达到的“等黏点”，该点的温度为等黏温度。

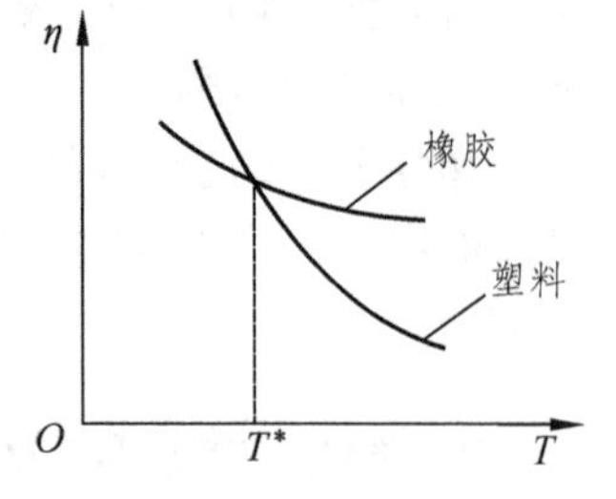

图 4-8 橡胶与塑料的黏度-温度曲线示意图

在图 4-8 中，T^*为等黏温度，即达到两相黏度相等的共混温度。对于橡胶-塑料共混体系，通常在接近等黏点的条件下，可获得较小的分散相粒径。

此外，在适当的配比范围之内，将橡胶-塑料共混体系在高于等黏温度的温度下共混，这时橡胶黏度较高，而塑料黏度较低，塑料易于成为连续相。若所制备的产品需要以塑料为连续相，则适宜在高于等黏温度的条件下共混。反之，在低于T^*的条件下，宜于制备以橡胶为连续相的共混物。需要指出的是，制备塑料为连续相（或橡胶为连续相）的共混材料，除黏度调节外，还要考虑配比。

一些塑料-塑料共混体系也可以有“等黏点”。例如，HDPE/PA6 共混体系，PA6 的熔体黏度对温度的变化较为敏感，而 HDPE 的熔体黏度对温度的变化则相对而言不够敏感，如图 4-9 所示。在该实验条件下，该体系的“等黏温度”为 242 °C。

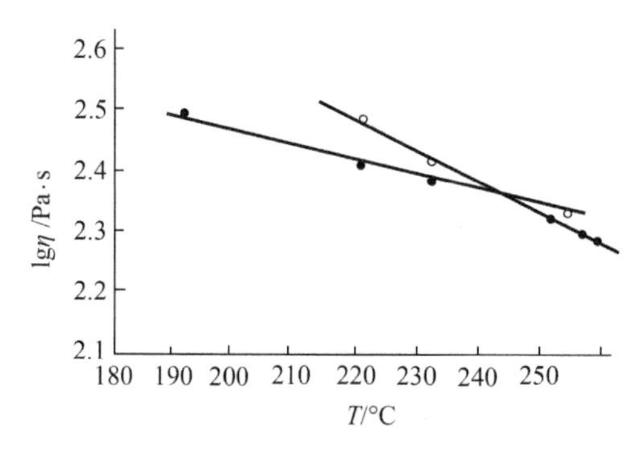

图 4-9　HDPE/PA6 共混体系的熔体黏度-温度曲线

对于上述 HDPE/PA6 共混体系，当共混温度为 230 °C（低于“等黏温度”）时，HDPE 的熔体黏度小于 PA6。这种情况下，由于作为连续相的 HDPE 的熔体黏度低，传递剪切力的作用较弱，作为分散相的 PA6 难于分散成细小的粒子，而以层片状的形态存在。当共混温度高于“等黏温度”时，HDPE 的熔体黏度大于 PA6，这时，PA6 易于分散成细小的粒子。对于制备具有阻隔作用的 HDPE/PA6 共混材料，需要 PA6 以层片状的形态存在，因而，应使 HDPE 的熔体黏度小于 PA6，即在低于“等黏温度”的条件下共混。

采用温度调节方法和黏度相近原则调控共混过程，要注意以下 7 个问题。

① 按黏度相近原则选择的温度，是否在主体聚合物的适宜加工温度范围内。每一种聚合物（具体是每一种聚合物的每一个特定的品种、型号）在工业应用时，对应于不同的共混设备，都有其适宜的加工温度范围。共混温度的选择，通常不能超出其适宜的加工温度范围。换言之，温度调节方法的应用，应以满足主体聚合物的适宜加工温度为前提。

② 对于一些聚合物共混体系，在熔体黏度-温度曲线上没有交叉点，也就是没有“等黏点”，且共混组分之间熔体黏度相差较为悬殊。这时，设法使两相熔体黏度的差别缩小，也有可能改善分散效果。

③ 如前所述，对于某些共混体系（特别是某些塑料-塑料共混体系），使分散相粒径达到最小值的两相黏度比，并不一定是接近于相等的。

④ 尽管对于许多共混体系，设法降低分散相粒径是获得良好性能的必要条件，但是，并不是所有共混体系都有此要求。例如，在上述 HDPE/PA6 共混制备的阻隔材料中，分散相 PA6 以层片状分布在 HDPE 基体中，共混物具有较好的阻隔性能。针对特殊形态的要求，要相应地考虑熔体黏度的影响。

⑤ 两种聚合物的配比较为接近时，如果在“等黏点”共混，易于成为“海-海”结构的两相连续体系。在实际应用中，许多共混体系（如橡胶增韧塑料的体系）的两相配比是较为悬殊的，所以不必考虑这一问题。但是，假如两种聚合物的配比较为接近，且需要制备的是“海-岛”结构两相体系，就要在适当高于（或低于）“等黏点”的温度共混。

⑥ 除温度之外，剪切应力也是影响熔体黏度的重要因素。此外，还要考虑熔体弹性的作用。

⑦ 这里所说的“共混温度”，是指共混过程中的物料温度。在实际的共混操作中，物料温度受共混设备的加热、冷却及剪切热等作用的影响。

3. 调节剪切应力

聚合物熔体通常具有剪切力变稀的流变特性，而不同聚合物熔体对剪切力的敏感程度是不同的。因而，剪切应力也是影响共混物熔体黏度比的重要因素。

图 4-10 所示为剪切应力对 PS/LDPE 共混物熔体黏度比的影响。可以看出，剪切应力对该共混体系的熔体黏度比有显著影响。调节剪切应力，可以使该共混体系的熔体黏度相互接近。

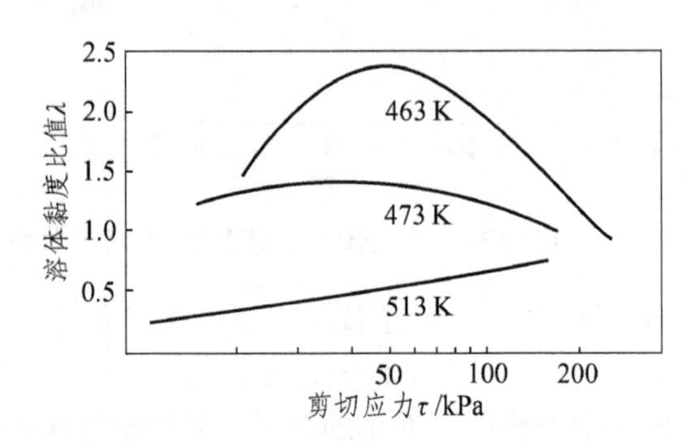

图 4-10　剪切应力与 PS/LDPE 共混体系熔体黏度比值的关系

采用剪切应力调节共混体系熔体黏度比，可以作为温度调节的重要补充。温度调节的方法有一定的局限性，要受到聚合物实际加工温度范围的制约。将剪切应力调节与温度调节相配合，可调控的范围会更大。

4. 调控熔体黏度的其他方法

除了温度和剪切应力之外，熔体黏度调节还有其他方法。

其一，用助剂进行调节。许多助剂，如填充剂、软化剂等，可以调节物料的熔体黏度。例如，在橡胶中加入炭黑，可以使熔体黏度升高；给橡胶充油，则可以使熔体黏度降低。

其二，改变分子量。聚合物的分子量也是影响熔体黏度的重要因素。在其他性能许可的条件下，适当调节共混组成的分子量，将有助于熔体黏度的调控。

5. 熔体弹性的调控

调控熔体弹性所采用的方法与熔体黏度的调控相似。

共混温度会影响熔体弹性。若共混温度升高，弹性流动的倾向会减弱；反之，若共混温度降低，弹性流动的倾向会增强。提高剪切速率也可以使弹性流动的倾向增强。

可采用的调控方法如下：

① 在可能的情况下，选择熔体弹性相近的聚合物组合，避免采用熔体弹性相差过于悬殊的聚合物组合。

② 在可能的情况下，调节共混温度和剪切应力，缩小熔体弹性的差异。

③ 在可能的情况下，改变组分的分子量。分子量较小的聚合物，熔体弹性也较小。

4.4.2　界面张力与相容剂

界面张力也是抑制分散相颗粒变形、破碎的因素，可以影响共混过程。分散相粒径 R^* 的表达式［式（4-29）］中，降低界面张力，可使分散相粒径变小。

界面张力与相容性密切相关。相容性好的两相体系，界面张力较低。两相之间良好的相容性，是两相体系共混产物具有良好性能（特别是力学性能）的前提。相容性还影响共混过程的难易，相容性好的两相体系，共混过程中分散相较易分散。而在前述理论模型中，两相之间的相容性是通过界面张力体现出来的。

通过添加相容剂的方法，可以改善两相间的相容性，使界面张力降低，进而影响分散相的分散过程，使分散相粒径变小。例如，在聚乙烯/聚酰胺共混体系中，加入聚乙烯接枝马来酸酐共聚物作为相容剂，与未加相容剂的共混物相比，加入相容剂的共混物的分散相粒径明显变小。采用添加相容剂来降低分散相粒径的方法，已被普遍采用。

综上所述，从共混物料体系的性能方面考虑对共混过程的影响，熔体黏度相近、熔体弹性相近、界面张力较低，是获得分散相较好分散效果的较为全面的条件。

4.4.3　共混时间

对于同一共混体系，同样的共混设备，分散相粒径会随共混时间的延长而降低，粒径分布也会随之均化，直至达到破碎与集聚的动态平衡。为使分散相充分分散和均化，应该保证有足够的共混时间。

共混时间与分散相粒径的关系，可以从一些实验结果中得到验证。许岳剑等以乙烯-1-辛烯共聚物（POE）对聚丙烯（PP）进行增韧改性，通过小角光散射研究，求得分散相粒子表面间距τ。结果表明，在共混过程中，分散相粒子表面间距τ随共混时间的增加而逐渐减小，在共混的中后期趋于稳定。τ值的减小，实际上是分散相粒径随共混时间的延长而降低，共混体系中分散相粒子数目增多所致。而τ值在共混的中后期趋于稳定，是分散相粒子趋于达到破碎与集聚的动态平衡的结果。

当然，共混时间也不宜过长。因为达到或接近平衡粒径后，继续进行共混已无降低分散相粒径的效果，反而会导致高聚物的降解。如图 4-11 所示为 PVC/NBR 共混体系的拉伸强度与混炼时间的关系。在混炼时间为 20 min 时，拉伸强度接近峰值。继续延长混炼时间，拉伸强度趋于下降。

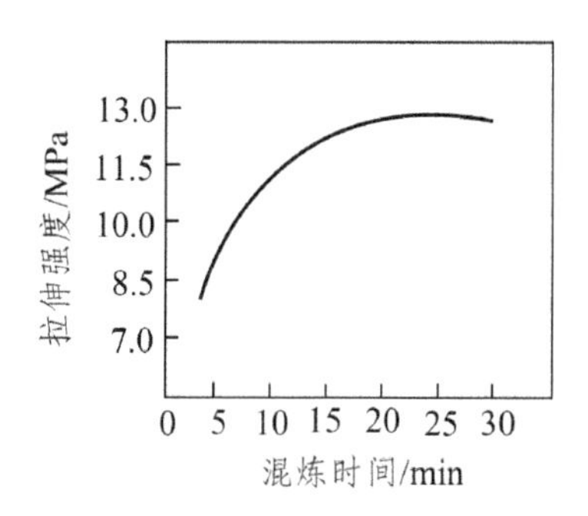

图 4-11　混炼时间对 PVC/NBR 共混体系拉伸强度的影响

此外，通过提高共混设备的分散效率，可以大大降低所需的共混时间，改善共混组分之间的相容性，也有助于缩短共混时间。

需要指出的是，目前在熔融共混中经常采用双螺杆挤出机，共混物料在双螺杆挤出机的各个区段的停留时间都会有所不同，具体的共混时间是各个区段的停留时间，按一定的顺序和不同混合作用的组合。

4.4.4 其他因素

1. 组分含量配比

关于组分含量配比的影响，在分散相粒径 R^*的表达式［式（4-29）］中，分散相体积分数 φ_d 与 R^*的关系，体现了分散相含量对 R^*的直接影响。φ_d 增大，意味着分散相粒子数目增多，集聚速度相应增大，使 R^*增大。两相组分含量配比还会影响共混体系的熔体黏度η，也会间接影响 R^*。

2. 物料初始状态

从层流混合的同心圆筒模型的讨论中可以看出，物料初始状态对共混过程是有重要影响的。调节物料的初始状态有如下方法：

① 进行预混合。在进行熔融共混之前，采用高速搅拌机或其他混合设备，对物料进行预混合，或称“简单混合”，使物料具有较为均匀的初始状态。

② 使物料外形尺度接近。当物料的外形尺度相差过大时，要设法使之改变，变为接近的尺度。例如，早期的 PVC/NBR 共混体系，采用的是块状的 NBR 与粉末状的 PVC，外形尺寸相差很大。此后，粉末 NBR 的问世，解决了 PVC/NBR 共混体系在物料初始状态上的问题，使 NBR 易于与 PVC 共混。

③ 母料法。采用制备填充母料、色母粒或其他类型母料的方法，也是改变物料初始状态的方法，有利于进一步共混。

3. 流动场的形式与强度

结合“液滴模型”“双小球模型”、R^*的表达式等理论模型，对于剪切速率、剪切应力对共混体系分散过程的影响，已经进行了多方面的讨论。

在共混过程中，共混体系所处的流动场的形式与强度是由设备因素决定的。除了物料方面的因素之外，设备因素也是影响共混过程的十分重要的因素。增大剪切应力，不断地或周期性地改变剪切应力的方向，都有利于分散相的破碎分散和共混体系的均化。但是，过高的剪切力，会导致聚合物的降解。剪切应力还可以影响共混体系的黏弹性行为。在某些情况下，拉伸流动的作用也很重要。不同的共混物组合，对于设备的设置（如挤出机的螺杆长径比、双螺杆挤出机螺杆元件的配置等）会有不同的要求。分散混合与分布混合的调配，也依赖于共混设备的结构配置。设备因素对共混过程的影响将在本书其他章节讨论。

复习思考题

1. 简述分布混合与分散混合的概念。
2. 简述混合过程中流动场的形式。
3. 影响共混过程的 5 个主要因素是什么？
4. 简述分散相颗粒分散过程的两种主要机理。
5. 依据“液滴模型”和“双小球模型”，对影响分散相变形与破碎的因素进行讨论。
6. 有哪些方法可以用于研究共混过程？
7. 采用哪些方法可以对聚合物熔体黏度进行调控？

第5章　聚合物共混体系相形态结构基础

内容提要：聚合物共混过程中相形态结构的形成及变化规律是近年来研究者所关心的一个重要问题。相形态结构对共混物的性能有重要影响，而相形态结构的变化规律将决定静态材料的结构。共混物微观形态研究是聚合物共混研究的重要组成部分，在共混研究中发挥着举足轻重的作用。本章主要讨论聚合物共混体系的相形态及演变过程、相归并、聚合物共混体系的形态结构类型、共混物的相界面、相容剂的应用、共混物形态结构的研究方法及测试技术、聚合物共混物形态测试技术进展等。

5.1　形态研究的内容及意义

5.1.1　共混物组成、共混过程、共混物性能与共混物形态的基本关系

在一些工业性产品研制中，采用如图 5-1（a）所示的研发方式，将共混物的原料组分按一定配比（配方）组合后，采用某种设备在一定的共混工艺条件下进行共混，制备成聚合物共混物。接着测定共混材料的宏观性能，如力学性能、光学性能、电学性能等，并根据性能情况指导配方及工艺条件的调整。这种研发方式的不足之处在于，忽视了共混研究中微观形态这一重要因素。

实际上，共混物的相形态是聚合物共混研究过程中的重要环节。共混物组成、共混过程、共混物性能与共混物形态的基本关系如图 5-1（b）所示。

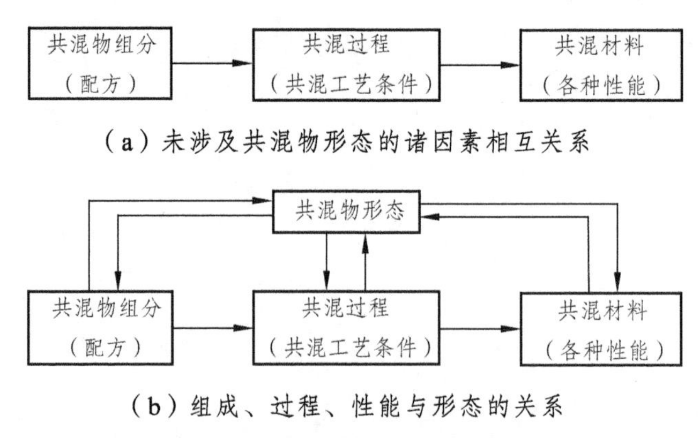

图 5-1　聚合物共混诸因素之间的关系

在图 5-1（b）中，共混物的组成、共混工艺条件，都会对共混物的微观形态产生重要影响。与此同时，共混物的微观形态又与各种宏观性能之间有着密切的联系。因而，共混物的微观形态是连接共混物的组成、共混工艺条件和共混材料宏观性能的一个重要的桥梁。

根据图 5-1（b）所示的共混诸因素相关关系，可以利用共混物形态的研究，指导聚合物共混材料的开发，以及促进共混机理的研究。

5.1.2　形态研究指导聚合物共混材料的开发

在聚合物共混材料开发中，通常要研究在一定的配方、设备和共混工艺条件下，制备出具有所需性能的材料。当所研制材料的性能不能满足需求时，通常要考虑调整共混物配方和共混工艺条件，或者对设备的结构进行调整，以提高性能。在进行这种调整时，共混物的形态具有重要的参照作用。

共混物的形态与共混物的性能有密切关系。共混物性能不足的原因往往可以从共混物的形态学研究中找到原因。通过形态的观测，可以揭示形态与性能的关系，从而通过改善共混物的形态，达到提高共混物性能的目的。例如，用橡胶增韧塑料的共混体系，橡胶为分散相，塑料为连续相；橡胶分散相粒子的粒径对增韧效果有重要影响。对分散相粒子的粒径进行调控，可以有效地提高增韧效果。

共混物配方、共混工艺条件和设备的结构因素，都可以影响共混物的形态，进而影响共混物的性能。对于共混物形态的观测，可以指导共混物配方、共混工艺条件等因素的调节。

5.1.3　共混物形态在机理研究中的重要作用

聚合物共混改性的机理是共混理论研究的重要内容。例如，对于增韧体系，有增韧机理研究；对于阻燃体系，有阻燃机理研究；对于抗静电体系，有抗静电机理研究等。共混物形态的研究，对于揭示共混改性的机理，可以发挥关键性的作用。例如，在共混改性机理研究中，塑料增韧体系的增韧机理研究是最受关注的。而在增韧机理研究中，形态学研究发挥了重要作用。不同增韧机理的提出，都是以形态学研究结果为依据的。

5.1.4　共混物形态研究的主要内容

共混物形态研究内容很多，主要内容包括连续相和分散相组分的确定、分散相组分的分散状况、分散相粒子的形貌，以及共混物的相界面。

1. 连续相和分散相组分的确定

聚合物共混物的形态可分为均相体系和两相体系。其中，两相体系又可分为“海-岛”结构两相体系和“海-海”结构两相体系。其中，“海-岛”结构两相体系是最常见、最重要的聚合物共混物形态。

在“海-岛”结构两相体系中，连续相和分散相对性能的贡献是不同的。例如，以塑料为连续相的共混物，主要体现出塑料的刚性；而以橡胶为连续相的共混物，则主要体现出橡胶的弹性。当两种聚合物共混时，影响某一种聚合物组分成为连续相（或分散相）的因素，是“海-岛”结构两相体系形态研究中要探讨的重要问题。

2. 分散相分散状况的表征

关于聚合物共混物的形态，有两个关键的要素：一是分散相颗粒的平均粒径（又称为分散度）；二是分散相颗粒在连续相中分布的均匀程度。

3. 两相体系的形貌

由于共混体系熔融流变特性和共混工艺条件等因素的不同，“海-岛”结构两相体系的分散相粒子可以有不同的形貌，如球状、不规则颗粒状、棒状、纤维状等。分散相粒子的形貌与共混体系的性能有一定关联。此外，两相体系还可以形成“海-海”结构的形貌。

4. 共混物的相界面

在“海-岛”结构两相体系中，相界面也是一个形态学要素。相界面是分散相与连续相之间的交界面。相界面的性能显著不同于共混两组分的性能，并对共混物宏观性能产生重要的影响。界面层厚度受到共混物两组分之间相容性的影响，相容性好的共混物两组分之间可形成一定厚度的界面层。关于共混物相界面以及界面层的研究，已成为聚合物共混物研究中的热点课题。

5.2 聚合物共混体系的相形态及演变

聚合物共混体系相形态发展的过程经历了初期破碎、中期分散及后期归并等阶段，实际上，相分散与相归并过程贯穿在整个聚合物共混过程中。在共混初期，分散相尺寸较大，受到设备的作用（如剪切）明显，此时以细化为主；随着共混时间的延长，分散相逐渐细化，尺寸越来越小，受到设备的作用逐渐减弱，细化也越来越困难。在应力场的作用下，分散相粒子可能因碰撞而发生归并，归并与细化将逐渐达到趋于动态平衡而形成稳定的结构。

5.2.1 相分散过程

从分散相粒径大小的角度出发对聚合物的共混过程，特别是相分散过程进行了较系统的研究，并取得了不少有益的结论。

Schreiber 等人在间歇式混炼机上进行的研究工作表明：在混炼的最初 2 min 内，当共混物正处于熔融或软化过程时，分散相尺寸迅速降低，共混体系形态结构发生极大的变化；当共混物完全熔融或软化后，分散相尺寸的变化不明显。

Plochocki 等人在 PS/LLDPE 混炼过程中发现聚合物宏观颗粒软化后与加工设备内壁接触并摩擦作用是共混物早期分散的驱动力，并提出了“摩擦”分散理论。

Scott 等人也认为分散相尺寸急剧减小主要发生在软化或熔融阶段，提出了在混炼初期结构发展的初始化机理。按照这一机理，分散相组分首先部分渗入连续相组分中，形成层状或带状分散相。带状结构随即发展成具有许多小孔结构，然后这些孔洞被连续相基质所填充。当孔洞发展到足够大时，多孔层状结构由于剪切应力作用开始破裂成不规则小块，这就是中期观察到的大颗粒。随着共混过程的进行，不规则小块继续分裂形成近乎球状的小颗粒，过程为液滴分裂行为。在以后的共混过程中，球状小颗粒粒径大小只有较小的变化，这就是许多研究中观察到的在共混 2 min 以后颗粒尺寸没有太大变化的原因，其形成过程如图 5-2 所示。

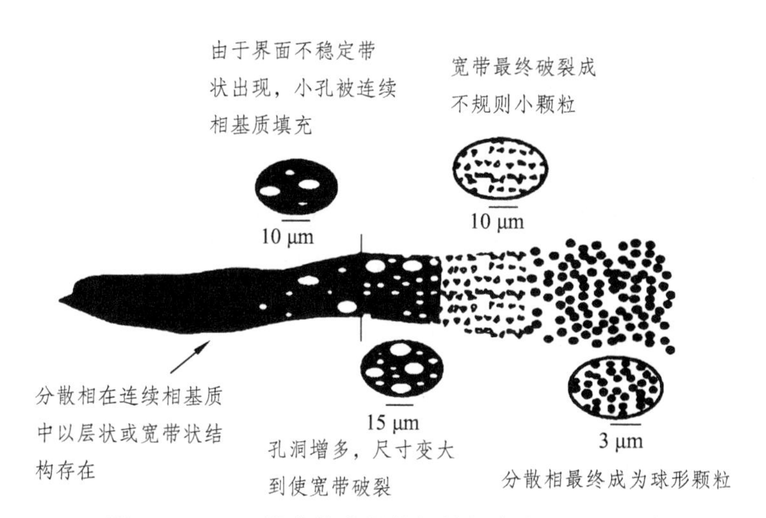

图 5-2　Scott 聚合物共混物初始相态发展过程示意图

Elemans 在 PA6 分散相与 PP 连续相共混体系的研究中发现，颗粒被剪切成带状，达到一定长度后断裂成很多很小的液滴，这一过程逐渐发展，最后导致整个带状结构的消失，这一过程类似细流线破碎行为。在剪切流动过程中，分离小块可能因碰撞而聚集，这种聚集与分离最终达到平衡而形成最终结构。其相态结构形成过程如图 5-3 所示。

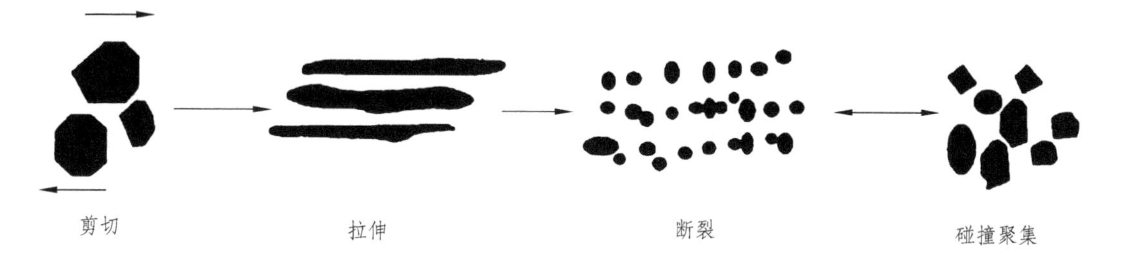

图 5-3　Elemans 聚合物共混相态发展过程示意图

综合以上研究成果可以看出，相分散有两种形成过程。其一，共混初期形态结构发展模式为分散相颗粒首先形变生成片状物或带状物，接着在片状物或带状物上有小孔生成，当小孔的尺寸和数量发展到足够大时，生成易破裂的网络状结构。由于剪切应力的作用，网络破裂成不规则小碎块或破裂成大量线状物，这些不规则小碎块或线状物继续分裂直到形成近乎球状的粒子。其二，生成的带状物也可能变成柱状体，达到一定长度后断裂成很多很小的液滴。

5.2.2 相分散机理

基于对聚合物共混中相分散过程的系统研究，发现分散相颗粒的分散过程可以分成两种机理："液滴分裂机理"和"细流线破碎机理"，具体内容已经在前面章节做过充分描述。

5.3 相归并

聚合物共混体系相结构是依靠外加剪切场的作用形成的，外加剪切场可以使体系分散相尺寸细化，但也可使分散相聚集归并。当失去外加剪切场后，在温度场的作用下，分散相同样可以聚集归并。图 5-4 所示为 PP/PS（20/80）聚合物共混体系相结构形成与演变过程的分散相细化与归并。因此，聚合物共混体系相结构的形成与演变过程自然包含相结构的归并过程。

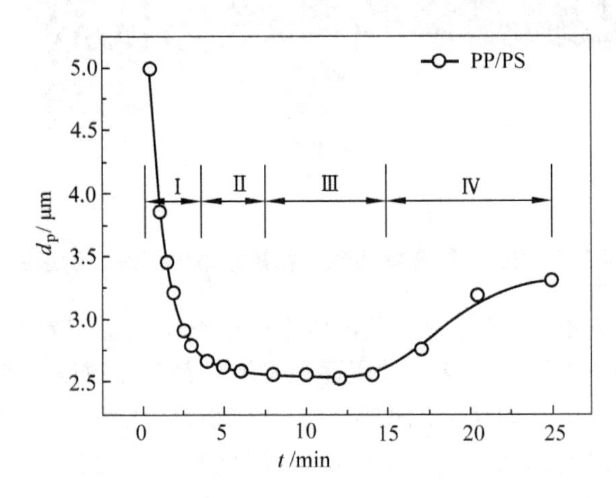

图 5-4 PP/PS（20/80）分散相粒径对混炼时间的依赖性曲线

归并过程可以在退火条件下进行，也可以在剪切条件下进行。聚合物共混物在熔融状态下的退火会引起合金内分散相颗粒之间的归并，这一归并过程将会导致分散相的尺寸变大。另一方面，即使是在聚合物共混过程中，颗粒之间的碰撞与归并也是不可避免的。因此，聚合物共混体系相形态演变的另一方面就是对由剪切流动导致的归并以及熔融状态下的静态归并过程的研究。在混炼后期，剪切力减小，粒子发生有效碰撞而发生归并。归并在挤出过程的均化段、注射成型及熔体冷却等过程中都容易发生。

5.3.1 静态归并

聚合物共混物在熔融状态下退火会引起分散相颗粒之间的聚集，这一聚集过程会导致更大的分散相尺寸，称为静态归并。大多数聚合物共混物是非热力学相容的，在热力学上是不稳定的体系，其在退火过程中的静态归并行为，热力学上解释为共混体系界面区域和界面能的减少引起的。Lifshitz 和 Wagner 提出了 Ostwald 机理（LSW 机制）：分子从小粒子表面蒸发，然后在大粒子上凝聚的动力学过程。该理论认为分子从高曲率的区域流向低曲率的区域，从而导致了高曲率界面的消失，使分散相粒子的平均尺寸增加。Binder 和 Siggia（BS 机制）把归并行为看作是粒子间的自由热扩散所导致的碰撞（布朗运动）引起的，而并不存在相互作用，通过布朗运动，粒子相互间发生有效碰撞，而后凝聚以降低系统的自由能。通过这两种理论得出的平均粒子半径（R）和退火时间（t）关系的结论是一致的，即

$$R^3 = R_0^3 + Kt \tag{5-1}$$

式中，R_0 为初始粒径；K 为归并速率常数，对于不同的归并机理，K 的表达式虽然不同，但都与扩散系数成正比。

从式（5-1）可以看出，颗粒平均粒径的三次方与归并时间之间呈线性关系。然而，由以上两种归并机理预测的理论值与实验数据通常相差 2～3 个数量级。Fortelny 等考虑到聚合物高黏性的特征，对布朗运动理论进行了修正，得出平均粒径公式为

$$R^3 = R_0^3 + \frac{4\sqrt{3}\Phi}{\pi}\sqrt{\frac{KTR_0^3 t}{\eta}} + \frac{12\Phi^2 KTt}{\pi^2 \eta} \tag{5-2}$$

式中，Φ 为分散相的体积分数；η 为基体相黏度。

以上归并机理都不能很好地解释共混体系中存在共聚物时能使共混形态趋于稳定。Fortelny 提出了静态归并的另一个模型，将分散相粒子的归并过程分成 4 个阶段：① 颗粒相互靠近并形成基体液膜；② 基体液膜的排出；③ 基体液膜的破裂；④ 液滴回缩，并把基体液膜的排出看作是整个归并过程的控制步骤，其归并示意图如图 5-5 所示。

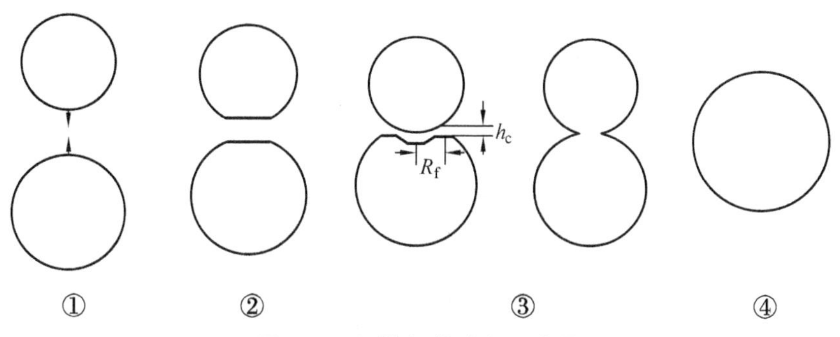

图 5-5 颗粒归并过程示意图

Fortelny 考虑到不同的界面流动性和归并驱动力，得出了驱动力为重力、布朗运动、范德华力时，颗粒平均粒径与时间的不同关系式。然而，理论预测的归并速率仍然比实验观测值大。在实际的归并过程中，不同的体系其归并速率控制步骤是不相同的，而且，在静止的退火过程中，分散相的粒子要受到热对流、浮力、范德华力、界面张力等外力的影响。因此，需要综合考虑这些因素提出新的归并机制。有关这方面归并机理与效率研究，还不是很完善，还有许多工作要做。

5.3.2 剪切诱导归并

剪切诱导归并是指聚合物共混物在一定的流动条件下由于剪切流动而导致的分散相颗粒

聚集。聚合物共混体系在混炼后期，剪切力减小，在剪切流动场的作用下，分散相颗粒发生有效碰撞而归并，聚合物共混物的最终形态是细化和归并相竞争的结果。剪切诱导归并机制较静态归并机制简单，因此在研究归并过程的机制中更适合作为研究对象。有很多研究工作致力于剪切诱导归并理论模型，最早可以追溯到 Smoluchowski 提出的理想碰撞理论：把归并过程看作是粒子间的理想相互碰撞过程，并计算出了在简单剪切流作用下的归并速率表达式。

$$J_{ij}^{0}=n_{i}n_{j}R_{ij}=\frac{1}{6}n_{i}n_{j}(D_{i}+D_{j})^{3}\dot{\gamma} \tag{5-3}$$

式中，n_i 为粒子直径 D_i 的粒子数；n_j 为粒子直径 D_j 的粒子数；R_{ij} 为归并速率系数；$\dot{\gamma}$ 为剪切速率。

Smoluchowski 归并理论的缺陷是没有考虑颗粒间的相互作用。Zeichner 等进一步完善了 Smoluchowski 归并理论，提出了 Trajectory 归并理论，如图 5-6 所示。

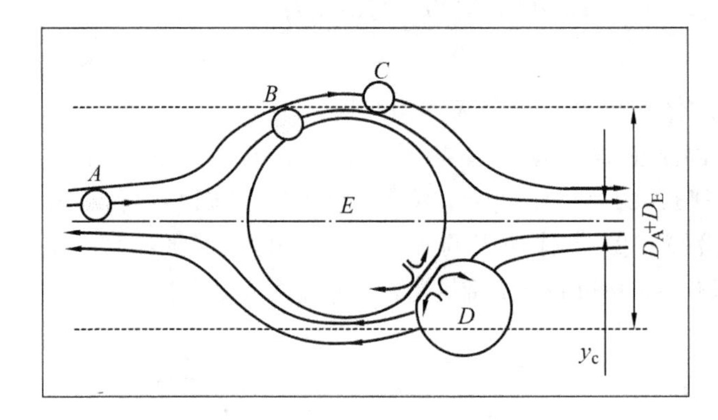

图 5-6　Trajectory 归并理论示意图

在不存在粒子间相互作用的情况下，粒子的运动轨迹是直线型的，在柱体直径为 D_A+D_E 的范围内均可发生粒子间的有效碰撞。考虑到粒子间的相互作用，粒子的运动轨迹将偏离直线，只有在柱体直径为 y_c 的区域内才能发生有效碰撞，在 y_c 区域外的粒子将遵循流线型运动轨迹，与大粒子不发生碰撞。该理论考虑到粒子间的流体动力相互作用，引入了归并效率，其定义为修正后的归并速率与 Smoluchowski 归并速率的比值，与式 $y_c^2/(D_A+D_E)^2$ 成正比：

$$E_{ij}=\frac{J_{ij}}{J_{ij}^{0}}\propto\frac{y_c^2}{(D_A+D_E)^2} \tag{5-4}$$

Trajectory 理论假设粒子在发生归并时没有变形，Chesters 与 Janssen 等研究表明，当毛细管数大于某一数量级时，粒子的表面将会发生变形，颗粒发生变形将会增加粒子间的相互流体作用力，最终导致归并速率下降。考虑到粒子的这种形变，提出了基体液膜排出理论，该理论认为当两粒子间基体液膜的厚度达到临界值 h_c 时，基体液膜开始破裂，粒子发生变形回缩。理论研究得到临界厚度 h_c 的表达式为

$$h_c=\left(\frac{A\bar{D}}{16\pi\Gamma}\right)^{\frac{1}{3}} \tag{5-5}$$

式中，A 为 Hamaker 常数；$\bar{D}$ 为分散相粒子的平均粒径；Γ 为界面张力。

基体液膜排出理论并没有考虑到粒径分布对多分散体系相归并的影响。而且，与轨迹理论不同的是，该理论并没有考虑到由于粒子运动轨迹而导致的动力学相互作用。有关归并机理与效率的研究还不完善，还有很多工作需要做。

5.4　聚合物共混体系的形态结构类型

聚合物共混体系的形态结构可简单地划分为两种。第一种为均相结构，为热力学相容的共混体系。实际研究结果表明，能形成均相结构的聚合物体系并不多。第二种为多相结构，这种多相形态的结构最为普遍，也最为复杂。实际上，具有多相结构的共混物应用价值高于均相体系，因为多相结构共混物性能可能大大超过各聚合物组分单独存在时的性能。因此，多相结构的共混体系是研究的重点。为了简单起见，这里主要讨论双组分的情况，但所涉及的基本原理同样适用于多组分体系。

由两种聚合物构成的多相聚合物共混物，按照相的连续性可分成 3 种基本类型：单相连续结构，即一个相是连续的而另一个相是分散的；两相互锁或交错结构；相互贯穿的两相连续结构。另外，也介绍了含结晶聚合物体系的结构特征。

如图 5-7 所示为共混物形态的 3 种基本类型图（采用熔融共混制备的丁苯胶/PS 共混体系中，共混物的形态随两种组分的体积比变化）。

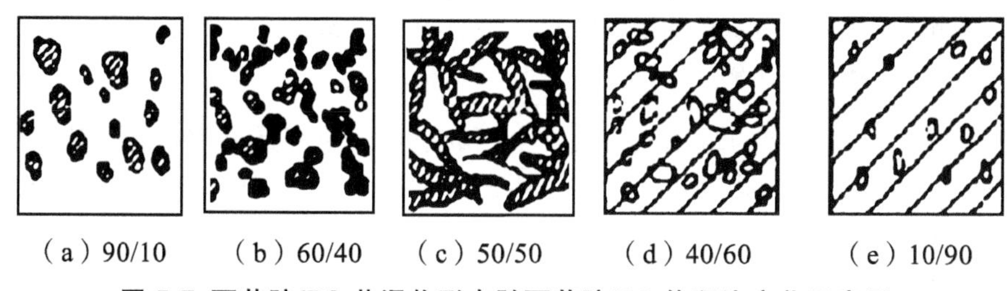

图 5-7　丁苯胶/PS 共混物形态随丁苯胶/PS 体积比变化示意图

□ 丁苯胶　　▨ PS

5.4.1　单相连续结构

单相连续结构是指构成聚合物共混物的两个相或多个相中只有一个连续相。此连续相可看作分散介质，称为基体；其他的相分散于连续相中，称为分散相。单相连续的形态结构又因分散相的形状、大小以及与连续相结合情况的不同而表现为多种形式。

根据分散相的形状、大小、内部结构以及其形态特征可以将其分成 4 种类型。其一，分散相形状很不规则、成颗粒状。机械共混法 HIPS 属于这种情况，顺丁橡胶分散于 PS 基体中，分散相尺寸通常为 1 ~ 10 μm。其二，分散相颗粒较规则，一般为球形，颗粒内部不包含或包含极少的连续相成分。其三，分散相为香肠结构。分散相颗粒内包含了相当多的连续相成分构成的更小颗粒，这时分散相颗粒的截断面类似香肠，所以称为香肠结构。把分散相颗粒当作胞，胞壁由连续相成分构成，而胞内也包含连续相成分构成的更小颗粒，所以也称为胞状结构。其四，分散相为片层状，即分散相呈微片状分散于连续相基体中，当分散相浓度较高时，进一步形成分散相的片层。此形态形成的必要条件：分散相熔体黏度大于连续相的熔体黏度，且共混时的剪切速度适当并采用恰当的增容技术。例如，制备阻隔性良好的聚合物共混物及获得抗静电性能优良的聚合物共混物时，需要制备成分散状为片层状的共混物。

5.4.2 双连续相结构

分散相增加时，分散相颗粒尺寸逐渐增大。当分散相含量达到一定时，呈现双连续相结构，两相以柱状交错缠绕在一起。如图 5-8 和图 5-9 出现相反转，分散相变成连续相，连续相变成分散相，这种结构称为两相共连续结构，包括层状结构和互锁结构。

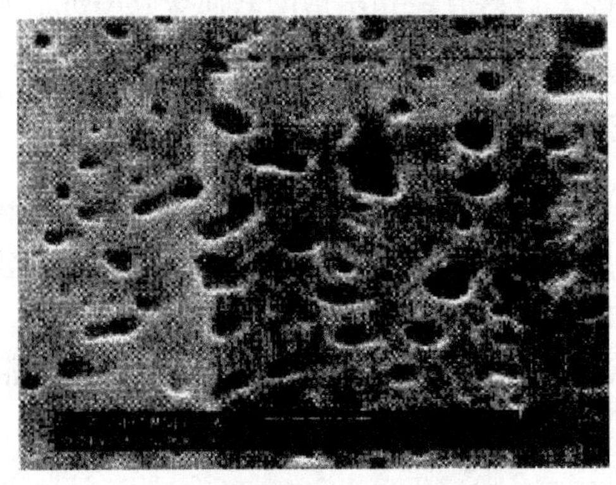

图 5-8 PP/mEPP（60/40）共混体系的 SEM（扫描电镜）照片

图 5-9 PP/mEPP（50/50）共混体系的 SEM 照片

聚合物共混物可在一定的组成范围内发生相的逆转，原来是分散相的组分变成连续相，而原来是连续相的组分变成分散相。设发生相逆转时组分 1 及 2 的体积分数分别为 φ_1 及 φ_2，则存在如下经验关系式：

$$\frac{\varphi_1}{\varphi_2}=\frac{\eta_1}{\eta_2}=\lambda \tag{5-6}$$

式中，η_1 及 η_2 分别为组分 1 及 2 的黏度。

这是一个很好的近似式，很多多相聚合物体系的相逆转都与此经验式相吻合。但数值与剪切应力有关，所以相逆转时的组成也受混合方式、加工方法及工艺条件的影响。

5.4.3 含结晶聚合物共混体系的相态结构

以上所述都是指两种聚合物都不是结晶性的情况。对于结晶聚合物/结晶聚合物以及结晶聚合物/非结晶聚合物共混体系，上述原则也同样适用。所不同的是，对于含结晶聚合物的情况，尚需考虑共混后结晶形态和结晶度的改变。

1. 结晶聚合物/非结晶聚合物体系

结晶聚合物/非结晶聚合物体系的例子有聚己内酯/聚氯乙烯（PCL/PVC）共混物、全同立构聚苯乙烯（iPS）/无规立构聚苯乙烯（aPS）共混物、iPS/聚苯醚（PPO）共混物、聚偏氟乙烯（PVDF）/PMMA 共混物等。这类共混物的形态结构早期曾归纳成以下 4 种类型：① 晶粒分散在非晶态介质中；② 球晶分散于非晶态介质中；③ 非晶态分散于球晶中；④ 非晶态形成较大的相畴分布于球晶中。图 5-10 为这 4 种形态结构的示意图。

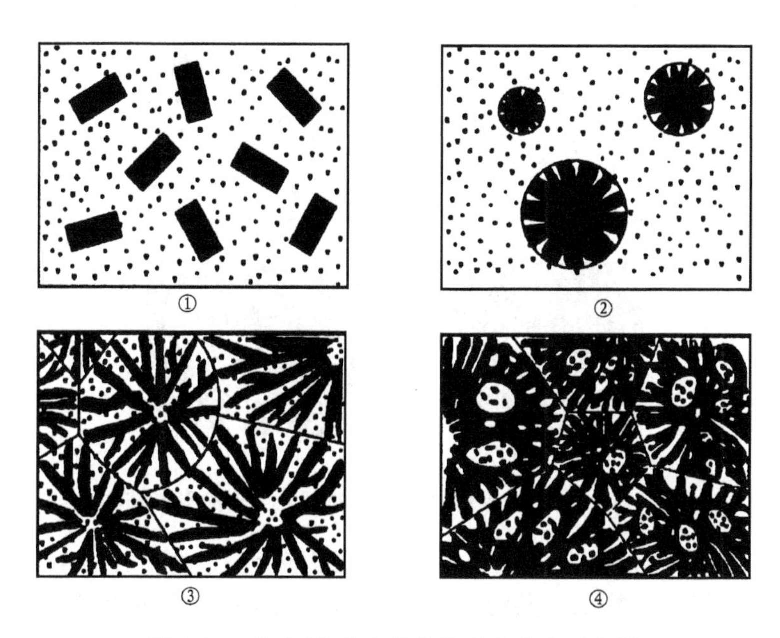

图 5-10　晶态/非晶态共混物形态结构示意图

根据近年来的研究报道，以上 4 类结晶结构尚不能充分代表晶态/非晶聚合物共混物形态的全貌，即还有如下 4 种：① 球晶几乎充满整个共混体系（为连续相），非晶聚合物分散于球晶与球晶之间；② 球晶被轻度破坏，成为树枝晶并分散于非晶聚合物之间；③ 结晶聚合物未能结晶，形成非晶/非晶共混体系（均相或非均相）；④ 非晶聚合物产生结晶，体系转化为结晶/结晶聚合物共混体系（也可能同时含有一种或两种聚合物的非晶区）。

2. 结晶聚合物/结晶聚合物体系

结晶/结晶聚合物制备的共混体系的形态结构也有单连续相和双连续相结构，不同的是结晶形态。共混两组分的相容性对体系的形态结构有着较重要的影响，此外还受共混组分比例、结晶组分结晶度、结晶动力学因素、共混工艺条件等的制约。

结晶/结晶聚合物共混物的例子主要有 PBT/PET 共混物、PE/PP 共混物、PA/PE 共混物等。由于结晶聚合物尚有非晶区，结晶性及晶体结构又受多方面因素的影响，此类共混物的形态结构就更为复杂，有可能呈现如图 5-11 所示的 6 种形态。

图 5-11 中①、②两种情况破坏了原两结晶聚合物的结晶性，形成了非晶态的共混体系，其中相容性好时为①的形态，相容性差时为②的形态。例如，PBT/PET 熔融共混，因发生酯交换形成了无规嵌段共聚物，完全失去了结晶性，其共混物就表现为这类非晶共混体系的形态。

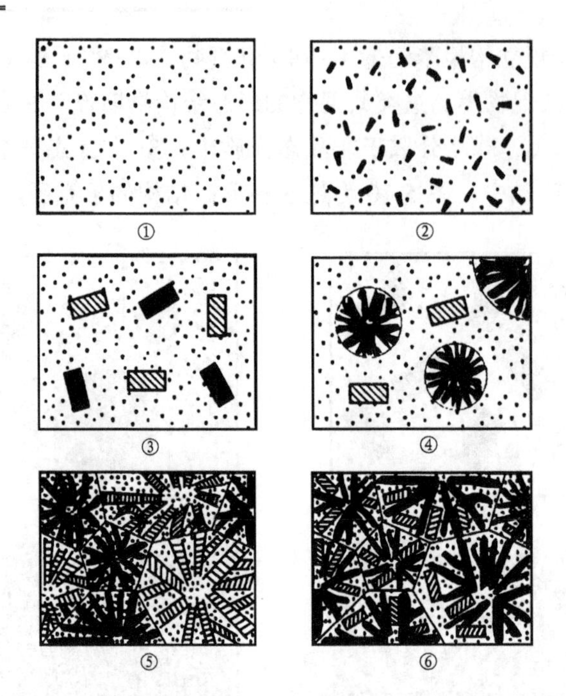

图 5-11　结晶/结晶聚合物共混物可能出现的形态结构

图 5-11 中③、④两结晶聚合物分别结晶的形态是较为普遍的，如 PP/UHMWPE（超高分子量 PE）和 PPS（聚苯硫醚）/PA 共混物，在一定制备条件下均可形成两相分离的结晶/结晶形态。图 5-10 中③、④所表现的似乎是晶态分散于非晶态中，但当共混体系能充分结晶达到高结晶度时，则成为少量非晶区夹层分布于晶粒和球晶之间的另外的形态，其状况显然有别于图 5-11 中的③、④。

图 5-11 中⑤所表现的形态是两结晶聚合物分别形成球晶，晶区充满整个共混物，非晶成分分散于球晶之间。若两结晶聚合物能形成共晶，则有如图 5-11 中⑥所示的形态，形成共球晶充满共混物，非晶成分分散于球晶之间。

此外，附晶（Epitaxial crystallization）也是结晶/结晶聚合物共混物形态中的一种特别值得注意的情况。附晶又称附生结晶、外延结晶，是一种结晶物质在另一物质（基质）上的取向生长。结晶聚合物之间附晶的研究开始于 20 世纪 80 年代中期。当前研究较多的是 PP/HDPE 及 PP/PA 等共混体系，以 PP/PE 共混物为例，当拉伸此类共混物薄膜，作为基质的 PP 就会出现如图 5-12（a）所示的形态。该形态中黑色为结晶区，浅色区为非晶区，结晶区

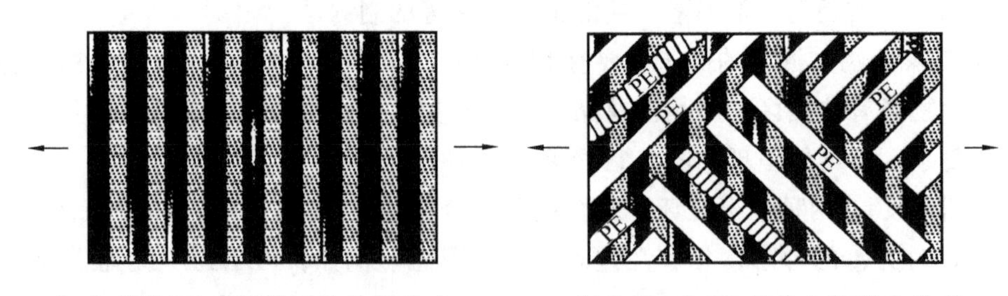

（a）基质 PP 在拉伸下的结晶状态　　（b）PE 在 PP 晶体上的附生结晶

图 5-12　PP/PE 共混物薄膜在拉伸下的附生结晶

中的 PP 分子沿应力方向取向，而结晶沿垂直于应力的方向增长，形成“羊肉串式”的结晶；另一共混组分 PE 在 PP 晶体上附生增长，其增长方向与 PP 晶体成长方向成 45°，如图 5-12（b）所示。附晶的生成可以显著提高共混物的力学性能，因此引起人们极大的兴趣。

以上关于形态结构的讨论是以双组分的聚合物共混物为例进行的，但是更多组分共混可满足共混体系性能的多样化和均衡化，因而引人注目，其形态结构的探讨也有所发展。

5.4.4 影响聚合物共混体系相态结构的因素

两相体系共混物的形态，包括哪一种聚合物为连续相，哪一种聚合物为分散相，以及分散相粒子的形貌等。影响共混物形态的因素有很多，主要有两组分的配比、两组分的熔体黏度、界面张力、共混设备及工艺条件（温度、时间）等。

5.4.4.1 影响连续相、分散相形成的因素

在聚合物共混两相体系中，哪一种聚合物为连续相，哪一种聚合物为分散相，是一个重要的问题。连续相和分散相对共混物性能的贡献是不同的。在两相体系中，连续相主要与共混材料的力学强度、模量、弹性相关；而分散相则主要与抗冲性能、光学性能、传热以及抗渗透相关。

两种聚合物共混，哪一种聚合物会成为连续相，哪一种聚合物会成为分散相，这与两种聚合物的配比、共混组分的熔体黏度等因素有关。

1. 共混组分配比的影响

共混组分之间的配比是影响共混物形态的一个重要因素，也是决定哪一相为连续相，哪一相为分散相的重要因素。图 5-13 所示为采用熔融共混制备的聚丙烯/茂金属乙烯-丙烯共聚物（PP/mEP）中，共混体系的形态随两种组分的体积比变化的相形态。

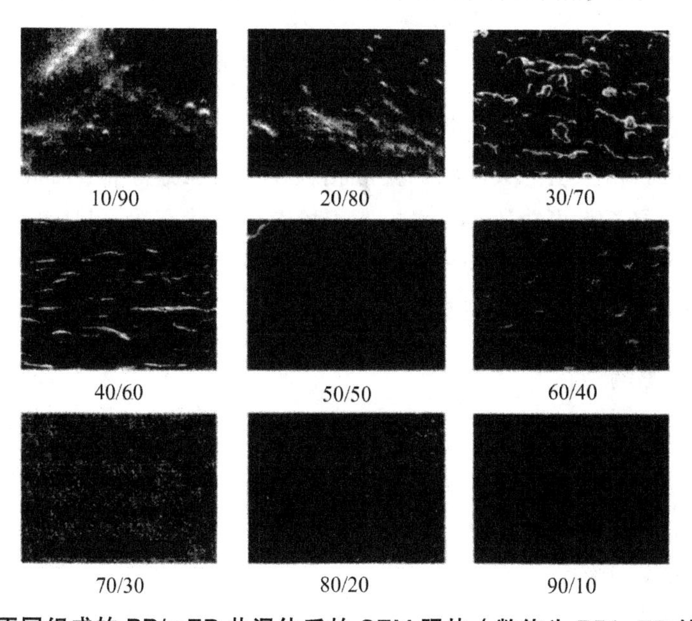

图 5-13 不同组成的 PP/mEP 共混体系的 SEM 照片（数值为 PP/mEP 的体积比）

从图 5-13 中可以看出，当 PP 的体积含量在 20%以内时，共混物形态是“海-岛”结构两相体系，其中 mEP 为连续相，PP 为分散相。在 PP 体积含量为 30%～40%时，共混物为两相连续的“海-海”结构。在 PP/mEP 体积比为 50/50 以后时，PP 变为连续相，mEP 变为分散相。

由于影响共混物形态因素的复杂性，使得在实际共混物中，组分含量多的一相未必就一定是连续相；组分含量少的一项未必就一定是分散相。尽管如此，仍然可以对组分含量对共混物形态的影响，做出一个基本的界定。

通过理论计算可以求出连续相（或分散相）组分的理论临界含量。假设分散相颗粒是直径相等的球形，并且这些球形颗粒以“六方紧密填充”的方式排布（见图 5-13)，在此情况下，其最大填充分数（体积分数）为 74%。由此可以推论，若两相共混体系分散相满足图 5-14 所示的排布，且其中的某一组分含量（体积分数）大于 74%时，这一组分就不可能再是分散相，而将是连续相。同样，当某一组分含量（体积分数）小于 26%时，这一组分不可能再是连续相，而将是分散相。当组分含量介于 26%～74%时，哪一组分为连续相，将不仅取决于组分含量之比，而且还要取决于其他因素，主要是两个组分的熔体黏度。

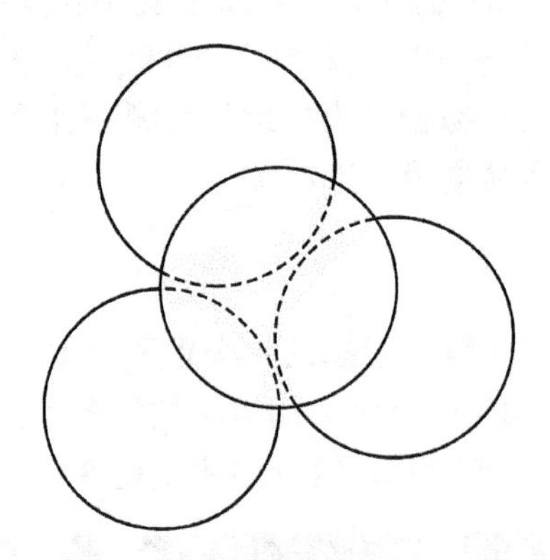

图 5-14　六方紧密填充示意图

上述理论临界含量是建立在一定的假设的基础之上的，因而并非是绝对的界限，在实际应用中仅具有参考的价值。实际共混物的分散相颗粒，一般都并非直径相等的球形。另外，这些颗粒在实际上也是不大可能达到“六方紧密填充”的状态的。尽管如此，用上述理论临界含量对两相共混体系中哪一组分为分散相，哪一组分为连续相作出一个参考性的界定，对于讨论共混体系的基本规律，仍然是有意义的。

2. 熔体黏度的影响

对于熔融共混体系，共混组分的熔体黏度亦是影响共混物形态的重要因素。当共混组分的配比相差不是很大的情况下，熔体黏度对形态的影响，有如下基本规律：黏度低的一相倾向于生成连续相，而黏度高的一相则倾向于生成分散相，但不绝对，因为共混物的形态还要受组分配比等其他因素制约。

共混组分的熔体黏度与配比都会对形态产生影响，其综合影响可用图 5-15 来表示。

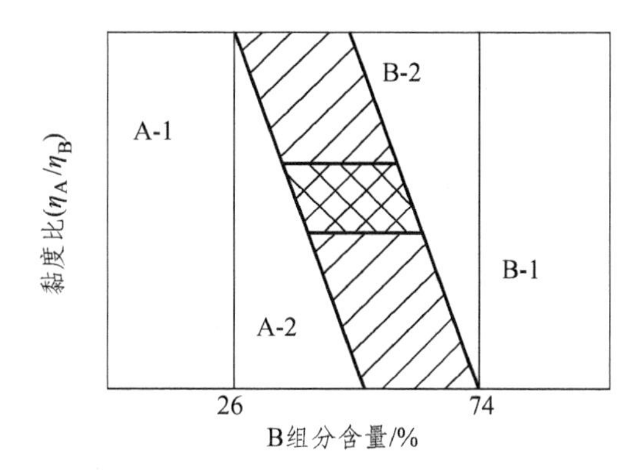

图 5-15　共混组分的熔体黏度与配比对形态的综合影响示意图

如图 5-15 所示，在某一组分含量（体积分数）大于 74%时，按照上述理论临界含量的界定，该组分为连续相（A-1 与 B-1）；当组分含量小于 26%时，该组分为分散相；组分含量为 26%～74%时，哪一相为连续相，哪一相为分散相，取决于配比与黏度的综合影响。因受熔体黏度影响，"黏度低的一相倾向于生成连续相，黏度高的一相则倾向于生成分散相"，在 A-2 区域，A 组分的熔体黏度小于 B，尽管 B 的含量接近甚至超过 A，A 仍然可以成为连续相。B-2 区域情况类似，B 为连续相。

当由 A 组分为连续相向 B 组分为连续相转变时，存在一个相转变区（见图 5-15 阴影区域）。理论上说，这个相转变区内都会有两相连续结构出现，但在 A、B 组分熔体黏度近似相等的区域内，可较易得到两相连续结构的共混物。A、B 组分熔体黏度相等的点即为"等黏点"。

特别强调：图 5-15 的综合影响图仅表示黏度与配比对形态结构的综合影响的基本趋势。对于不同的共混体系，相转变区的具体位置也会有所差别。

3. 熔体弹性的影响

上述只考虑了熔体黏度与配比的影响。实际上，聚合物熔体都不是纯黏性的流体，而是具有黏弹行为的流体。聚合物熔体所具有的弹性特征，也会对形态产生影响。

不同聚合物品种的熔体弹性会有不同，而熔融温度、剪切应力等因素，也会影响聚合物熔体的弹性，具有较高熔体弹性的分散相，不易破碎。因而，两相的熔体弹性，会使黏度与配比对形态的综合影响图的"走势"产生影响。当分散相熔体的弹性较高时，会在更高的体积分数成为分散相。

5.4.4.2　影响分散相粒子形貌的因素

在不同的"海-岛"两相结构体系中，分散相粒子会具有多种多样的形貌，除近似于球形的形貌外，还有条形、纤维状、层片状等特殊形貌。

影响分散相粒子形貌的因素也是复杂多样的。共混过程中设备施加的剪切力（或拉伸力），两相聚合物的熔体黏度、熔体弹性，两相组分的配比、界面张力等因素，在影响分散相粒子粒径的同时，也影响分散相粒子的形貌。此外，分散相粒子的形貌还与分散机理有关。

1. 分散机理的影响

分散相粒子的形貌与分散机理密切相关。如前所述，分散相颗粒的分散过程可以细分为两种机理："液滴分裂机理"和"细流线破裂机理"。"液滴分裂"和"细流线破裂"这两种机理代表了两种较为极端的情况，在实际的共混中，分散相破碎的过程可能会介于两者之间，而倾向于某一种机理。例如，对于倾向于细流线破裂机理的分散过程，通常是分散相先变形成为带状，带状的分散相再变细，成为细条，最后破裂成小颗粒。这种对某一种机理的倾向性，就会影响分散相粒子的形貌。

2. 流动场形式的影响

流动场的形式对于分散相粒子形貌的形成有重要影响。对于以剪切流动为主的流动场形式，快速改变剪切力可以将分散相粒子变成条状。而与剪切流动相比，拉伸流动能更有效地将分散相粒子由液珠状拉伸为纤维状。

3. 加工工艺的影响

一般而言，熔融共混制得的产物，若为单连续相结构，分散相颗粒较不规则，颗粒尺寸亦较大。接枝、共聚法制备的改性产物，为单连续相结构，其分散相为较规则的球状颗粒。

4. 熔体黏度比的影响

两相聚合物的熔体黏度比也对分散相形貌的形成有重要影响。当分散相黏度较大时，根据前面分散讨论可知，不易发生破裂而产生变形，易形成条状、纤维状或层状分散相。

5. 其他因素的影响

除以上影响分散相粒子形貌的因素以外，聚合物熔体界面张力与熔体弹性等因素对其也有明显的影响。

由于聚合物共混物的黏弹性以及共混物在混合和加工过程中复杂的流动场，形态结构的形成是一个十分复杂的过程，形态结构具有多层次性，会产生各种次级结构。当前尚不能从理论上准确预测这些复杂的形态结构。关于各种因素的影响，目前也只限于粗略地定性估计，尚缺乏严密的定量关系。

5.5 共混物的相界面

按共混物热力学相容的条件，一般聚合物两相共混体系属于热力学不相容体系。但两相（或多相）共混体系仍然可以具有良好的性能和重要的应用价值，并成为实际应用的共混材料的主体。而决定两相共混体系性能的重要因素之一，就是共混物的相界面。

共混物的相界面，是指共混体系中相与相之间的交界面。由于共混物中分散相的粒径很小，通常在微米的数量级，使共混物具有巨大相界面面积。

共混物两相体系的界面形态与共混物组分之间的相容性密切相关。相容性较好的聚合物对，其界面结合也较为牢固，可形成具有一定厚度的界面层，或称过渡层；反之，相容性不好的聚合物体系，界面结合较差。界面张力是聚合物共混物界面特性的重要体现。相界面对共混物的力学性能也有重要影响，界面结合良好，可使共混物的力学性能提高。

5.5.1 表面与界面张力

1. 表面与界面

两相体系的表界面，是指从一相到另一相的过渡区域。表界面可分为 5 类：固体-气体、液体-气体、固体-液体、液体-液体、固体-固体。其中，固体-气体、液体-气体的交界面，习惯上称为表面；固体-液体、液体-液体、固体-固体的交界面，则称为界面。

2. 表（界）面张力与表（界）面自由能

任何一个相（如液体），其内部分子与表面分子所受到的作用力是不同的。表面分子因受到不平衡的力而具有更高的表面自由能，因此，液体具有自动收缩表面的倾向，即具有表面张力。常温下的聚合物作为一种固体，其表面虽然不能像液体那样通过自由地改变形状来降低表面能，但固体表面的分子也处于不饱和的力场之中，因而也具有表面自由能。固体表面对于液体的浸润和对气体的吸附，都是固体表面具有表面自由能的证据。

在两相体系的两组分之间，具有界面自由能。以熔融共混为例，在共混过程中，分散相组分是在外力作用之下逐渐被分散破碎的。当分散相组分破碎时，其比表面积增大，界面能相应增加。反之，若分散相粒子相互碰撞而凝聚，则可使界面能下降。换言之，分散相组分的破碎过程是需在外力作用下进行的，而分散相粒子的凝聚则是可以自发进行的。

表（界）面张力与表（界）面自由能都是由于表（界）面力场的不平衡所致，是从不同角度对体系的这一特性的描述。但是，不能将二者视为同一物理量的两种称谓。表（界）面张力是“力”，是向量；表（界）面自由能是“能”，是标量。表（界）面张力与表（界）面自由能物理意义有区别，单位不同，但数值相同。

常温下的聚合物为固体。固体表面张力的测定方法有多种，常用的方法为接触角法。接触角法也是测定聚合物表面张力的主要方法。

采用接触角法测定聚合物的表面张力，需先将聚合物制成平板状样品，然后采用接触角测定仪测定。方法是在样品表面滴上一滴特定的液体，如图 5-16 所示，测定接触角 θ。在图 5-16 所示的固相（聚合物）、液相（液滴）和气相（空气）三相交点处，作气-液界面切线，此切线与固液交界线的交角，就是接触角 θ。

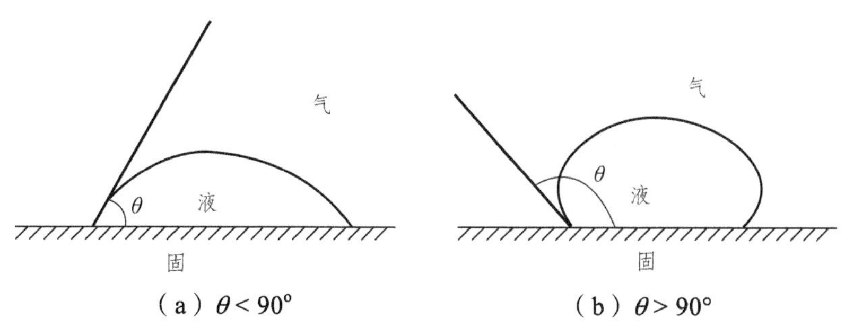

（a）$\theta < 90°$ （b）$\theta > 90°$

图 5-16 接触角 θ 示意图

接触角θ的大小，可反映固体与液体相互浸润的情况。若$\theta< 90°$［见图 5-16（a）］，则表明浸润良好，或称固体亲液；若$\theta> 90°$［见图 5-16（b）］，则表明浸润不良，或称固体憎液。

接触角θ可以直接表征聚合物的表面特性。例如，聚合物对某种液体的接触角θ，可反映该聚合物对这种液体的浸润情况。这对高分子材料的涂饰、黏合，以及聚合物薄膜的防结露性能等，都有重要意义。

进一步由接触角θ计算聚合物的表面张力。杨（Young）氏公式可反映出接触角θ与固体表面张力的关系：

$$\sigma_{\mathrm{L}} \cos\theta = \sigma_{\mathrm{S}} - \sigma_{\mathrm{SL}} \tag{5-7}$$

式中，σ_{L}为所选用液体的表面张力；σ_{S}为固体（聚合物）的表面张力；σ_{SL}为液-固两相间的界面张力。

表面张力与界面张力之间有如下关系式：

$$\sigma_{12} = \sigma_1 + \sigma_2 - 2\varPhi(\sigma_1\sigma_2)^{1/2} \tag{5-8}$$

式中，σ_{12}为两相间界面张力；σ_1、σ_2为各相的表面张力；$\varPhi$为两相分子间的相互作用参数。

将式（5-8）中的两相分别设定为固相和液相，并将式（5-8）与式（5-7）结合，则有

$$\sigma_{\mathrm{S}} = \sigma_{\mathrm{L}} \frac{(1+\cos\theta)^2}{4\varPhi^2} \tag{5-9}$$

式（5-9）表示了σ_{L}、θ与σ_{S}的关系。但是，式（5-9）中的中值不易求取，可以采用如下近似公式：

$$\sigma_{12} = \sigma_1 + \sigma_2 - 2(\sigma_1^d\sigma_2^d)^{1/2} - 2(\sigma_1^p\sigma_2^p)^{1/2} \tag{5-10}$$

式中，σ^d、σ^p分别为表面张力的色散分量和极性分量（极性分量包含氢键和极性力的作用），且有

$$\sigma = \sigma^d + \sigma^p \tag{5-11}$$

将式（5-10）中的两相分别设定为固相和液相，并将式（5-10）与式（5-7）结合，则有

$$1+\cos\theta = 2\left[\frac{(\sigma_{\mathrm{S}}^d)^{1/2}(\sigma_{\mathrm{L}}^d)^{1/2}}{\sigma_{\mathrm{L}}} + \frac{(\sigma_{\mathrm{S}}^p)^{1/2}(\sigma_{\mathrm{L}}^p)^{1/2}}{\sigma_{\mathrm{L}}}\right] \tag{5-12}$$

选用两种已知σ_{L}、σ_{L}^d、σ_{L}^p的液体，分别与聚合物试样测定θ角，就可以由式（5-12）和式（5-11）计算出该聚合物试样的σ_{S}、σ_{S}^d、σ_{S}^p，得到聚合物试样的表面张力数据。

除接触角法外，聚合物的表面张力还可以采用熔体外推法、分子量外推法、内聚能密度估算法、等张比体积加和法来确定。

5.5.2 聚合物表面张力的相关因素

聚合物的表面张力与温度、聚合物的物态、聚合物分子量、聚合物溶解度参数等因素有关。

1. 聚合物的表面张力与温度的关系

表面张力的本质是分子间的相互作用。由于分子间力随着温度的升高而下降，所以，表面张力也会随之降低，且与温度呈线性关系（结晶性的物质发生结晶或熔融时，线性关系会受影响）。聚合物的表面张力也会随着温度的升高而下降，且与温度呈线性关系。因此，可测定熔融状态下聚合物的表面张力，并外推到室温。这就是测定聚合物表面张力的“熔体外推法”。几种聚合物的表面张力与温度的关系如图 5-17 所示。

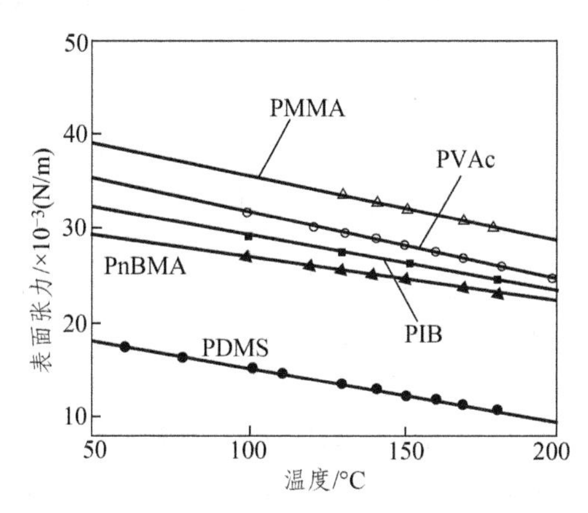

图 5-17　几种聚合物的表面张力与温度的关系

PMMA—聚甲基丙烯酸甲酯；PVAc—聚醋酸乙烯酯；PIB—聚异丁烯；
PnBMA—A 聚甲基丙烯酸正丁酯；PDMS—聚二甲基硅氧烷

2. 聚合物的表面张力与聚合物物态的关系

结晶性聚合物发生结晶或熔融时，密度会发生变化。根据 Macleod 方程，密度变化会引起表面张力变化，密度增大，表面张力也增大。因而，结晶性聚合物发生相变时，表面张力会发生相应的变化。结晶体的密度高于熔体的密度，相应地，结晶体的表面张力高于熔体的表面张力。这种变化，会使表面张力与温度的线性关系受到影响。

此外，结晶聚合物也有非结晶的部分。由于非结晶部分的表面张力低于结晶部分的表面张力，导致非结晶部分倾向于包覆在表面，以降低体系的表面能量。

3. 聚合物的表面张力与分子量的关系

聚合物的表面张力与分子量有如下关系：

$$\sigma = \sigma_{\infty} - K_{e} / M_{r,n}^{2/3} \tag{5-13}$$

式中，σ 为聚合物的表面张力；σ_{∞} 为分子量为无穷大时的表面张力；K_{e} 为常数；$M_{r,n}$ 为聚合物的数均分子量。

测定聚合物的液体同系物的表面张力，利用表面张力与分子量的关系，可导出聚合物的表面张力。这就是分子量外推法。

4. 聚合物表面张力与内聚能密度及溶解度参数的关系

聚合物表面张力和内聚能密度都与分子间的相互作用力有关，因而，两者彼此有关联。

如前面所示，内聚能密度 $C_{ii}=\delta_i^2$（δ_i 为溶解度参数），因而可以探讨溶解度参数与表面张力的关系。

聚合物表面张力与溶解度参数之间有一些经验关系式，可以由溶解度参数估算表面张力，如式（5-14）所示为经验关系式之一：

$$\sigma^{0.43}=K\delta\Phi V_{\mathrm{m}}^{0.14} \tag{5-14}$$

式中，σ 为聚合物的表面张力；K 为常数；δ 为聚合物的溶解度参数；Φ 为分子间的相互作用力；V_{m} 为摩尔体积。由式（5-14）可以看出，聚合物的表面张力是随溶解度参数的增大而增大的。

5.5.3 聚合物-聚合物两相体系的界面张力

对于聚合物两相共混体系的共混过程和共混物性能，两相间的界面张力是很重要的影响因素。界面张力对聚合物共混过程及共混物两相体系的形态有重要影响。

采用通常的测试方法，如接触角法，测得的是聚合物试样在空气中的表面张力数据。从聚合物表面张力数值导出聚合物-聚合物体系界面张力数值，可采用式（5-8）。

采用式（5-8），设 σ_1、σ_2 分别为两种聚合物的表面张力，可计算聚合物-聚合物体系界面张力。Φ 值可以由分子结构参数计算得出。

Φ 可以分解为两种聚合物相互作用单元的摩尔体积的贡献（$\Phi_{V_{\mathrm{m}}}$）和两相聚合物极性的贡献（Φ_A）：

$$\Phi=\Phi_{V_{\mathrm{m}}}\Phi_A \tag{5-15}$$

多数情况下，两种聚合物相互作用单元的摩尔体积相近，$\Phi_{V_{\mathrm{m}}}\approx 1$，因而 $\Phi\approx\Phi_A$。若两相聚合物的极性完全相同，则 Φ_A 获得最大值 1。若两相极性相差增大，则 Φ_A 值随之减小。

一些聚合物对在不同温度下的 Φ 值如表 5-1 所示。可以看出，温度对 Φ 值的影响甚小。

表 5-1　一些聚合物对的 Φ 值

聚合物对	Φ 值		
	20 °C	140 °C	180 °C
聚甲基丙烯酸甲酯/线形聚乙烯	0.845	0.841	0.838
聚甲基丙烯酸正丁酯/线形聚乙烯	0.896	0.903	0.906
聚苯乙烯/线形聚乙烯	0.893	0.905	0.907
聚醋酸乙烯酯/线形聚乙烯	0.798	0.804	0.798
聚甲基丙烯酸甲酯/聚苯乙烯	0.962	0.974	0.976
聚醋酸乙烯酯/聚异丁烯	0.860	0.864	0.865
聚甲基丙烯酸甲酯/聚甲基丙烯酸正丁酯	0.960	0.975	0.982

对式（5-8）的各项重新组合，可以转变为式（5-16）：

$$\sigma_{12}=(\sqrt{\sigma_1}-\sqrt{\sigma_2})^2+2(1-\Phi)\sqrt{\sigma_1\sigma_2} \tag{5-16}$$

如式（5-16）所示，聚合物两相间的界面张力 σ_{12} 由两部分组成，前半部分取决于 $\sqrt{\sigma_1}$ 与 $\sqrt{\sigma_2}$ 的差值，后半部分则取决于 Φ 与 1 的差值。关于该式的后半部分，由于聚合物间的 Φ 值大都接近于 1（见表 5-1），一般为 0.8～1，所以 Φ 与 1 的差值并不大。关于该式的前半部分，按照式（5-14），溶解度参数大约正比于 $\sqrt{\sigma}$，即 $\sqrt{\sigma_1}$ 与 $\sqrt{\sigma_2}$ 的差值大约正比于溶解度参数的差值（$\delta_1-\delta_2$）；而如前所述，溶解度参数的差值是可以表征相容性的，溶解度参数相近，则相容性较好。这样就可导出相容性与界面张力的关系：相容性较好的聚合物对，界面张力相应较低。

采用前述的 B 参数，也可以推算聚合物-聚合物共混体系的界面张力。Helfand 等研究了热力学相互作用能与界面性质的定量关系，提出了共混体系界面张力的表达式：

$$\sigma_{AB}=\sqrt{\frac{RTB}{2}}(\beta_A+\beta_B)\left[1+\frac{(\beta_A+\beta_B)_2}{3(\beta_A+\beta_B)_2}\right] \tag{5-17}$$

式中，σ_{AB} 为聚合物 A、B 的界面张力；B 为相互作用能密度（即 B 参数）；β_A、β_B 为与聚合物分子量和均方无扰末端距相关的参数。

如式（5-17）所示，B 参数较小时，界面张力较低。B 参数也可表征相容性，所以，式（5-17）也表明，相容性较好的聚合物对，界面张力相应较低。

在式（5-17）中，β_A、β_B 为与聚合物分子量和均方无扰末端距相关的参数。其中，均方无扰末端距是表征大分子链柔顺性的。这表明，聚合物大分子链的柔顺性也会影响界面张力，并影响相容性。在界面层厚度的计算式（5-17）中，也要引入与聚合物分子量和均方无扰末端距相关的参数 β_A、β_B。关于大分子链柔顺性与相容性关系的基本规律，尚待进一步研究。

聚合物-聚合物体系的界面张力也可以通过实验方法测定。例如，采用动态流变性能的测试方法，可以测定聚合物体系的界面张力。

5.5.4 界面层与界面作用

1. 界面层的结构

对于相容的聚合物组分，共混物的相界面上会存在一个两相组分相互渗透的“过渡层”，通常称为界面层。由此，可将聚合物共混物相界面的形态划分为两个基本模型，如图 5-18 所示。其中，图 5-18（a）代表的是不相容或相容性很小的体系。在这类体系中，Ⅰ组分与Ⅱ组分之间没有过渡层。图 5-18（b）则代表了两相组分之间具有一定相容性的情况，Ⅰ组分与Ⅱ组分之间存在一个过渡层。

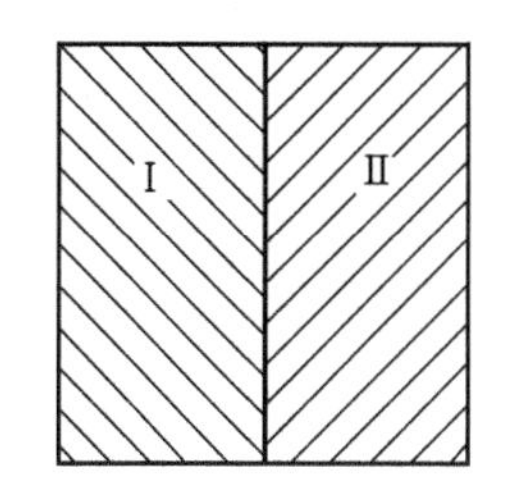

（a）两组分之间无过渡层

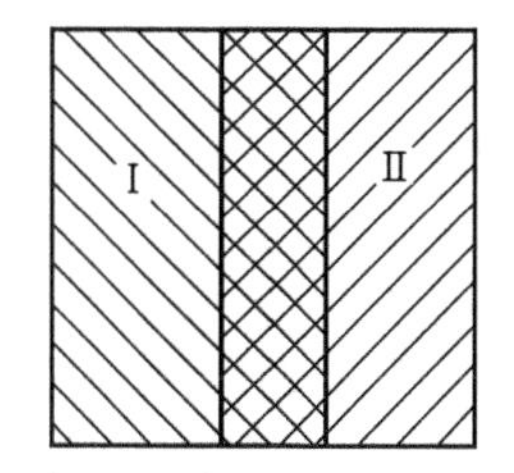

（b）两组分之间有过渡层

图 5-18 共混物相界面形态的两个基本模型

共混物相界面的过渡层的示意图如图 5-19 所示。如前所述，两相共混体系的两相组分之间很多都是部分相容的。从宏观整体来看，过渡层的存在正是体现了两相之间有限的相容性，或者说是部分相容性。另一方面，从过渡层这个微观局部来看，又存在着分子水平（或链段水平）相互扩散的状态。聚合物共混物的界面层（过渡层）厚度，与共混物组分的相容性有关。相容性好的，界面层也较厚。

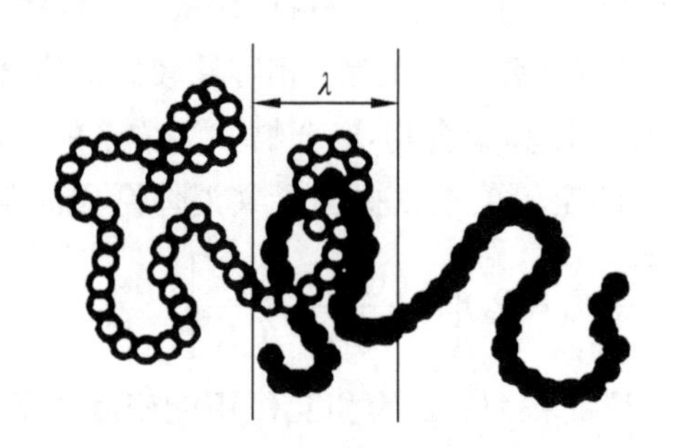

图 5-19　过渡层结构示意图

2. 界面层厚度的计算

两相共混体系的界面层厚度可以通过实验测定的方法，并采用一些公式计算求取。

界面层厚度与前述的二元相互作用能密度（B 参数）或相互作用参数（χ）有关。Helfand 等提出了界面层厚度的表达式：

$$\lambda = \sqrt{\frac{2RT}{B}(\beta_A^2 + \beta_B^2)} \tag{5-18}$$

式中，λ 为界面层厚度；B 为相互作用能密度（即 B 参数）；β_A、β_B 为与聚合物分子量和均方无扰末端距相关的参数。

如式（5-18）所示，B 参数较小时，界面层厚度值较大。由于 B 参数可以表征相容性，B 参数较小时，相容性较好。所以，式（5-18）表明，界面层厚度与相容性有关，相容性好的，界面层较厚。式（5-18）[以及前面的式（5-17）] 显然适用于 $B > 0$ 的情况。

3. 界面作用理论

聚合物两相体系的界面作用，从总体上可分两大类：一是两相之间有化学键连接，如嵌段、接枝共聚物；二是两相之间没有化学键连接，仅有聚合物大分子间的相互作用（如范德华力、氢键等），如一般机械法制备的共混物。

对于两相之间没有化学键连接的界面作用，有润湿-接触理论和扩散理论。润湿-接触理论认为界面结合强度取决于界面张力。共混物组分间的界面张力越小，界面结合强度越高。扩散理论认为，界面结合强度取决于相容性。相容性越好，界面结合强度越高。

上述两种理论有内在联系。相容性好的聚合物体系，界面张力也小。

4. 界面张力、界面层厚度与相容性的关系

界面张力（或界面能）、界面层厚度都是聚合物共混两相体系界面研究中的要素。界面张力与界面层厚度、共混体系相容性密切相关。界面张力对共混过程有重要影响。

由式（5-16）、式（5-17）和式（5-18）可以看出界面张力和界面层厚度与聚合物相容性的关系：溶解度参数接近的体系，或者 B 参数较小的体系，相容性较好，界面张力较低，界面层厚度较厚。

典型的橡胶-橡胶共混体系的相容性（以溶解度参数之差的绝对值表征）与界面张力、界面层厚度的理论计算值的关系，如图 5-20 所示 $|\delta_A-\delta_B|$ 较小的体系（即相容性较好的体系），界面张力较低，界面层厚度较厚。

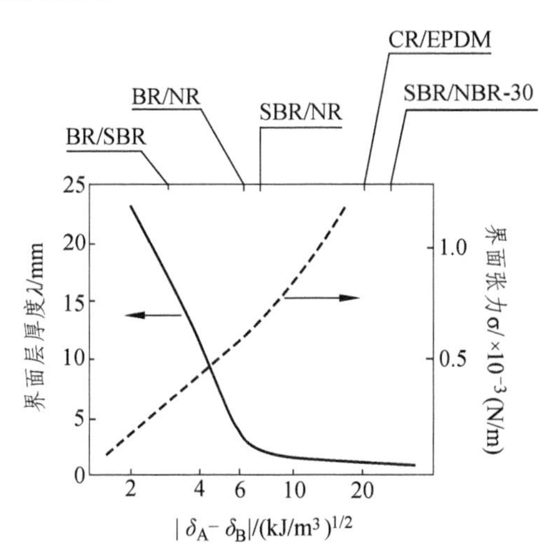

图 5-20　橡胶-橡胶共混体系的界面张力、界面层厚度与溶解度参数的关系

BR—顺丁橡胶；SBR—丁苯橡胶；NR—天然橡胶；CR—氯丁橡胶；
EPDM—三元乙丙橡胶；NBR-30—丙烯腈含量为 30%的丁腈橡胶

界面张力还与聚合物共混过程密切相关。在共混过程中，聚合物熔体之间的界面张力是一个重要的影响因素。

5. 相界面的效应

在两相共混体系中，由于分散相颗粒的粒径很小，具有很大的比表面积。相应地，两相的相界面也很大，巨大相界面将产生多种效应。

力的传递效应：在共混材料受到外力作用时，相界面可以起到力的传递效应。当材料受到外力作用时，作用于连续相的外力会通过相界面传递给分散相；分散相颗粒受力后发生变形，又会通过界面将力传递给连续相。为实现力的传递，要求两相之间具有良好的界面结合。

光学效应：利用两相体系相界面的光学效应，可以制备具有特殊光学性能的材料。如将 PS 与 PMMA 共混，可以制备具有珍珠光泽的材料。

诱导效应：相界面还具有诱导效应，如诱导结晶。在某些以结晶高聚物为基体的共混体系中，适当的分散相组分可以通过界面效应产生诱导结晶的作用。通过诱导结晶，可形成微小的晶体，避免形成大的球晶，对提高材料的性能具有重要作用。

此外，相界面还具有如声学、电学、热学等效应。

5.5.5　相界面的研究方法

相界面的研究方法包括理论模型-实验数据法和直接的实验研究法。

1. 理论模型-实验数据法

理论模型-实验数据法以一定的理论模型为依托，配合实验数据，为理论模型提供必要的经验参数，或者对理论模型进行验证。

例如，二元相互作用模型方法，以二元相互作用模型为理论基础，通过实验数据推导出 B，进而可以计算出界面层厚度、界面张力等参数。

2. 直接的实验研究方法

直接的实验研究方法包括电镜法、激光小角光散射法、中子散射法等。

5.6 形态结构的研究方法及测试技术

共混物形态的观测方法有很多，可分为两大类：一是直接观测形态的方法，如电子显微镜法；二是间接测定的方法，如动态力学性能测定法，动态力学性能法测定的是共混物的 T_g，可以作为共混物为均相体系或两相体系的判据。这里重点介绍直接观测形态的方法。

5.6.1 电子显微镜观测及其制样方法

电子显微镜法是共混物形态观测最主要的方法。电子显微镜分为扫描电镜（SEM）和透射电镜（TEM）两种。TEM 适合于观测共混物两相体系的形态，是共混物形态研究最有效的工具。SEM 可以观察填充体系的形态、试样的冲击断面等。借助于刻蚀法等制样方法，也可以用 SEM 观察共混物两相体系的形态。

采用电子显微镜法观测共混物形态，其制样方法是关键。首先是取样方法，取样可以在共混样品制备完成后进行，反映的是共混过程完成后样品的形态；也可以在共混过程中取样，以反映共混过程中共混体系的形态变化。取样后，要对样品进行适当的处理（即制样），以便电镜观测。常用的制样方法有染色法、刻蚀法、低温折断法等。

1. 染色法

染色法主要应用于透射电镜。如四氧化锇（OsO_4）染色法，可适用于共混组分之一为含双键的橡胶的体系。该方法是用 OsO_4 处理样品，与样品中橡胶组分的双键发生反应，生成

锇酸酯

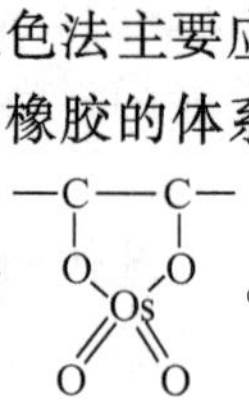

```
—C—C—
 |   |
 O   O
  \ /
   Os
  // \\
 O    O
```

。这一反应一方面可使样品变硬，有利于制作用于透射电镜观测的超薄切片，同时对橡胶组分起了染色的作用，便于电镜观测。对于其组分不含双键的共混体系，可采用其他染色方法。

采用 OsO_4 处理的 PP/SBS 共混样品的透射电镜照片如图 5-21 所示。该试样中，PP 为连续相，SBS 为分散相。SBS 大分子链上有双键，可以用 OsO_4 染色。图中黑色的颗粒为经染色的 SBS 颗粒，可以清晰看出 SBS 的分散情况及粒径大小。

除了 OsO_4 染色法，对各类饱和性高聚物材料的染色，可以采用四氧化钌（RuO_4）染色法。RuO_4 是一种强氧化剂，可与含有醚键、醇基、芳香基或氨基的聚合物反应。图 5-22 为 RuO_4 染色的 PBT-PPO 树脂共混物超薄切片 TEM 像，由于染色上下表面的重叠而产生假的界面层（箭头所示）。

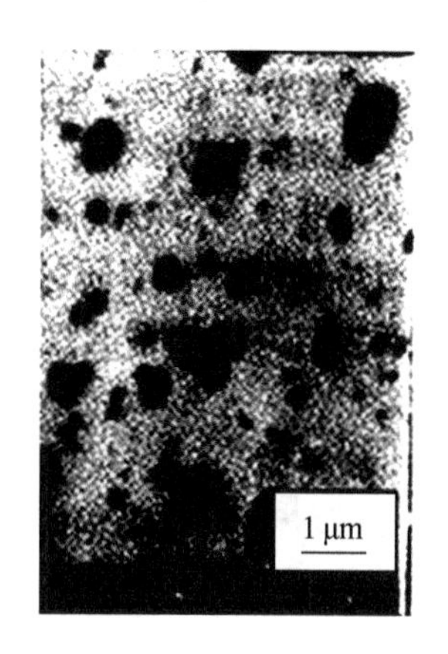

图 5-21 采用 OsO_4 处理的 PP/SBS 共混样品的 TEM 照片

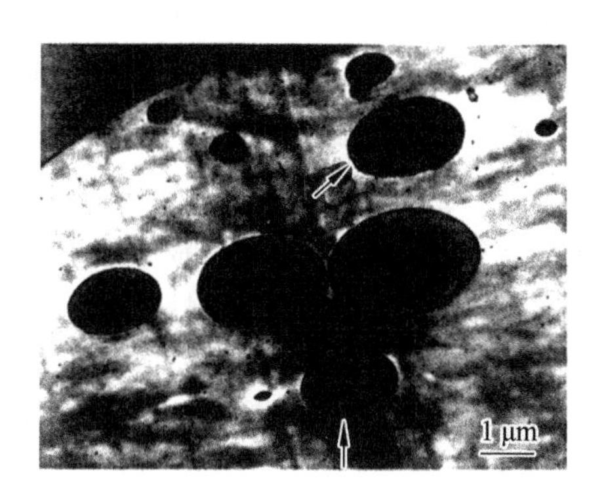

图 5-22 RuO_4 染色的 PBT-PPO 树脂共混物超薄切片 TEM 像

2. 刻蚀法

刻蚀法是采用适当的刻蚀剂，将两相体系共混物中的一种组分刻蚀掉，在样品表面形成两相体系图像。例如，对于 PS 与橡胶的共混体系，可采用铬酸作为刻蚀剂，将橡胶相刻蚀掉。刻蚀法可用于透射电镜观测，也可用于扫描电镜观测。用于扫描电镜观测时，可形成具有立体感的共混物结构形态图像。图 5-23 为采用正己烷刻蚀的 PP/POE 共混样品的扫描电镜照片。POE 为乙烯-1-辛烯共聚物，是一种聚烯烃弹性体。该试样中，PP 为连续相，POE 为分散相。正己烷可以刻蚀掉 PP/POE 共混样品中的弹性体 POE 相，通过扫描电镜观测被刻蚀后留下的空洞，进而反映 POE 颗粒的分散状况和粒径大小。图 5-24 为二乙基三胺（DETA）蚀刻重结晶的 PBT/PC 共混物表面的 SEM 照片，显示出除去 PC 后留下的 PBT 片晶束。

图 5-23 采用正己烷刻蚀处理的 PP/POE 共混样品的 SEM 照片

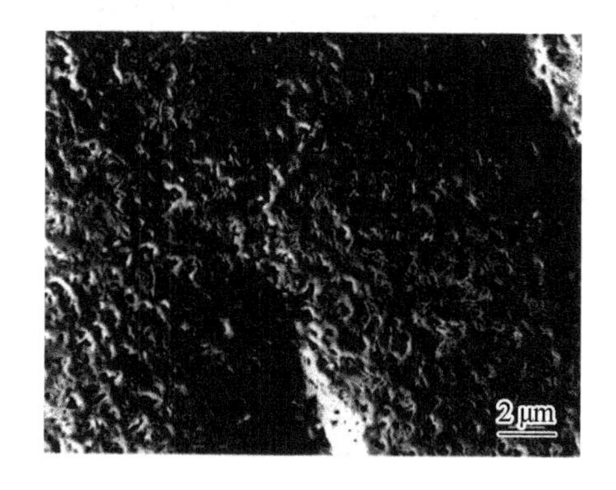

图 5-24 二乙基三胺（DETA）蚀刻重结晶的 PBT/PC 共混物表面的 SEM 照片

3. 断面法

断面法是指对试样断面的观测。由于试样温度和方法不同，断面法可分为低温脆断断面法、冲击断面法等。

低温脆断断面法：低温脆断断面法适用于橡胶与塑料的“海-岛”结构两相体系共混物。其方法是将共混样品冷冻，冷冻温度在塑料组分的脆化温度以下，橡胶组分的玻璃化转变温度以上。以橡胶为分散相的橡-塑共混体系为例，在此温度范围内将样品折断，塑料连续相将会脆断，而在断面上留下橡胶小球（或橡胶小球脱落后留下的空穴）。低温折断制样法可用于扫描电镜观测。

冲击断面法：经过冲击实验的样条，可以在扫描电镜下观测其冲击断面。一般来说，脆性断裂的断口较为平整，而韧性断裂的断口会凹凸不平，或有明显的纹理。图 5-25 所示为 PVC/CPE/纳米 $CaCO_3$ 共混试样冲击断口的 SEM 照片，为韧性断裂的断口。图 5-26 为 PBT/聚烯烃共混物试样冲击断口的 SEM 照片，显示出由于分散的聚烯烃相的部分脱开而形成的粒子和空穴。

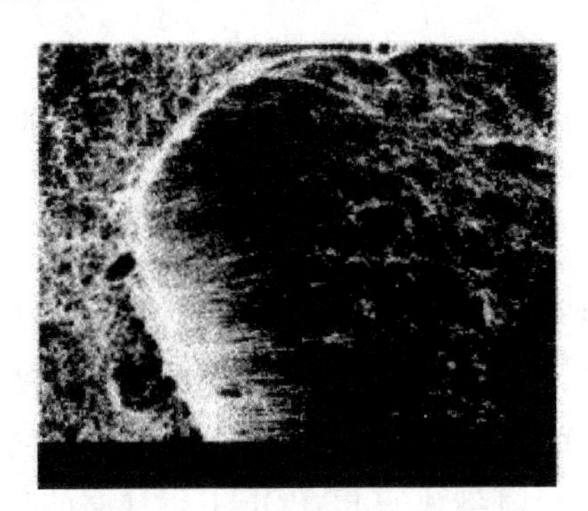

图 5-25　PVC/CPE/纳米 $CaCO_3$ 共混试样冲击断口的 SEM 照片

图 5-26　PBT/聚烯烃共混物试样冲击断口的 SEM 照片

聚合物填充体系的微观形态，也可以用电镜进行观测。可将聚合物填充体系的试样制备成超薄切片，在透射电镜下观测；也可以用扫描电镜，观察聚合物填充体系试样的断面。特别是对于无机纳米粒子/聚合物复合材料，采用透射电镜进行观测，可以研究无机纳米粒子在聚合物基体中的分散状况，对于开发纳米复合材料具有重要的意义。

5.6.2　光学显微镜观测及其制样方法

1. 光学显微镜观测及其制样方法

电子显微镜是研究共混体系微观形态最重要的工具。光学显微镜的分辨率远不如电镜，因而在需要高分辨率的情况下，必须采用电镜。但在某些情况下，光学显微镜仍然可以发挥一定作用。

某些特殊的共混体系，难以进行染色，因而无法用透射电镜观测。例如，PP/EPR 共混体系中，EPR（二元乙丙橡胶）难以进行染色。对这样的共混体系，可以用相差显微镜观测其形态。相差显微镜是利用两相体系折射率的差异来显示图像的，只要两相组分的折射率不同，就可以用相差显微镜观测其形态。

此外，偏光显微镜可以反映结晶聚合物的结晶结构。对于结晶聚合物的共混体系，可以用偏光显微镜观察其结晶结构在共混中的变化。

采用光学显微镜观测的特点是简便易行。因而，光学显微镜观测的制样方法，通常也力求简便，可采用切片法或热压压片法。在溶液共混体系的研究中，采用溶液浇铸法制备的薄膜，也可用相差显微镜或偏光显微镜进行观测。

2. 形态观测中应注意的问题

形态观测的结果，要受诸多因素的影响。在形态观测的实施中，要注意各种因素的影响，力求准确、客观地反映聚合物共混体系的真实形态。形态观测中应注意如下问题：

① 取样时，应注意取样的全面性和代表性。例如，观测冲击断口时，应从不同的冲击样条上取样。冲击实验中，每个试样一般为5根或10根样条，应分别观测不同的样条，以使观测结果具有全面性。又如，进行透射电镜观测时，应注意试样的表层和内部的形态可能是不同的，必要时，应分别取样观测。

② 制样时，要防止制样过程对试样结构形态的改变和破坏。例如，光学显微镜观测中的热压制样法，可能改变试样的两相结构和聚集态结构；对于一些结构较为脆弱的试样，切片法可能破坏其结构形态。遇到这样的情况，应调整制样条件以减少对结构形态的影响，或选用对结构形态影响较小的制样方法。也可以采用不同方法制样，分别观测，并将观测结果进行参照对比。

③ 观测时的取点也很重要。聚合物共混物的微观形态是富于变化的，应选取有代表性的点，拍摄显微照片。一般要分别拍摄整体（大视野）和局部（小视野）的照片。局部照片的取点应具有代表性，应能反映出该试样具有普遍意义的结构形态特征。当试样不同部位（如表层和内部）形态不同时，应分别观测，并且注明观测部位的位置。

④ 观测结果的分析，要结合聚合物共混物的制备过程以及共混物的性能等，综合进行分析。特别应注意，对于同一共混体系采用不同的共混方法，共混物的结构形态是不同的。例如，溶液法共混物的结构形态，与熔融法共混物有很大的差异，应加以区别。

5.7 共混物形态的表征与研究

基于显微镜对共混物形态进行观测和拍照之后，就可以对共混物的形态进行进一步的分析和表征。以“海-岛”结构两相体系共混物形态的分析与表征为例。“海-岛”结构两相体系共混物的形态表征和研究内容，包括两相体系中哪一种聚合物为连续相、哪一种聚合物为分散相、分散相的分散状况、分散相粒子的形貌等。

5.7.1 连续相和分散相的区分

在形态表征之前，首先要对连续相和分散相的组分进行区分。由于连续相和分散相对共混物性能的贡献不同，所以，对连续相和分散相的区分有重要意义。此外，对于三种或三种以上聚合物的多元共混体系，则会有多个分散相，也要加以区分。

1. 二元共混体系

对于两种聚合物的二元共混体系，当组分含量相差较大时，区分连续相和分散相比较容易。对于一些不易区分的体系，可以通过改变组分含量，对不同组分含量的系列样品进行观测，以确定连续相和分散相聚合物。此外，经过染色的聚合物颜色较深，也可区分。

2. 三种或三种以上聚合物的多元共混体系

对于三种或三种以上聚合物的多元共混体系，会有多个不同组分的分散相。可通过改变组分含量，以及与相应的二元共混体系对比，对各组分的形态进行区分。多元共混体系可以视同是二元共混体系的某种形式的组合。

3. 含填充剂的共混体系

填充剂在聚合物基体中总是分散相。聚合物与多种不同无机填充剂的共混体系，以及两种（或两种以上）聚合物与无机填充剂的共混体系，都具有复杂的形态。无机填充剂一般有外形上的某种特征和特定的粒径及分布,可据此将无机填充剂颗粒与聚合物分散相加以区分。

在连续相和分散相聚合物确定后，即可进一步进行形态的表征和研究。

5.7.2 分散相分散状况的定量表征

1. 总体均匀性和分散度

聚合物共混两相体系中分散相的分散状况，可以用“总体均匀性”和“分散度”来表征。总体均匀性是指分散相颗粒在连续相中分布的均匀性，即分散相浓度的起伏大小；分散度则是指分散相颗粒的破碎程度。对于总体均匀性，可采用数理统计的方法进行定量表征；分散度则以分散相平均粒径来表征。

图 5-27 所示为两种共混样品总体均匀性与分散度的对比示意图，可直观地表现出总体均匀性与分散度两个概念的区别。其中，图 5-27（a）的分散相粒子的粒径较图 5-27（b）中的粒子小，显示出（a）的分散度比（b）细一些。但是，从一定的观察尺度来看，（a）的总体均匀性却不如（b）好。由此可见，分散度细的样品，总体均匀性未必就好，反之亦然。除总体均匀性与分散度之外，分散相粒子的粒径分布对共混物的性能也有重要影响，也是共混物形态表征的重要指标。

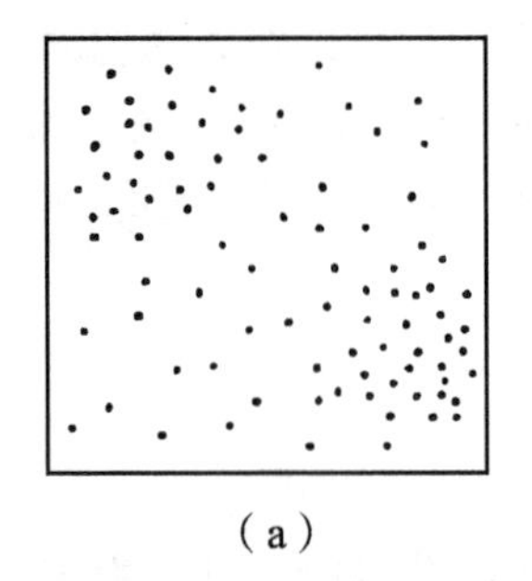
（a）

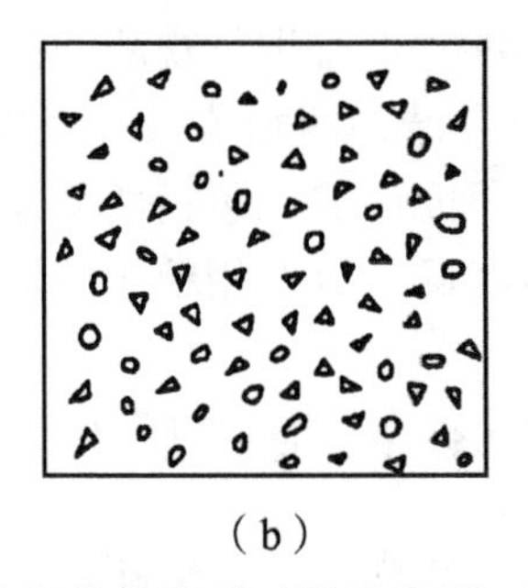
（b）

图 5-27 两种试样总体均匀性与分散度的对比示意图

总体均匀性和分散度还可分别用来表征分布混合和分散混合的效果。总体均匀性可体现分布混合的效果，分散度则可体现分散混合的效果。

为使聚合物共混物具有预期的性能，需要共混物分散相组分的总体分布具有良好的均匀性，分散相的平均粒径和粒径分布也应控制在一定范围之内。

2. 总体均匀性的表征

在“海-岛”结构两相体系共混物中，分散相分布的总体均匀性可用混合指数 I 来表征。共混物在宏观上是均匀的，在微观上却不可能是绝对均匀的。若在同一共混物样品上取不同点测定分散相浓度，测得的分散相浓度是不可能完全相同的。换言之，分散相浓度的“起伏”总是会存在的。按照统计理论，采用共混的方法，分散相浓度所能够达到的最“均匀”的分布是二项分布；在共混过程中，分散相浓度的分布会逐渐趋向于二项分布，由此引入混合指数 I：

$$I=\frac{\sigma^2}{S^2} \tag{5-19}$$

式中，σ^2 为根据二次分布计算方差；S^2 为样本方差。

将共混物的样本假想为由若干小粒子组成（粒子的大小与分散相颗粒的平均尺度相当），则可用如下方法计算 σ^2：

$$\sigma^2=\frac{q(1-q)}{N} \tag{5-20}$$

式中，q 为一个“粒子”在分散相中出现的概率，对于二项分布，$q=\varphi_{\rm d}$（$\varphi_{\rm d}$ 为分散相组分的体积分数）；N 为每个样本中的“粒子”总数。

样本方差 S^2 的计算方法如下：

$$S^2=\frac{1}{m-1}\sum_{i-1}^{m}(C_i-C)^2 \tag{5-21}$$

式中，C_i 为样本中分散相的浓度；m 为取样次数（样本数）；C 为分散相平均浓度。

$$C=\frac{1}{m}\sum_{i-1}^{m}C_i \tag{5-22}$$

在实际计算样本方差 S^2 的操作中，可在共混物样品上随机选取不同部位取样，拍摄微观形态照片，取样的点数即为样本数（m）。样本中的分散相浓度（C_i）则可由样本的照片测得，可通过图像分析仪来完成。

混合指数 I 可以反映共混样品中分散相组分分布的总体均匀性。若在共混过程中取样，还可看出混合指数 I 随混合时间的变化规律。随着共混过程的进行，分散相浓度的分布趋向于二项分布，S 会逐渐趋近于 σ，相应地混合指数 I 趋近于 1，因而可将混合指数 I 趋近于 1 作为达到理想的均匀性的判据。

也可采用不均一系数 $K_{\rm e}$ 来判定分散相组分分散的总体均匀性：

$$K_e = 100\frac{S}{C_0} \tag{5-23}$$

式中，K_e为不均一系数；S为样本均方根差，可按照式（5-21）求得样本方差S^2，再计算出均方根差；C_0为分散相平均浓度，即式（5-22）中的C_0。

测定不均一系数K_e的方法，可参照测定样本方差S^2的方法进行。不均一系数K_e越小，就表示分散相分散的均匀性越高。若在共混过程中取样测定K_e值，就可以研究K_e在共混过程中的变化规律。随着共混的进行，K_e会逐渐减小，并趋向于某一极限值。

3. 分散度的表征

分散度以分散相的平均粒径表征。分散相颗粒平均粒径的表征方法有数量平均直径$\overline{d_n}$与体积平均直径$\overline{d_V}$之分。

$$\overline{d_n} = \frac{\sum n_i d_i}{\sum n_i} \tag{5-24}$$

$$\overline{d_V} = \sum \varphi_i d_i \tag{5-25}$$

式中，$\overline{d_n}$为数量平均直径；$\overline{d_V}$为体积平均直径；d_i为某一粒径（实际上是某一粒径区间的中值）；n_i为粒径在d_i所代表的粒径区间内的粒子数目；φ_i为粒径在d_i所代表的粒径区间内粒子的体积分数。

数量平均直径（数均粒径）因便于计算而经常被采用。通常所说的平均粒径，如未加特殊说明，一般都是数均粒径。

分散相颗粒的粒径分布对共混体系的性能也有重要影响。例如，在以弹性体增韧塑料的体系中，过大或过小的分散相（弹性体）粒子，对于增韧作用都是不利的。

5.7.3 分散相粒子的形貌

研究分散相粒子的形貌具有重要意义。在聚合物共混体系中，分散相的形貌并不总是规整的球形颗粒。分散相粒子可以有复杂的形状，分散相粒子（特别是无机填充颗粒）也可能形成聚集体。

1. 聚合物–聚合物共混体系的分散相形貌

聚合物共混两相体系的微观形态，可以是“海-岛”结构，也可以是“海-海”结构。例如，在一定条件下制备 PVC/CPE 共混物（用 CPE 增韧 PVC），尽管 CPE 的含量仅为 10%左右，仍然可以呈网络状存在于 PVC 基体中。因而，具有网络状结构的 CPE 增韧 PVC 体系被称为网络增韧体系。不过，“海-海”结构两相连续的共混体系在熔融法共混中并不多见。熔融法制备的共混体系，大多数为“海-岛”结构。

对于“海-岛”结构的两相体系，由于共混体系熔融流变特性和共混工艺的不同，分散相粒子可以有不同的形貌。分散相聚合物的形貌可以呈球形、条形、层片状、纤维状等形状。在 PP/SBS/纳米 $CaCO_3$ 共混体系中，分散相聚合物 SBS 呈条形，如图 5-28 所示。对于分散相聚合物呈条形的试样，其分散形貌可以用条形颗粒的长径比来表征。采用图像分析仪或图像分析软件，可以很方便地对条形颗粒的长径比等形态学参数进行定量分析。

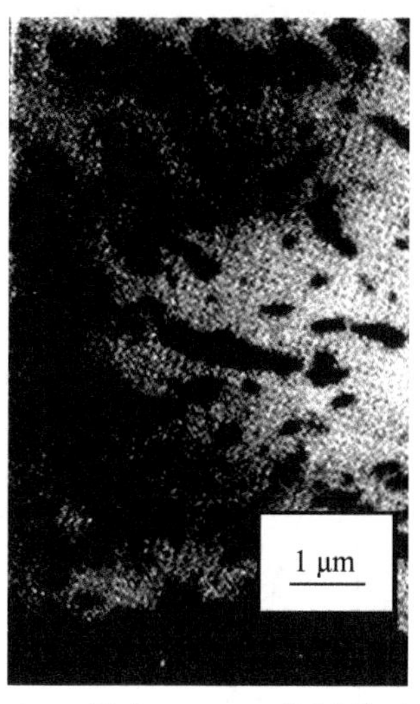

图 5-28 PP/SBS/纳米 $CaCO_3$ 共混体系的 TEM 照片

除分散相粒子外形的形貌外，分散相粒子内部的形态结构，也为共混物的形态学研究所关注。例如，作为增韧剂的 MBS、ACR（丙烯酸酯）等弹性体，是以分散相颗粒的形态分散于 PVC 等塑料基体中的，而这些弹性体颗粒的内部，又有复杂的包藏结构。

2. 聚合物填充体系的分散相形貌

聚合物填充体系中的填充剂粒子，有可能在聚合物基体中发生团聚。特别是无机纳米颗粒，由于纳米粒子具有巨大的比表面积和高的表面能，容易发生团聚。此外，棒状、针状、纤维状等各向异性的填料，会在成型加工的过程中，沿剪切力的方向取向。再者，填充剂还会在各种不同情况下，形成一些特异的个体性或群体性的形貌。例如，在聚合物-聚合物“海-岛”结构两相体系中添加填充剂，填充剂在一定条件下可以集中存在于分散相中，形成“沙袋”结构。

5.7.4 形态学要素与共混物性能的关系

共混物的形态与性能之间有着密切的关系。对于共混物的形态学特征与性能的关系，可以从分散相的角度加以探讨，也可以从连续相的角度探讨。从分散相的角度，主要考虑分散相粒径及粒径分布的影响；从连续相的角度，主要考虑分散相颗粒之间的基体层厚度的影响。此外，分散相颗粒的形貌对性能也有重要影响。

1. 从分散相的角度探讨共混物形态与性能的关系

分散相粒径及粒径分布是影响共混物性能最重要的形态学要素之一。为使“海-岛”结构两相体系共混物具有预期的性能，其分散相的平均粒径通常应控制在某一最佳值附近。

以弹性体增韧塑料体系为例，在该体系中，弹性体为分散相，塑料为连续相，弹性体颗粒起塑料增韧剂的作用。在该体系中，弹性体颗粒过大或过小都对增韧改性不利。而相对于不同的塑料基体(连续相)，由于增韧机理不同，也会对弹性体颗粒的粒径大小有不同的要求。除了平均粒径之外，粒径分布对共混物性能也有重要影响。还是以弹性体增韧塑料的共混体系为例，在这一体系中若弹性体颗粒的粒径分布过宽，体系中就会存在许多过大或过小的弹性体颗粒，而过小的弹性体颗粒几乎不起增韧作用，过大的弹性体颗粒则会对共混物性能产生有害影响。因此，一般来说，应将分散相粒径分布控制在一定的范围之内。

以超韧尼龙为例。张淑芳研究了超韧尼龙中橡胶颗粒的粒径及分布，结果如图 5-29 所示。图示的超韧尼龙中橡胶颗粒的粒径分布是不宽的，粒径为 0.2 ~ 1.0 μm 的粒子占了主体。这部分橡胶粒子对尼龙增韧起关键作用。

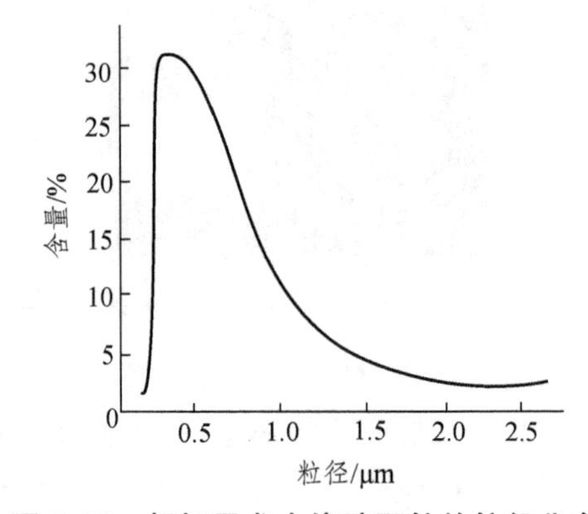

图 5-29　超韧尼龙中橡胶颗粒的粒径分布

也有研究结果发现，当一种塑料的增韧能够以两种不同机理实现，而在两种机理对橡胶粒径有不同要求的情况下，橡胶颗粒的粒径可以设法制备成双峰分布，以满足不同增韧机理对橡胶粒径的需要，从而让两种增韧机理都发挥作用。双峰分布的橡胶粒径一般是通过加入两种不同的橡胶（或其他弹性体）而获得的。

2. 从连续相的角度探讨共混物形态与性能的关系

微观形态对共混物性能的影响，也可从连续相的角度加以探讨。Wu 在对弹性体增韧塑料（弹性体为分散相，塑料为连续相）的增韧机理研究中，探讨了弹性体颗粒之间的塑料基体层厚度（即分散相颗粒表面间距）对增韧作用的影响。当基体层厚度低于某一临界值，共混材料会实现脆-韧转变。

塑料基体层的厚度与弹性体(分散相)粒径的大小密切相关。在弹性体的添加量不变时，如果粒径减小，粒子的数目就会相应增多，基体层的厚度就随之降低。而在分散相粒径不变时，分散相体积分数增大，基体层的厚度也会降低。

研究分散相粒径和分散相体积分数对性能的影响，可以了解分散相粒径和塑料基体层厚度的综合作用。以 HIPS 为例，HIPS 分散相粒径和分散相体积分数对冲击强度的影响如图 5-30 所示，反映了分散相粒径和塑料基体层厚度的综合作用。当分散相粒径为某一定值时，不同的分散相体积分数(φ_d)使塑料基体层厚度发生变化。在图 5-30 中，φ_d 增加时，冲击强度也增大，这是 φ_d 增加使基体层厚度降低所致。

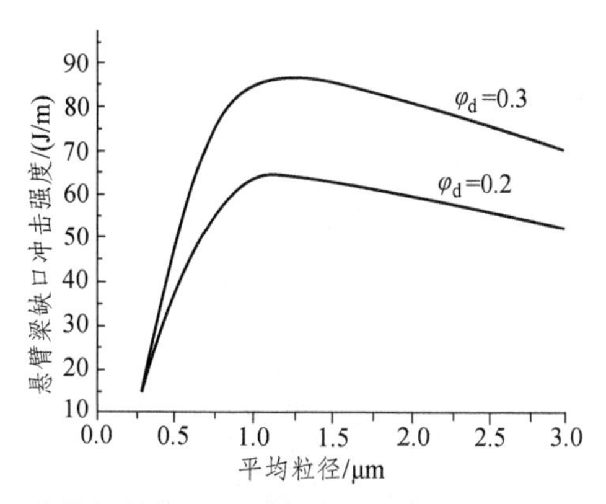

图 5-30　HIPS 分散相粒径和分散相体积分数（φ_d）对冲击强度的影响

对于具体的共混体系，可以依据实验数据计算出发生脆-韧转变的临界基体层厚度（或称为“临界表面间距”）。解磊等研究了 PP/POE 复合体系的分散相颗粒平均粒径、分散相颗粒表面间距与冲击强度之间的关系，计算出该共混体系发生脆-韧转变的临界表面间距。

在实际应用中，在共混物形态方面出现的问题往往是分散相粒径过大，以及粒径分布过宽。如何减小分散相粒径，以及控制其粒径分布，就成了共混改性中经常面临的重要问题。

3. 分散相粒子形貌与性能的关系

分散相粒子的形貌对共混物性能有重要影响。在 SBS 增韧 PP 共混体系中，当 SBS 分散相颗粒呈条状时，共混物具有较高的抗冲击性能。

在 PE/PA 共混制备的阻隔材料中，分散相 PA 以层片状分布在 PE 基体中，共混物具有较好的阻隔性能。

以液晶聚合物对其他聚合物进行增强，液晶聚合物在共混过程中原位地生成纤维状结构，分布于基体聚合物中，发挥其增强作用。

无机纳米颗粒在聚合物中易于发生团聚，形成若干纳米颗粒的聚结体，这种现象通常对性能是不利的。无机纳米颗粒发生团聚后，会使其无法充分发挥纳米粒子的增韧、补强等作用。因而，在制备无机纳米颗粒/聚合物复合材料时，应设法改善无机纳米颗粒在聚合物基体中的分散，尽可能实现纳米级分散。

但在某些情况下，无机纳米颗粒易于团聚的特性却是有益的。例如，在 PVC 糊中混合入纳米 $CaCO_3$，可以赋予 PVC 糊以显著的切力变稀的流变特性。添加纳米 $CaCO_3$ 的 PVC 糊的 TEM 照片如图 5-31 所示。图中黑色粒子为纳米 $CaCO_3$ 粒子，团聚在 PVC 糊树脂颗粒间的三角形空隙间。具有切力变稀特性的流体，在高剪切力的作用下，具有低的黏度；而在低剪切力的作用下，具有高的黏度。添加纳米 $CaCO_3$ 能够赋予 PVC 糊显著的切力变稀特性，恰是由于纳米 $CaCO_3$ 粒子的团聚现象。当 PVC 糊静止时，纳米 $CaCO_3$ 粒子发生团聚，如图 5-31 所示，聚集在 PVC 糊树脂颗粒空隙间，形成类似于凝胶的网状结构。低剪切力的作用不足以充分打破纳米 $CaCO_3$ 粒子的团聚，因而，PVC 糊在低剪切力的作用下，具有高的黏度。当剪切力逐渐升高时，纳米 $CaCO_3$ 粒子的团聚逐渐被打破，PVC 糊的黏度趋于降低。在高剪切力的作用下，纳米 $CaCO_3$ 粒子的团聚基本被打破，可以自由流动，因而 PVC 糊在高剪切力的作用下，具有低的黏度。当剪切力降低时，纳米 $CaCO_3$ 粒子的团聚又重新形成，使 PVC 糊的黏度升高。这种切力变稀特性，适合于某些成型加工工艺，如用于涂料，涂覆后涂料黏度升高，可以防止涂料沿涂覆面流淌。

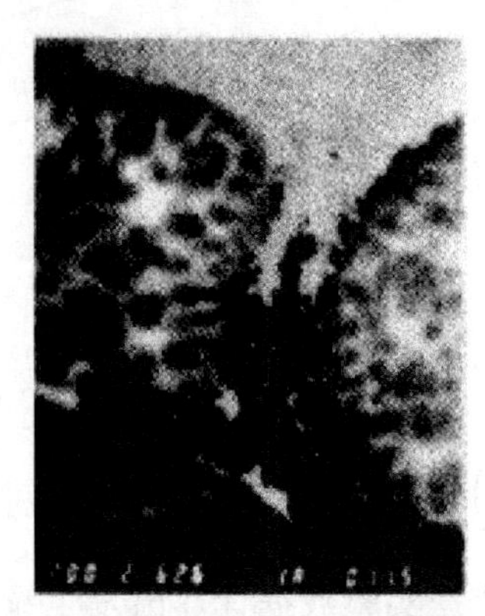

图 5-31　PVC 糊/纳米 $CaCO_3$ 共混体系的 TEM 照片

5.8　聚合物共混物形态测试技术进展

近年来，随着微观测试技术的进展和一些新型测试仪器的问世，聚合物共混物形态研究也取得了相应进展，如原子力显微镜、激光共聚焦扫描显微镜等新型仪器在共混形态研究中已经获得应用。

5.8.1　原子力显微镜

扫描探针显微镜（Scanning Probe Microscopy，SPM）是 20 世纪 80 年代发展起来的新型微观观测技术，包括扫描隧道显微镜、原子力显微镜等。

1982 年，世界上第一台扫描隧道显微镜（Scanning Tunneling Microscope，STM）问世，为认识超微观世界提供了有力的观察和研究工具。G. Binning 和 C. F. Quate 等在 STM 的基础上，于 1986 年发明了原子力显微镜（Atomic Force Microscope，AFM）。AFM 是在扫描隧道显微镜的基础上，为观察非导电材料而发展起来的分子和原子级显微工具。原子力显微镜以其分辨率高、制样简单、操作易行等特点备受关注，已在生命科学、材料科学等领域发挥了重要作用。

1. AFM 的基本原理

原子力显微镜是在扫描隧道显微镜的基础上设计的。因而，在介绍 AFM 的基本原理之前，先对扫描隧道显微镜的原理做一简单介绍。

扫描隧道显微镜（STM）是根据量子力学原理中的隧道效应而设计的。它采用一个具有极细针尖（原子尺度）的探针，将它与被研究样品的表面分别作为两个电极，两极间加上电压 U。当样品表面与针尖非常靠近（距离小于 1 nm）时，在电场作用下，电子就会穿过两个电极之间的势垒，形成隧道电流 I。隧道电流 I 对针尖与样品表面之间的距离极为敏感，如果减小 0.1 nm，隧道电流就会增加一个数量级。当针尖在样品表面上方扫描时，即使其表面只有原子尺度的起伏，也将通过其隧道电流显示出来。因而，可运用 STM 显示出样品的表面形貌。STM 要求样品为导电的。

原子力显微镜（AFM）与扫描隧道显微镜（STM）的最大差别，在于 AFM 并非利用电子隧道效应，而是利用原子之间范德华力的作用，来呈现样品的表面特征。因而 AFM 可适用于非导电材料的研究。

AFM 是通过测量样品表面分子（原子）与安装在微悬臂上的探针之间的相互作用力，来观测样品表面形貌的。假设有两个原子，一个在悬臂的探针尖端，另一个在试样的表面，它们之间的作用力会随距离的改变而变化。当原子与原子很接近时，彼此电子云斥力的作用大于原子核与电子云之间的吸引力作用，其合力就表现为斥力的作用；反之，若两原子分开一定距离时，其电子云斥力的作用小于彼此原子核与电子云之间的吸引力作用，其合力就表现为引力的作用。利用探针与试样之间的这种作用力，可以呈现试样的表面特性。

根据扫描成像时针尖与样品间的距离以及其主要作用力性质的不同，原子力显微镜主要有 3 种成像工作模式：接触模式、非接触模式和接触共振模式（或称轻敲模式）。

AFM 不仅能够提供物质在分子水平上的表面形貌，而且也能够测定极微弱的力，从而可以研究分子间的弱相互作用力，在推动材料科学的深入发展上将起到非常重要的作用。

目前，AFM、STM 已被集成起来，成为多功能的扫描探针显微镜。而 AFM、STM 则成为一台多功能扫描探针显微镜的两种工作模式。此外，多功能扫描探针显微镜还具有其他工作模式，如测定横向力的工作模式，可间接地测定微观结构的摩擦力等性能参数。

2. AFM 在聚合物共混中的应用

原子力显微镜已在许多领域内得到了广泛应用。在高分子材料领域，AFM 可以用来测定和研究高分子材料的表面形貌及相分离、结晶、摩擦性能、大分子取向等。

在聚合物共混领域，原子力显微镜技术是研究相分离的有效手段。Reifer 等采用 AFM 研究了聚丙烯/聚氨酯共混物的相分离情况。采用 AFM，可以研究相的分散程度及相容情况。

郑一泉等采用原子力显微镜的轻敲模式来研究聚甲基乙烯基醚/苯乙烯-丙烯腈共聚物（PVME/SAN）共混物膜的表面，发现在相容的共混物中存在着精细结构，其颗粒的大小分布与共聚物 SAN 中的丙烯腈体积分数呈规律性的变化。

AFM 也可用于研究共混物的结晶结构。范泽夫等采用 AFM 的轻敲模式，研究了聚己酸内酯/聚氯乙烯（PCL/ PVC）共混体系（质量比为 90/10）所形成的环带球晶的表面形态和片晶结构。PCL/PVC 环带球晶的表面由周期性高低起伏的环状结构组成。这种周期性的凸凹起伏的原因是由不同取向的片晶交替排列造成的。

由于原子力显微镜具有高分辨、制样简单、操作易行等特点，将在材料科学等领域发挥重要的作用。

5.8.2　激光共聚焦扫描显微镜

激光共聚焦荧光显微技术（Laser Confocal Scanning Microscope，LCSM）是 20 世纪 80 年代中期发展起来的一种无损的多层形态观测的新方法。该方法已在聚合物共混领域获得应用。现将 LCSM 技术简单介绍如下。

1. 关于荧光显微镜

激光共聚焦扫描显微镜是一种特殊的荧光显微镜。因而，在介绍激光共聚焦扫描显微镜之前，先对荧光显微镜做一简单介绍。

荧光显微镜是一种光学显微镜，主要用于生物样品的结构观测。生物细胞中有些物质，如叶绿素等，受紫外线照射后可发荧光；另有一些物质本身虽不能发荧光，但如果用荧光染料染色后，经紫外线照射也可发荧光。荧光显微镜就是对这样的样品进行定性和定量研究的工具之一。普通荧光显微镜的光源为紫外光，波长较短，分辨率高于普通光学显微镜。

2. 激光共聚焦扫描显微镜的特点

目前，研究聚合物共混体系形态结构常用的方法为电子显微技术，采用的仪器包括扫描电镜（SEM）、透射电镜（TEM）、X 射线光电子能谱仪（XPS）、原子力显微镜（AFM）等。电子显微技术在分辨率方面无疑占有绝对的优势，远远高于光学显微镜。特别是 AFM，可以从分子水平上获得关于共混体系形态结构的信息。但这些方法也存在局限性。SEM 为表面分析方法，只能给出表面结构的信息；TEM 则只能获得平面结构图像。如果要了解材料的层次形态结构及其分布，就要破坏样品。在破坏样品的过程中（如在做切片的过程中），对样品结构的影响在所难免。

激光共聚焦荧光显微技术（LCSM）作为一种无损的多层形态观测的新方法，可提供聚合物共混物形态结构观测的新途径。LCSM 的检测深度可达 100 μm，制样简单、快速，可得到直观的立体图像。诚然，电子显微技术在微观形态研究中的作用是无可替代的，但 LCSM 却可以提供一种独具特色的补充，在聚合物共混物形态结构研究中获得应用。

激光共聚焦扫描显微镜用激光作扫描光源，逐点、逐行、逐面快速扫描成像。LCSM 系统经一次调焦，扫描限制在样品的一个平面内。调焦深度不一样时，就可以获得样品不同深度层次的图像，通过计算机分析和模拟，显示出样品的立体结构。

激光束的波长较短，光束很细，因而共焦激光扫描显微镜与普通光学显微镜相比，具有较高的分辨率，约为 0.5 μm，通过放大处理，理论上可达 0.2 μm。激光共聚焦扫描显微镜作为一种光学观察方法，其分辨率固然远比电子显微镜低。但是，许多共混体系的分散相粒径在 1 μm 的数量级，因而，可以采用激光共聚焦扫描显微镜进行观测。为了得到一定的反差，进行 LCFM 观察前，需对聚合物共混体系中的某一组分进行荧光标记。

3. 激光共聚焦扫描显微镜共聚焦原理

与普通光学显微镜不同，LCSM 在其光路中设置了两个聚焦针孔，激光光源发出的激光光束通过第一个针孔，聚焦在样品的某一层面上，激发标记在聚合物链上的荧光基团。被激发的荧光基团发射的荧光经聚焦穿过第二个针孔到检测器，而聚焦平面以外发射的荧光被聚焦在第二个针孔之外，不能穿过第二个针孔，因而检测器只能检测到聚焦平面所发出的荧光信息。在垂直于样品方向移动样品或物镜的位置，就可获得样品不同深度层面的信息，而无须破坏样品。借助计算机的帮助，对自表面至各深度层面的信息进行叠加重构，可以得到三维图像。

4. 激光共聚焦扫描显微镜在聚合物共混中的应用

LCSM 在生物领域已获得广泛应用，又扩展应用于高分子领域，包括聚合物共混体系。1993 年，Boer 发表了用 LCSM 研究聚合物多组分体系形态结构的最早报道。金熹高、朱世雄等也进行了相关研究。

Boer 等研究了苯乙烯-乙烯/丁烯嵌段共聚热塑弹性体与聚醚酯的不同组成的共混物的形态。采用 LCSM 观测到，在一定的配比和共混条件下，共混物呈现两相连续结构（即“海-海”结构）。LCSM 所得结果与将共混物切片后用 SEM 检测其断面所得结果一致，却避免了烦琐的实验步骤及对样品的破坏，且直接给出了材料内部结构的三维图像。

Jinnai 等采用 LCSM 的三维图像定量评估了苯乙烯-丁二烯无规共聚物和聚丁二烯共混物的双连续相结构，包括界面的平均曲率等。这些定量测定是难以用其他方法获得的。

上述这些研究表明，LCSM 作为一种观察多组分聚合物体系多层形态结构的新方法，有许多独特的优越性，并显示出良好的应用前景。

需要指出的是，LCSM 作为一种光学显微方法，适用于微米尺度的结构分析。对于纳米尺度和分子尺度的结构形态研究，仍然要采用电子显微镜方法。

5.8.3　X 射线光电子能谱

X 射线光电子能谱（XPS）技术，是将 X 射线入射到固体表面激发出光电子，利用能量分析器对光电子进行分析的实验技术。

XPS 技术可对固体样品的元素成分进行定性、定量（或半定量）及价态分析，可用固体样品表面的组成元素分析、化合物结构鉴定等，对腐蚀、摩擦、润滑、黏结、催化等领域的机理进行研究。此外，XPS 技术可应用于高分子材料的表面、界面及过渡层的研究，因而可应用于聚合物共混领域。XPS 还可用于聚合物基纳米复合材料及纤维增强复合材料的表面与界面的研究。

复习思考题

1. 名词解释：相分散；静态相归并；剪切诱导归并；相形态。
2. 简述聚合物共混体系密炼加工成型过程中相态的形成过程。
3. 影响聚合物共混体系相分散的影响因素有哪些？
4. 举例说明研究聚合物共混体系加工过程中相归并的意义。
5. 简述含结晶聚合物共混体系的相态类型。
6. 影响聚合物共混体系连续相/分散相形成的因素有哪些？
7. 影响聚合物共混体系分散相粒子形貌的因素有哪些？
8. 简述聚合物共混体系分散相尺寸的研究方法，并简要说明其原理。
9. 聚合物共混体系分散相尺寸的影响因素有哪些？
10. 举例说明聚合物共混体系分散相尺寸预测的意义。

第 6 章　聚合物共混体系的性能

内容提要：聚合物共混的目的是改善组分的性能。在复杂环境条件下使用时，共混聚合物材料不仅需要具有某种特殊单一性能，而且通常要求有良好的综合性能。为了满足这些要求，就需对材料的性能进行深入研究。为了了解材料某一方面的具体性能，要弄清楚测试原理、测试方法和测试结果这三个方面。本章主要讨论影响共混物性能的因素，聚合物共混体系性能与其组分性能的一般关系，聚合物共混体系的力学性能、流变性能、玻璃化转变及其他性能。

6.1　影响共混物性能的因素

影响共混物性能的因素有很多，包括各组分的性能与配比、共混物的形态、两相体系的界面结合及外界作用条件等。

6.1.1　各组分的性能与配比

聚合物共混体系中聚合物通常为连续相，其他共混组分则通常为分散相。连续相性能和分散相性能分别对共混物性能有不同影响。一般来说，以塑料为连续相的共混体系，主要体现塑料的性能；而以橡胶为连续相的共混体系，则主要体现橡胶的性能。分散相一般对主体聚合物起改性作用，如增韧、增强等作用。

对主体聚合物起改性作用的组分，通常有一个最佳用量或最佳用量范围。最佳用量一般是通过实验确定的，也可以经理论计算进行初步预测。对于不同的共混体系和不同性质的改性剂，改性剂的最佳用量有可能相差颇为悬殊。例如，用橡胶对塑料进行增韧改性，橡胶的用量通常可在 3% ~ 20%（质量分数）的范围内选取。无机填料（如碳酸钙等）应用于聚合物的填充改性，无机填料的用量可高达 50%（质量分数）以上；而某些高性能纳米材料（如玻璃纤维、碳纤维、碳纳米管、石墨烯等）/聚合物复合体系，纳米材料的用量仅为 0.1% ~ 1%（质量分数）就可以发挥显著的改性作用。

需要指出的是，某种改性剂在对主体聚合物某一性能起改善作用的同时，可能会降低其他性能。例如，用橡胶对塑料进行增韧改性，在提高塑料韧性的同时，会使其刚性降低；填充型无机阻燃剂在提高聚合物阻燃性能的同时，会降低聚合物的力学性能等。对于这种情况，要控制改性剂的用量、优选改性剂的品种，或添加其他改性剂，以改善共混物的综合性能，或者需要在不同性能之间取得平衡。

6.1.2　共混物形态的影响

共混物的形态包括分散相的粒径及分布，分散相粒子的空间排布、聚集状态与取向状态等。

对于聚合物-聚合物共混体系，分散相的粒径及分布对共混物性能有重要影响。对于特定的共混体系，分散相通常有一个最佳的粒径范围。例如，对于橡胶增韧塑料体系，橡胶是分散相，橡胶粒子通常有一个最佳的粒径范围。但是，对于不同的橡胶增韧塑料体系，这一最佳的粒径范围有可能不同。由于分散相通常有一个最佳的粒径范围，所以分散相的粒径分布一般认为均匀一些较好。过大或过小的粒子，处在最佳粒径范围之外，有可能对改善性能不起作用，甚至产生不利的作用。

对于聚合物填充体系，填充剂粒子是分散相。填充剂粒子的粒径大小会对聚合物填充体系性能产生重要影响。填充剂粒子还有可能会发生团聚，聚结成大粒子，这通常会对性能产生不利影响。

对于各向异性的分散相粒子，其空间排布状态（如取向）与性能也密切相关。此外，聚合物共混体系两相间的界面结合，对性能也有重要影响。

6.1.3　制样方法和条件的影响

熔融共混试样通常是采用挤出、注塑等方法制备的。对于同一配方体系，制样方法不同，试样的性能会不同。即使采用同一制样方法（如同为注塑法），在不同的设备上制样，性能也会有差别。甚至同一台设备，不同批次制样，性能也可能有所波动。因此，对于共混体系的制样，在同一台设备上、同一制样条件下、同一批次制出的试样，才有可比性。

如果采用同一设备的不同批次试样，或者不采用同一台制样设备，则应设置参比样（如基体聚合物的空白样等），以考察测试结果的可比性。不同的制样方法（如挤出与注塑），通常是很少有可比性的。

共混试样制备后，需放置一定的时间后测试性能。放置时间的长短对测试结果也会有影响。

6.1.4　测试方法与条件

聚合物共混物的性能，都是在一定的外部条件下测得的。

力学性能的测定涉及外力作用的形式，包括拉伸作用、冲击作用、弯曲作用、压缩作用等。对于拉伸实验，拉伸速度是重要的影响因素；对于冲击实验，冲击实验机的类型（悬臂梁、简支梁）、摆锤的质量大小、试样有无缺口，以及缺口的类型，都会得到不同的测试结果。

力学性能测定时外力作用的方向与试样制备时成型加工的方向（如挤出、压延方向）的关系，也影响测试结果。这是因为分散相粒子（如果是各向异性的）通常会在成型加工时沿剪切力的方向取向，连续相的大分子链也会沿剪切力的方向取向，因而导致材料在不同方向上具有不同的性能。

测试时的温度也是重要的外界条件。温度条件包括常温、高温、低温、高低温等。某些在变温条件下测试的项目，还应关注升温（或降温）速度。

对于常规的性能测试，都有相应的测试标准。进行工业应用研究和应用基础研究时，一般应按照所需的标准规定的测试条件进行测试。例如，按国家标准进行塑料性能的测试，有塑料简支梁冲击试验方法（GB/T 1043.1—2008）、塑料悬臂梁冲击试验方法（GB/T 21189—2007）、塑料拉伸性能试验方法（GB/T 1040.1—2006）、塑料压缩性能试验方法（GB/T 1041—2008）、热塑性塑料维卡软化温度（VST）的测定（GB/T 1633—2000）、塑料弯曲负载热变形温度（简称热变形温度）试验方法（GB/T 1634.1—2004）等。

6.2 聚合物共混体系性能与其组分性能的一般关系

聚合物技术的进步极大地促进了聚合物共混的研究，并推动了聚合物共混后的性能预测模型的发展。因为对所有可能的材料进行逐一实验研究很不经济，所以用模型对所研究的材料进行分析预测变得越来越重要。利用模型，建立共混物性能与单组分性能的关系式，可以预测共混材料的性能，探讨共混改性以及材料破坏的机理。虽然这样的经验或理论模拟将永远不可能完全替代实验研究，但作为一种研究手段，其重要性是显而易见的。

物质的性能是其内部结构的表现，影响共混物性能的因素，首先是各共混组分的性能，共混物的性能与单一组分的性能之间存在着某种关联。此外，共混组分间的相互作用和共混物的形态结构也是必须考虑的因素。与单一聚合物相比，聚合物共混物的结构更复杂，定量地描述性能与结构的关系更为困难，目前仅限于粗略地定性描述和某些定量的半经验公式。

6.2.1 两个基本关系式

对于双组分共混体系，共混物性能 P 与单一组分性能 P_1、P_2 以及组分配比（体积分数 φ_1、φ_2）有关，若不考虑共混物形态的因素，可以将高分子共混物按两种情况处理：并联关系式与串联关系式。

并联关系式是假定共混物两组分的性能以“并联”的方式组合［见图 6-1（a）］，则在共混物性能与单一组分性能之间可以建立如下关系式：

$$P = \varphi_1 P_1 + \varphi_2 P_2 \tag{6-1}$$

式中，φ_1、φ_2 分别为组分 1 与组分 2 的体积分数、质量分数或摩尔分数（下同）。

在式（6-1）中，共混物性能只是组分 1 与组分 2 性能的数学加和。

串联关系式是假定共混物两组分的性能以“串联”的方式组合，如图 6-1（b）所示。对于串联组合，可以建立如下关系式：

$$\frac{1}{P} = \frac{\varphi_1}{P_1} + \frac{\varphi_2}{P_2} \tag{6-2}$$

式中，P_1、P_2、φ_1、φ_2 意义与式（6-1）相同。

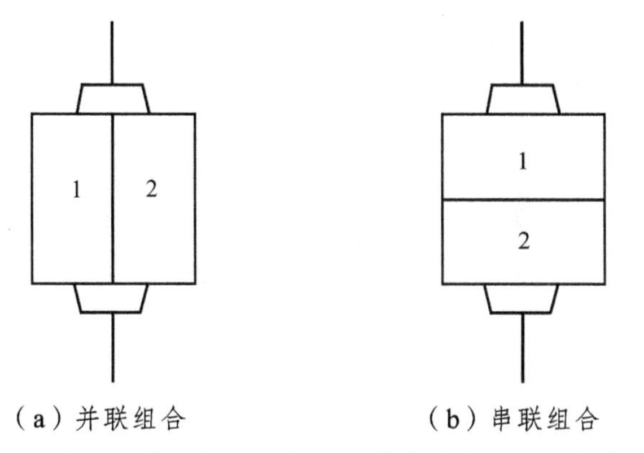

（a）并联组合　　（b）串联组合

图 6-1　共混物性能与单一组分性能的并联组合与串联组合

在大多数情况下，式（6-1）给出双组分体系性能 P 的上限值；式（6-2）则给出 P 的下限值。双组分体系可以是均相也可以是两相的，为方便讨论，习惯上统称为混合物。上述混合物法则只是粗略近似。对于聚合物共混体系，与上述法则的偏离一般都比较大，很多情况下，式（6-1）及式（6-2）完全不适用。这种情况和共混物的形态结构密切相关。下面将根据共混物形态结构的类型对其性能与组分的关系作一些概括。

6.2.2　均相共混体系

若两种聚合物组分完全相容，则构成均相共混体系。常常把无规共聚物归入这一类型，以低聚物作增塑剂的体系也常常属于这一类型。对于均相共混体系性能与单一组分性能之间的关系式，可在式（6-1）基础上加以改进而获得。式（6-1）实际上表示组分 1 与组分 2 之间没有相互作用。但对于大多数共混物而言，各组分之间通常是有相互作用的。因而，均相体系共混物性能可以用式（6-3）表示：

$$P = \varphi_1 P_1 + \varphi_2 P_2 + I\varphi_1\varphi_2 \tag{6-3}$$

式中，P_1、P_2、φ_1、φ_2 意义与式（6-1）相同；I 为两组分之间的相互作用参数，根据两组分之间相互作用的具体情况，可取正值或负值。若 I 为 0，则式（6-3）就是式（6-1）。

例如，某些相容的聚合物共混物，其玻璃化温度 T_g 可表示为

$$T_g = w_1 T_{g1} + w_2 T_{g2} + K w_1 w_2 \tag{6-4}$$

式中，w_1、w_2 为组分 1 和 2 的质量分数；K 为常数；T_{g1} 和 T_{g2} 分别为组分 1 和 2 的玻璃化温度。对具体体系和具体性能有一系列更具体和更适用的关系式。

6.2.3　单相连续的两相共混体系

影响单相连续的两相共混体系性能的因素，较之均相体系要复杂得多。对于两相结构的共混物，组分之间的相互作用主要发生在界面层。若在界面层两组分之间的相容性较差，界面层厚度就较薄，两相之间的黏结强度就低；若在界面层两组分有较好的相容性，界面层厚度就较厚，则两相之间就有较强的黏结强度。黏结强度的大小对某些性能（如力学性能）有

很大影响，而对另外一些性能的影响则可能很小。因此，对同一体系但对不同的性能，其具体关系式会不一样甚至完全不同。对聚合物共混物性能有重大影响的另一结构因素是分散相颗粒的大小和形状。这是由于分散相颗粒的大小和形状不同，其堆砌系数就不同，因而就影响共混物的一系列性能。Nielsen 提出了单相连续的两相共混体系性能与单一组分性能及结构形态因素的关系式。对于不同形态的共混物，P 与 P_1、P_2 之间的关系式也是不相同的。由于单相连续的两相共混体系在形态上的复杂性，这些关系式也远较均相体系的关系式复杂。

（1）连续相硬度较低的体系。

按 Nielsen 的混合法则，若两相体系中的分散相为硬度较高的组分，而连续相为硬度较低的组分，如以塑料增强橡胶的共混体系，则两相体系性能与单一组分性能及结构形态因素的关系如式（6-5）所示：

$$\frac{P}{P_m}=\frac{1+AB\varphi_d}{1-B\psi\varphi_d} \tag{6-5}$$

式中，P 为共混物的性能；P_m 为两相体系中连续相（基体）的性能；φ_d 为分散相的体积分数；A、B、ψ 均为参数，其中：

$$A=K_E-1 \tag{6-6}$$

K_E 为爱因斯坦系数，其大小与分散相颗粒的形状、聚集状态、界面结合等因素有关。对于共混物的不同性能，有不同的爱因斯坦系数（如力学性能的爱因斯坦系数、电学性能的爱因斯坦系数）。在某些情况下（如分散相粒子的形状较为规整时），K_E 可由理论计算得到；而在另一些情况下，K_E 值需根据实验数据推得。某些体系的力学性能的爱因斯坦系数如表 6-1 所示。

表 6-1　力学性能的爱因斯坦系数 K_E

分散相粒子的类型	取向情况	界面结合情况	应力类型	K_E
球形		无滑动		2.5
球形		有滑动		1.0
立方体	无规			3.1
短纤维	单轴取向		拉伸应力，垂直于纤维取向	1.5
短纤维	单轴取向		拉伸应力，平行于纤维取向	$2L/D$①

① L 为纤维长度；D 为纤维直径。

B 是取决于各组分性能及 K_E（体现在 A 值中）的参数：

$$B=\left(\frac{P_d}{P_m}-1\right)\bigg/\left(\frac{P_d}{P_m}+A\right) \tag{6-7}$$

式中，P_d 为分散相的性能。

$$\psi=1+\frac{(1-\varphi_{max})\varphi_d}{\varphi_{max}^2} \tag{6-8}$$

式中，ψ 为对比浓度，是最大堆砌密度 φ_{max} 的函数。

$$\varphi_{\max}=\frac{\text{分散相粒子的真体积}}{\text{分散相粒子的堆砌体积}} \tag{6-9}$$

引入 $\varphi_{\max}$ 因子的前提是假想将分散相粒子以某种形式“堆砌”起来，“堆砌”的形式取决于分散相粒子在共混物中的具体状况，与分散相粒子的形状、粒子的排布方式（有规、无规、是否团聚）、粒子的粒径分布等有关。$\varphi_{\max}$ 是分散相粒子在某一种特定的存在状况之下所可能达到的最大的相对密度。因此，将 $\varphi_{\max}$ 命名为最大堆砌密度。$\varphi_{\max}$ 这一因子所反映的是分散相粒子的某一种特定的存在状况的空间特征。若干种不同“存在状况”的分散相粒子的 $\varphi_{\max}$ 值见表 6-2。

表 6-2　最大堆砌密度 $\varphi_{\max}$

颗粒形状	堆砌方式	$\varphi_{\max}$	颗粒形状	堆砌方式	$\varphi_{\max}$
球形	六方密堆砌	0.740 5	棒形 $L/D=4$	三维无规堆砌	0.625
球形	面心立方密堆砌	0.740 5	棒形 $L/D=8$	三维无规堆砌	0.48
球形	体心立方密堆砌	0.600	棒形 $L/D=30$	三维无规堆砌	0.173
球形	简单立方堆砌	0.524	棒形 $L/D=60$	三维无规堆砌	0.081
球形	无规密堆砌	0.637	棒形 $L/D=70$	三维无规堆砌	0.065
球形	无规松散堆砌	0.601	纤维	单轴六方密堆砌	0.907
立方体	无规堆砌	0.700	纤维	单轴六方密堆砌	0.785
棒形 $L/D=2$	三维无规堆砌	0.671			

（2）分散相硬度较低的体系。

如式（6-5）所反映的是两相体系中的分散相为硬度较高的组分，连续相为硬度较低的组分时，共混物性能与纯组分性能的关系。如果两相体系中的分散相为硬度较低的组分，而连续相为硬度较高的组分，如橡胶增韧塑料体系，则式（6-5）应改为

$$\frac{P_{\mathrm{m}}}{P}=\frac{1+A_iB_i\varphi_{\mathrm{d}}}{1-B_i\psi\varphi_{\mathrm{d}}} \tag{6-10}$$

式中，P 为共混物的性能；P_{m} 为两相体系中连续相（基体）的性能；φ_{d} 为分散相的体积分数。

$$A_i=\frac{1}{A} \tag{6-11}$$

$$B_i=\left(\frac{P_{\mathrm{d}}}{P_{\mathrm{m}}}-1\right)\Bigg/\left(\frac{P_{\mathrm{m}}}{P_{\mathrm{d}}}+A_i\right) \tag{6-12}$$

6.2.4　两相连续的两相共混物

聚合物互穿网络（IPN）、许多嵌段共聚物、结晶聚合物等都具有两相连续的结构。采用机械共混法，亦可在一定条件下获得具有两相连续结构的两相体系。对于两相连续结构两相体系，共混物性能与单组分性能之间，可以有如下关系式：

$$P^n = \varphi_1 P_1^n + \varphi_2 P_2^n \tag{6-13}$$

式中，φ_1、φ_2 分别为组分 1 与组分 2 的体积分数；n 为与体系有关的参数（$-1 < n < 1$）。

另一个常用的关系式为

$$\lg P = \varphi_1 \lg P_1 + \varphi_2 \lg P_2 \tag{6-14}$$

对上述两个关系式的具体应用，举例如下。

① 结晶聚合物由晶相和非晶相组成。这两相都可看作是连续的，其弹性模量为 G_0，遵从 n 值为 1/5 的方程式（6-13）：

$$G_0^{1/5} = \varphi_1 G_1^{1/5} + \varphi_2 G_2^{1/5} \tag{6-15}$$

式中，G_0 为样品的剪切模量；G_1 为晶相的剪切模量；G_2 为非晶相的剪切模量；φ_1 为晶相的体积分数；φ_2 为非晶相的体积分数。

② 对于各种 IPN，弹性模量亦符合式（6-15）。对于介电常数，有时 $n = 1/3$ 较好。

③ 两种聚合物的共混物、嵌段共聚物等，其形态结构与组成有关。两组分含量相差较大时，一般含量大的组分构成连续相，含量小的构成分散相。随着组成的改变会发生相的逆转，分散相变为连续相，连续相变成分散相。在此区域，式（6-14）比较合适。

6.2.5 一般关系式的适用性与局限性

以上分别介绍了均相体系、单相连续的两相共混体系及两相连续的两相共混物体系的性能与纯组分性能的若干关系式。这些关系式对探讨共混物的性能具有一定的指导意义。对于具体的共混体系，常常要复杂得多。例如，连续相的连续程度未必一致（如存在不同程度的局部不连续性），分散颗粒之间也可能存在一定程度的连通等；并且，不同的结构因素对不同的性能影响并不同。所以，上述关系式仅为基本的指导原则，并不能代替各种共混体系和各种特定性能的各具体关系式。

6.3 聚合物共混体系的力学性能

共混物的力学性能，包括热-机械性能（如玻璃化转变温度）、力学强度，以及力学松弛等特性。提高聚合物的力学性能，是共混改性的最重要的目的之一。其中，提高塑料的抗冲击性能，即塑料的抗冲改性，又称为增韧改性，在塑料共混改性材料中占有举足轻重的地位。因此，本书对于共混物的力学性能，将重点介绍塑料的增韧改性。

6.3.1 典型的力学性能指标

1. 拉伸强度（σ_t）

在规定的试验温度、湿度和试验速率下，在标准试样上沿轴向施加拉伸载荷，直到试样被拉断为止，断裂前试样承受的最大载荷 P 与试样的宽度 b 和厚度 d 的乘积的比值，称为拉伸强度（σ_t）。

$$\sigma_t = \frac{P}{bd} \tag{6-16}$$

需要注意的是，试样宽度和厚度在拉伸过程中是随试样的伸长而逐渐减小的，由于达到最大载荷时的 b、d 值的测量很不方便，工程上一般采用初始试样的宽度 b 和厚度 d 尺寸来计算拉伸强度。

2. 拉伸模量（或杨氏模量，E）

在拉伸测试过程中，聚合物的应力和应变的关系并不都是线性的，只有当变形很小时，聚合物才可视为胡克弹性体，因此拉伸模量（即杨氏模量）通常由拉伸初始阶段的应力与应变比例计算。

$$E = \frac{\Delta P/(bd)}{\Delta l/l_0} \tag{6-17}$$

式中，ΔP 为变形较小时的载荷；l_0 为试样的起始长度；Δl 为试样变形后的长度与起始长度之差。

类似地，如果对试样施加的是单向压缩载荷，则测得的是压缩强度和压缩模量。理论上胡克定律仍然适用于压缩的情况，所得压缩模量应与拉伸模量相等，即 $E_t = E_0$，但实际上压缩模量通常稍大于拉伸模量，而拉伸强度与压缩强度的相对大小则因材料的性质而异，一般来说，塑性材料善于抵抗拉力，而脆性材料善于抵抗压力。

3. 弯曲强度和弯曲模量

弯曲强度亦称挠曲强度，是在规定试验条件下，对标准试样施加静弯曲力矩，直到试样折断为止，取试验过程中的最大载荷 P，并按式（6-18）计算弯曲强度：

$$\sigma_f = \frac{P}{2}\frac{l_0/2}{bd^2/6} = 1.5\frac{Pl_0}{bd^2} \tag{6-18}$$

弯曲模量为

$$E_f = \frac{\Delta P l_0^3}{4bd^3\delta} \tag{6-19}$$

式中，δ 为挠度，是试样着力处的位移。

4. 冲击强度

冲击强度是度量材料在高速冲击下韧性大小和抗断裂能力的参数，是冲击韧性的表征，通常定义为试样受冲击载荷而折断时单位截面面积所吸收的能量。

冲击强度通常采用冲击强度测定仪进行测试。由于试样受力的方式不同，冲击强度测定仪可分为简支梁冲击强度测定仪和悬臂梁冲击强度测定仪。相应地，测定的冲击强度分别称为简支梁冲击强度和悬臂梁冲击强度。由试样有缺口或无缺口，测定的冲击强度分别称为有缺口冲击强度和无缺口冲击强度。

5. 硬　度

硬度是衡量材料表面抵抗机械压力能力的一种指标。硬度的大小与材料的抗张强度和弹性模量有关。硬度试验不破坏材料、方法简便，可作为估计材料抗张强度的替代方法。硬度试验方法很多，加荷方式有动载法和静载法两类，前者用弹性回跳法和冲击力把钢球压入试样，后者则以一定形状的硬材料为平头，平稳地逐渐加荷，将压头压入试样，通常称为压入法。因压头的形状不同和计算方法差异，又有布氏、洛氏和邵氏等名称。

布氏硬度试验是以平稳的载荷将直径为 D、一定的硬钢球压入试样表面，保持一定时间使材料充分变形，并测量压入深度 h，计算试样表面凹痕的表面积，以单位面积上承受的载荷为材料的布氏硬度：

$$H_B = \frac{P}{\pi D h} = \frac{2P}{\pi D[D-(D^2-d^2)^{1/2}]} \tag{6-20}$$

式中，d 为试样表面凹痕的直径。

试样凹痕的深度应包括可逆和不可逆两部分：

$$h = h_r + h_u \tag{6-21}$$

可逆部分在载荷移去后发生弹性恢复，因而与弹性模量和泊松比有关，理论上可以得到：

$$h_r = \left[\frac{3-(1-\nu^2)}{4E}\right]^{2/3}\left(\frac{P^2}{R}\right)^{1/3} \tag{6-22}$$

式中，R 为钢球的半径；P 为载荷；E 为试样的杨氏模量；ν 为泊松比。

不可逆部分则与试样的塑性流动有关，难以简单表示出来。从以上分析不难看出，这样定义的硬度并不是材料常数，而是与试验所用钢球的尺寸和施加载荷的大小有关。

6.3.2 聚合物的形变

聚合物的力学行为是温度和时间的函数。此外，形变较大或外力较大时，聚合物的力学行为还是形变值或外力大小的函数。以聚合物在拉伸作用下的形变为例来进一步说明这个问题。

线型非晶态聚合物在拉伸作用下的力学行为如图 6-2 所示。

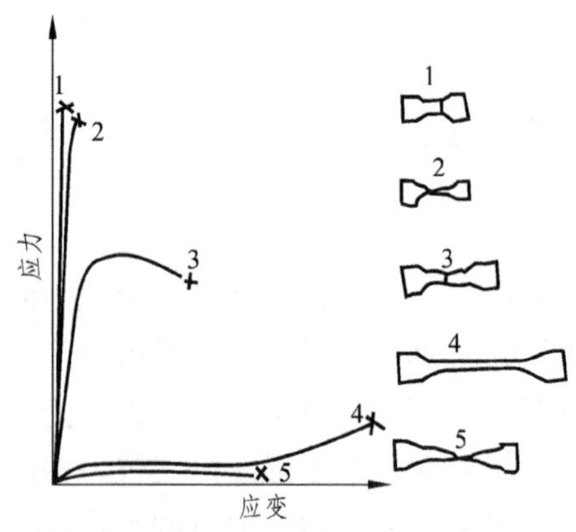

图 6-2　线型非晶态聚合物在不同状态下的应力-应变曲线

1—硬玻璃；2—软玻璃；3—皮革态；4—橡胶态；5—半固态

由图 6-2 可见，玻璃态和橡胶态试样在拉伸断裂后的外观是类似的，两者都是弹性破坏，即两者的断裂面均垂直于主拉伸方向，并且当拉伸速度足够大时，在试样内部都无明显的残余形变。

然而，皮革态和半固态下的断裂方式表明，在和主拉伸轴成一定角度的方向上产生了明显的流动，特别在 45°的平面上最明显。此外，断裂后试样内部有明显的残余形变。

拉伸速度的影响与温度的影响相反，提高拉伸速度相当于降低温度。温度与时间按照前述的时-温变换原理相互转化。

链段的运动和大分子链之间的滑动可大大增加形变值并加快形变速度。这些形式的运动可通过提高温度来实现，在一定条件下也可通过增加应力的方式来实现。

借助于熟知的化学反应速度的 Arrhenius 公式，Eyring 以相似的概念处理了聚合物的塑性形变、黏性流动和黏弹形变的问题。与化学反应的情况相似，聚合物的形变存在一定的位垒，只有运动单元（链段、链节等）克服这一位垒才能实现其运动。这就是说，聚合物的形变中存在一定的活化能，或更广义地说，存在一定的活化焓变ΔH^*。在施加应力时，应力使运动单元在形变方向上的运动活化焓下降，而在与形变相反方向上的活化焓提高。在此概念的基础上，Eyring 导出如下形变速率$\dot{\varepsilon}$的表示式：

$$\dot{\varepsilon} = A\exp\left(-\frac{\Delta H^* - \gamma V^*\sigma/4}{kT}\right) \tag{6-23}$$

式中　$\dot{\varepsilon}$——形变速率；

A——常数；

ΔH^*——活化焓变；

V^*——活化体积；

γ——应力集中因子；

σ——所施加的应力；

k——波尔兹曼常数；

T——绝对温度。

通过简单的数学处理即得 Eyring 公式：

$$\dot{\varepsilon} = 2A\exp\left(-\frac{\Delta H^*}{kT}\right)\sinh\left(\frac{\gamma V^*\sigma}{4kT}\right) \tag{6-24}$$

当应力σ不太大时，可近似地写成：

$$\dot{\varepsilon} = A\exp\left(-\frac{\Delta H^*}{kT}\right)\exp\left(\frac{\gamma V^*\sigma}{4kT}\right) \tag{6-25}$$

聚合物在较大应力作用下产生大形变时，对于预测形变与温度及应力的关系，Eyring 公式是颇为有用的。例如，剪切带的发展速度和银纹的发展速度与温度的关系，都比较符合 Eyring 公式。

图 6-3 为玻璃态聚合物的一种可能的应力-应变曲线，即冷拉曲线。曲线的第一部分 OA 基本上为一直线，这时试样被均匀拉伸，所发生的变化为弹性形变。B 为屈服点，当应力达

到屈服点之后，试样开始出现细颈，形变进入第二阶段，细颈逐渐扩大，直到 D 点，试样全部都被拉成细颈。然后进入第三阶段，直到在 E 点拉断为止。

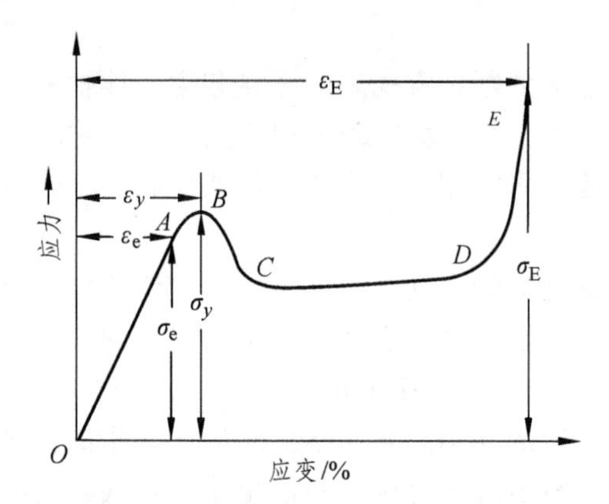

图 6-3　聚合物冷拉过程示意图

并非所有玻璃态聚合物都出现上述类型的冷拉曲线。有些玻璃态聚合物在屈服点 B 之前即发生脆性破裂。

各种聚合物冷拉曲线的具体形状与聚合物的结构、冷拉的条件（如温度及拉伸速度）有关。

大量实验事实表明，玻璃态聚合物大形变时的形变机理包含两种可能的过程：其一为剪切形变过程；其二为银纹化过程。剪切过程包括弥散型的剪切屈服形变和形成局部剪切带两种情况。剪切形变只是物体形状的改变，分子间的内聚能和物体的密度基本上不受影响。银纹化过程则使物体的密度大大下降。这两种机理各自所占的比例与聚合物结构及实验条件有关。

1. 剪切屈服形变

剪切屈服形变不仅在外加的剪切作用下物体发生剪切形变，在拉伸力的作用下也会发生剪切形变。这是由于拉伸力可分解出剪切力分量的缘故。如图 6-4 所示，设试样所受的张力为 F，F 垂直于横截面 S，与 S 成 β 角的平面 S_β 所受到的应力 F_β 为

$$F_\beta = \frac{F}{S}\cos\beta \tag{6-26}$$

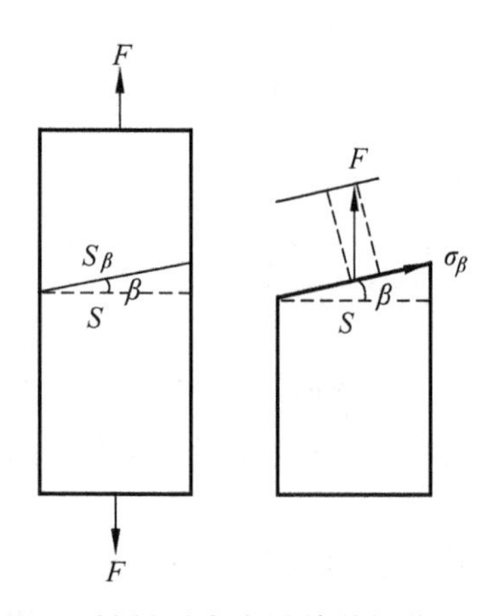

图 6-4　材料受张力后的剪切应力分量

F_β 在 S_β 面上的剪切应力分量为

$$\sigma_\beta = F_\beta \sin\beta = \frac{F}{S}\cos\beta\sin\beta = \frac{1}{2}\frac{F}{S}\sin 2\beta \tag{6-27}$$

所以不同平面上的剪切力是夹角 β 的函数，如图 6-5 所示。显然，当 β = 45°时，剪切力达到最大值。这就是说，与正应力成 45°的斜面上剪切应力最大，所以剪切屈服形变主要发生在这个平面上。

在剪切应力作用下，聚合物和结晶体（如金属晶体）一样可发生剪切屈服形变，但发生的机理不同。

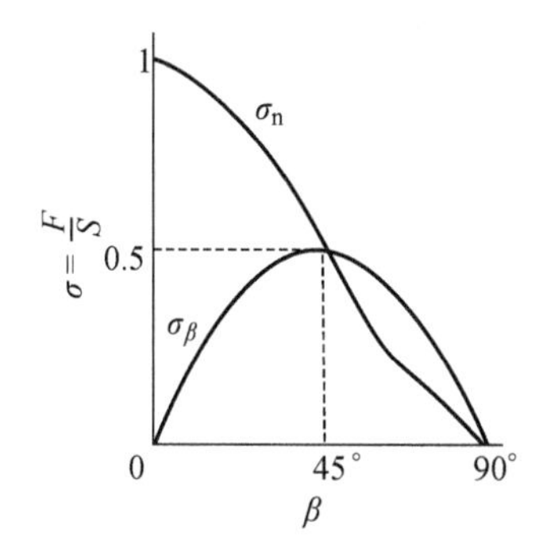

图 6-5 在张力作用下，不同平面上的剪切应力分量σ_β与σ_n

我们知道，当外力超过屈服应力时，金属晶体可发生塑性变形，此即所谓金属的范性。这种屈服形变是金属晶格沿一定的滑移面滑动造成的。根据金属范性的位错理论，这种滑动可能是由于存在晶格缺陷。对于非晶相聚合物，这种剪切屈服形变需要很多链段的配合运动，因此与晶体相比，其剪切屈服形变是较为弥散的。但是，在一定条件下，聚合物亦可产生明显的局部剪切形变，形成所谓的“剪切带”。这种剪切带的形成有两个主要原因：一是由于聚合物的应变软化作用；二是由于结构上的缺陷或其他原因所造成的局部应力集中。事实上，剪切带的形成是一种局部应变现象。

局部应变即试样产生不均匀应变的现象。聚合物冷拉时，细颈的形成即是局部应变的一种表现。产生剪切带和银纹化是局部应变的两种主要机理。

局部应变有两种原因。第一种原因是纯几何的原因，这种纯几何的原因仅在一定的负荷条件下才会产生局部应变。例如，在拉伸样品时，由于样品截面面积的某种波动，某处的截面面积会小于平均值，这就使得此处的真实应力较大，因而形变值亦较其他处为大。这将使该处截面面积进一步减小，形变进一步加大，最后导致细颈的形成。细颈处形变值很大，若这种大形变能导致大分子链的明显取向，造成应变硬化现象，就能形成稳定的细颈。若大分子链不能明显取向并产生应变硬化现象，则试样迅速断裂，不能形成稳定的细颈。

局部应变的第二个原因是应变软化。第一，必须存在某种结构上的缺陷或结构上的不均一性，从而产生应力集中，造成应变的不均匀性；第二，必须存在应变软化现象。

剪切带的产生和剪切带的尖锐程度还与温度、形变速率以及样品的热史有关。例如，温度过低时，屈服应力过高，在产生屈服形变前样品可能已经破裂。温度过高，则整个样品很容易发生均匀的塑性变形，只能产生弥散型的剪切形变而不会产生剪切带。

剪切带的发展速度$\dot{\varepsilon}$符合式（6-24）或式（6-25），它随应力σ及温度T的增加而提高。根据 Kramer 等人的实验，对于聚苯乙烯，形成剪切带的活化焓变为 270 J/mol，表现活化体积γV^*为4.6×10^{-21} cm^3。

聚苯乙烯剪切带发展速度与应力σ及温度T的关系如图 6-6 及图 6-7 所示。

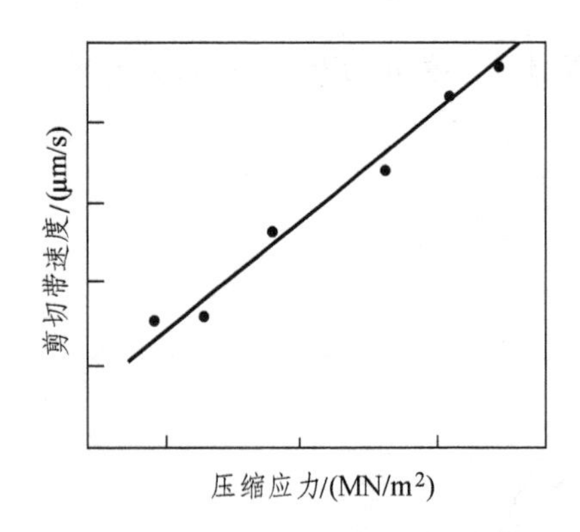

图 6-6　聚苯乙烯剪切带发展速度与单轴压缩应力的关系（温度为 26 °C）

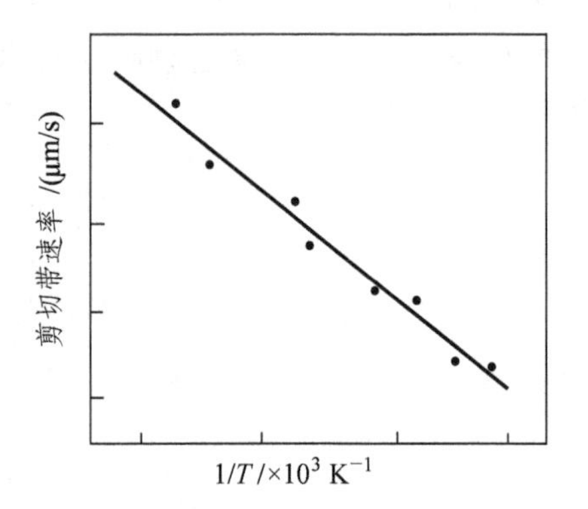

图 6-7　聚苯乙烯剪切带发展速度与温度的关系（单轴压缩应力σ= 90 MN/m²）

剪切带具有精细的结构。根据电镜观察，剪切带的厚度约 1 μm，宽为 5 ~ 50 μm。剪切带又由大量不规则的线簇构成，每一条线的厚度约 0.1 μm，如图 6-8 所示。

图 6-8　剪切带的构造

所谓应变软化就是材料对应变的阻力随应变的增加而减小。当然，这种应变软化现象有一定限度，当形变很大时，由于大分子链取向发展到充分的程度，在局部应变部分会由应变软化转变到应变硬化。这种转变是局部应变能稳定发展，材料不致迅速破裂的原因所在。显然，若应变软化不能最终转变成应变硬化，那么一旦样品某处发生应变较大的波动，则此处的应变就会越变越大，并导致样品迅速破裂。

在剪切力作用下，不会产生几何不稳因素，那么局部应变只能起源于应变软化。

剪切带一般位于最大剪切分力的平面上，与所施加的张力或压力成 45°角。例如，聚甲基丙烯酸甲酯，非晶态聚对苯二甲酸乙二醇酯和环氧树脂，其剪切带与拉伸力之间的夹角β都接近 45°。但是，由于剪切形变时体积未必毫无变化，并且形变时试样可能出现各向异性，

所以 β 角会与 45°有偏差。例如，压缩时聚苯乙烯剪切带与压缩应力的夹角约为 50°。对于聚氯乙烯，压缩时 β = 46°，拉伸时 β = 55°。

由于剪切力的影响，在剪切带内分子链有很大程度的取向，这已为剪切带的高度双折射现象所证实。取向的方向为剪切力和拉伸力合力的方向，如图 6-9 所示。

一般而言，在拉伸时，分子取向方向与张力轴之间的夹角较小，而压缩时，分子取向方向与压力轴之间的夹角较大。这对于了解剪切带与银纹之间的相互作用颇为重要。

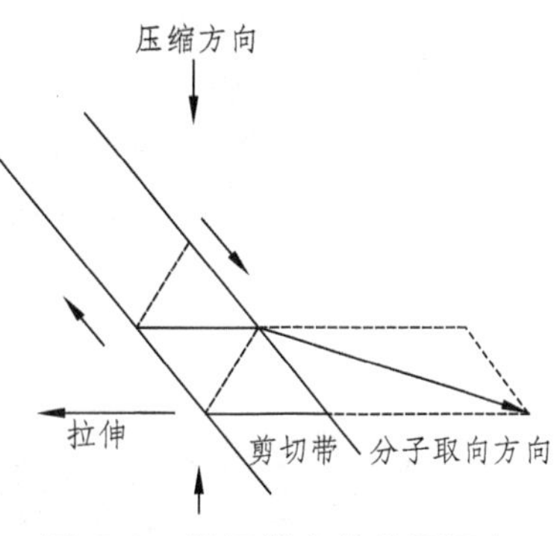

图 6-9　剪切带中的分子取向

2. 银纹化

玻璃态聚合物屈服形变的另一机理是银纹化。

玻璃态聚合物在应力作用下会产生发白现象，这种现象叫应力发白现象，亦称银纹现象。应力发白的原因是由于产生了银纹，这种产生银纹的现象也叫银纹化。聚合物中产生银纹的部位称为银纹体，或简称银纹。银纹化与剪切带一样也是一种屈服形变过程。银纹化的直接原因也是由于结构的缺陷或结构的不均匀性而造成的应力集中。

银纹可进一步发展成裂纹，所以它常常是聚合物破裂的开端。但是，形成银纹要消耗大量能量，因此，银纹能被适当地终止而不致发展成裂纹，那么它反而可延迟聚合物的破裂，提高聚合物的韧性。

（1）银纹的结构。

和剪切带不同，银纹的平面垂直于外加应力的方向。

银纹和裂纹不同。所谓裂纹，就是小的裂缝，如图 6-10（a）所示。裂纹常见于应力破损中的硬脆物体，如玻璃、陶瓷等。裂纹的产生是材料破坏的根本原因。银纹是由聚合物大分子连接起来的空洞所构成的，如图 6-10（b）所示。可以设想将裂纹的“两岸”用聚合物“细丝”连接起来，即成银纹。反之，若银纹中的聚合物“细丝”全部断裂，则成裂纹。银纹中的聚合物细丝断裂而形成裂纹的过程叫银纹的破裂。

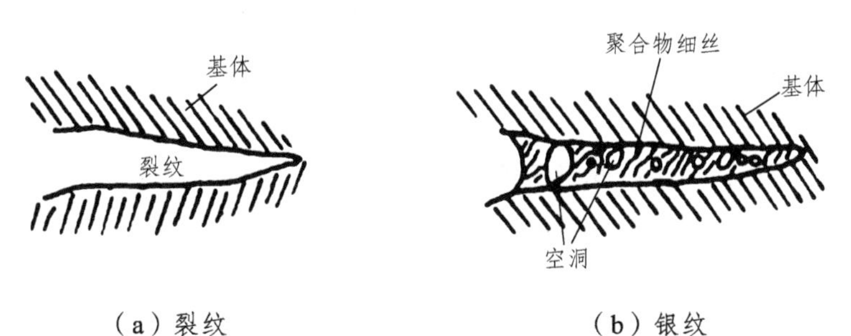

（a）裂纹　　（b）银纹

图 6-10　银纹和裂纹的比较示意图

如图 6-10（b）所示，银纹是由聚合物细丝和贯穿其中的空洞所构成，类似软木塞。聚合物细丝的直径为 100 ~ 400 Å，空洞的直径为 100 ~ 200 Å。根据银纹的可渗性知道，空洞之间是相互沟通的。

一般而言，银纹的厚度为 $10^3 \sim 10^4$ Å。银纹可区分成银纹主体和发展尖端两部分。银纹的长度不定，有时仅为样品的尺寸所限。银纹与未形变的聚合物本体之间有明显的界面，其厚度可达 20 Å。

银纹结构见图 6-11。

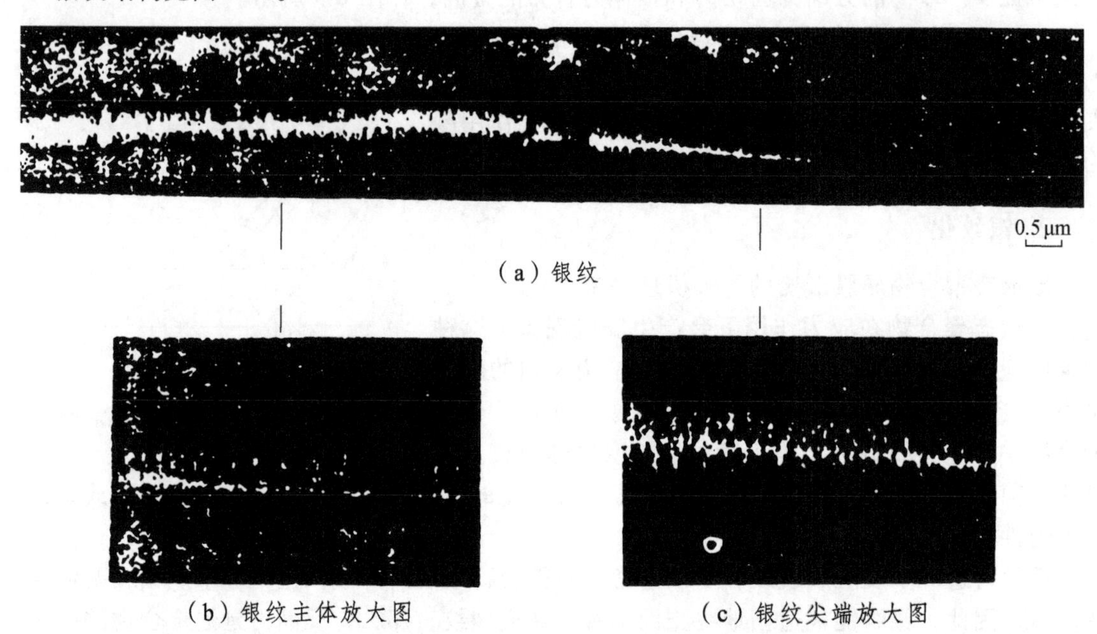

（a）银纹

（b）银纹主体放大图

（c）银纹尖端放大图

图 6-11 聚苯乙烯浇铸薄膜在张力作用下形成的银纹电镜照片

银纹中的聚合物发生很大程度的塑性形变和黏弹形变。在应力作用下，银纹中的大分子沿应力方向取向，并穿越银纹的两岸，如图 6-12 所示，这赋予银纹一定的力学强度。

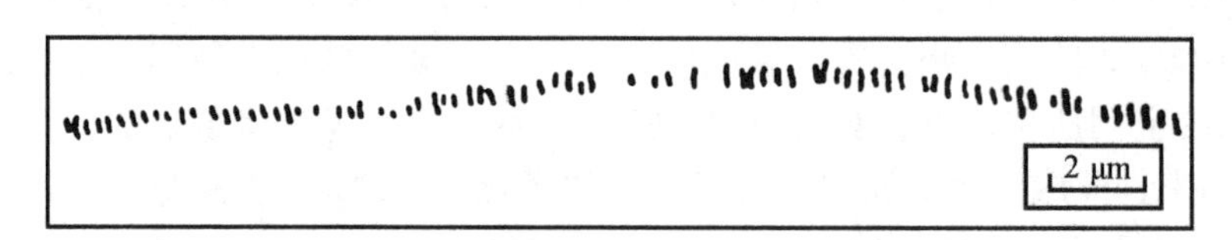

图 6-12 银纹中聚合物大分子的取向

（2）银纹的性能。

① 密度、光学性质及渗透性。

银纹体中含有大量空洞，因此银纹体的密度比未银纹化的基体的密度小，这也是银纹化后试样体积增加的缘故。银纹体的密度随银纹体形值的增加而减少。设未银纹化的聚合物密度为 1，则银纹体的密度为 $\dfrac{1}{1+\varepsilon}$，ε 为银纹体的形变值。一般而言，在新产生的无应力银纹体中，聚合物的体积分数为 40% ~ 60%。银纹的形成和形变是一种黏弹过程，所以在应力状态下和无应力状态下，银纹体的形变值和密度是不同的。负载下银纹体的形变随时间的延长而发展，卸载后形变又随时间的延长而逐渐消失。所谓无应力银纹，就是指已经卸载、无应力作用的银纹；所谓新产生的银纹，就是尚未充分发展形变的银纹。因此上述所谓新产生的无应力银纹体，就是形成后立即卸载的银纹体。

由于密度小，银纹体的折光率比其周围聚合物的折光率小，银纹体与聚合物界面处会发生光的全反射，测得全反射角就可据此计算银纹的折射率 n_c，继而根据式（6-28）可计算银纹体的密度 ρ_c：

$$\rho_c = \frac{n_c^2 - 1}{n_c^2 + 2} \cdot \frac{1}{p} \tag{6-28}$$

式中　p——比折射率，可由聚合物折射率和密度求得。

银纹体中的空洞是相互沟通的，由于毛细作用极易渗入各种流体，所以银纹化可大大增进聚合物的可渗性。

② 银纹体的应力-应变性质。

银纹体性似海绵，比正常的聚合物柔软并具韧性。在应力作用下，银纹体的形变是黏弹性的，所以其模量与应变过程有关。一般而言，银纹体的模量为正常聚合物模量的 3%～25%。

根据 Kambour 等对聚碳酸酯等聚合物银纹性质的研究得知，银纹体在应力作用下的形变有下述特点。在应力作用下，初期银纹体相当硬，模量与原来正常的聚合物模量相近。但当应力超过 1.38×10^7 Pa 时，银纹体开始屈服，聚合物细丝伸展，荷载的聚合物面积减小，大分子取向，导致应变硬化作用。再进一步增加应力时，模量又复增加，如图 6-13 所示。荷载前，银纹体本身已存在 60%的形变值，所以图中银纹形变值再加上 60%的形变值才是银纹的真实形变值。

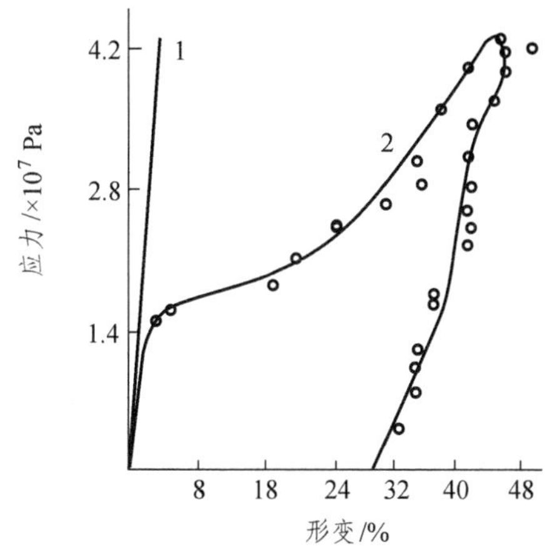

图 6-13　聚碳酸酯银纹的应力-应变曲线

（未受力时的应变零点相应于 60%的绝对形变）

1—正常聚合物；2—银纹

卸载后应变会逐渐恢复，提高温度可加速恢复过程，在 T_g 以上可迅速地全部恢复。并且加热或加压可使银纹消失，但再施加应力，银纹又在原处产生。这表明加热或加压仅是使银纹的密度增加到与原来聚合物的密度大致相同，但超分子结构并未完全恢复。

③ 银纹的强度和生成能。

银纹破裂可发展成裂纹进而导致聚合物的破裂。银纹的强度及其生成能对聚合物材料的强度有决定性的影响。

在应力作用下，银纹的稳定性即银纹的强度与大分子的塑性流动、化学键的破坏及黏弹行为有关。聚合物的分子量越大，大分子之间的物理交联键就越多，大分子的塑性流动和黏弹松弛过程的阻力就越大，因而银纹就越稳定。同时，分子量越大，大分子超越银纹两岸的概率就越大，要使银纹破裂就需要破坏更多的化学键，而破坏化学键要比分子间的滑动消耗更多的能量。因此，聚合物分子量越大，银纹的强度就越大，破裂的临界宽度就越大。这也说明，分子量较大的聚合物可以有较高的力学强度。

银纹体形成时所消耗的能量叫银纹的生成能。银纹的生成能包括生成银纹时的塑性功、在应力作用下银纹扩展的黏弹功、形成空洞的表面功和化学键的断裂能。

例如，聚甲基丙烯酸甲酯的银纹生成能约为 40 J/m^2。根据断裂力学的研究，聚甲基丙烯酸甲酯裂纹形成能为 120 ~ 650 J/m^2。这表明，聚甲基丙烯酸甲酯最小破裂能是由一条银纹发展成裂纹并导致破裂所消耗的能量。实际破裂能较此值大，这是由于裂纹的前沿诱发了多重银纹，因此消耗了更多的能量。

（3）银纹形成动力学。

如果银纹的产生并未导致材料的破坏，那么银纹必经过引发、增长和终止 3 个阶段。因此，可借助于链式反应动力学的概念来讨论银纹形成动力学。为方便计算先作如下简单假定，引出动力学模式，然后再分析各种因素的影响。

① 单位体积聚合物中生成的银纹数目 N 与负荷的时间间隔 t 成正比：

$$N = k_i t \tag{6-29}$$

式中　k_i——引发速率常数。

② 银纹仅一维发展。在增长过程中，银纹的横截面面积 a 不变，增长速率亦不变，即银纹长度 r 随时间 t 增长的速率为常数 k_p：

$$\frac{\mathrm{d}r}{\mathrm{d}t} = k_p \tag{6-30}$$

式中　k_p——银纹增长速率常数。

③ 银纹增长到一定程度后即终止，银纹的平均长度 $\bar{r}$ 不随时间改变。

根据上述假定，经过一定时间的诱导期后，银纹化即达到稳定状态，即引发速率与终止速率相等，成为恒速发展的状态。这和自由基聚合反应的情况一样。

在诱导期只有银纹的引发而无银纹的终止，所以在诱导期银纹的平均长度 $\bar{r}$ 是不断增加的。在时间 p 产生的银纹到时间 t 时，银纹体积为

$$V = ar = ak_p(t - p) \tag{6-31}$$

式中　V——银纹体积；

　　a——银纹横截面面积；

　　r——银纹长度；

　　t——时间，$t \leqslant \tau$，τ 为银纹诱导期。

设单位时间引发 n 条银纹，t 时间内引发 nt 条银纹，$\mathrm{d}p$ 内则引发 $n\mathrm{d}p$ 条。所以当 $t \leqslant \tau$ 时，每个银纹的平均体积 $\bar{V}$ 为

$$\bar{V}=\int_{p=0}^{t}ak_p(t-p)\frac{\mathrm{d}p}{p}=\frac{1}{2}ak_pt \tag{6-32}$$

故总的体积形变 ΔV 为

$$\Delta V=N\bar{V}=\frac{a}{2}k_ik_pt^2 \tag{6-33}$$

当 $t\geqslant\tau$ 时，银纹化进入稳态发展阶段，这时 $\frac{\mathrm{d}\bar{V}}{\mathrm{d}t}=0$，于是

$$\Delta V=N\bar{V}=k_i\bar{V}t$$

$$\left(\frac{\mathrm{d}\Delta V}{\mathrm{d}t}\right)_{稳}=k_i\bar{V}+k_it\frac{\mathrm{d}\bar{V}}{\mathrm{d}t}=k_i\bar{V} \tag{6-34}$$

据式（6-30）有

$$\int_0^{\bar{r}}\mathrm{d}r=\int_0^{t}k_p\mathrm{d}t$$

$$\tau=\bar{r}/k_p$$

体积形变与 $\bar{r}$ 的关系为

$$\Delta V=k_ia\bar{r}(t-\tau),\ \ t>\tau \tag{6-35}$$

$$\lim_{t\to\infty}\bar{V}=a\bar{r} \tag{6-36}$$

上述动力学图式如图 6-14 所示。

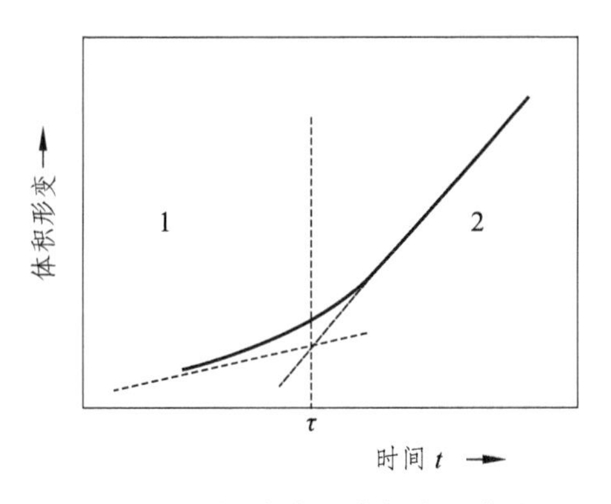

图 6-14　银纹动力学曲线示意图

1—诱导期；2—斜率 = $\mathrm{d}\Delta V/\mathrm{d}t$

上面所述的关系与实验事实并不完全吻合，因为引发速率并不严格为常数；银纹的发展也可能有二维或三维的情况。然而，这种简化的动力学模式作为分析银纹各种问题的基础具有重要的实际意义。

银纹的引发是由于存在结构的不均一性，从而产生应力集中，引发银纹。对于均相聚合物，表面缺陷、空洞及其他结构缺陷都是银纹的引发中心。聚合物共混物的两相界面是引发

银纹的主要场所。典型的例子是橡胶增韧塑料，其中的橡胶颗粒构成了引发银纹的中心。

银纹的增长速率取决于内部应力集中的情况及银纹尖端材料的性质。有时随着银纹的增长，应力集中因子下降，银纹增长速率就逐渐下降。当银纹尖端应力集中因子小于临界值时，银纹即终止。有时，如橡胶增韧塑料的情况，银纹在发展过程中会产生支化。当负荷很大，应力集中因子不下降时，银纹可发展成破坏性裂纹。

银纹的增长速率与温度及应力的关系近似地符合 Eyring 公式［见式（6-24），式（6-25）］。根据 Maxwell 等的分析，银纹化全程速率的表观活化能为 650 kJ/mo1，活化体积为 5.6×10^{-21} cm^3。

银纹的终止有各种原因，如银纹与剪切带的相互作用、银纹尖端应力集中因子的下降及银纹的支化等。银纹的发展如能被及时终止，则不致破裂成裂纹。

（4）影响银纹化的因素。

① 分子量的影响。

分子量的大小对银纹的引发速率基本上无影响，但对银纹强度影响甚大。分子量高时银纹强度大，不易破裂成裂纹。银纹的形态亦受分子量的影响。例如，对于聚苯乙烯，当分子量小于 8×10^4 时，银纹短而粗，且形态不规则，银纹数目少，易于破裂成裂纹导致聚合物开裂；当分子量很大时，则形成大量细而长的银纹，银纹强度大，因而材料强度亦大，如图 6-15 所示。

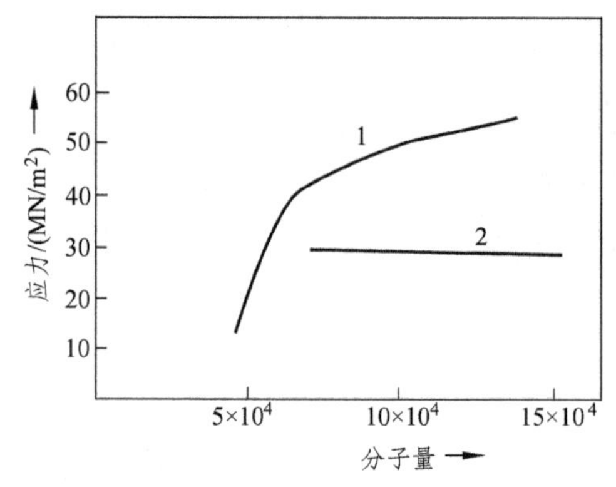

图 6-15　聚苯乙烯数均分子量对破坏应力及银纹化临界应力的影响

1—破坏应力；2—银纹化临界应力

② 分子取向的影响。

分子取向后，在平行于取向方向施加应力时，银纹化受到抑制，而在垂直于取向方向施加应力时，则易于产生银纹，引发银纹的应力与取向方向和应力方向之间的夹角有关。在 0° ~ 90°之间，此夹角越大，则引发应力越小。银纹的形态亦与取向有关，平行于取向方向的应力产生大量细而短的银纹，垂直于取向方向的应力产生少量长而粗的银纹。

③ 环境的影响。

环境对聚合物的破坏有重要影响。某些有机物可大大加速聚合物材料开裂的速度。例如，苯可使中等应力的聚苯乙烯立刻开裂破坏。所谓开裂，就是由银纹破裂形成裂纹并导致聚合物破裂的现象。氧化剂如臭氧等亦可导致聚合物的开裂破坏，但其中有化学过程，并非单纯的物理现象。

某些液体虽不是聚合物的溶剂，但其溶解度参数与聚合物的溶解度参数相似，可使形成银纹的临界形变值及临界应力值大幅度下降，这种现象叫溶剂银纹化。有时在这类液体作用下，内应力即足以产生银纹。这类液体还使银纹强度大大下降，因而使聚合物的强度大幅度减小。对此现象的解释有两种理论：第一种理论认为，液体润湿聚合物表面，降低了表面能，因而易于产生新的表面，有利于银纹的形成；第二种理论则认为产生上述现象的原因是液体的增塑作用，这些液体溶胀聚合物，使 T_g 下降，减小了聚合物塑性形变所需的应力。

除以上两种理论所涉及的原因外，还有其他一些情况，如聚碳酸酯的溶剂银纹化是由于溶胀导致结晶作用而产生的内应力所引起的。

某些表面活性物质也是有效的银纹化试剂。例如，聚烯烃在醇、肥皂等作用下会产生银纹并导致开裂。所以聚合物制品不宜长期与表面活性物质接触。特别在受力状态下，表面活性物质能大大加速聚合物材料的破坏过程。

（5）银纹与剪切带之间的相互作用。

许多情况下，在应力作用下聚合物会同时产生剪切带和银纹，二者相互作用，成为影响聚合物形变及破坏过程的重要因素。

图 6-16 表示在双轴应力作用下聚甲基丙烯酸甲酯的破裂包络线。

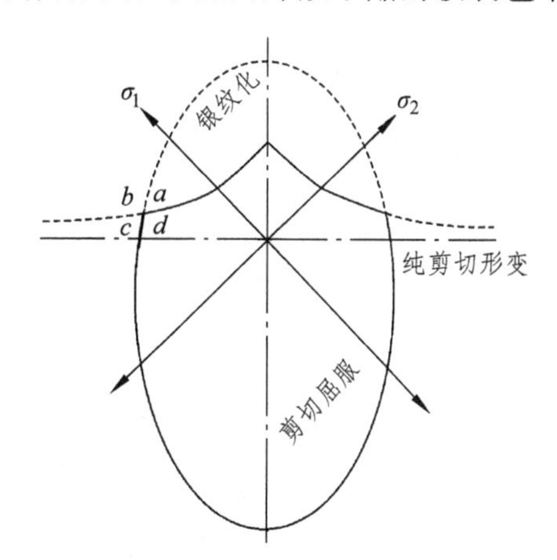

图 6-16　室温下，双轴向应力作用下聚甲基丙烯酸甲酯的破裂包络线

图 6-16 中第一象限表示双轴向应力都是张力的情况，这时形变主要是银纹化，应力足够大时导致脆性破裂。第三象限为双轴向压力的情况，这时仅发生剪切形变，无银纹产生。在第二和第四象限内，两种机理——剪切和银纹的破裂包络线相互交叉，从而使得剪切和银纹两种机理同时存在，相互作用，使聚合物从脆性破坏转变为韧性破坏。图 6-16 中还表示了在不同应力条件下聚合物对应力的 4 种响应类型：银纹化、剪切屈服并银纹化、剪切屈服、弹性形变。

银纹和剪切带的相互作用有以下 3 种可能方式：

① 银纹遇上已存在的剪切带而得以愈合、终止。这是由于剪切带内大分子高度取向，从而限制了银纹的发展。

② 在应力高度集中的银纹尖端引发新的剪切带，新产生的剪切带反过来又终止银纹的发展。

③ 剪切带使银纹的引发及增长速率下降，并改变银纹动力学的模式。

图 6-17 为聚甲基丙烯酸甲酯及聚碳酸酯中银纹和剪切带相互作用的示意图。

图 6-18 为 HIPS 与 PPO 的共混物中剪切带对银纹终止作用的电子显微镜照片。

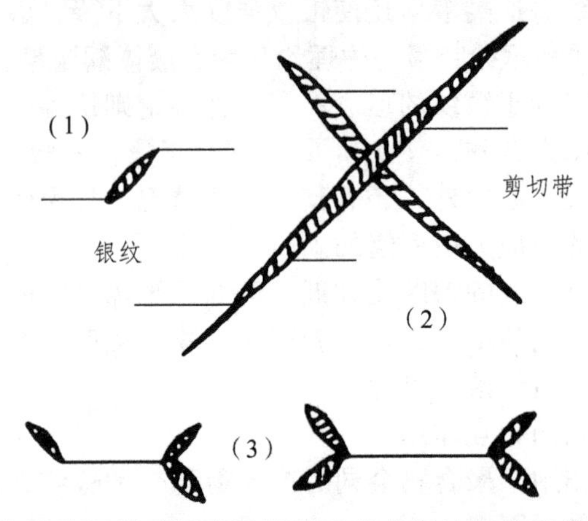

图 6-17 聚甲基丙烯酸甲酯及聚碳酸酯中银纹和剪切带的相互作用

(1)—剪切带在银纹尖端之间增长；(2)—银纹被剪切带终止；(3)—银纹被其自身产生的剪切带终止

图 6-18 HIPS/PPO 共混物中剪切带与银纹的相互作用（电子显微镜照片）

剪切带与银纹的相互作用是促使银纹终止的重要因素。由于这种终止作用，银纹就不易发展成破坏性的裂纹，因此可大大提高材料的强度和韧性。关于这个问题，后面会进一步讨论。

6.3.3 聚合物共混体系的形变

聚合物共混物的形变机理与一般的聚合物基本相同。各种因素如温度、形变速率等的影响也与一般聚合物的情况大致一样。但是，由于聚合物共混物多相结构特征，其形变也存在一系列特点。

由于多相结构，各相对应力的响应特性不同，因此在相界面处应力集中，产生大量能形成剪切带或银纹的核心；并且由于各相聚合物本质以及结构形态的不同，所形成的剪切带，特别是银纹的形态和发展趋势也不同。于是相应的聚合物共混物就有不同的形变特点和力学强度。下面主要以橡胶增韧塑料为例说明共混物的形变特点。

（1）分散相的应力集中效应。

橡胶增韧塑料中，橡胶颗粒是分散相。橡胶模量低，容易沿应力方向伸长变形，负荷主要由树脂连续相承担。在负荷下橡胶颗粒成为应力集中的中心。在橡胶颗粒的赤道上应力集中最大，在此位置形成局部形变的核心。当然，这种应力集中也会引发剪切带的形成，但一般而言主要是引发银纹。在非赤道的其他位置也有银纹产生，这可能是橡胶颗粒应力场之间相互作用的结果。

这种两相体系的应力场分布可根据弹性力学理论进行计算。假定橡胶颗粒是球形的并且各向同性，橡胶颗粒含量不大，相互无干扰；橡胶颗粒与基体之间理想地黏合在一起；外场是单向的张力。根据 Goodies 的计算，应力集中的中心在颗粒的赤道上，即 $r = R$ 及 $\theta = 90°$，R 为颗粒半径，见图 6-19。

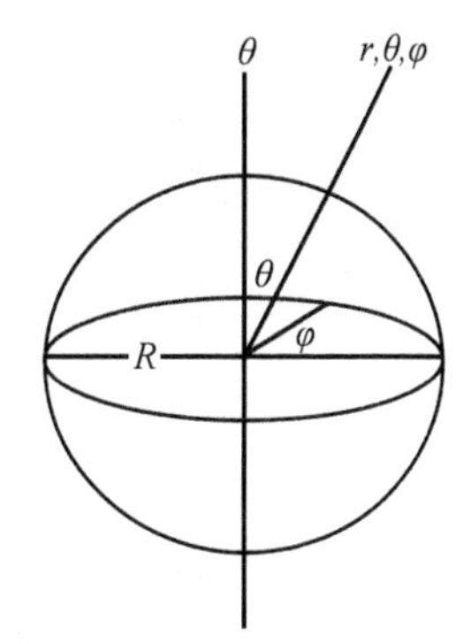

图 6-19 利用球坐标表示球形颗粒周围的应力场

球形颗粒赤道附近的应力集中因子与颗粒的力学模量及距颗粒表面的距离有关。球形颗粒被气泡所代替，赤道上的应力集中因子为 2.05。当颗粒为橡胶时，赤道上的应力集中因子为 1.92。当橡胶颗粒中含有树脂包容物时，应力集中因子有所下降，为 1.54 ~ 1.89。

随着距颗粒表面距离的增加，应力集中因子迅速减小。图 6-20 表示了 HIPS 在单向张力作用下，橡胶颗粒赤道面附近的应力集中因子。

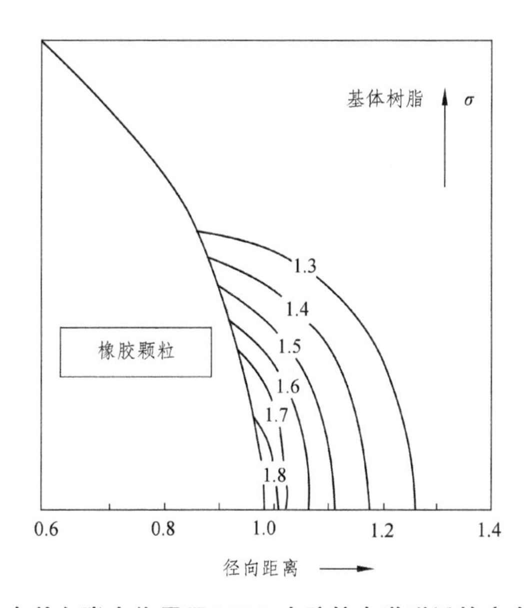

图 6-20 在单向张力作用下 HIPS 中胶粒赤道附近的应力集中因子

对于实际的橡胶增韧塑料，橡胶颗粒应力场之间存在相互作用，所以上述应力集中因子计算值未必准确。不过，当橡胶颗粒之间的距离小于 0.9*R* 时，各颗粒应力场之间相互重叠，使颗粒之间的区域的应力集中因子增加，于是在应力集中因子最大的区域优先引发银纹的形成。

此外，由于橡胶的热膨胀系数比基体树脂大，当橡胶增韧塑料熔体冷却时，便在橡胶颗粒及其周围的树脂基体中产生热缩应力。此热缩应力为一种静张力，可降低橡胶及其周围基体树脂的玻璃化温度 T_g，从而有利于在应力作用下的屈服形变。

（2）影响形变的因素。

共混物中分散相的应力集中作用会激发大量的银纹或剪切带，从而使材料易于发生屈服，屈服应力下降，断裂伸长率增加。银纹和剪切形变这两种屈服机理对材料的影响是不同的，银纹多孔、模量低，所以形成大量的银纹时材料的模量下降，并且由于对液体有较大的可渗性，使银纹容易发展成裂纹而导致材料的损伤和破裂，这种现象称为材料的应变损伤。另外对于冷成型，要求聚合物材料屈服而不撕裂，去除外力后不立即恢复。银纹产生的屈服形变存在很大的可恢复性，所以对冷成型不利。剪切形变则不同。剪切带的力学性能接近于未形变的聚合物，它不会增加聚合物的可渗性，应变损伤的程度很小，同时剪切带主要为塑性形变，可恢复的成分少，适于冷成型的要求。由此可见，剪切和银纹这两种屈服机理所占的比例对材料的性能影响很大,下面就讨论怎样分析这两种机理的比例以及影响这一比例的因素。

① 银纹化和剪切屈服的比例。

有许多方法可测定银纹化和剪切屈服形变的比例，例如，根据二者光学性能的不同、力学性能的不同，将二者加以区别和测定。银纹产生应力发白，剪切形变无此现象。据此可将二者加以区分。在负载下，剪切带内和银纹体内大分子都取向，但卸载后银纹体会很快解取向，而剪切带内的大分子取向大部分都保留下来。根据这一特性可用 X 射线大角散射和 X 射线小角散射的方法测定银纹化及剪切形变所占的比例。

最常采用的方法是根据这两种屈服机理的不同体积效应来测定二者所占的比例。除由于泊松比小于 0.5 而产生的体积增加外，剪切形变无体积变化，而银纹化产生很大的体积形变。因此可根据样品的体积形变测定银纹化和剪切屈服形变各自所占的比例。

下面以拉伸力作用下橡胶增韧塑料的蠕变形变为例说明这个问题。

前面曾经提到，任何作用于样品上的张应力都可分解为两个分量：张力和剪切力。张力会使样品体积增加，即产生瞬时完成的体积形变。银纹也使体积增加，该体积形变ΔV是依赖时间 t 的，故有

$$\Delta V_t = \Delta V_0 + \Delta V \tag{6-37}$$

式中，ΔV_t 为随时间延长而增加的总体积形变；ΔV_0 为与时间无关的弹性体积形变；ΔV 为银纹化而产生的体积形变。

对各向同性的样品，设长度方向的相对形变为 e_3，厚及宽度方向的相对形变为 e_1 及 e_2，且一般 $e_1 = e_2$。故体积形变为

$$\Delta V = \frac{V - V_0}{V_0} = (1+e_3)(1+e_1)^2 - 1 \tag{6-38}$$

式中，V 为样品的瞬时体积；V_0 为样品的起始体积。

纵向和横向形变可采用 Darlington-Saunders 蠕变仪同时测定，如图 6-21 所示。以标距约为 40 mm 的哑铃形样品固定在上、下夹具之间，由纵向形变测定器和横向形变测定器分别测出纵向形变（e_3）、反横向形变（e_1，e_2）。形变值由高精度的线性电容传感器记录下来。

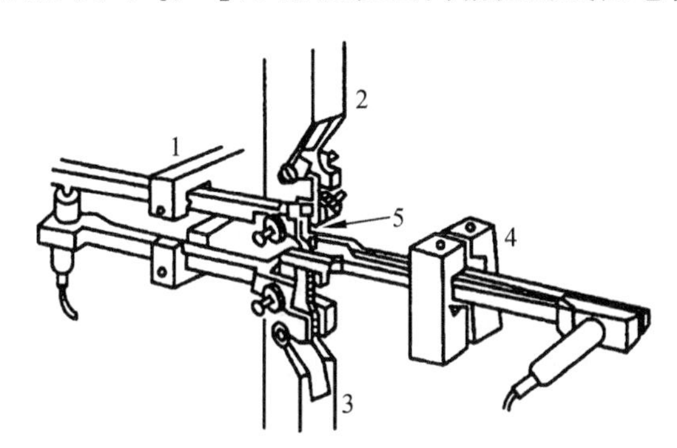

图 6-21　Darlington-Saunders 蠕变仪

1—纵向形变测定器；2—上夹具；3—下夹具；4—横向形变测定仪；5—样品

由于银纹平面垂直于拉伸力的方向，可认为它对横向形变无影响。因此可近似地认为是常数，且其值甚小。所以若形变仅由银纹产生，则

$$\left(\frac{\partial \Delta V}{\partial e_3}\right)_{e_1} = (1+e_1)^2 \approx 1 \tag{6-39}$$

这就是说，若形变完全由银纹产生，则ΔV 与 e_3 为直线关系，即 ΔV-e_3 的图形为一条斜率为 1 的直线。若形变完全是剪切形变，那么在恒应力的条件下为

$$\frac{\partial \Delta V}{\partial e_3} = \frac{\partial \Delta V_{(0)}}{\partial e_3} + \frac{\partial \Delta V}{\partial e_3} = 0 \tag{6-40}$$

即无银纹发生时，ΔV 对 e_3 的直线斜率为零。因此，ΔV 对 e_3 的图形为一直线，其斜率即为银纹化在总形变中所占的百分数。

当形变较小时，将式（6-38）展开并忽略高次项，则得

$$\Delta V = e_3 + \partial e_1 \quad \text{或} \quad e_3 = \Delta V - \partial e_1 \tag{6-41}$$

即样品的长度形变 e_3 由两项组成：以ΔV 表示的银纹化和以 $-\partial e_1$表示的剪切形变（负号表示横向形变是收缩的）。

② 影响因素。

a. 基体性质。聚合物共混物屈服形变时，银纹和剪切形变两种成分的比例在很大程度上取决于连续相基体的性质。一般而言，连续相的韧性越大，则剪切成分所占的比例越大。

Bucknall 等将 HIPS 与 PPO 共混，随着 PPO 含量的增加，基体韧性提高，剪切屈服形变的比例因而增大，如图 6-22 所示。纯 HIPS 的形变基本上完全由银纹产生，故相应的直线斜率为 1。图 6-22 中还表示了橡胶增韧聚氯乙烯的情况，这时银纹形变成分仅占 8%，所以相应的直线斜率仅为 0.08。

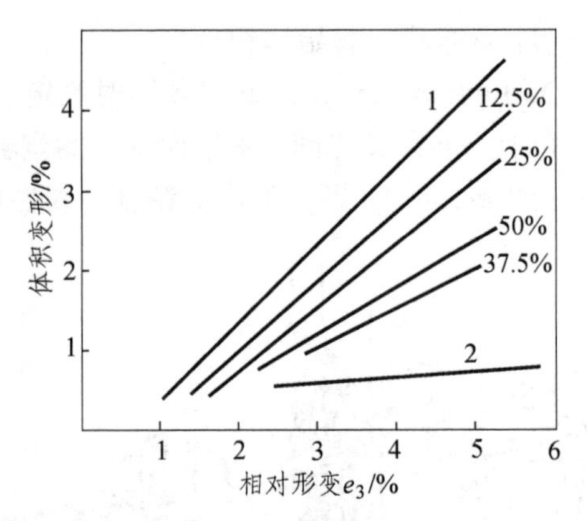

图 6-22　某些共混物体积形变与相对形变的关系
（图中的百分数表示 HIPS/PPO 中 PPO 的含量）

1—HIPS；2—增韧 PVC

b. 应力的影响。形变中银纹成分的比例随拉伸应力的增加以及形变速率的增加而增加。如对 ABS，应力为 26.5 MN/m^2 时，剪切成分几乎为 100%；而当应力为 34.5 MN/m^2 时，银纹成分增加到 85%。形变速率的影响与应力大小的影响相似。大多数情况下，增加形变速率使银纹成分的比例提高。

应当指出，上述结论仅当银纹与剪切带之间无明显作用时才正确。银纹与剪切带之间有明显相互作用时，情况要复杂得多，应力性质的影响更大。由于银纹化伴随着体积的增加，所以压力抑制银纹，张力则促进银纹的生成。例如，应力为张力时，HIPS 的屈服形变主要是银纹化，而应力为压力时则主要为剪切带。

c. 大分子取向的影响。大分子取向常常减小银纹成分的比例。例如，橡胶增韧塑料，拉伸时基体大分子取向，橡胶颗粒会变成椭球状，结果应力集中因子减小。根据 Eyring 方程可知，应力集中因子减小会使银纹和剪切带引发及增长速率下降。但对这两种不同机理的影响程度不同。一般而言，取向的结果使剪切成分的比例增加而银纹化成分的比例下降。

d. 橡胶含量的影响。对于橡胶增韧塑料，橡胶含量对其形变机理有重要影响。橡胶含量增加时，橡胶颗粒的数目增多，银纹引发中心增加，但是由于橡胶颗粒之间的距离减小，银纹终止速率亦相应提高，这两种作用基本抵消，这时银纹化速率的增加主要是应力集中因子增加之故。同样，剪切形变速率亦有升高，但银纹速率增加得更快，所以总的结果是橡胶含量增加时银纹化所占的比例升高。

6.3.4　聚合物共混体系的力学强度

聚合物及其共混物大多是作结构材料，因此力学强度是最主要的性能指标。然而聚合物及其共混物的力学强度不仅与其品种、组成有关，而且与加工成型的方法、条件有关，甚至试样的大小和结构也有很大的影响。

聚合物的实际强度比理论强度小，一般要小两个数量级以上。这种情况也同样存在于其他类型的材料，如陶瓷、玻璃、结晶体等。

理论强度是假定材料具有完全规整的结构，由分子的价键力计算得到的强度值。

先来计算一下聚乙烯的理论强度。C—C 键的键能为 336 ~ 378 kJ/mol，即 $5\times10^{-19}\sim6\times10^{-19}$ J/键，粗略地讲，这个能量 E 为

$$E = fd \tag{6-42}$$

式中，E 为键能，为 $5\times10^{-19}\sim6\times10^{-19}$ J/键；d 为键长，约为 0.15 nm；f 为作用于价键上的力。

由此得 $f\approx4\times10^{-9}$ N/键。

根据聚乙烯晶体的晶格常数知道，一条聚乙烯大分子的横截面面积约为 0.02 nm^2，即 20×10^{-16} cm^2，所以每平方厘米有 5×10^{14} 条大分子链通过。由此可知，一束排列完全规整的聚乙烯大分子所构成的样品，理论拉伸强度为 $20\times10^5\sim30\times10^5$ N/cm^2，即 $20\times10^6\sim30\times10^6$ kPa，高度取向和结晶的聚乙烯长丝的实际拉伸强度最大值为 1.1×10^6 kPa，约是理论强度的 1/20。未取向的聚乙烯，其实际强度是理论值的 1/100。

目前所知，产生这一差距的原因是不可能获得结构完整的理想试样。由于大分子链的长度是有限的，而且材料结构中存在大大小小的各种缺陷，引起应力的局部集中，这就使许多分子间的次价键先行断裂，最后应力集中到少数主价键上使之断裂，产生裂缝，导致试样的破坏。也就是说，结构上的缺陷和不均匀性是一切实际材料破坏的原因。由于结构上存在弱点，造成材料破坏时各个击破的局面，这就是实际强度较理论强度低的原因。

除分子堆砌和排列不完全规整外，材料的结构缺陷还包括存在的裂纹、切口、嵌入的颗粒、空洞等。这些因素都引起应力集中，在应力集中的部位，实际应力会远远超过施加的平均应力。当实际应力超过材料的强度时，就在此部位发生破裂。实际应力 σ 与平均应力 σ_0 之比叫应力集中因子。

为说明应力集中的问题，先考察一个最简单的模型，即在一块很大的薄板上的圆孔所产生的应力集中。在圆孔边缘的切向应力分量［见图 6-23（a）］为

$$\sigma_t = \sigma_0 - 2\sigma_0\cos2\theta \tag{6-43}$$

式中，σ_t 为圆孔边缘的切向应力分量；σ_0 为施于薄板上的平均应力；θ 为与外加应力方向之间的夹角。

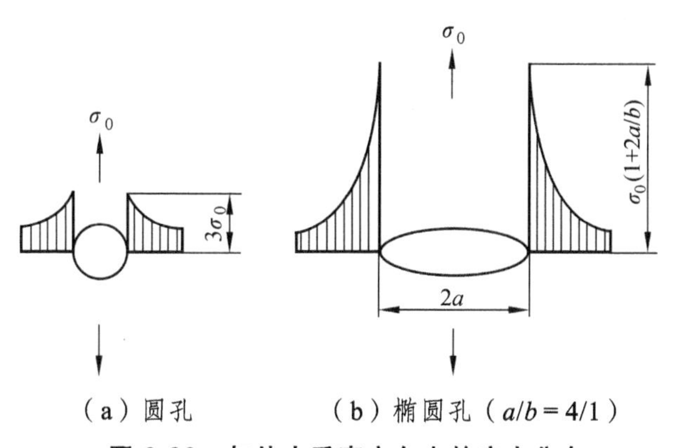

（a）圆孔　　（b）椭圆孔（$a/b=4/1$）

图 6-23　与外力垂直方向上的应力分布

显然，与外加应力平行的方向，即 $\theta=0°$ 时，$\sigma_t=-\sigma_0$，为压缩应力；与外加应力垂直的方向（$\theta=\pi/2$），$\sigma_t=3\sigma_0$，为张力，这时应力集中因子为 3。

一般情况下，裂缝可视为一种椭圆形空隙，如图 6-23（b）所示，这时，当其长轴垂直于外加应力方向时，σ_t为

$$\sigma_t = \sigma_0 + \frac{2a}{b}\sigma_0 \tag{6-44}$$

式中，a为椭圆的长半轴；b为椭圆的短半轴。

当长半轴平行于应力方向时，σ_t为

$$\sigma_t = \sigma_0 + \frac{2b}{a}\sigma_0 \tag{6-45}$$

对于裂缝，$a \gg b$，当其垂直应力时，应力集中因子可达很高的数值。裂缝尖端的应力集中因子γ为

$$\gamma = \frac{\sigma_{\mathrm{m}}}{\sigma} \approx 2\sqrt{\frac{a}{\rho}} \tag{6-46}$$

式中，σ_{m}为裂缝尖端的实际应力；σ为外加的平均应力；ρ为裂缝尖端的曲率半径。

当$a \gg b$时，ρ很小，γ很大，因此裂缝可使材料的强度大大下降。

聚合物材料中存在的球形颗粒也是一种应力集中剂。假定球形颗粒与基体之间有很好的黏结，如前面已提到的橡胶增韧塑料的情况，那么在垂直于应力方向的球粒赤道面上有最大的应力集中。若球的模量远小于基体的模量，赤道面上的应力集中因子为 2 左右（见图 6-20）。其极端情况是球粒为气泡。若球粒的模量与基体相同，则无应力集中发生。若球粒的模量比基体大，则赤道面的张应力反而减小，甚至转变成压缩力。

若为椭球状颗粒，椭球的长轴又垂直于应力方向时，赤道上的应力集中因子可达到 3。

以上从应力集中的角度分析了材料的实际强度较理论强度低的原因。下面再从能量的角度分析一下这个问题。

（1）聚合物断裂力学。实际使用中，固体材料的实际断裂强度远低于理论计算值。这是由于材料内部存在缺陷或微裂纹等不均匀性或不连续性因素，使得外加应力不能均匀分布，而在这些区域内产生高度的应力集中。这种高度的应力集中作用促使裂纹在较低应力作用下就开始形成和扩展直至宏观断裂。Griffith 于 20 世纪 20 年代提出这一思想，并应用应力分析的方法建立了固体的断裂强度与裂纹尺寸间的定量关系。在此之后，基于 Irwin 等人的工作，用于描述线弹性固体材料断裂行为的能量释放速率G和应力强度因子K概念的提出以及断裂韧性实验技术的建立逐渐形成了今天的断裂力学。

断裂力学有两个符合客观实际的基本假设：① 所有材料都存在有微裂纹、杂质等缺陷，这些缺陷的扩展导致了材料的破坏；② 材料的断裂强度可以用裂纹前缘应力场的表征量达到其临界值，或由形成新的单位断裂表面所需能量来表征。这两个基本假设说明了材料的断裂是裂纹这种宏观缺陷扩展的结果，它阐明了宏观裂纹降低断裂强度的作用，突出了缺陷对实际材料性能的影响。

断裂力学的基本任务就是要确立裂纹扩展的条件和规律性，研究裂纹的扩展有两种相互平行又相互补充的方法，即应力分析方法和能量分析方法。基于应力分析方法，认为裂纹扩展的临界态是由裂纹前缘的应力场强度达到临界来表征的，以应力强度因子$K = K_c$作为断裂

判据。基于能量分析方法，认为驱动裂纹扩展的原动力是结构件在裂纹扩展过程中释放出来的弹性能，它必须是足够用于产生新的断裂表面所消耗的能量，以能量释放速率 $G = G_c$ 或 $J = J_c$ 作为断裂判据，这两种方法有着密切的联系，但又不总是等效的。

在材料力学试验和研究中，许多经典的方法是将问题简化为一维的单轴拉伸、压缩状态以及二维的平面应力和平面应变状态，就是说至少有一个正应力或应变数值接近于零。对于很薄的弹性体板，当作用于其厚度方向的剪应力及正应力值比其他应力分量小而可以忽略时，仅产生与板面平行的平面上的二维应力，便可简化为平面应力状态。对于厚板情形，由于沿板的厚度方向受到约束而难以变形，所以仅产生与板面平行的两个方向的正应变，称为平面应变状态。

实际材料中，裂纹的形状及其扩展过程非常复杂，应用断裂力学理论作为基础研究时，常将实际问题简化，而把裂纹的扩展归结为 3 种典型的方式，分别称为张开型（Ⅰ型）、滑开型（Ⅱ型）及撕开型（Ⅲ型），如图 6-24 所示。其中Ⅰ型裂纹扩展是较常见的低应力下材料发生脆性断裂的主要形式，也是断裂力学理论和实验研究的主体。

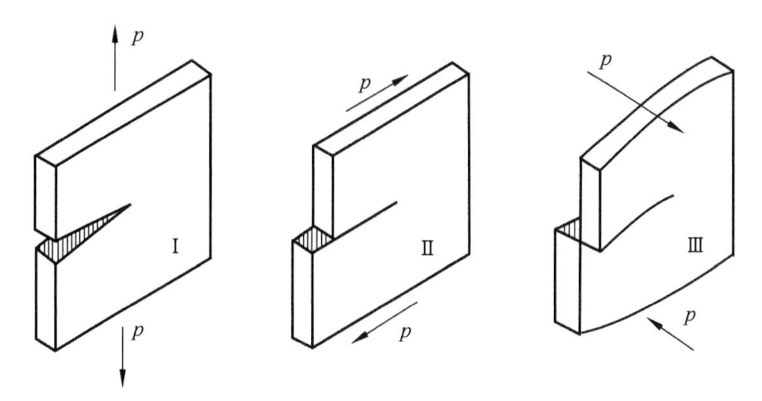

图 6-24　裂纹的扩展类型示意图

1920 年，Griffith 在研究玻璃和陶瓷材料的脆断强度时，基于能量平衡原理提出了材料中存在的裂纹尺寸与其断裂时的应力间的定量化关系。Griffith 认为断裂产生的裂纹增加了材料的表面，从而增加了材料所具有的表面能，表面能的增加将由物体中弹性储能的减小来提供。为了使断裂能够继续下去，弹性储能的减少量必须大于增大材料表面所需要增加的表面能。对于理论强度与实际强度之间的极大差距，理论认为弹性储能在材料内部的分布不是均匀的，而是在诸如小裂纹附近有很大的能量集中，这是与应力集中的概念相类似的。另外，为了提供产生新表面所需要的能量，需要做功，但只有这个力移动了一定的距离时才能做功，因此，不管材料内部的裂纹有多小，或者是多么尖锐，只要材料本身不具备内部产生的应力时，它只有在一个有限的外应力作用下才会发生断裂。此外，Griffith 还假定脆性玻璃无塑性流动，裂缝增长所需的表面功仅与表面能 γ_s（表面张力）有关。

$$\sigma_c = \left(\frac{2\gamma_s E}{\pi a}\right)^{1/2} \quad 或 \quad \sigma_c(\pi a)^{1/2} = (2\gamma_s E)^{1/2} \tag{6-47}$$

式中，σ_c 为引起裂缝扩展的临界应力；E 为材料的弹性模量；a 为裂缝长度的一半。

式（6-47）即为著名的脆性固体断裂的 Griffith 能量判据方程。式中并未出现尖端半径，即它适用于尖端无曲率半径的“线裂缝”的情况。该式表明，对于任何给定的材料，$\sigma_c(\pi a)^{1/2}$ 应当超过某个临界值才会发生断裂，定义 $\sigma_c(\pi a)^{1/2}$ 为应力强度因子 K_I（下标 I 表示张开性裂纹）：

$$K_I = \sigma(\pi a)^{1/2} \tag{6-48}$$

由式（6-48）可知，材料的断裂与外应力和裂缝长度的乘积有关。而材料断裂时的临界应力强度因子记作 K_{IC}：

$$K_{IC} = \sigma_c(\pi a)^{1/2} \tag{6-49}$$

Griffith 方程的正确性已广泛地为脆性聚合物的实验所证实，它是现今人们已熟知的线弹性断裂理论的最早叙述。尽管它只考虑断裂形成新的表面的能量效应而忽视了材料在断裂过程中的黏弹响应，但它确实给人们提供了一个用于研究材料脆性破坏的基本框架，为断裂力学的发展奠定了基础。

1956 年，Irwin 提出了更利于解决工程问题的实际上与 Griffith 模型等同的能量分析方法。对于线弹性固体，Irwin 定义了能量释放速率 G 为使单位裂纹面积（A）增长所需可用能（由加载系统提供的，可用于扩展裂纹的能量，用 Π 表示）的下降率：

$$G = \frac{d\Pi}{dA} \tag{6-50}$$

这里的速率并非指随时间的变化率，而是指位能随裂纹面积增长的变化率。由于是由位能的微商而得，G 也常被称为裂纹扩展力或裂纹驱动力。对于无限大平板上含有中心穿透裂纹的试样有

$$G = \pi\sigma^2 a / E \tag{6-51}$$

式中，E 为材料的弹性模量；a 为裂纹长度的一半；σ 为材料的应力。

当裂纹达到临界扩展时，能量释放速率 G 达到其临界值 G_c，称为材料的断裂韧性，它是材料的一个特性参数。

考虑厚度为 b 的实际裂纹体，在线弹性条件下，裂纹未增长前，载荷 P 与施力点位 Δ 间存在如下关系：

$$\Delta = CP \tag{6-52}$$

式中，C 为裂纹体柔量。

（2）聚合物共混物的力学强度。聚合物材料强度的能量平衡分析法基于 Griffith 的断裂理论。Griffith 理论是基于如下的两个基本思想。第一，材料的破裂必然产生新的表面，因而要消耗能量。当此能量可为释放出的弹性储能所平衡时，材料即可发生破裂。第二，材料变形时弹性储能的分布是不均匀的，在结构的缺陷处，特别是裂纹附近，集中了大量的弹性储能，集中的程度与结构缺陷的性质和形状有关。这和应力集中的情况相似。

据上所述，对于无限薄板上裂纹所产生的破裂，其破裂强度可近似用式（6-47）表达，由式（6-47）可知，材料的强度与其表面能 γ_s 有关。表面活性物质如肥皂、油脂等，使材料

表面能下降，因此会使材料的强度减小。

实验发现，几乎在所有情况下，实测表面能都远高于其理论值。即使玻璃，实测值也比理论值大 2 倍以上。金属和聚合物的实测值更高。Orowan 和 Irwan 指出，这是由于裂纹根部材料在高应力作用下发生塑性形变而多消耗能量的原因。对于聚合物材料，式（6-47）中的表面能 γ_s 应为裂纹发展时裂纹表面层所做的塑性功 P 所取代：

$$\sigma_B = \left(\frac{EP}{a}\right)^{1/2} \tag{6-53}$$

塑性功 P 亦称破裂能，一般要比表面能 γ_s 大许多倍。显然，倘若能设法增加 P，如提高屈服应力或增加断裂形变，就可提高材料的断裂强度。

两相结构的特征给聚合物共混物的强度问题带来了新的影响因素。分散相起着应力集中剂的作用，由此会导致裂纹的产生，所以共混物像其他一些多相体系（如含有不相容的增塑剂的聚合物、含有惰性填料的聚合物体系及泡沫塑料）一样，比起基体聚合物来说，其拉伸强度常常有所下降。

然而，应力集中未必立即引发裂纹。应力集中常常是先产生银纹、银纹发展、破裂才生成裂纹。所以分散相对基体破裂强度的影响，除了它引发银纹外，还要看它能否有效地终止银纹的发展以及能否有效地愈合裂纹，这当然与分散相的性质、形态等因素有关。因此两相结构材料未必一定使拉伸强度下降。例如，已知炭黑等活性填料可大幅度提高聚合物材料的拉伸强度；纤维与树脂制成的复合材料具有很高的拉伸强度等。

在聚合物共混物的各种力学强度中，冲击强度具有特别重要的实际意义，它表征材料韧性的大小。

以橡胶为分散相的增韧塑料是聚合物共混物的主要品种，其特点是具有很高的冲击强度，常比基体树脂的冲击强度高 5 ~ 10 倍，甚至更多。Nielsen 指出，制备高抗冲聚合物共混物需满足以下 3 个条件：① 所用橡胶的 T_g 必须远低于室温或远低于材料的使用温度；② 橡胶不溶解于基体树脂中，以保证形成两相结构；③ 橡胶与树脂之间要有适度的相容性，以保证两相之间有良好的黏合力。当然，也可采用其他方法来提高两相之间的黏合力，如采用接枝共聚、加入增容剂等。

然而，增韧塑料未必非用橡胶不可。凡是能引发大量银纹而又能及时地将银纹终止从而提高破裂能的因素大都可起到增韧的效果。例如，在树脂中分散不溶性液体乃至气泡等都可起到增韧的作用。再者，两相都是玻璃态聚合物的共混物，如聚碳酸酯与聚苯乙烯的共混物，在一定的条件下也会发生增韧作用，提高冲击强度。这与两相界面形成易于形变的活化层、银纹的相互干扰导致银纹终止这两种因素有关。

前面曾反复指出，分散相颗粒能引发大量银纹，不像均相聚合物那样只能产生少量银纹。共混物在应力作用下所产生的大量银纹的应力场之间会发生相互作用，导致银纹的终止而不致迅速发展成破坏性的裂纹。这种应力场之间的相互作用还会大大增加材料的断裂伸长率，如图 6-25 所示。垂直于应力方向的银纹或裂纹发展一段距离后即发生相互干扰，减小了银纹或裂纹尖端的应力，因而可导致银纹或裂纹的终止。同时，在银纹或裂纹的尖端发展了垂直于应力方向的张力。在相互干扰的银纹或裂纹尖端之间的基体形成一层易于弯曲形变的活化层，这种活化层具有较大的断裂伸长率。

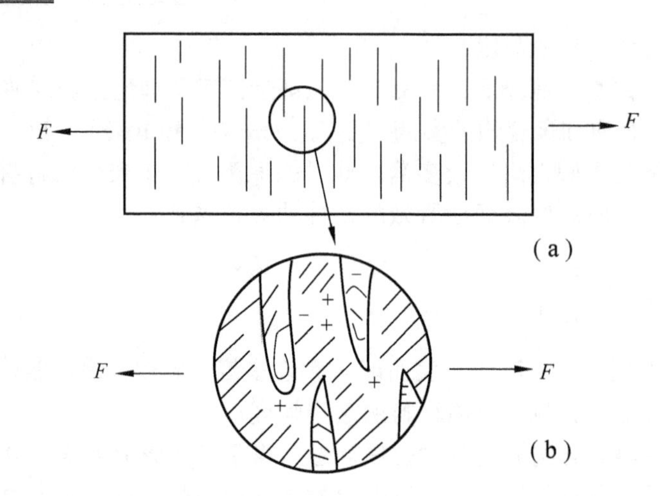

（b）为三条银纹应力场相互干扰作用的放大图，
发展张力的部位标以“+”，发展压力的部位标以“−”

图 6-25 共混物破裂过程中银纹发展示意图

由于上述两种原因，材料的破裂能得以增加，因而可提高材料的冲击强度。

此外，共混物具有较大的力学阻尼性能，形变时会产生较多的热量，提高形变部位的温度，这也是使韧性增加的一个因素。再者，分散相颗粒赤道附近所产生的张应力会使两相界面的体积发生膨胀从而使 T_g 下降，这无疑也有利于韧性的提高。

尽管增韧的因素很多，有各种可能的增韧途径，但目前最主要的和最有成效的还是用橡胶增韧的方法制备高抗冲聚合物材料，即所谓的橡胶增韧塑料，这属于弹性体增韧塑料的范畴。因此，需要较系统地讨论弹性体增韧塑料的增韧机理。

6.3.5 弹性体增韧塑料的增韧机理

6.3.5.1 塑料基体的分类

不同类型的塑料基体，在受到外力作用时的能量吸收的能力与吸收能量的方式是不同的。

塑料基体可分为两大类：一类是脆性基体，以 PS、PMMA 为代表；另一类是准韧性基体，以 PC、PA 为代表。这里，“准韧性基体”是指具有一定韧性的基体，其韧性可通过增韧改性而进一步得到提高。

上述塑料基体的分类，是基于冲击韧性提出的，与基于拉伸过程应力-应变曲线对脆性塑料和韧性塑料的分类基点是不同的。这会影响到对某些塑料品种脆性或韧性的认定。被增韧的塑料基体的分类方法，对于增韧机理和增韧体系的研究，更具指导意义。

塑料基体的分类，对塑料的增韧改性研究具有重要意义。在对不同类型（脆性或韧性）基体进行增韧改性时，即使同为采用弹性体增韧，其增韧机理也会有巨大的差异。在橡胶增韧塑料体系中，若塑料基体为脆性基体，橡胶颗粒主要是在塑料基体中诱发银纹；而对于有一定韧性的基体，橡胶颗粒则主要是诱发剪切带。对于非弹性体增韧，上述塑料基体的分类法也有重要意义。

6.3.5.2　弹性体增韧塑料的增韧机理

弹性体增韧塑料机理的研究开始于 20 世纪 50 年代，包括 50 年代提出的橡胶能量直接吸收理论，60 年代提出的裂纹核心理论、多重银纹理论、剪切屈服理论等。在此基础上，增韧理论研究不断取得进展。这里主要介绍被普遍接受的“银纹-剪切带”理论，以及“界面空洞化”和“橡胶空洞化”理论。

1. 早期的增韧理论

关于早期提出的橡胶增韧机理大多为根据一些实验事实进行的定性推测，虽然不够全面，但对增韧理论的发展有很大的推动和启发作用。

（1）能量的直接吸收理论。

该理论是 1956 年 Merz 等提出的相当直观的想法。Merz 等认为，当试样受到冲击时会产生裂纹。这时橡胶颗粒跨越裂纹两岸，裂纹要发展就必须拉伸橡胶颗粒，因而吸收大量能量，提高了材料的冲击强度，如图 6-26 所示。

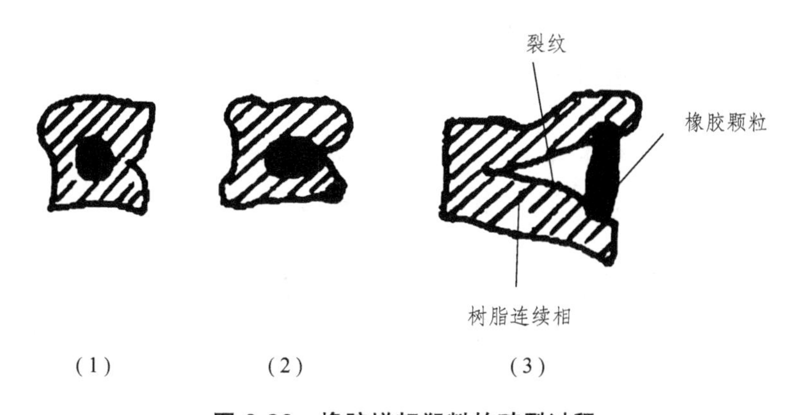

图 6-26　橡胶增韧塑料的破裂过程

(1), (2), (3) —裂纹的发展过程

这无疑是韧性增加的一个原因，然而并非主要原因。按 Newman 和 Strella 的计算，这种机理所吸收的能量不超过冲击能的 1/10。此外，该理论也不能解释其他一些增韧现象，如气泡以及小玻璃珠之类的分散颗粒有时也有明显的增韧效应。

（2）裂纹核心理论。

Schmitt 认为，橡胶颗粒冲作应力集中点，产生了大量小裂纹而不是少数大裂纹（大裂纹有时亦称为裂缝）。扩展大量的小裂纹比扩展少数大裂纹需较多的能量。同时，大量小裂纹的应力场相互干扰，减弱了裂纹发展的前沿应力，从而会导致裂纹的终止。Schmitt 认为，应力发白现象就是由于形成大量小裂纹的原因。

该理论有 3 个主要缺点：第一，未能将裂纹和银纹加以区别，当然，这里所说的“小裂纹”实际上就是银纹，问题是，该理论未能明确阐述这种“小裂纹”的结构和特性；第二，该理论只强调了橡胶颗粒诱发小裂纹的作用而未能充分考虑橡胶颗粒终止裂纹的作用；第三，该理论忽视了基体树脂特性的影响。因此这一理论有很大的片面性。尽管如此，该理论关于应力集中和诱发小裂纹这一思想对增韧理论的发展有很大的推动和启发作用。

2. 弹性体增韧机理的进展

（1）银纹-剪切带理论。

在早期增韧理论的基础上，逐步建立了弹性体增韧机理的初步理论体系。当前普遍接受的是所谓银纹-剪切带理论，下面将以橡胶增韧体系为例着重加以讨论。

银纹-剪切带理论由 Bucknall 等在 20 世纪 70 年代提出。在橡胶或其他弹性体增韧塑料的两相体系中，橡胶是分散相，塑料是连续相。银纹-剪切带理论指出，橡胶“小球”在塑料增韧体系中发挥两个重要的作用：一是作为应力集中体诱发大量银纹和剪切带；二是控制银纹的发展，使银纹及时终止，不致发展成破坏性的裂纹。外界作用于塑料材料的能量，可以通过银纹或剪切带的形成而耗散掉，使材料的抗冲击性能明显提高。

增韧机理与被增韧的塑料基体的性质密切相关。对于脆性基体，橡胶颗粒主要是在塑料基体中诱发银纹；而对于有一定韧性的基体，橡胶颗粒主要是诱发剪切带。基体的韧性越高，剪切带所占的比例越大。银纹和剪切带所占比例除与基体性质有关外，也与形变速率有关，形变速率增加时，银纹化所占的比例升高。

此外，橡胶颗粒还能够起到终止银纹的作用，使银纹及时终止，而不至于发展成具有破坏性的裂纹。

银纹和剪切带也可以相互作用：银纹尖端的应力场可诱发剪切带的产生，而剪切带也可阻止银纹的进一步发展。对于准韧性基体，剪切带所占的比例较大，剪切带可以起到终止银纹的作用。

银纹-剪切带理论全面论述了橡胶颗粒的作用，又考虑了塑料基体性能的影响，同时明确了银纹的双重功能：一方面，银纹的产生和发展消耗大量能量，可提高材料的破裂能；另一方面，银纹又是产生裂纹并导致材料破坏的先导。因而，增韧体系必须有使银纹及时终止的机制。由于银纹-剪切带理论成功地解释了一系列实验事实，因而被广泛接受。

这一理论较为成功地解释了一系列实验事实，现举例如下。

① HIPS 等增韧塑料，基体韧性较小，屈服形变基本上是银纹化的结果，所以有明显的应力发白现象。由于银纹化伴随体积的增加，而横向尺寸基本不变，所以拉伸时无细颈出现。基体韧性很大的增韧塑料，如增韧 PVC，屈服形变主要是剪切带造成的，所以在屈服形变过程中有细颈而无明显的应力发白现象。对于中间情况，如 HIPS/PPO 共混物，银纹和剪切带都占相当的比例，所以细颈及应力发白现象同时产生。

② 橡胶颗粒大小有一最适宜的尺寸。这是由于橡胶颗粒太小时起不到终止银纹的作用，使冲击强度下降。橡胶颗粒太大时，虽终止银纹的效果较好，但这时橡胶相与连续相的接触面积下降过多，诱导银纹的数目减少，结果也使冲击强度减小。所以存在粒径的最佳值。这个最佳值与银纹的尺寸有关。如果颗粒太小，被发展中的银纹所“吞没”，就起不到终止银纹的作用。根据 Kambaur 的测定，在聚苯乙烯中银纹的厚度为 0.9 ~ 2.8 μm。实验表明，HIPS 中橡胶颗粒的最佳尺寸为 1 ~ 10 μm，这和理论的预期值基本吻合。这里需着重指出，基体不同时银纹的尺寸亦不同，因而橡胶颗粒的最佳尺寸就不一样，这是基体性质的又一个重要影响。

橡胶颗粒也能终止剪切带的发展。剪切带的尺寸常比银纹大，一般厚度为 1 μm 以上，宽度为 5 ~ 50 μm。所以终止剪切带比终止银纹需更大的橡胶颗粒。由此推论，随着橡胶颗粒的减小，剪切带在形变中的比例应随之增加。事实确实如此。

HIPS 无剪切带产生，银纹的终止只能靠橡胶颗粒。而 HIPS/PPO 以及其他基体韧性较大的共混物，由于剪切带构成了终止银纹的另一个重要因素，橡胶颗粒终止银纹作用的重要性相对下降，所以其最佳粒径值比 HIPS 要小得多。

银纹-剪切带理论尚有不足之处，例如，它未能提供银纹终止作用的详细机理，对橡胶颗粒引发多重银纹的问题也缺乏严格的数学处理。为此 Bragaw 提出了银纹支化理论，它可作为银纹-剪切带理论的一种补充。

（2）界面空洞化理论。

塑料材料受到冲击发生断裂时，冲击断口的两侧会出现白化现象。该白化区域会随着裂纹的增长而发展扩大。在此区域内存在着“空化空间”。对于聚合物两相体系，这种空化空间可以以两相界面脱离形式存在。两相界面脱离而产生的空洞化，对于增韧起着一定的作用。这一机理即为“界面空洞化”理论。

如前所述，当塑料基体产生银纹时，也会产生空洞，产生应力发白。但银纹中的空洞是产生于塑料基体内部，而“界面空洞”则产生于橡胶颗粒与塑料基体的界面之间。此外，银纹现象主要出现于脆性基体，而“界面空洞”造成的白化现象可出现于准韧性基体。“界面空洞”产生的白化现象出现在裂缝附近的过程区内，过程区的厚度为 h。增韧改性的效果与过程区厚度有关。h 越大，增韧改性的幅度也越大。

“界面空洞化”理论可用于解释一些增韧体系的增韧机理。例如，PC/MBS 共混体系，是以弹性体 MBS 增韧 PC 的增韧体系。PC 为连续相，是有一定韧性的基体，MBS 为分散相。在外力作用下，由于 PC 与 MBS 的界面结合力不是很强，同时两者的泊松比（泊松比为在拉伸试验中，材料横向单位宽度的减小与纵向单位长度的增加的比值）也不相同，就会在两相界面上形成界面空洞化。界面空洞化可阻止基体内部裂纹的产生，同时可使 PC 基体变形时所受的约束减小，使之易于发生强迫高弹形变。界面空洞化以及随之产生的强迫高弹形变吸收了大量能量，使材料的抗冲击性能提高。

（3）橡胶空洞化理论。

“空洞化”不仅产生于橡胶与塑料的界面，而且可以产生于橡胶粒子的内部。在对这一现象深入研究的基础上，产生了橡胶空洞化理论。

在橡胶增韧塑料体系中，橡胶粒子内部的“空洞化”早已被观察到。产生于橡胶与塑料的界面的空洞化属于“黏合破坏”，而产生于橡胶粒子内部的空洞化则属于“内聚破坏”。近年来，橡胶粒子空洞化的作用受到增韧机理研究者的重视。

如前所述，材料具有韧性的必要条件是要在受到外力作用时先后发生应变软化和应变硬化。橡胶空洞化理论认为，在橡胶（或其他弹性体）增韧塑料体系中，橡胶粒子也要先后经历应变软化和应变硬化。

在橡胶增韧塑料材料受到冲击时，橡胶粒子先发生空洞化，空洞化的橡胶粒子对形变的阻力降低（应变软化），在比较低的应力水平下就可以诱发大量的银纹和剪切带，显著增加了能量耗散，提高了增韧效果。在形变的后期，橡胶的链段取向，导致显著的应变硬化。

6.3.5.3 影响橡胶增韧塑料冲击强度的因素

影响橡胶增韧塑料冲击强度的因素可从基体的特性、橡胶相的结构和含量以及两相间的黏合力 3 个方面考虑。

1. 树脂基体特性的影响

连续相树脂的化学结构及特性是决定韧性大小的重要因素。

（1）基体树脂分子量及其分布的影响。

增加分子量可提高冲击强度，而增加低分子量级分使冲击强度大幅度下降，见图 6-27 和图 6-28。当然，一般不会用增加基体分子量的办法提高韧性，因为分子量太大时加工性能下降反而有损于产品的综合性能。

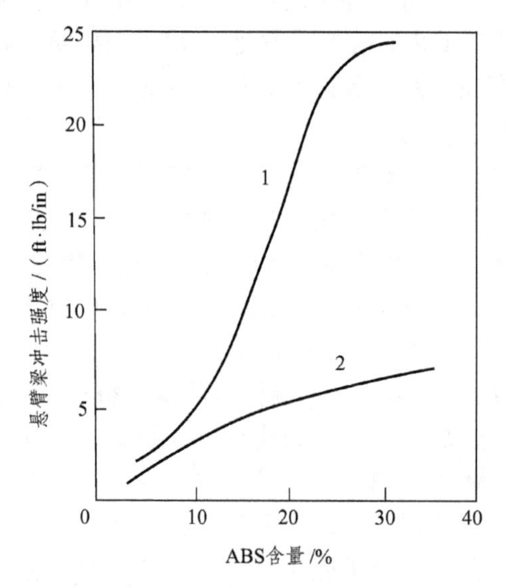

图 6-27　PVC 分子量及 ABS 含量对 PVC/ABS 共混物冲击强度的影响

1—高分子量 PVC；2—低分子量 PVC

1 ft · lb = 54.2 J/m

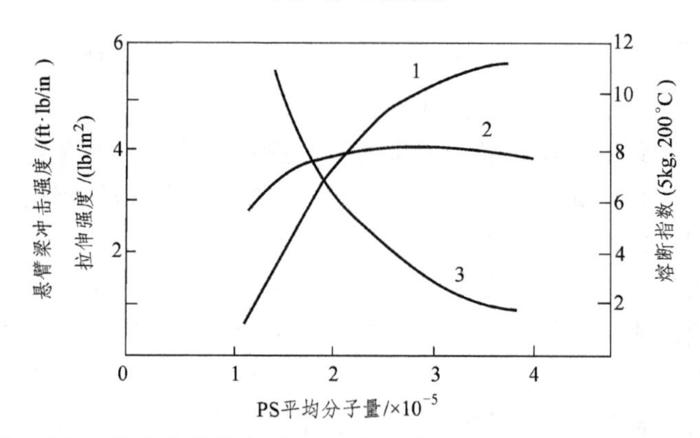

图 6-28　聚苯乙烯/丁苯嵌段共聚物共混物中连续相聚苯乙烯分子量对物理性能的影响

1—冲击强度；2—拉伸强度；3—流动性

1ft · lb = 54.2 J/m

1 lb/in^2 = 0.69 × 10^{-2} MPa

（2）基体组成及特性的影响。

一般而言，在其他条件相同时，基体的延展性越大，制得的产物冲击强度越高。基体韧性较大的橡胶增韧塑料如增韧 PVC，在蠕变试验时几乎无银纹产生，但在高速形变，如冲击试验中，剪切形变受到抑制而主要表现为银纹化。这种情况十分重要。通常在使用条件下，多是静态负荷或低频的动态负荷，这种增韧塑料主要表现为剪切形变，这就避免了因银纹而产生的应变损伤；而在高速负荷下，剪切屈服受到抑制，但多重银纹机理开始起作用从而可免于脆性破裂。图 6-29 表示基体韧性对冲击强度的影响。在 ABS 中加入 PVC 时，基体的韧性增加，但同时减小了橡胶的相对含量。在较大的范围内，基体韧性的增加是主导因素，故随着 PVC 含量的增加，冲击强度提高。当 PVC 含量达 75%时，冲击强度达到极大值。极值的出现表示达到了银纹和剪切屈服这两个因素的最佳平衡状态。

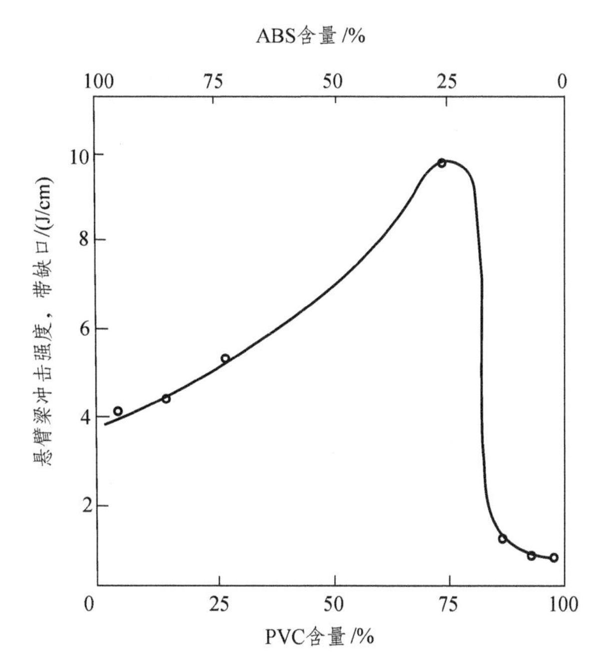

图 6-29 共混物 PVC/ABS 的冲击强度与基体组成的关系

2. 橡胶相的影响

（1）橡胶含量的影响。

橡胶含量增加时，银纹的引发、支化及终止速率亦增加，冲击强度随之提高。按 Bragaw 的银纹支化动力学理论，冲击强度近似地与 2^N 成正比，N 为橡胶的颗粒数，它与橡胶的含量成正比。但这方面的实验数据不多。某些事实与 Bragaw 理论不一致：如 HIPS 在 6%～8%的橡胶含量范围内，随着橡胶含量的增加，冲击强度显著提高；超过 8%时，冲击强度的提高渐缓。实际上并不能用大量增加橡胶含量的办法来提高冲击强度，因为随着橡胶含量的增加，拉伸、弯曲以及表面硬度等指标下降，并且材料的加工性能变坏。所以橡胶的用量是根据各种因素的综合平衡来决定的。

（2）橡胶粒径的影响。

不同的品种，橡胶粒径的最佳值亦不同，这主要取决于基体树脂的特性。

Cigna 等指出，HIPS 中橡胶粒径最佳值为 0.8 ~ 1.3 μm，这一结论已为电子显微镜观察所证实。对于 ABS，最佳粒径为 0.3 μm 左右，而对于 PVC 改性的 ABS，最佳粒径为 0.1 μm 左右。

橡胶颗粒粒径的分布亦有很大影响。从银纹终止和支化的角度，有人主张粒径分布较均匀者为好。但许多事实表明，将大小不同的粒子以适当比例混合起来的效果较好。

在橡胶增韧塑料中，大粒径的橡胶颗粒对诱发银纹较为有利。小粒径颗粒对诱发剪切带较为有利。因此在 ABS 中，采用大小不同的颗粒以适当比例混合的效果较好，见表 6-3。

表 6-3 大小粒径混合的 ABS 性能

本体悬浮法 ABS（1 ~ 10 μm）（质量分数）/%	100	75	50	25	0
乳液接枝法 ABS（0.05 ~ 0.3 μm）（质量分数）/%	0	25	50	75	100
冲击强度（带切口）/（J/m）	5.8	11.2	11.9	10.8	6.9
熔融指数/（g/10 min）	0.6	1.0	2.1	2.9	0.8

由表 6-3 可见，大小粒径以适当比例混合后除改进冲击性能外，还能改进加工性能。松尾正人指出，橡胶相由 1 μm 及 0.1 ~ 0.2 μm 的颗粒混合所得的 ABS 的性能最好。因此，大小颗粒按适当比例混合，使银纹和剪切带同时起作用可能是提高橡胶-树脂共混物增韧效果的有益途径。

Sudduth 以统计的方法进行计算，得出结论，认为粒径的大小应以面均直径 D_s 表示，并且面均直径的最佳值为接枝层厚度 T 的 6 倍，即

$$(D_s)_{最佳} = 6T \tag{6-54}$$

Sudduth 指出，橡胶相和基体相容性较好、橡胶粒径很小时，增加接枝层厚度反而不利于冲击强度的提高。若两相相容性很差，则必须有足够的接枝层厚度以增加两相的黏合力，这时接枝层的厚度就决定了胶粒的最佳粒径值。

（3）橡胶相玻璃化温度的影响。

一般而言，橡胶相的玻璃化温度 T_g 越低，增韧效果越好，见表 6-4。这是由于在冲击试验这样高速负载的条件下，橡胶相的 T_g 会有显著的提高。Bragaw 估计，在 ABS 中裂纹的增长速率约为 620 m/s，一个半径为 1 000 Å 的裂纹相当于 10^9 Hz 作用频率所产生的影响。按频率每增加 10 倍，T_g 提高 6 ~ 7 °C 来计算，那么这时橡胶相的 T_g 要比一般低频（10^{-1} Hz）下测得的值高 60 °C 左右，所以，橡胶相的 T_g 要比室温低 40 ~ 60 °C 才能有显著的增韧效应。一般 T_g 在 − 40 °C 以下为好。在选择橡胶时，这是必须充分考虑的一个问题。

表 6-4 ABS 冲击强度与橡胶相的玻璃化温度 T_g 的关系

样品号	橡胶组成		橡胶相的玻璃化温度 T_g/°C	简支梁冲击强度/（kJ/m²）
	丁二烯	苯乙烯		
1	35	65	40	0.73
2	55	45	− 20	17.6
3	65	35	− 35	29.4
4	100	0	− 85	39.2

（4）橡胶与基体树脂相容性的影响。

以共混物 PVC/NBR 为例。当橡胶中丙烯腈 AN 的含量为零时，即为聚丁二烯时，由于 PVC 与聚丁二烯完全不相容，冲击强度很低。当 AN 含量增加时，PVC 与 NBR 的相容性增加，冲击强度提高，但有一极大值，如图 6-30 所示。可见，两相的相容性太好或太差都不好。相容性太差时，两相黏合力不足；相容性太好时，橡胶颗粒太小，甚至形成均相体系，也不会产生很好的增韧效果。关于橡胶和基体树脂之间黏合力的影响后面还要讨论。

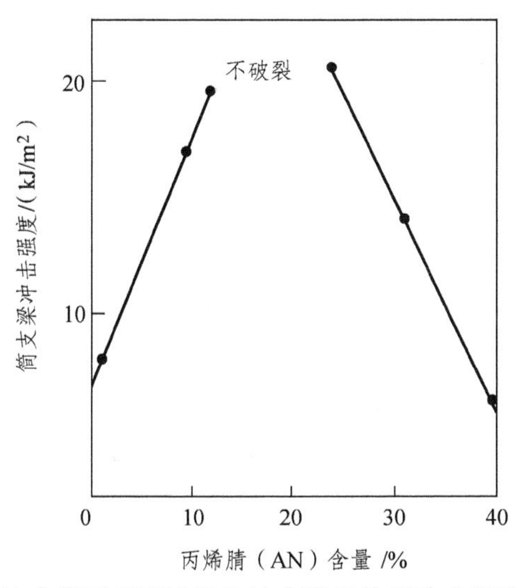

图 6-30　AN 含量对 PVC/NBR 冲击强度的影响（温度为 25 °C）

（5）胶粒内树脂包容物的影响。

橡胶颗粒内树脂包容物使橡胶相的有效体积增加。因而可在橡胶的质量含量较低的情况下（一般为 6% ~ 8%）达到较高的冲击强度。但若包容过多，使橡胶模量增加得过大以致接近树脂的模量时，就会失去引发和终止银纹的能力，起不到增韧的作用。因此，树脂包容物的含量也存在最佳值。

HIPS 中橡胶相体积含量与性能的关系如表 6-5 所示。HIPS 中橡胶的质量含量为 6%，体积含量的不同是由于橡胶颗粒内树脂包容物含量不同之故。包容物含量大，则橡胶相的体积含量增加。

表 6-5　HIPS 中橡胶相体积含量对性能的影响（橡胶质量含量为 6%）

橡胶相体积含量/%	橡胶相的玻璃化温度 T_g/°C	拉伸模量/Pa	冲击强度/（J/cm）	断裂伸长/%
6	−110	2.76×10^6	2.68	3
12	−95	2.41×10^6	12.3	20
22	−87	1.93×10^6	74.87	45
30	−55	1.03×10^6	36.36	34
78	—	5.52×10^5	8.02	8

（6）橡胶交联度的影响。

橡胶的交联程度也有一最适宜的范围。交联程度过大，橡胶相模量过高，就会失去橡胶的特性，难于挥发增韧作用。交联程度太小，加工时受剪切作用的条件，橡胶颗粒容易变形破碎，这也不利于提高橡胶相的增韧效能。最佳交联程度常需凭试验来决定。

3. 橡胶相与基体树脂间黏合力的影响

只有在橡胶相与基体之间有良好的黏合力时，橡胶颗粒才能有效地引发、终止银纹并分担施加的负荷。黏合力弱则不能很好地发挥上述 3 种功用，因而冲击强度就低。为增加两相之间的黏合力，可采用接枝共聚或嵌段共聚的方法。所生成的聚合物起着增容剂的作用，可大大提高冲击强度。事实表明，采用嵌段共聚的方法效果更好。

图 6-31 为聚苯乙烯与苯乙烯-丁二烯嵌段共聚物共混物（实线），聚苯乙烯与聚丁二烯、苯乙烯-丁二烯嵌段共聚物三元共混物（虚线）的冲击强度与嵌段共聚物中苯乙烯含量的关系。两种情况下，丁二烯的总体含量不变，皆为 20%。在二元共混物的情况下（实线表示），嵌段共聚物中苯乙烯含量少时，由于苯乙烯嵌段构成的相畴太小，橡胶相与连续相的黏合力小，冲击强度很低。增加苯乙烯的含量即增加苯乙烯嵌段的长度时，冲击强度迅速上升。组成达 50/50 时，冲击强度达极大值，再增加苯乙烯含量，冲击强度反而急剧下降。这是由于随着丁二烯含量的下降，丁二烯嵌段缩短，在组成达 50/50 之后，若继续使丁二烯嵌段缩短，则橡胶颗粒减小到增韧临界值以下，因而这是增韧效果急剧下降的缘故。

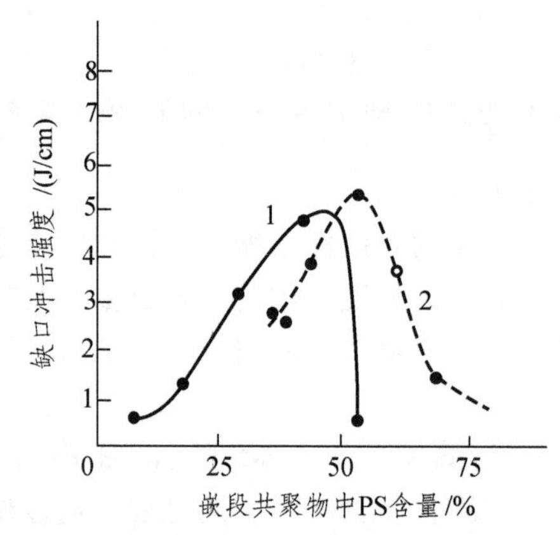

图 6-31　冲击强度与嵌段共聚物中苯乙烯含量的关系

1—二元共混物；2—三元共混物

虚线部分为三元共混物的情况。由于加入聚丁二烯（丁二烯总体含量仍为 20%），使橡胶颗粒加大，曲线向右移。与实线相比，曲线后半段强度下降也较缓。这种情况对配方设计有很大的启示作用。

4. 塑料对橡胶的补强

在利用热塑性塑料对橡胶进行补强的共混体系里，大多数情况下都是多相体系，在弹性连续相中分散着热塑性树脂的硬颗粒。此类体系的非均相结构已为电子显微镜研究所证实。含球形树脂颗粒的橡胶体系，按其相态结构来说接近于填充无机填料的橡胶，且材料破坏也都是发生在相界面上，它们的补强机理也有许多共同点。但不同之处也是显而易见的，例如，有机塑料颗粒与无机填料颗粒的大小相差可以达到 3 000 倍，这就提醒我们，两者补强机理不会完全相同。

热塑性树脂与橡胶的相容性并不是影响体系强度的主要因素。例如，在用聚乙烯对橡胶进行补强时，其补强效果随着聚乙烯分子量的提高而增加，而两者互容性却降低。PVC 与丁腈橡胶并用体系更是一个明显的例子，这两者是热力学互容体系，它们相互混溶的程度可以通过不同的共混温度加以控制，共混温度越高，得到的 PVC 和丁腈橡胶的均一性更好，但在两者混合最充分时，拉伸强度却下降，而且断裂表面的显微结构也有重大改变。我们已经知道，填充粒子必须要有合适的大小才能起到增强作用，不同共混温度下制备的 PVC 和丁腈橡胶共混物的拉伸强度恰好说明了这一点。因此，相对刚性的塑料颗粒存在于橡胶连续相中，是硫化胶补强的一种重要方法。此时，粒子的大小、形态、表面特性、分布均匀性等，都对产品的最终性能有很大的影响。

有机塑料颗粒与橡胶基体间较强的相互作用使两相界面不易被破坏。尽管塑料颗粒与基体间存在强键作用已成共识，但大多数研究者认为，塑料颗粒表面与橡胶之间的相互作用是通过物理吸附而形成的，而物理吸附则依赖于色散力或偶极距。这种两相间的相互作用越强，导致两相间相互扩散越易进行，进而导致中间过渡层的形成，过渡层的厚度也越厚，如果无限增加，最终将导致均相体系的形成，反而会削弱补强效果。以往大量研究表明，要获得好的补强效果，两相间要有适宜的界面黏结强度，也就是要有合适厚度的过渡层。无机粒子填充橡胶体系，往往会由于无机、有机极性差异太大，难以形成适宜厚度的无机/有机界面层。例如，高抗冲聚苯乙烯对橡胶的黏附力就比活性最大的无机填料还要高得多。塑料颗粒与橡胶基体间除了强的物理吸附外，在混炼加工的时候，往往容易发生力化学过程而生成接枝聚合物。尽管塑料颗粒表面每 1 nm^2 中只有 1 ~ 2 个反应活性中心能够与游离基发生反应，但正是这种强的相互作用弥补了树脂颗粒过大带来的缺陷，从而产生良好的补强效果。

树脂颗粒与橡胶基体间强的相互作用，除了能够阻碍破坏的发生，在材料受力时，这种强的界面相互作用还可迫使树脂颗粒发生形变，这种形变一方面可以吸收部分破坏应力，另一方面可以影响破坏应力在材料内部的分布，使裂纹尖端应力得到一定程度的分散，进而提高了共混体系的强度。

塑料颗粒具有阻碍裂纹扩展的作用，材料发生破坏时，由于裂纹沿着断续不完全的曲线发展，以及破坏应力由一个树脂颗粒向另一个颗粒转移，而使破坏路径变长。这种作用越明显，补强效果也将越好。

塑料颗粒自身的凝聚态结构也会对补强效果产生影响，在研究热塑性树脂颗粒补强橡胶时，所采用的塑料很多都是具有高等规结构的，如聚乙烯、等规聚丙烯、等规聚氯乙烯等。这些补强填料随着晶体大小和形状的不同而有不同的补强效果。例如，随着结晶度的增大，聚乙烯的补强性能提高。橡胶分子吸附在晶粒上，从而引起硫化胶在形变时的强度提高。此外，还有可能使材料呈现各向异性，如在丁甲苯橡胶的炭黑胶料中加入聚丙烯时，在橡胶与聚丙烯晶体两相界面上，会形成定向排列的橡胶高等规结构，使材料模量增大到 4 倍以上。

在解释热固性树脂对橡胶的补强机理时，必须考虑到它们具有很高的反应能力和多官能度。因此可以认为此类共混体系有着各种分子级别或超分子级别的橡胶-树脂结构生成。除了热固性树脂的多官能度外，不同的橡胶类型及其不同的共混方法也会导致共混体系具有不同的补强机理。另外，影响补强机理的因素也非常多，所以，很难用一个统一的机理来解释所有的共混体系。关于这一部分内容，本书不作进一步讨论，有兴趣的读者可以参阅相关专著。

6.3.6 聚合物共混体系的弹性模量

（1）聚合物共混物的弹性模量。

聚合物共混体系和均相聚合物一样，在低应力、低形变时间尺度变化不大时，表现为线弹性行为，即应力和形变之间存在线性关系，这时可用共混物的弹性模量表征其对外力场作用的响应特性。

在外力场作用下，剪切模量 G 只反映物体形状改变的特性，体积模量 K 只反映体积改变的特性，而杨氏模量（拉伸模量）E 及泊松比 ν 同时反映体积和形状变化的特性。玻璃态聚合物的泊松比为 0.35 左右，橡胶态聚合物的泊松比约为 0.5。这些不同参数之间具有如下关系：

$$E = 3K(1-\nu) = 2(1+\nu)G \tag{6-55}$$

$$\nu = (3K-2E)/(6K+2G) \tag{6-56}$$

在交变应力作用下，需采用复数弹性模量 E^*：

$$E^*_{(\omega)} = E'_{(\omega)} + iE''_{(\omega)} \tag{6-57}$$

式中，$E'_{(\omega)}$ 为复数模量的实数部分，称为储能模量或恢复模量，表示弹性能的储存；$E''_{(\omega)}$ 为复数模量的虚数部分，称为损耗模量，它表示由于克服分子运动的阻力而将弹性能转变为热能而发生的损耗，这种现象称为弹性滞后或内耗。

聚合物共混体系的弹性模量可以按一般关系式进行估算：

$$M_c = \varphi_1 M_1 + \varphi_2 M_2 \tag{6-58}$$

$$\frac{1}{M_c} = \frac{\varphi_1}{M_1} + \frac{\varphi_2}{M_2} \tag{6-59}$$

式中，M_c、M_1、M_2 分别为共混物、组分 1 和组分 2 的弹性模量（可以是杨氏模量 E、剪切模量 G 和体积模量 B）；φ_1、φ_2 分别为组分 1 与组分 2 的体积分数。

式（6-58）给出共混体系弹性模量的上限值，式（6-59）给出下限值。当弹性模量较大的组分为连续相，弹性模量较小的组分为分散相时，比较接近于式（6-58）；弹性模量较小的组分为连续相，弹性模量较大的组分为分散相时，比较接近于式（6-59）（见图 6-32）。在图 6-32 中，曲线 1 及 3 分别表示共混物模量的下限及上限值。曲线 2 为共混物模量实测值的示意曲线：AB 区中，模量较小的组分为连续相；CD 区中模量较大的组分为连续相；BC 区为共混物的相反转区。

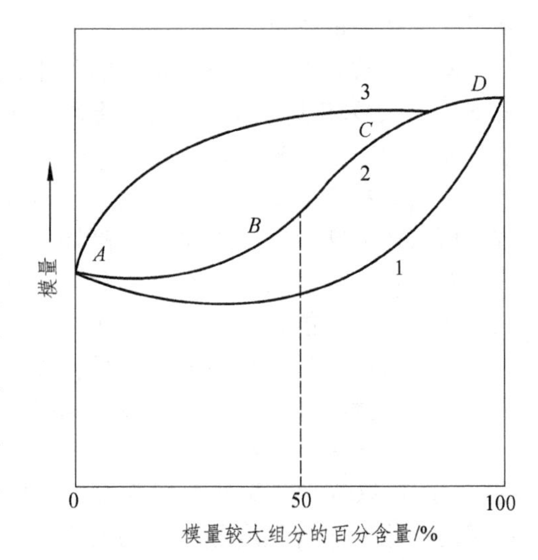

图 6-32　共混改性塑料弹性模量随组成变化的示意图

上述原则已为大量实验事实所证明。事实上，不仅聚合物共混体系，而且以无机填料增强的橡胶或塑料都符合上述原则。

式（6-58）及式（6-59）过于粗糙，Hashin 对此加以改进，提出如下的上、下限近似公式：

$$G_0(\text{上限值}) = G_1 + \varphi_1\left[\frac{1}{G_2 - G_1} + \frac{6(K_2 + G_2)\varphi_1}{5G_2(3K_2 + 4G_2)}\right]^{-1} \tag{6-60}$$

$$G_0(\text{下限值}) = G_1 + \varphi_2\left[\frac{1}{G_2 - G_1} + \frac{6(K_2 + G_2)\varphi_1}{5G_1(3K_1 + 4G_1)}\right]^{-1} \tag{6-61}$$

式中，G_0 为共混物的剪切模量；G_1 为组分 1 的剪切模量；G_2 为组分 2 的剪切模量；K_1 为组分 1 的体积模量；K_2 为组分 2 的体积模量；φ_1、φ_2 分别为组分 1 与组分 2 的体积分数，且需满足 $K_2 > K_1$，$G_2 > G_1$。

考虑到共混物形态结构对模量的影响，已提出了许多适用于具体体系的近似公式。如对两相连续的共混物，式（6-60）更为适用。

目前应用最广的还是 Kerner 在 1956 年提出的近似公式：

$$\frac{G_c}{G_p} = \frac{E_c}{E_p} = \frac{G_f\varphi_f[(7-5\nu)G_p + (8-10\nu)G_f] + \varphi_p/[15(1-\nu)]}{G_p\varphi_f[(7-5\nu)G_p + (8-10\nu)G_f] + \varphi_p/[15(1-\nu)]} \tag{6-62}$$

式中，E、G、φ 分别为杨氏模量、剪切模量及体积分数；下标 c、p、f 分别为共混物、连续相组分及分散相组分；ν 为连续相的泊松比。

Kerner 公式近似地适用于各种复相聚合物体系，包括用无机填料增强塑料的体系。

（2）聚合物共混物的力学松弛性能。共混物力学松弛性能的最大特点是力学松弛时间谱的加宽（见图 6-33）。一般均相聚合物在时-温叠合曲线上，玻璃化转变区的时间为 10^9 s 左右，而聚合物共混物的这一时间可达 10^{16} s。由于力学松弛时间谱的加宽，共混物具有较好的阻尼性能，这时在防振和隔音方面的应用很重要。

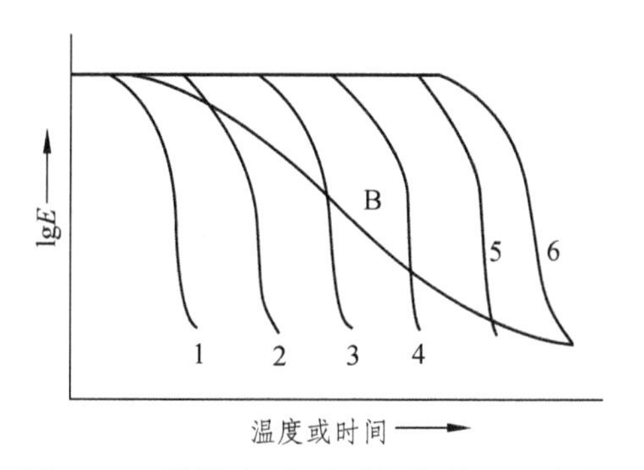

图 6-33　模量-温度（时间）关系示意图

（曲线 1～6：6 种不同组成的无规共聚物；
曲线 B：由 1～6 种无规共聚物组成的共混物）

事实上，凡是使聚合物体系结构不均一性增加的因素，一般都会使力学松弛时间谱加宽。例如，聚合物的部分结晶作用、不完全相容的增塑剂的加入以及其他一些造成微观相分离的因素都会使聚合物体系力学松弛时间谱加宽。这一点对聚合物阻尼材料的设计具有一定的启发作用。新近开始发展的所谓渐变型互穿网络聚合物（gradient IPN）就是在这一概念的基础上而进行的一种分子设计。它不同于一般共混物之处在于，其组成随材料部位的不同而逐渐改变，因而造成部位不同性能亦不同的材料，从而可满足某些特殊需要，特别是在阻尼方面的应用。

（3）聚合物共混物的力学模型。为了定量或半定量地描述聚合物共混物的弹性模量及力学松弛性能，Takayanagi 等人先后发展了两相聚合物体系的力学模型。对于非相容的两种聚合物所组成的共混物，可用图 6-34 所示的力学模型表示。图中 P_1 及 P_2 为组分 1 及 2；λ 及 φ 分别为组分 1 在并联及串联模型中的体积分数。图 6-34（a）为并联模型，是等形变体系；图 6-34（b）为串联模型，是等应力体系。设组分 1 及 2 的杨氏模量分别为 E_1 及 E_2，则共混物的杨氏模量可根据模型求出。对于并联模型：

$$E=(1-\lambda)E_1+\lambda E_2 \tag{6-63}$$

相似的对于多组分并联模型：

$$E=\sum_{i=1}^{N}\lambda_i E_i\ ,\quad \sum_{i=1}^{N}\lambda_i=1 \tag{6-64}$$

式中，N 为共混物的组分数。

对于串联模型：

$$E=\left(\frac{1-\varphi}{E_1}+\frac{\varphi}{E_2}\right)^{-1} \tag{6-65}$$

对于多组分共混物的串联模型：

$$E=\left(\sum_{i=1}^{N}\frac{\varphi_i}{E_i}\right)^{-1},\quad \sum_{i=1}^{M}\varphi_i=1 \tag{6-66}$$

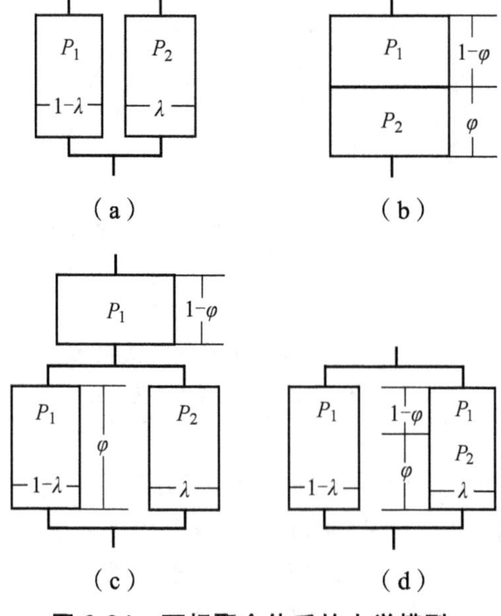

图 6-34　两相聚合体系的力学模型

图 6-34（a）及（b）是两个基本模型。为进一步逼近实际的共混物，将两个基本模型按不同的形式进一步组合，如可按图 6-34（c）及（d）两种方式组合。由图 6-34（c）及（d）两种模型可分别得到共混物的模量为

$$E=\left[\frac{\varphi}{\lambda E_1+(1-\lambda)E_2}+\frac{1-\varphi}{E_1}\right]^{-1} \tag{6-67}$$

及

$$E=\lambda\left(\frac{\varphi}{E_1}+\frac{1-\varphi}{E_2}\right)^{-1}+(1-\lambda)E_2 \tag{6-68}$$

在推导上述诸式时都假定共混物及组成共混物的各组分都是服从胡克定律的。

上述模型是假定组分之间无相互作用，因而只适用于组分间不相容的聚合物共混物。实际上共混物组分间是互有影响的，当两种聚合物组分之间有部分相容性时，共混物内存在两种聚合物组分的浓度梯度，特别在界面区域。这时共混物恰似由一系列组成和性能递变的共聚物所组成的共混体系，可用图 6-35 所示的两种模型来描述其弹性模量。对图 6-35（a）有

$$\frac{1}{E}=\sum_{k=1}^{N}\lambda_k\left(\sum_{i=1}^{N}\lambda_i E_i\right)^{-1} \tag{6-69}$$

对图 6-35（b）有

$$E=\sum_{k=1}^{N}\lambda_k\left(\sum_{i=1}^{N}\frac{\lambda_i}{E_i}\right)^{-1} \tag{6-70}$$

式中，λ_k 为组织单元 k 对共混物模量 E 贡献的权重；λ_i 为每一组织单元中第 i 种片段对该单元模量贡献的权重。

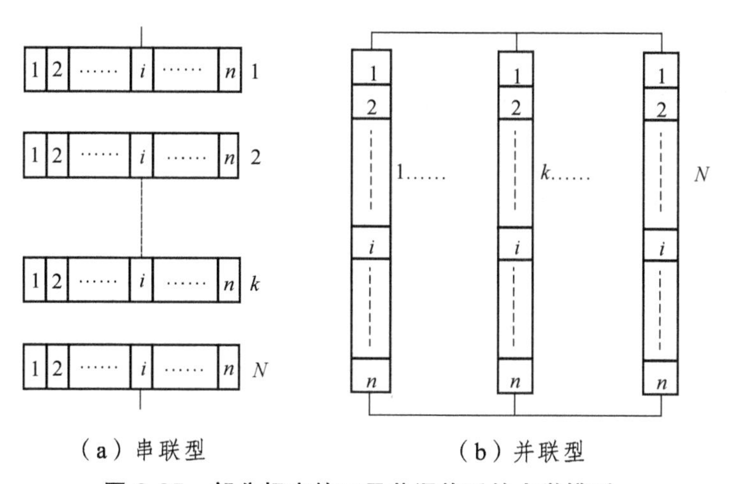

图 6-35 部分相容的二元共混体系的力学模型

由于这类共混物可看作多组分的异相体系，每一组成单元都可表现一种均相聚合物的力学松弛性能。所以，据上述模型，这种共混物的力学松弛性能可用图 6-33 表示。由图可见，

其力学松弛时间谱是大大加宽了。

根据上述模型也可更清楚地了解共混物为何不遵从 WLB 方程。对均相聚合物在玻璃化转变区可用改进的 Rouee 函数来表示其松弛模量 $E_{(t)}$：

$$E_{(t)}=\frac{E_1\tau_m^{1/2}}{\tau_m^{1/2}+t^{1/2}}E_R \quad (6\text{-}71)$$

式中，t 为时间；τ_m 为聚合物的最小松弛时间；E_R 为聚合物在橡胶态的模量，一般为 4×10^6 Pa；E_1 为聚合物在玻璃态的模量，一般为 $10^9\sim10^{10}$ Pa。

对于共混物，当两组分有部分相容性时，可看作是一系列组成不同的部分所构成的异相体系，因此式（6-71）可改进为

$$E_{(t)}=E_1\sum_{i=1}^{N}\frac{W_i\tau_{m,i}^{1/2}}{\tau_{m,i}^{1/2}+t^{1/2}}+E_R \quad (6\text{-}72)$$

式中，W_i 为组成 i 的部分所占的质量分数；$\tau_{m,i}$ 为组成 i 的部分的最小松弛时间。W_i 符合规一化条件：

$$\sum_{i=1}^{N}W_i=1 \quad (6\text{-}73)$$

已知组成为 50/50 的聚丙烯酸乙酯/聚甲基丙烯酸甲酯所构成的 IPN 基本符合式（6-72）。但也有许多共混物不符合该式。

一般而言，时-温变换原理不适用于异相共混物，因为在测定温度下，两种聚合物的移动因子 A_T 不同。但是若在测定温度下两种聚合物的模量差别很大，则可近似符合时-温变换原理。如 ABS 树脂，其中橡胶相（聚丁二烯）的 T_g 很低，在测定的温度下处于充分发展的高弹态，对应力松弛的贡献甚微。因此 ABS 的力学松弛行为犹如 AN 和 S 的无规共聚物，基本上符合 WLF 方程。尽管如此，仍然可以看到玻璃化转变区有明显的加宽。

6.4 聚合物共混体系的流变性能

流变学是一门研究材料流动及变形规律的科学。高分子材料流变学则是研究高分子液体（熔体、溶液）在流动状态下的非线性黏弹行为，以及这种行为与材料结构及其他物理、化学性质的关系。熔融共混法是最重要的聚合物共混物的制备方法，也是最具工业应用价值的共混方法。研究熔融共混，不可避免地要涉及共混物熔体的流变性能，包括共混物熔体的流变曲线、熔体黏度、熔体弹性等。与单一组分的聚合物相比，共混物熔体的流变行为更为复杂。研究聚合物共混熔体的流变性能，对于共混过程的设计和工艺条件的选择及优化都具有重要意义。

6.4.1 概　述

聚合物共混物熔体大多属于假塑性非牛顿流体，流动时还具有明显的弹性效应。但是，

由于聚合物共混物的复相结构，两相之间的相互作用、相互影响，所以流变性能尚有其自身的特点。其剪切应力与剪切速率之间的关系可用如下关系式表示：

$$\tau = K\dot{\gamma}^n \tag{6-74}$$

式中，τ 为剪切应力；$\dot{\gamma}$ 为剪切速率；n 为非牛顿指数；K 为稠度系数。

由于聚合物熔体（包括聚合物共混物熔体）在剪切流动中，会有一定的弹性形变，所以，熔体黏度以表观黏度（η_a）表征。η_a 可表示为

$$\eta_a = K\dot{\gamma}^{n-1} \tag{6-75}$$

当剪切速率趋近于零时，弹性形变也趋近于零，熔体黏度为零切黏度（η_0）。

由于在一定剪切速率下实测得到的熔体黏度都为表观黏度，所以一般不再加以特殊说明，就以黏度 η 表示。但在讨论零切黏度（η_0）时，要加以说明。

聚合物熔体在流动中会发生大分子构象的改变，产生可逆的弹性形变，因而发生弹性效应。这种弹性效应可采用不同的指标来表示。最常采用的指标是出口膨胀比 $B = d_{\mathrm{j}}/D$，d_{j} 为流出物直径，D 为模口直径。其他常采用的指标有：出口压力 P_{exit}；法向应力差，如第一法向应力差 $\tau_{11} - \tau_{22}$（τ_{11} 为流动方向的法向应力，τ_{22} 为速度梯度方向的法向应力）；可恢复性剪切形变 S_{R} 等。这些不同指标之间具有如下的关系：

$$S_{\mathrm{R}} = \frac{\tau_{11} - \tau_{22}}{2\tau_{\mathrm{W}}} \tag{6-76}$$

$$\tau_{11} - \tau_{22} = 2\tau_{\mathrm{W}}\left[2\left(\frac{d_{\mathrm{j}}}{D}\right)^6 - 2\right]^{\frac{1}{2}} \tag{6-77}$$

$$\tau_{11} - \tau_{22} = P_{\mathrm{exit}} + \tau_{\mathrm{W}}\frac{\mathrm{d}P_{\mathrm{exit}}}{\mathrm{d}\tau_{\mathrm{W}}} \tag{6-78}$$

式中，τ_{W} 为管壁处剪切应力；G 为剪切模量。

因此表征弹性效应的各种指标之间可以互换。聚合物熔体在流动的过程中的弹性效应亦可用法向应力函数表示。流动过程中的应力张量可用 3 个独立的函数表示：

$$\tau_{1,2} = \eta(\dot{\gamma})\dot{\gamma} \tag{6-79}$$

$$\tau_{11} - \tau_{22} = \psi_1(\dot{\gamma})\dot{\gamma}^2 \tag{6-80}$$

$$\tau_{22} - \tau_{33} = \psi_2(\dot{\gamma})\dot{\gamma}^2 \tag{6-81}$$

式中，$\tau_{1,2}$ 为促使流动的剪切应力；τ_{11}、τ_{22}、τ_{33} 为 3 个相互垂直的法向应力；$\eta(\dot{\gamma})$ 为依赖于剪切速率 $\dot{\gamma}$ 的黏度；ψ_1 及 ψ_2 分别为第一法向应力函数和第二法向应力函数。一般而言：

$$-\psi_2(\dot{\gamma})/\psi_1(\dot{\gamma}) = 0.2 \sim 0.6 \tag{6-82}$$

聚合物熔体的流变特性起源于其结构特征。聚合物熔体中的大分子相互缠结，形成超分子结构。这种分子基团的大小、相互缠结的程度以及相互之间的作用，决定了聚合物熔体的

流变特性。黏性和弹性是聚合物对外场响应的两种方式。在适合于弹性发展的条件下，聚合物主要表现为弹性；在适合于黏性发展的条件下，则主要表现为黏性。黏性和弹性所占的比重取决于外场的情况及聚合物本身的结构。例如，提高温度、延长外场作用时间、减小分子量等，有利于黏性的发展；反之，降低温度、提高分子量、增加外场频率等，则会使弹性的比重提高。

流变性能的测试仪器有毛细管黏度计、旋转黏度计、转矩流变仪（如 Brabender 流变仪、哈克流变仪）、熔融指数仪等。

毛细管黏度计是研究聚合物熔体流变行为最为普遍的仪器。这种仪器采用活塞或加压的方法，迫使筒体中的液态聚合物通过毛细管挤出。在一定压降下，单位时间内从毛细管挤出的聚合物量是用以计算黏度大小的基本度量。除了可以测定表观黏度、非牛顿指数等参数外，毛细管黏度计还可用来观察聚合物的熔体弹性和不稳定流动现象。

旋转黏度计也可用来测定聚合物的黏度。常用的旋转黏度计有同轴圆筒式、锥板式以及平行板式 3 种。橡胶工业中常用的门尼勃度计可归为一种改造的转子型流变仪。

转矩流变仪在共混研究中用途广泛。转矩流变仪可配有多套不同的混炼装置，如双转子混炼器、单螺杆挤出机等。其中，双转子混炼器可用来研究共混过程，可测定共混中随分散过程进行而发生的流变性能的变化。采用双转子混炼器的测试结果，表征为转矩值。在相关研究中，可以直接以转矩值来表征黏度。转矩流变仪的混炼装置为挤出机时，可配置毛细管口模，测定熔体压力、温度、转矩等参数，并通过计算，得出剪切应力、剪切速率、表观黏度等数据。

熔融指数仪测定的熔体流动速度（MFR）也与熔体黏度有关，可以作为熔体黏度的一种相关表征。

6.4.2 共混物熔体黏度与共混组成的关系

聚合物共混物的熔体黏度可根据混合法则以及前述的模型体系作近似估算。为简单起见，对非均相的共混物熔体的黏度可按式（6-83）求出其上限值和下限值。

上限值：

$$\eta=\eta_2+\frac{\varphi_1}{\dfrac{1}{\eta_2-\eta_1}+\dfrac{\varphi_2}{2\eta_2}} \tag{6-83}$$

下限值：

$$\eta=\eta_1+\frac{\varphi_2}{\dfrac{1}{\eta_2-\eta_1}+\dfrac{\varphi_1}{2\eta_2}} \tag{6-84}$$

式中，φ_1 及 φ_2 分别为组分 1 及 2 的体积分数；η_1 和 η_2 分别为组分 1 及 2 的黏度；η 为共混物的黏度。

Heitmiller 假定聚合物共混物熔体在流动中呈同心层状的形态结构，当分散较好、层数很多时得近似公式：

$$\frac{1}{\eta}=\frac{W_1}{\eta_1}+\frac{W_2}{\eta_2} \tag{6-85}$$

式中，η_1 和 η_2 分别为组分 1 及 2 的黏度；η 为共混物的黏度；W_1 和 W_2 分别为组分 1 及 2 的质量分数。

Lin 考虑到两组分界面间的摩擦作用，对 Heitmiller 公式（6-85）进行了修正。由于两组分在界面处存在摩擦力 X，所以剪切应力 τ 与剪切速率 $\dot{\gamma}$ 之间的关系应表示为

$$\tau=\eta\dot{\gamma}+X \tag{6-86}$$

式中，X 为共混物组成的函数。

设共混物熔体在长为 L、半径为 R 的毛细管中流动，则在离中心轴距离为 r 的圆轴处有关系式：

$$\tau=-\eta_i\frac{\mathrm{d}v}{\mathrm{d}r}+X=-\frac{\Delta P}{2L}r \tag{6-87}$$

式中，v 为流动的线速度；η_i 为该层黏度；ΔP 为压力降。

由此基本关系式出发，在 Heitmiller 的基础上，Lin 导出如下公式：

$$\frac{1}{\eta}=\beta\left(\frac{W_1}{\eta_1}+\frac{W_2}{\eta_2}\right) \tag{6-88}$$

式中，β 为修正因子。

$$\beta=1-\frac{Z}{\tau_{\mathrm{W}}} \tag{6-89}$$

式中，τ_{W} 为管壁处的剪切应力。

$$Z=\alpha_{1,2}\sqrt{W_1W_2} \tag{6-90}$$

及

$$X=rZ/R \tag{6-91}$$

式中，$\alpha_{1,2}$ 为两组分界面间的相互作用系数。

由式（6-86）可试验测定 X 值，再由式（6-90）及式（6-91）求得。$\alpha_{1,2}$ 即可求出修正因子 β。一些共混体系的 $\alpha_{1,2}$ 值列于表 6-6 中。

表 6-6　一些共混体系的 $\alpha_{1,2}$ 值

共混体系	η_1/Pa·s	η_2/Pa·s	$\alpha_{1,2}$/Pa	附　注
PS/PB	4.4×10^3	4.0×10^3	1.28×10^5	$T=145$ °C；$L/R=20$；$\dot{\gamma}=60\ \mathrm{s}^{-1}$
PVC/ABS	2.5×10^3	5.8×10^3	7.67×10^4	$T=180$ °C；$L/R=20$；$\dot{\gamma}=60\ \mathrm{s}^{-1}$
PP/PS	2.7×10^2	3.1×10^2	4.31×10^4	$T=200$ °C；$L/R=40$；$\dot{\gamma}=200\ \mathrm{s}^{-1}$
PE/PS	4.23×10^2	3.1×10^2	3.65×10^4	$T=200$ °C；$L/R=40$；$\dot{\gamma}=200\ \mathrm{s}^{-1}$

实验表明，当两组分的弹性很小时，如共混物 PP/PS 和 PE/PS，式（6-88）比较准确［见图 6-36（a）及图 6-36（b）］。但当两组分之一有显著弹性时，如 PS/PB 及 PVC/ABS［见图 6-36（c）］，式（6-88）与实验事实不符。这是必然的，因为式（6-88）的推导中忽略了聚合物熔体的弹性效应。在很多情况下，聚合物共混物熔体黏度既不受式（6-83）及式（6-84）所规定的范围所限，也不符合式（6-85）及式（6-88），常常出现如图 6-36 所示的多种情况。

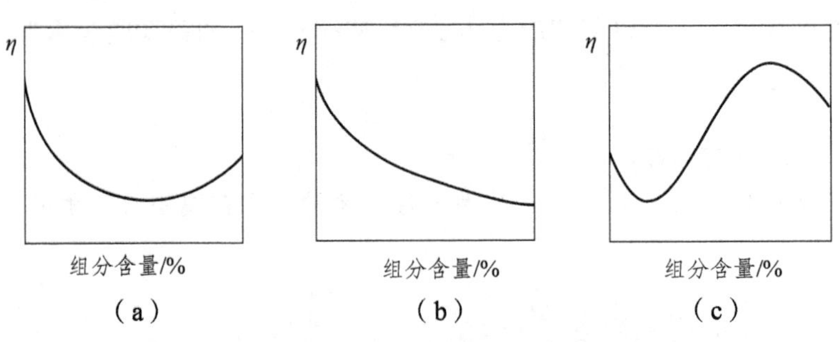

图 6-36　共混体系组分含量与熔体黏度的关系

影响单相连续的两相共混体系熔体黏度的因素是很复杂的，除了连续相黏度、分散相黏度，以及两相的配比之外，还应包括两相体系的形态、界面相互作用等因素。此外，剪切应力的大小对于组分含量与熔体黏度的关系也有很大影响。

图 6-36（a）所示的类型，共混物的熔体黏度比两种纯组分的黏度都小，且在某一组分中加入少量第二组分后，熔体黏度就明显下降。熔体黏度-组分含量曲线有一极小值。这样的情况在两相共混体系中颇为普遍。如 PP/PS 共混物，就属这一类型。PMMA/PS 共混体系熔体黏度与组分含量的关系，在较高剪切速率（剪切速 $\dot{\gamma}$ 大于 100 s^{-1}）条件下，也符合图 6-36（a）所示的类型。

对于在某一聚合物中加入少量第二组分后使熔体黏度明显下降这一现象，目前尚无一致的解释。有学者认为，这是由于第二组分的加入改变了主体聚合物熔体的超分子结构。当第二组分含量继续增加时，熔体的超分子结构不再有明显的变化，所以黏度的变化趋缓。Shin 根据实验事实提出，这种小比例共混黏度就大幅度下降的现象是由于少量不相混溶的第二组分聚合物沉积于管壁，因而产生了管壁与聚合物熔体之间的滑移。

图 6-36（b）所示的类型，在低黏度组分含量较高时，共混物的熔体黏度与低黏度组分的黏度接近；而在高黏度组分含量较高时，共混物的熔体黏度随着高黏度组分含量明显上升。符合图 6-36（b）所示类型的共混体系也是较多的。例如，PMMA/PS 共混体系熔体黏度与组分含量的关系，在低剪切速率（剪切速率 $\dot{\gamma}$ 小于 10 s^{-1}）条件下，就符合图 6-36（b）所示的类型。

图 6-36（b）所示类型体现了连续相黏度对共混物黏度的贡献。如图 6-36（b）所示，在高黏度组分为连续相的情况与低黏度组分为连续相的情况，其连续相组分对黏度的贡献是明显不相同的。在低黏度组分为连续相的情况下，共混物黏度大体上体现了连续相的贡献；而在低黏度组分为分散相的情况下，又对高黏度组分产生了明显的“降黏”作用。

图 6-36（c）所示的类型，共混物熔体黏度在某一配比范围内会高于单一组分的黏度，且有一极大值。PE/PS 共混体系熔体黏度与组成的关系符合图 6-36（c）所示的类型，共混物熔体黏度有一极大值。熔体黏度出现极大值的原因，据分析是由于共混物熔体为互锁状的交织结构（即两相连续的两相共混体系）。互锁结构增加了流动阻力，使共混物熔体黏度增大。

在图 6-36（c）所示类型的曲线上，共混物熔体黏度还有一个极小值：在低黏度组分占主体的这一区间，表现出了图 6-36（a）类型的特征。

共混物熔体黏度对温度的敏感性也会受组分含量影响。例如，ABS/PMMA 共混物熔体黏度随着体系中 PMMA 含量的增加逐渐升高，而高 PMMA 含量的 ABS/PMMA 共混物的熔体黏度对温度更为敏感。

在共混体系中，有些组分是作为流变性能调节剂添加到共混体系中，因而起到调控流变性能的作用。例如，润滑剂的作用就属于此类。但是也有很多情况，两相体系中添加的第三组分（如相容剂），不是作为流变性能调节剂添加的，但对流变性能也会产生影响。

此外，剪切速率与共混物组成对熔体黏度可产生综合影响。例如，ABS/PC 共混体系，在较低剪切速率（剪切速率 $\dot{\gamma}$<100 s^{-1}）条件下，符合图 6-36（b）所示的类型；而在较高剪切速率（剪切速率 $\dot{\gamma}$ 为 100 s^{-1}）条件下，符合图 6-36（a）所示的类型。在 ABS/PC 共混体系中，ABS 的熔体黏度是明显低于 PC 的熔体黏度。

PMMA/PS 共混体系熔体黏度与组分含量、剪切速率的关系，如前所述，具有和 ABS/PC 相似的情况，由于剪切速率与共混物组成对熔体黏度具有综合影响。所以，在研究共混物组成与熔体黏度的关系时，通常应测定不同剪切速率下的数据，以全面了解其变化规律。

此外，共混物在挤出和注塑成型时，要经受很高的压力。因而，压力与共混物熔体黏度的关系，也应给予关注。

6.4.3 熔体黏度-剪切速率关系曲线

聚合物共混物结构形态复杂，其流变行为也颇为复杂。特别是对于在实际应用中占绝大多数的两相共混体系，其熔体的流变行为会随共混组成（成分、配比）、两相形态及界面作用以及加工温度等因素的变化，而发生相当复杂的变化。

共混物熔体的 η-$\dot{\gamma}$ 关系曲线可以有 3 种基本类型，如图 6-37 所示。其中图 6-37（a）表示共混物熔体黏度介于单一组分黏度之间，图 6-37（b）表示共混物熔体黏度比两种单一组分黏度都高，图 6-37（c）表示共混物熔体黏度比两种单一组分黏度都低。图 6-37（a）~（c）所示只是共混物流变曲线的基本类型，实际共混体系的流变行为可能复杂得多。同一种共混物，由于配比的变化或熔融温度的变化，可能会表现出两种，甚至两种以上不同的流变类型。其他可能的变化情况如图 6-38 所示。

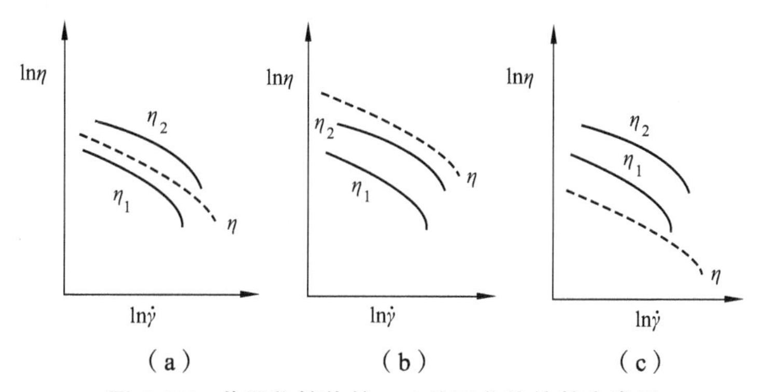

图 6-37 共混物熔体的 η-$\dot{\gamma}$ 关系曲线的基本类型

η—组分 1 和 2 共混物熔体黏度；η_1—组分 1 熔体黏度；η_2—组分 2 熔体黏度

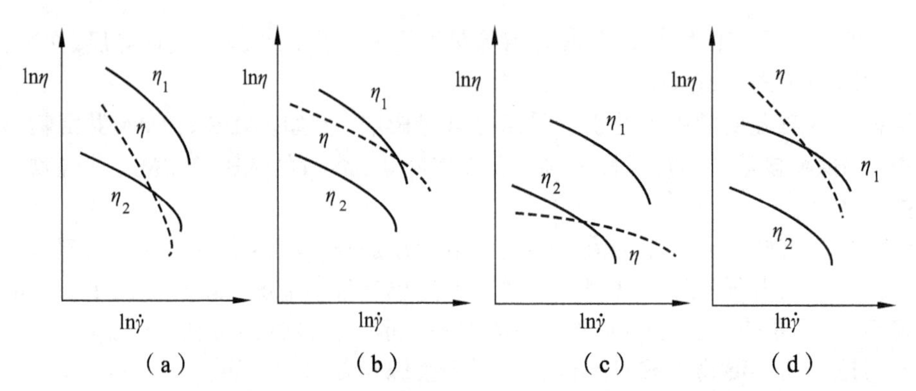

图 6-38　共混物熔体的 η-$\dot{\gamma}$ 关系曲线的其他类型

η—组分 1 和 2 共混物熔体黏度；η_1—组分 1 熔体黏度；η_2—组分 2 熔体黏度

应当指出，共混物熔体在毛细管中流动时，剪切应力在径向方向是线性变化的，在管壁处剪切应力最大，在管中心其剪切应力为零。因为共混物中两种聚合物的 η-$\dot{\gamma}$ 及 η-$\dot{\tau}$ 关系曲线不同，因此剪切应力的径向变化势必使两种聚合物的黏度比受到影响。这未必会影响共混物熔体的形态结构，但对共混物熔体黏度可能会产生明显的影响。

6.4.4　共混物熔体黏度与温度的关系

共混物的熔体黏度随着温度的升高而降低。在共混物流动温度以下和玻璃化温度以上，黏度与温度的关系不遵从 WLF 方程。在流动温度以上，共混物熔体黏度与温度的关系亦可用类似于 Arrhenius 方程的公式来表示：

$$\ln\eta = \ln A + \frac{E_\eta}{RT} \tag{6-92}$$

式中，η 为共混物的熔体黏度；A 为常数；E_η 为共混物的黏流活化能；R 为气体常数；T 为热力学温度（绝对温度）。

对于聚碳酸酯（PC）与 PE 的共混体系，当 PC/PE 的配比为 85/15（质量比）时，其 $\ln\eta$ 与 $1/T$ 关系在一定温度范围内呈直线。根据实测数据计算出 PC/PE 共混物的黏流活化能 E_η 为 51.0 kJ/mol，纯 PC 的黏流活化能为 64.9 kJ/mol。由此可见，PE 的加入可以改变 PC 的熔体黏度对温度的依赖关系，从而改善 PC 的加工流动性。通过加入某种流动性较好的聚合物来改善流动性较差的聚合物的加工流动性，这一做法在共混改性中是常用的办法。对于另一些共混体系，共混物的黏流活化能可高于纯组分。例如，PC/PBT 共混物（质量比为 95/5）的黏流活化能为 76.46 kJ/mol，高于纯 PC 的黏流活化能（64.9 kJ/mol）。对于这样的共混体系，需在较高的温度下加工成型。

但是，由于两相间的相互影响，特别是当两相之间有化学结合时，$\ln\eta$-$1/T$ 直线的斜率可能会发生转折，即在不同的温度范围内有不同的活化能。例如，SBS 热塑性弹性体在温度较高时，E_η = 10.1 kJ/mol，而温度较低时，E_η = 28.1 kJ/mol。其原因可能是，在高温下，苯乙烯嵌段和丁二烯嵌段都能顺利地运动，因而活化能较小；而温度较低时，由于苯乙烯嵌段的区域结构对丁二烯嵌段运动的牵制作用，使流动阻力增加，所以流动活化能较大。

6.4.5 共混物熔体的黏弹性行为

聚合物熔体受到外力的作用，大分子会发生构象的变形，这一变形是可逆弹性形变，使聚合物熔体具有弹性。共混物熔体与聚合物熔体一样，具有黏弹性行为。在研究共混物熔体流变行为时，都应考虑其黏弹性行为。

研究聚合物共混物熔体的弹性，可采用挤出胀大法（测定出口膨胀比），也可采用第一法向应力差（$\tau_{11}-\tau_{22}$）来表征。对于常见的橡胶增韧塑料体系，如 HIPS、ABS 等，其熔体的弹性效应（体现为出口膨胀比），都比相应的均聚物要小。但对于某些特殊体系，弹性效应会出现极大值或极小值。

挤出物胀大有两种机理：

① 在均相熔体中应力诱发的应变，这与熔体的弹性相关。

② 分散相的形变所产生的胀大，这与分散相颗粒的形变程度有关，因而关联于λ（分散相黏度与连续相黏度之比）和 X（共混物组成的函数）两个参数。这两种机理是不同的，对于均相材料，挤出膨胀 B 已用来计算可恢复的剪切形变 S_R。对于复相材料，界面的存在，否定了计算 S_R 的基本理论前提。此外，屈服应力的存在阻止 B 达到平衡值，而计算 S_R 需要的正是 B 的平衡值。对于非均相聚合物共混物，挤出膨胀比与共混物组分的弹性几乎没有关系。在均聚物中挤出膨胀的分子机理，对聚合物共混物仅起第二位的作用。据此可以理解，为何当 $\lambda \gg 1$时，B 值很小或出现极小值。

共混物熔体流动时的弹性效应随共混比即组成的不同而改变，在某些特殊组成下会出现极大值或极小值。

据 Han 等人的研究，PE/PS 共混物的组成为 75/25 时，弹件效应出现明显的极小值，而组成为 50/50 及 25/75 时，弹性效应有不大明显的极大值，并且剪切应力越大，极值越明显。当用出口压力或出口膨胀比来表示弹性效应时，情况也一样。

弹性效应的大小与共混物熔体的形态结构有密切关系。弹性效应的极大值相当于共混物熔体的珠滴状分散状态，即珠滴状的聚苯乙烯分散于聚乙烯连续相中；而弹性效应的极小值相当于共混物熔体的互锁状结构。同时可以看到，当黏度为极小值时，弹性效应为极大值；而当黏度为极大值时，弹性效应为极小值。珠滴状分散时，黏度可达极小值，而弹性效应可达极大值。Han 认为，这是由于共混物熔体在毛细管中流动时，分散相、颗粒与管壁接触较少（由于分散颗粒的迁移作用，这种情况更为突出），而连续相与管壁接触得较多，因此分散相较连续相的流动阻力小，消耗黏性能少，相应地可储存更多的回弹能。其结果是提高了共混物的弹性而减小了黏性。当黏度随组成的变化而达极小值时，相应的弹性效应则为极大值。

关于互锁结构为何会出现弹性效应的极小值，Vanoene 认为这可能与一部分弹性形变自由能转变为界面能有关。互锁状结构是具有较大界面积的分散状态，有较多的弹性形变自由能转变为界面能，所以在停止流动后，可恢复的形变自由能较小。

共混物熔体弹性效应与剪切应力的关系受共混物形态结构影响。例如，PE/PS 共混物，当 PE/PS 的质量比为 25/75 及 50/50 时为珠状分散，弹性效应与剪切应力的关系与聚苯乙烯的情况相似。但当 PE/PS 的质量比为 75/25 时为互锁状结构，这时共混物弹性效应与剪切应力的关系接近于聚乙烯的情况，如图 6-39 所示。

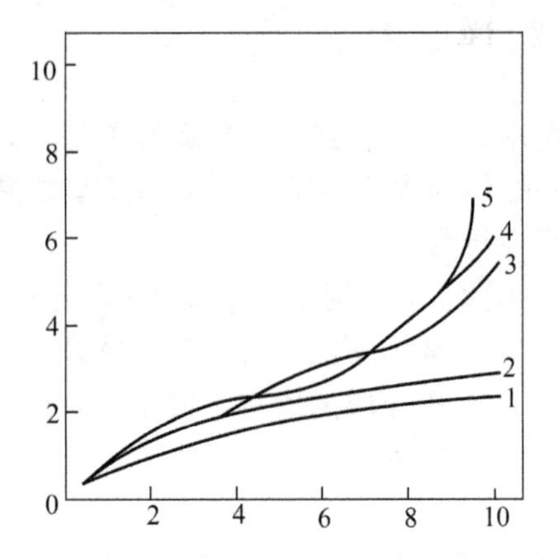

图 6-39　恢复剪切形变 S_R 与剪切应力 τ 的关系

1—PE/PS（75/25）；2—PE；3—PS；4—PE/PS（50/50）；5—PE/PS（25/75）

常见的橡胶增韧塑料，如 HIPS、ABS 等，出口膨胀比 B 都比相应的均聚物小，且 B 值随橡胶含量的增加而减小，如图 6-40 所示。

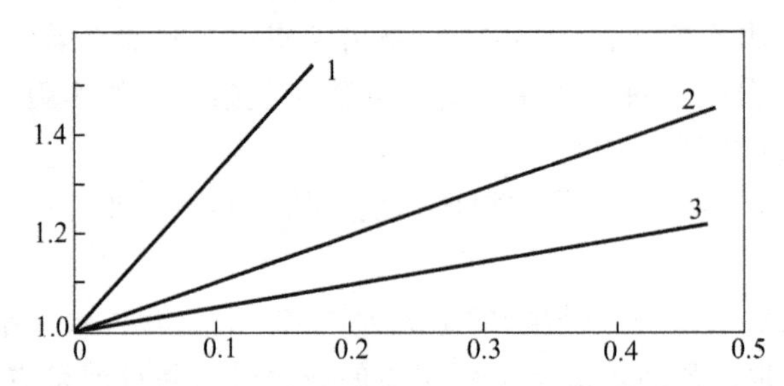

图 6-40　SAN 与 SAN 接枝橡胶共混制得的 ABS 的出口膨胀比与剪切应力 τ 的关系

（SAN 的重均分子量 $\bar{M}_{\omega}$ = 145 000；温度为 180 ~ 240 °C；橡胶含量：1—0，2—20%，3—40%）

嵌段共聚类型的共混物 SBS 熔体的弹性效应一般也比相应的均聚物小。值得注意的是，上述 ABS 和 SBS，两相界面之间都有较强的结合力和较大的接触面积。这与互锁状结构的共混物有一定的相似性。

6.4.6　共混物的动态流变性能

共混物的动态流变性能，是指采用动态流变仪，在按一定频率变化的剪切力场作用下测定的流变性能。测定共混物的动态流变性能，可以测得复模量、损耗因子等参数。动态流变性能可反映聚合物熔体流变行为中的黏弹效应，并可间接地反映共混物形态对流变性能的影响。

关于共混物组分的性能与共混动态流变性能的关系，代表性的数学模型是 Palierne 提出的乳液模型。Palierne 提出了可以推测聚合物乳液黏弹行为的模型，该模型反映了黏弹性基体中的黏弹性液滴尺寸和组分间界面张力的关系。在 Palierne 的模型中，共混物的复数模量可以用分散相的复数模量、连续相的复数模量、两相间界面张力、分散相粒子的粒径、分散相的体积分数来表示。

关于共混物动态流变性能的研究结果较多。佘若冰等在研究液晶高分子共混体系的动态流变特性时，引入 Palierne 模型对动态实验结果进行了预测。陈英姿等采用 Palierne 模型计算了 PP/EPDM 共混物两相的界面张力，研究了超声辐照对 PP/EPDM 共混物挤出过程及二次加工中微相结构的影响。阳范文等采用扫描电镜和动态流变仪研究了 PC/UHMWPE/HDPE-g-GMA（GMA 为甲基丙烯酸缩水甘油酯）共混物的微观形态，以及 HDDPE-g-GMA（作为增容剂）、UHMWPE 对共混物动态流变性能的影响。结果表明，随着剪切频率的增加，共混物的复模量降低，损耗因子则先增加后减小。当 UHMWPE 和增容剂的用量（质量份）分别为 4 份和 6 份时，共混物复模量最高。

6.4.7　本体流动与单元流动

聚合物共混物熔体的流变行为，可以从宏观和微观两个层面进行研究，因而有本体流动和单元流动之分。

（1）关于单元流动。本体流动是从宏观角度对流变行为的分析，考察的是宏观整体的流变行为。毛细管流变仪等测试仪器测定的共混物熔体的表观黏度等流变学参数，都是从宏观角度，把共混物熔体作为一个宏观整体来测定其流变行为，因而，反映的都是共混物熔体的本体流动特性。

单元流动是从微观角度对流变行为的分析，考察的是微观的流动单元的流变行为。事实上，聚合物熔体的流动，就其本质而言，是属于单元流动的。聚合物熔体的流动不是整个大分子的一体跃迁，而是通过链段沿流动方向的协同相继跃迁，实现整个大分子的相对位移，类似于蚯蚓的蠕动。链段是聚合物熔体流动的流动单元。

在聚合物熔体流动中，除了以链段为流动单元外，还可以有其他流动单元。这些流动单元，其尺度往往大于链段。例如，PVC 在熔融塑化中，通常以初级粒子为流动单元，体现出相应的单元流动的特性。

对于单相连续的两相共混体系，分散相也构成一个个流动单元。与共混过程相关联的形态学研究结果表明，这些分散相粒子在共混过程中有一定的独立运动特性，因而可以构成一个层次的流动单元。当然，在分散相粒子内部，有由链段构成的更小的流动单元，通过链段流动单元的跃迁运动，可实现分散相粒子的变形、破碎和分散。

（2）单元流动与本体流动的关系。微观的单元流动会对宏观的本体流动产生影响，在某些情况下，可以显著影响宏观的流变学参数，如表观黏度。现分述如下。

① 单元流动对本体流动的影响关于微观的单元流动会对宏观的本体流动产生影响的问题，可以以 PVC 为例。PVC 在熔融塑化中，通常以初级粒子为流动单元，可以起降低阻力的作用。当聚合物-聚合物共混体系中的“少组分”以微粒的形式，而不是以分子水平分散的形式构成熔融流动体系时，其宏观流变行为会体现出许多特殊性。

以分散相粒子作为流动单元的共混体系流动行为，以及单元流动的表征，还有待进一步研究。动态流变性能的测定方法，可用于研究多相体系的流变行为。

② 流动单元与本体的同步性对于以分散相粒子为流动单元的共混体系，以及流动单元与本体的同步性，是需要关注的重要问题。如果单元的流动与宏观本体的流动不同步，就会影响体系的整体均匀性。例如，流动单元的流动速度慢于宏观本体的流动速度，流动单元的微

粒就会发生集聚现象。特别是在挤出机的口模处，易于发生某些分散相组分的集聚。此外，分散相组分在共混材料内部和表面的分布，也是需要关注的问题。

6.5 聚合物共混体系的玻璃化转变

非晶态线型聚合物存在玻璃态、高弹态和黏流态 3 种力学状态。玻璃化转变来源于大分子链段的运动。根据玻璃化转变的自由体积理论，在外场作用下大分子进行构象调整时，链段的周围必须有供链段活动的足够大的自由空间，即自由体积。聚合物占有的体积可分为两个部分：一是分子或原子实际占有的体积，称为已占体积；另一部分是分子或原子间隙中的空穴，称为自由体积。自由体积常用它占有总体积的分数来表示，称为自由体积分数。温度升高时，虽然出于分子及原子振动振幅的增加，已占体积也会均匀地膨胀，但是体积的增加主要是由于自由体积的增加。在玻璃化温度 T_g 下，自由体积的膨胀系数发生转折。根据 Doolittle 提出的玻璃化转变的自由体积理论，各种聚合物在各自的玻璃化转变温度时，具有相同的自由体积分数 f（$f = 0.025$）和相同的热膨胀系数 a（$a = 4.8 \times 10^{-4}\ K^{-1}$）。这就是说，可把链段的运动当作自由体积的函数来对待。

由于聚合物大分子结构和运动的多重性，在玻璃化温度以下还存在各种次级转变现象，分别对应于不同运动单元的不同形式的运动。常常按转变点温度高低次序以 α、β、γ 等命名，一般而言，次级转变反映较短的链段、侧基及某些原子基团的运动。以非晶态聚苯乙烯的多重转变为例，如表 6-7 所示。图 6-41 表示了聚合物的多重转变。

表 6-7 聚苯乙烯的多重转变

转变种类	温度/K	运动形式
α	373	链段运动
β	325	链侧苯基转动
γ	130	链节曲柄运动
δ	38～48	苯基的摇摆或颤动

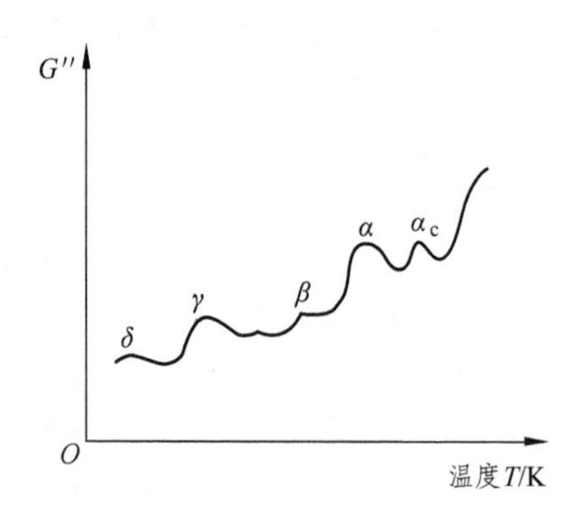

图 6-41 聚合物多重转变示意图

α 转变原则上即玻璃化转变。若聚合物是部分结晶的，则 α 及 α_c 是非晶区域链段运动引起的；α_c 是晶区中链段的扭转或层间滑动引起的。

次级转变对聚合物的韧性颇为重要。无低温次级转变或转变峰太小的聚合物一般较脆；若有远低于室温的、强度较大的次级转变峰，则一般韧性较好。如聚碳酸酯等工程塑料的韧性就是由于其具有强度较大的低温次级转变。

6.5.1　玻璃化温度与组成的一般关系

聚合物共混物玻璃化转变的特性主要取决于两聚合物组分的相容性。若两组分完全不相容，则有两个分别对应于两组分的玻璃化温度；若两组分完全相容，则只有一个玻璃化温度。关于相容性聚合物共混物的玻璃化温度与组成的关系，已提出了一系列关联式，主要的例子如下。

1978 年 Couchman 提出的关联式：

$$\ln T_g = (\Sigma_i C_{pi} \ln T_{gi}) / \Sigma_i W_i \Delta C_{pi} \tag{6-93}$$

式中，T_g 为共混物的玻璃化温度；W_i 及 T_{gi} 分别为聚合物 i 的质量分数及玻璃化温度；ΔC_{pi} 为玻璃化转变导致的热容增量。

在式（6-93）的推导中考虑了混合熵的作用，而混合焓略而不计。

在式（6-93）的基础上，提出了一系列经验式，例如

$$\Sigma_i W_i \Delta C_{pi} (T_{gi} - T_g) \tag{6-94}$$

对于双组分体系又常写成：

$$W_1 (T_{g1} - T_g) + k W_2 (T_{g2} - T_g) \tag{6-95}$$

式中，k 为经验常数，形式上等于 $\Delta C_{p2} / C_{p1}$。此外，尚有 Fox 提出的关联式：

$$\Sigma_i W_i (1 - T_g / T_{gi}) = 0 \tag{6-96}$$

以及 Utracki 等 1984 年提出的关联式：

$$\ln T_g / T_g = \Sigma_i (W_i \ln T_{gi}) / T_{gi} \tag{6-97}$$

式（6-97）是在假定 $T_{gi} \Delta C_{pi}$ = 常数的基础上导出的。例如，实验证实对大多数线型聚合物 $T_g \Delta C_p = (114 \pm 2)$ J/g，式（6-97）适用于一系列相容性共混物，如 PPE/PS 等以及增塑体系。但对部分相容的共混物需引入经验参数加以修正，如对二元体系：

$$W_1 \ln(T_g / T_{g1}) + k W_2 (T_g / T_{g2}) = 0 \tag{6-98}$$

此经验参数 k 对 T_g 与组成关系的影响见图 6-42。k 值为相容性的一种量度，k 接近 1 时相容，k 远小于或远大于 1 时不相容。

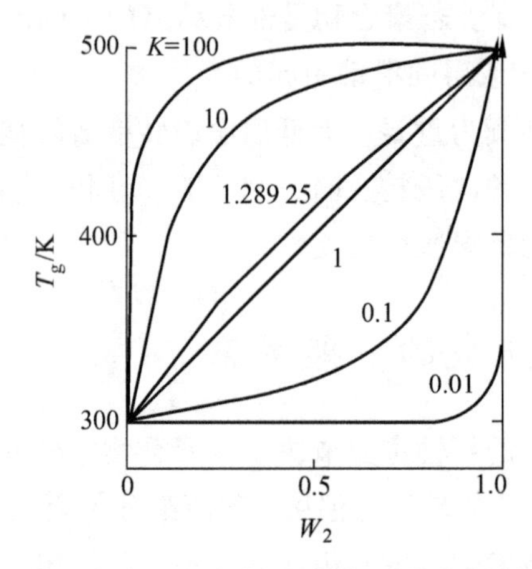

图 6-42　式（6-98）所预计的 T_g 与组成的关系

（T_{g1} = 300 K；T_{g2} = 500 K，k = 1.289 25 时为线性关系）

Rodriguez-Parada 根据实验指出，对于相容性共混物，有时由于组分间强烈的相互作用，使自由体积及大分子链段活动性减小，可使共混物的玻璃化温度高于其任一组分的玻璃化温度。如共混物聚（甲基丙烯酸-N-烷基-3-氮甲基-咔唑酯）/聚（甲基丙烯酸 6-羟乙基-3，5-硝基苯甲酰酯）就是这样。对此，Kwei 等人提出了双参数经验式：

$$T_g = (W_1T_{g1} + kW_2T_{g2})/(W_1 + W_2) + qW_1W_2 \tag{6-99}$$

式中第一项相当于式（6-98）；第二项表示聚合物-聚合物之间的相互作用；参数 k 的值取决于分子结构。

若 $q = 0$，$k = 1$，则式（6-99）简化成用于无规共聚物的关系式：

$$T_g = W_1T_{g1} + W_2T_{g2} \tag{6-100}$$

或

$$T_g = \varphi_1T_{g1} + \varphi_2T_{g2} \tag{6-101}$$

式中，φ_1 及 φ_2 分别为组分 1 及 2 的体积分数。

对于无规共聚物也常采用如下关系式：

$$\frac{1}{T_g} = \frac{W_1}{T_{g1}} + \frac{W_2}{T_{g2}} \tag{6-102}$$

一般而言，对于完全相容的聚合物共混物，作为近似计算，采用式（6-100）及式（6-102）就足够了。

6.5.2　共混物玻璃化转变的特点

工业上所用的聚合物共混物一般都是不相容的或部分相容的复相材料。与均相共混物相比，有两个基本特点：有两个玻璃化温度；玻璃化转变区的温度范围有不同程度的加宽。两组分有部分相容性时，相间发生一定程度的相互作用，使两个玻璃化温度相互靠拢、玻璃化转变的温度范围加宽。因此，决定聚合物共混物玻璃化转变的主要因素是两种聚合物分子级的混合程度而非超分子结构，这和其他力学性能的情况有所不同。

高桝素夫等根据自由体积公共化的理论，研究了聚合物共混物的玻璃转变，提出了共混物玻璃化转变的自由体积模型。设想将共混物分成许多微胞，每一个微胞的直径约为几纳米，足以提供链段运动的空间范围。对于完全相容的体系和无规共聚物，自由体积是完全公共化的，因此两组分所组成的体系玻璃化转变行为和具有相同自由体积的一种组分所表现的玻璃化转变行为相同。部分相容的体系，自由体积的公共化是局部的、不完全的，因此共混物中各微胞的自由体积分数 f 是互不相同的。上述情况如图 6-43 所示。图 6-43 中表示了不同相容程度的共混体系的自由体积分布函数 $F(f)$。曲线 1 及 2 分别表示组分 1 及 2 的自由体积分布函数。曲线 S、PM、MH 及 PFM 分别表示完全不相容、部分相容、基本相容和完全相容的体系。两组分的体积分数皆为 0.5。图 6-43 中虚线表示完全相容的体系中两组分的自由体积分布函数。

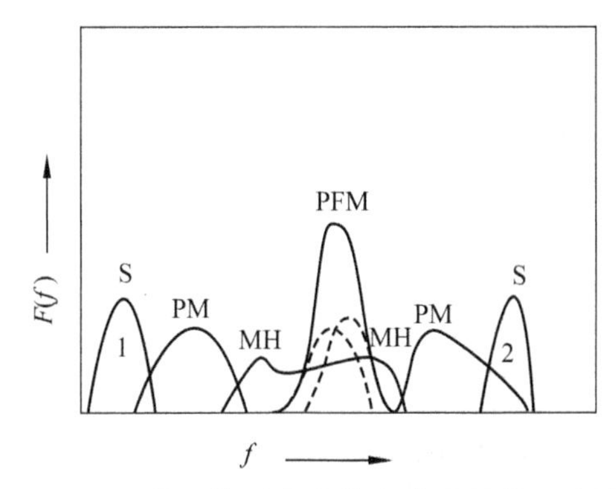

图 6-43　共混体系自由体积分布函数示意图

事实上，自由体积公共化的程度和分子级混合程度是完全一致的。不过自由体积公共化的概念以及根据这一概念而绘出的图 6-43，使共混物玻璃化转变性能更为直观，这是一个很大的优点。

共混物两个玻璃化转变的强度与共混物的形态结构有关，可用损耗正切 $\tan\sigma$ 峰的高度表示玻璃化转变的强度，有以下一般规律：

① 构成连续相的组分，其 $\tan\sigma$ 峰值较大，构成分散相的组分，其 $\tan\sigma$ 峰值较小；

② 在其他条件相同时，分散相 $\tan\sigma$ 峰值随其含量的增加而提高；

③ 分散相的 $\tan\sigma$ 峰值与分散相的形态结构有密切关系。一般而言，起决定作用的是分散相的体积分数。当分散相质量含量不变时，分散相的体积含量越大，其 $\tan\sigma$ 峰值越高。分散相的体积分数与其形态结构密切相关。以 HIPS 为例具体说明如下。

图 6-44 为 HIPS 的动态力学损耗曲线。其形态结构见图 6-45。在 HIPS 中，聚苯乙烯为连续相，其 $\tan\sigma$ 峰值比橡胶相的 $\tan\sigma$ 峰值大得多，图中未表示出，只表示了橡胶相 $\tan\sigma$ 峰值的变化情况。

图 6-44 中曲线 b 表示用机械共混法制得的 HIPS，其形态结构见图 6-45，橡胶相聚丁二烯颗粒中不包含聚苯乙烯，所以虽然橡胶质量含量为 10%，但其 $\tan\sigma$ 峰值反低于曲线 c。这

是由于曲线 c 所表示的是用本体聚合法制得的 HIPS，橡胶颗粒具有香肠状结构，颗粒内包含大量聚苯乙烯包容物，所以质量含量虽仅 5%，体积含量却比机械共混法 HIPS（见图 6-46）中橡胶体积含量大，故其 tanσ 峰亦较高。

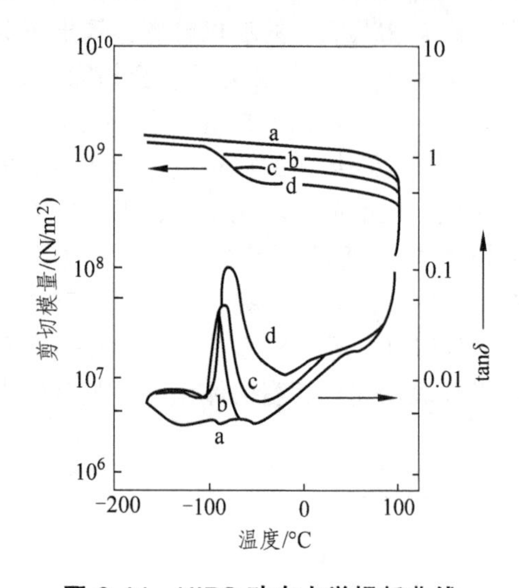

图 6-44　HIPS 动态力学损耗曲线

a—PS；b—含 10%聚丁二烯的机械共混法 HIPS；
c—含 5%聚丁二烯的本体聚合法 HIPS；
d—含 10%聚丁二烯的本体聚合法 HIPS

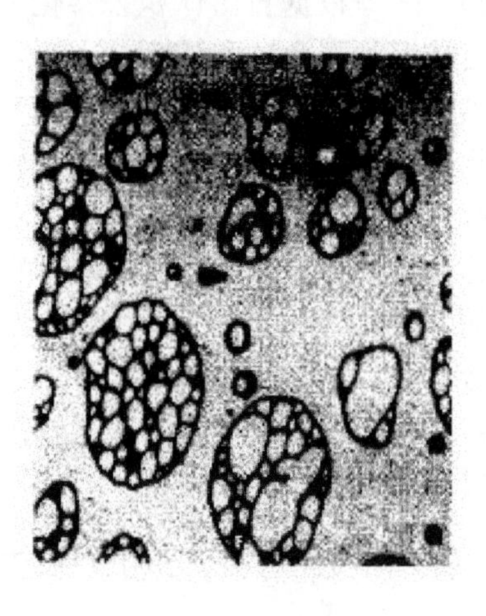

图 6-45　本体聚合法制备的 HIPS 电子显微镜照片

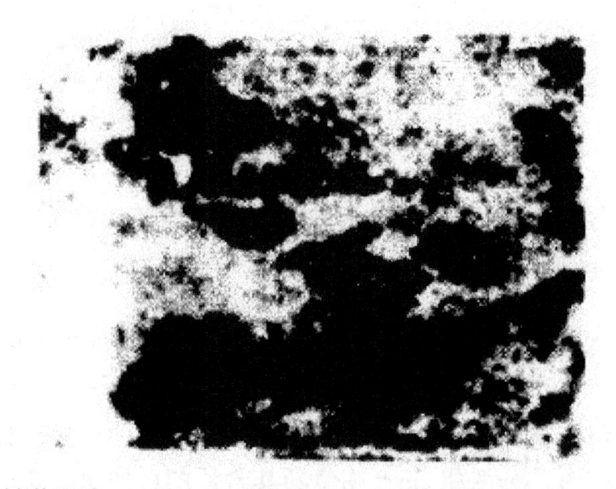

图 6-46　机械共混法 HIPS 电子显微镜照片（黑色不规则颗粒为橡胶分散相）

同时，由图 6-44 还可看出，当橡胶颗粒内聚苯乙烯包容量增加时，相应于 tanσ 峰值的温度向高温方向移动，其原因目前尚不十分清楚。

综上所述，在橡胶增韧塑料中橡胶质量含量不变时，为更充分发挥橡胶相的效用，应增加橡胶颗粒中树脂包容物的含量以提高橡胶相的体积分数。但树脂包容物含量亦不宜过大，以免橡胶相的玻璃化温度提高得过多。

某些证据表明，分散相颗粒的大小对共混物的玻璃化转变亦有影响。Wetton 等指出，当颗粒尺寸减小时，出于机械隔离作用增加，分散相的 tanσ 峰值有所下降。1975 年，Bares 根据某些实验事实指出，当以 T_g 较低的组分为基体，T_g 较高的组分为分散相时，两种组分的相容性很小；但当分散相颗粒很小时，分散相的 T_g 亦有明显下降。如 SBS 三嵌段共聚物，苯乙烯嵌段相畴为 12 nm 时，其 T_g 下降 20 °C 之多。

Razinskaya 等指出，某些共混体系，分散相颗粒的比表面小于 25 μm^{-1} 时有两个 T_g，而当比表面大于 25 μm^{-1} 时，只能观察到一个 T_g。

关于分散相颗粒大小对共混物玻璃化温度的影响，目前尚处于探索阶段，还缺乏系统的实验事实和理论分析。

6.6　聚合物共混体系的其他性能

除了以上性能外，还有其他许多性能，包括抗静电性能、导电性能、阻燃性能、耐热性能、阻隔性能等。

6.6.1　抗静电性能

聚合物的电性能，包括体积电阻率、表面电阻率、介电损耗等。不同电性能的材料，可以适用于不同的用途。按照用途，材料可以分为绝缘材料、抗静电材料、电磁屏蔽材料等。众所周知，绝大部分塑料都是电绝缘体，表面电阻率一般为 $10^{14} \sim 10^{17}\ \Omega$，体积电阻率则为 $10^{15} \sim 10^{18}\ \Omega \cdot cm$，所以聚合物在加工使用过程中，相互之间或与其他材料、器件之间发生接触以致摩擦是十分普遍的，这时如果在聚合物中几百个原子里转移一个电子就会使聚合物带上相当大的电荷量，变成带电体。例如，塑料从金属模具中脱离出来时就会带电，合成纤维在纺织过程中也会带电，塑料、纤维和橡胶制品在使用过程中产生静电的现象更为常见。在干燥的空气环境中，往往会由于大部分塑料的高绝缘性而导致这些电荷很难消除。这就给聚合物加工和使用带来了种种问题。第一，表面电荷能引起材料个别部分相互排斥或吸引等静电作用，给一些工艺环节带来很大困难。例如，聚丙烯腈纤维因摩擦产生的静电会使纺丝、拉伸、加捻、织布等各道工序都难以进行。第二，静电作用往往影响产品的质量。例如，录音磁带由于涤纶片基的静电放电会产生杂音；电影胶片由于表面静电吸尘会影响其清晰度；静电吸尘也是衣着污染的重要起因之一。第三，静电作用有时可能影响人身或设备的安全。例如，聚合物加工时静电电压有时可高达上千甚至上万伏，周围如有易燃易爆物品，就会造成重大事故。因此，消除静电是聚合物加工和使用中一个重要的实际问题。

以往，塑料的防静电措施主要是在其中添加表面活性剂或导电性填料，这样虽有一定防静电效果，然而却常导致塑料力学性能以及加工性能变差。另一种措施是在塑料表面涂覆导电涂层，其优点是防静电效果突出，对塑料本体力学性能无影响，不过在使用过程中，随着塑料表面导电涂层的脱落，防静电性能逐渐降低，甚至消失。近年来，应用聚合物共混技术，已可制成永久抗静电塑料，其力学性能、成型加工性能均佳，达到了实用化的水平。

非极性聚合物，其电绝缘性优良，极易产生静电；亲水性聚合物，则正好相反。当将亲水性聚合物与非极性聚合物共混，使之合金化，就可改善非极性聚合物的导电性，从而起到抗静电的作用。

作为抗静电改性剂的亲水性聚合物，可选用聚乙二醇-甲基丙烯酸酯共聚物、环氧乙烷-环氧丙烷共聚物、聚乙二醇体系聚酰胺或聚酯酰胺、环氧氯丙烷-环氧乙烷共聚物、含有季铵盐基团的甲基丙烯酸酯类共聚物等。它们可分别适用于 PMMA、ABS、PP、PS、PVC、PC等聚合物基体中，组成抗静电性共混体系。抗静电剂在基体中主要呈现两种形态结构：在共混体系表层富集并形成导电网络；分布于共混体系整体并形成导电网络。以 PMMA 中填充导电橡胶（丁二烯、丙烯腈、含氧化乙烯的乙烯类单体共聚物，三种单体比例为 60/20/20）为例，当橡胶粒子在混合体系中占 10%时，橡胶粒子已可在基体整体中初步形成导电网络，继续增加导电橡胶含量，电阻急速下降，当超过 18%含量时，达到了有效的抗静电效果，若含量超过 30%，则抗静电性更好。

永久抗静电聚合物共混体系在电子仪器、家庭及办公用电器、集成电路灌封等方面有着广阔的应用前景。最后，值得一提的是聚合物的静电现象有时也是可以利用的。例如，人们利用聚合物很强的静电现象发明了静电复印、静电记录等新技术，推动了科研和生产的进步。

6.6.2 导电性能

电子电气设备外壳需要电磁屏蔽以免受到电磁干扰造成动作失误或失败，导电性聚合物体系就是为了用作电磁屏蔽材料而开发出来的，它在计算机以及各种电子电气设备制造领域的应用前景非常广阔。

导电性聚合物共混体系与抗静电聚合物共混体系类似，但导电性聚合物共混体系的体积电阻率要求更低、导电性要求更好，所以导电性共混聚合物应选择一种导电性聚合物（Intrinsically Conductive Polymer，ICP）与另一适宜作为基体的聚合物共混而成。共混物的电性能主要取决于连续相的电性能。例如，聚苯乙烯和聚氧化乙烯的共混物，当聚苯乙烯为连续相时，共混物的电性能接近于聚苯乙烯的电性能；当聚氧化乙烯为连续相时，则与聚氧化乙烯的电性能相近。当前，已经有成熟工业产品问世的导电性共混聚合物主要有 PVC/聚苯胺、PA/聚苯胺等体系。

图 6-47 为两类导电性共混聚合物的导电性与聚苯胺含量的关系。显然，聚苯胺含量由 5%上升到 15%，导电性突升，此后随着聚苯胺含量的继续增加，导电性升幅变小。但是，为满足电子电气设备的电磁屏蔽，必要的电导值应为 10^{-1} S/cm。由图 6-47 可知，只有聚苯胺在共混体系中含量达到 20%~30%时，才能达到此电导值。此技术虽然成本较高，但仍有很高的工业价值。

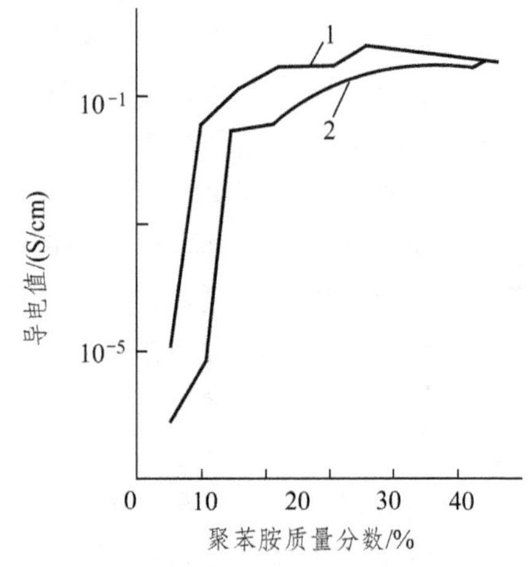

图 6-47 导电性塑料共混物中聚苯胺含量与导电性的关系

1—PA；2—PVC

导电性聚合物基复合材料是在聚合物原料中加入各种导电性物质，通过分散复合、层积复合形成表面导电膜等方式构成的材料。导电物质通常为高效导电粒子或导电纤维。例如，各种金属粉末、金属化玻璃纤维、碳纤维、铝纤维及不锈钢纤维等。这部分内容已超出本书的讨论范围，读者可以参考其他专著。

6.6.3 阻燃性能

现在工农业和人民生活中广泛采用的高分子材料，绝大多数在空气中是可燃和易燃的，它们的极限氧指数多低于 2 100。为了保证使用的安全性，人们对提高聚合物阻燃性能的方法进行了广泛研究。所谓阻燃性，它包括难以燃烧、燃烧后的自熄性以及低烟和低有毒气体生成等几方面的问题。其中，是否容易燃烧是最主要的，如果能够避免燃烧，也就不存在延燃及生成烟和有毒气体等问题了。

将难燃聚合物（如聚四氟乙烯、氯化聚乙烯、氯磺化聚乙烯等）与易燃聚合物共混，可以改善后者的阻燃性，并且往往还可以改善其他性能，如力学性能、加工性能等。

ABS 和 PVC 共混物保持了 ABS 塑料优良的韧性和加工性的同时，提高了阻燃性，并降低了价格。仅依靠掺混 PVC 使 ABS 树脂达到阻燃要求，其比例必须高于 50%，否则应补加其他阻燃剂，如三氧化二锑。

6.6.4 耐热性能

表征聚合物耐热性的温度参数为玻璃化温度和熔点。欲提高聚合物的耐热性，主要有 3 个方面的结构因素：高分子链的刚性，如聚乙炔、芳香聚酯、芳香尼龙、聚苯醚、聚苯并咪唑、聚酰亚胺、聚醚醚酮等；聚合物的结晶性，如等规立构聚苯乙烯耐热性远好于自由基聚合所得无规聚苯乙烯；交联，如辐射交联聚乙烯，酚醛、环氧等交联热固性树脂，一般都具有较好的耐热性。

聚合物共混后，耐热性的表现与参加共混的两聚合物组分的相容性密切相关，并主要呈现下述 3 种可能的情况。

① 当共混聚合物组分相容性较好，共混体具有微观或亚微观的均匀形态结构时，则其耐热性多呈现加和性，即为参与共混聚合物组分耐热性的算术平均值，聚苯醚/聚苯乙烯共混基本符合此情况。② 当共混聚合物组分之间相容性好，且共混后又有新的分子间作用力在它们之间产生；或又有新的可起到增容作用的聚合物产生；或形成某种特殊的形态结构，这些情况将可能导致其耐热性出现协同效应，即比两原料聚合物组分耐热性的算术平均值高。如聚芳酯与聚酰胺共混就形成了新的分子间作用力；聚芳酯和聚碳酸酯适当混炼后发生酯交换反应，生成了起相容剂作用的共缩聚型聚酯；聚丙乙烯与聚甲基丙烯酸甲酯共混如果形成互穿网络聚合物（IPN）这一特殊形态，也会出现耐热性的协同效应。③ 当共混聚合物组分之间相容性较差，形成宏观两相明显分离的形态结构时，这时该共混体系的耐热性以及许多物理性能都会很差，甚至出现比按算术平均值所计算的结果低得多的现象。

6.6.5 阻隔性能

阻隔性能是指聚合物材料防止气体或化学药品、化学溶剂渗透的能力。阻隔性能好的材料称为阻隔材料。塑料容器、薄膜广泛用于油类、化工原料、日用化工品、食品、各种电子器件的包装。根据被包装物性质及使用的要求，包装材料就分别对油、烃类溶剂、极性溶剂、氧气、氮气或其他物质具有良好的阻隔性。表 6-8 给出了几种高渗透性聚合物及相应的渗透剂，可使用对这些渗透剂具有高阻隔性的聚合物与表 6-8 中所列的聚合物共混，从而改善表中所列聚合物的阻隔性。表 6-9 列出了几种可作为良好阻隔材料的聚合物，几种介质在这些聚合物中的溶解度和扩散系数都很低，因此常常用作通用塑料、工程塑料的阻隔剂。

表 6-8 高渗透性聚合物的种类及相应的介质

聚合物	渗透剂	聚合物	渗透剂
聚乙烯	碳氢化合物，氧	脂肪族聚酰胺	水
聚丙烯	碳氢化合物，氧	聚对苯二甲酸乙二酯	氧，二氧化碳

表 6-9 具有良好阻隔性的聚合物和相应的阻隔介质

聚合物	渗透剂	聚合物	渗透剂
脂肪族聚酰胺	碳氢化合物	乙烯-一氧化碳共聚物	氧，溶剂
聚乙烯	水蒸气	芳香族液晶聚合物	氧，水蒸气和大多数溶剂
聚丙烯	水蒸气	聚氯乙烯	氧，水蒸气
乙烯-乙烯醇共聚物	氧	聚乙烯醇	氧（干燥时），溶剂

通常，共混的目的是根据特定的使用条件，结合考虑相匹配的熔点、黏度、界面性质和优选的加工方法，把少量合适的高阻隔性聚合物（价格一般比较贵）加入要使用的聚合物基体（价格一般比较便宜）中。共混聚合物阻隔性能的好坏除与参与共混的聚合物种类有关外，与共混物中阻隔性聚合物的体积分数、相形态也有着密切的联系。

聚合物共混物的渗透能力通常是共混物中阻隔性聚合物的体积分数的线性函数。对于分散相聚合物以均一的球状粒子各向同性分布的共混的体系，为得到良好的阻隔性，必须加入30%～60%的“阻隔聚合物”。而在实际应用中，阻隔性聚合物须用较小的浓度，以减少对基体聚合物的性质的负面影响。如果分散粒子具有大表面积和薄片状，阻隔效果将会显著提高。在这种情况下，透过共混体系的介质的透过轨迹变得更曲折，从而降低了渗透速率。了解片状体的形成并使之稳定化，是最近几年研究热点课题之一。制备这种片状形态的方法中，应包括使其形态稳定、不重新松弛为球状粒子的技术。影响这种形态的参数包括所涉及的混合方式，加工设备的剪切速率，单一聚合物的熔体黏度、熔点、界面张力和增容剂的应用等。下面以 PE 与尼龙共混为例加以说明。

PE 对油、烃类溶剂阻隔性差是由于它们的结构相似，极性相近，相容性好。以 PE 为基体，与极性较强的聚酰胺共混就可降低油、烃的渗透率，改善其阻隔性能。如果聚酰胺为粒状分散在 PE 中，则共混体系的渗透率 P_c 可表示为

$$P_c = P_m \varphi_m / \gamma \tag{6-103}$$

式中，P_m 为基体的渗透率；φ_m 为基体的体积分数；γ 为渗透路径因子，可由式（6-104）求出：

$$\gamma = 1 + \varphi_d / 2 \tag{6-104}$$

由式（6-103）和式（6-104）可知，分散相成粒状均匀分布于连续相中，即使 φ_d 达到 50%，P_c 也仅比 P_m 下降约一半。层状分散的 HDPE/PA 共混体系的电子显微镜照片如图 6-48 所示。由于层状分散使渗透路径显著变长，阻隔性能得到了明显提高。

图 6-48　HDPE/PA 阻隔性塑料合金的形态结构

（黑色部分为 PA，灰色部分为 HDPE）

要获得如图 6-49 所示的 PA 成层片状分布于 HDPE 中的形态结构，首先必须保证加工温度下，PA 熔体黏度大于 HDPE，可根据二者熔体黏度与温度的关系选择加工温度。此外，成型时的剪切速率和共混比例也是能否获得理想结构的关键因素。

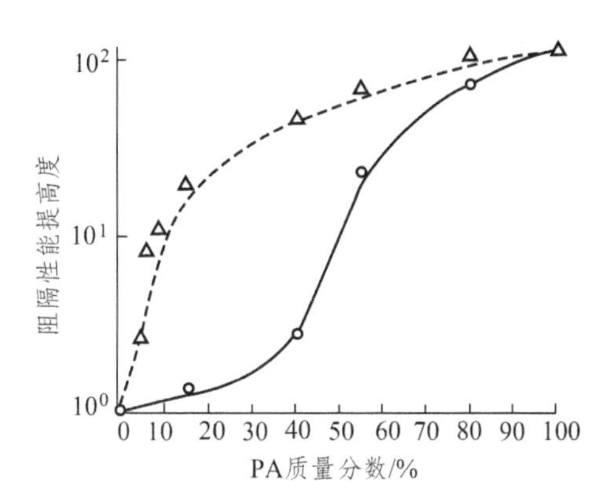

图 6-49　HDPE/PA 中 PA 含量及形状对阻隔性能的影响（相对值）

Δ—粒状分散体系；o—层片状分散体系

复习思考题

1. 简述聚合物共混体系性能与其组分性能的一般关系。
2. 影响聚合物共混体系形变的因素有哪些？
3. 共混物的力学松弛特性与均相聚合物有何区别？原因是什么？有何应用？
4. 简述剪切形变和银纹化的形成原因和结果。
5. 制备高抗冲聚合物共混物需满足哪些条件？
6. 简述银纹-剪切带理论。
7. 影响橡胶增韧塑料冲击强度的因素有哪些？

8. 简述聚合物共混物熔体黏度与共混组成的关系。
9. 简述聚合物共混体系黏度与温度的关系。
10. 试述聚合物共混体系的黏弹性行为。
11. 简述聚合物共混体系玻璃化转变的特点。
12. 聚合物材料防静电的措施有哪些？其原理是什么？
13. 聚合物共混后，共混体系的耐热性会出现哪些可能的情况？
14. 聚合物的阻隔性能指的是什么？如何提高聚合物的阻隔性能？
15. 简述塑料补强橡胶机理。

第 7 章　聚合物共混体系的制备及设备

内容提要： 聚合物共混的工业实施，除从理论和配方研究外，共混物制备过程、工艺参数、设备选型与调控，都很重要。配方、工艺和设备相互关联、紧密结合。本章主要讨论混合的基本概念及机理、聚合物共混体系的制备方法、聚合物共混状态的描述方法及聚合物共混设备。

7.1　混合的基本概念及机理

7.1.1　聚合物混合的基本概念

混合是聚合物改性过程中的重要环节，没有混合也就没有聚合物改性。混合是一种操作，是一种趋向于提高混合物均匀性的操作过程。或者说，混合是这样一种过程：在整个被混合系统的全部体积内，各组分在其基本单元没有本质变化的情况下的细化和分布。

聚合物改性中的混合可分为分布混合、分散混合，也可按物料的状态分为固-固混合、固-液混合、液-液混合。混合是一种趋向于减少混合物非均匀性的操作，但这只能通过引起各组分的物理运动来完成，在混合中涉及下列 3 种基本运动形式：微观的“分子扩散”、局部的“体积扩散”和整体的“紊流扩散”。3 种基本运动形式分别形成混合过程中的 3 种基本作用：扩散、对流、剪切。

7.1.2　分布混合

在混合时仅增加粒子在混合物中的分布均匀性而不减小粒子初始尺寸的过程，称为分布混合，其主要通过对流实现。分布混合是共混物中少组分在多组分基体中的随机空间分布，是一种广泛混合（见图 7-1）。

在聚合物加工中，由于聚合物熔体有很高的黏度，很少达到紊流扩散，分子扩散几乎无意义，因为这种扩散极慢。所以，只剩下体积扩散作为占支配地位的混合。在这种场合，对流是唯一的混合机理，它可能是无规的或是有序的。体积混合可以通过物料简单的整体重排来达到，不需要物料连续变形。体积混合也可以通过层流对系统施加一种变形来实现。因此，定义这种体积混合为层流对流混合。加工中的液体-液体和流体-固体混合是经过不同形式的流动-剪切、伸长（拉伸）和挤压（捏合）的层流对流混合来实现的，在加工中剪切流动起主要作用。

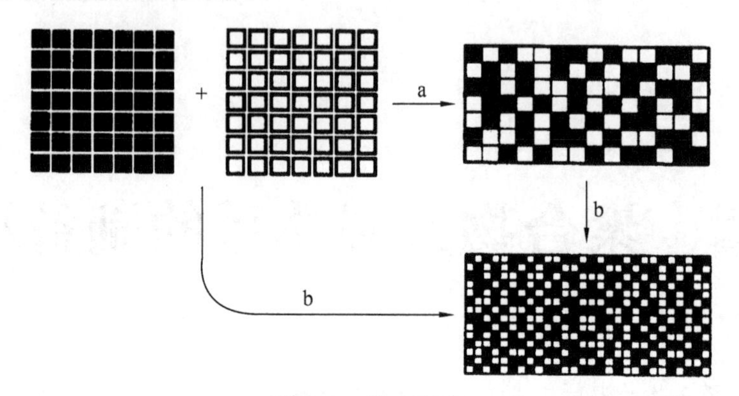

图 7-1　分布混合

a—分布混合；b—分散混合

7.1.3　分散混合

分散混合是固态物料、聚合物凝胶以及液滴等粒子平均尺寸通过剪切应力和（或）拉伸应力的作用逐渐减小的过程，是一种强烈混合（见图 7-2）。分散混合又分固相结块的分散和液滴的破裂分散。

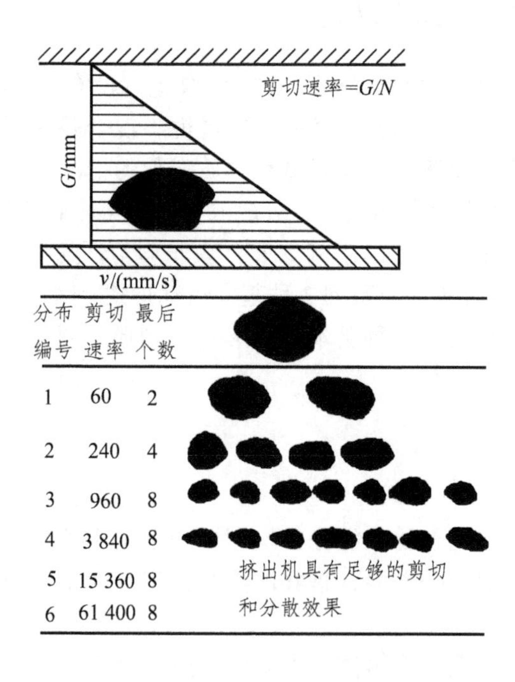

图 7-2　剪切变形引起的分散混合过程

对于固相的分散，各组分粒子有粒径的减小，也有空间位置的变化。固相结块的分散混合过程中的关键变量是应力。只有当流场作用到固相结块上的力在结块内产生的内应力大于固相的许用应力，固相才破碎，分散为更小的粒子。根据 Tadmor 所建的理论模型，流场作用到固相结块上的最大力 F 为

$$F_{max} = 3\pi\mu\dot{\gamma}r_1r_2 \tag{7-1}$$

式中，μ 为黏度；$\dot{\gamma}$ 为剪切速率；r_1、r_2 为固相结块的大小。

可见，剪切速率越大，剪应力越大，流场对固相结块的作用力越大；黏度越高，作用力越大。而黏度与温度有关，温度越低，物料黏度越大。因而，要想使固相结块破碎，应在低温下混合。固相结块的粒径越大，作用力越大，可以预见，大的固相结块先破碎，小的固相结块后破碎，结块越小，破碎越困难。流场对固相结块提供大的剪应力，除必须提供大的剪切速率（v/δ，v 为相对速度，δ 为剪切间隙）外，按照混合理论，还应使流体微元多次通过高剪切区，才能使固相分散。因而，混合机的混合区或混合元件应设小的间隙，在高的相对速度下，小间隙中就会产生高的剪切速率和剪应力。在塑料的改性中广泛采用的母料法可以说明这一理论的应用，因为母料中添加剂浓度高，故混合物黏度高，接受的流场作用力大，固相容易破碎。

对于两种熔体之间或熔体与液体添加剂之间的混合，有一个液滴的破裂分散的问题。两组分的黏度比越大，相容性越差，表面张力越大，少组分的液滴越不易破裂、分散，混合均匀；在连续相黏度不变的情况下，少组分的黏度越高，其液滴越不易破裂。剪应力越大，液滴越易破裂、分散。Taylor 研究了球形液滴在另一种液体均匀流场中的变形，界面张力是一个决定性因素。

在实际混合过程中，分布混合、分散混合是同时存在的。没有良好的分布混合，也不会有很好的分散混合。总之，在聚合物加工中，我们将讨论分布混合和分散混合。在前一种混合中，运动的基本形式是通过对流来得到的，分布混合机理可以是有序的或无规的排列过程，而后者是通过不同层状流型使物料变形（例如剪切、挤压或伸长流动）来实现的。

7.2　聚合物共混体系的制备方法

聚合物共混物是由两种或两种以上的高分子组成的。大多数聚合物共混物是非相容性的，具有复相结构。聚合物共混物的形态结构取决于聚合物组分的特性、共混方法及共混的工艺条件。典型的制备聚合物共混物的主要方法有机械共混法、溶液共混法、乳液共混法、互穿网络聚合物技术等。

7.2.1　机械共混法

机械共混法是制备聚合物共混物最简单易行且应用最广的一种方法。该法是将聚合物组分在混合设备（如高速混合机、双辊混炼机、密炼机、挤出机）中混合均匀。但是用此法制备的共混物，由于聚合物的熔体黏度很大，难以均匀混合，以致形成尺寸较大的分散相团粒，分散在基体中；同时分散相和基体之间，往往仅以弱的范德华力相互作用，因而影响到共混物的性能。但这可通过加入能使分散相与基体起反应的第三组分（如相容剂）来加以改善。机械共混法又有干粉共混法和熔融共混法之分。

7.2.2 溶液共混法

溶液共混法又称共溶剂法，是先将各聚合物组分溶解于共同溶剂中，再除去溶剂即得到聚合物共混物。此法虽简单，但受到溶剂是否对各组分均能溶解的条件限制，同时溶剂的选择对共混物的性能有很大影响，尤其不相容聚合物间的溶液共混作用，往往由于溶液的高度迁移性而受阻，这使得聚合物以相对粗大分离相分布在基体中，这样可能形成宏观不均相的共混物。

溶液共混法适用于易溶聚合物和某些液态聚合物，以及聚合物共混物以溶液状态被使用的情况，由于此法分散性差，而且消耗大量溶剂，因而工业价值不大。但在初步观察聚合物之间的相容性方面，可根据聚合物共混物的溶液是否发生分层现象以及溶液的透明性来判断，若出现分层和浑浊，则认为相容性较差，因此在试验研究工作中有一定意义。

7.2.3 乳液共混法

乳液共混法是将要进行共混的不同聚合物乳液搅拌混合均匀后，加入凝聚剂使异种聚合物共沉以形成分散的微粒共混物。此法适用于原料聚合物为聚合物乳液或共混物将以乳液形式被应用的场合。与溶液共混法相比，它能提供较细微分散的可能性。但单一地使用乳液共混法尚难获得相态细的聚合共混物。

7.2.4 共聚-共混法

共聚-共混法是制备聚合物共混物的化学方法。接枝共聚-共混法的典型操作程序是，首先制备一种聚合物（聚合物组分 1），随后将其溶于另一聚合物（聚合物组分 2）的单体中，形成均匀溶液后再依靠引发剂或热能的引发使单体与聚合物组分 1 发生接枝共聚，同时单体还会发生均聚作用。上述反应产物为聚合物共混物。它通常包含 3 种主要聚合物组分，即聚合物 1、聚合物 2 以及以聚合物 1 为骨架接枝上聚合物 2 的接枝共聚物。接枝共聚组分的存在促进了两种聚合物组分的相容。所以接枝共聚-共混产物的相畴较机械共混法产物的相畴微细。影响接枝共聚-共混产物性能的因素很多，其中主要有原料聚合物组分 1 和 2 的性质、比例，接枝链的长短、数量等。

接枝共聚-共混法制得的聚合物共混物，其性能通常优于机械共混法的产物，所以近年来发展很快，应用范围逐渐推广，目前主要用于生产橡胶增韧塑料，如抗冲聚苯乙烯及 ASS 树脂在早期虽然曾用机械共混法制取，但现已几乎被接枝共聚-共混法所取代。另外，橡胶增韧聚氯乙烯等也开始研究用此法生产。

共聚-共混法又有接枝共聚-共混与嵌段共聚-共混之分，在制取聚合物共混物方面，接枝共聚-共混法更为重要。接枝共聚-共混法生产聚合物共混物所使用的设备与一般的聚合设备相同，即间歇式聚合釜或釜式、塔式等连续操作设备。在操作方式上除上述本体法外，还有本体-悬浮法、乳液法等。

7.2.5　各种互穿网络聚合（IPN）技术

IPN 法形成互穿网络聚合物共混物，也是一种以化学法制备物理共混物的方法，其典型操作是先制备交联聚合物网络（聚合物 1），将其在含有活化剂和交联剂的第二种聚合物（聚合物 2）单体中溶胀，然后聚合，于是第二步反应所产生的交联聚合物网络与第一种聚合物网络相互贯穿，实现了两种聚合物的共混。在这种共混体系中，两种不同聚合物之间不存在接枝或化学交联，而是通过在两相界面区域不同链段的扩散和纠缠达到两相之间良好的结合，形成一种互穿网络聚合物共混体系，其形态结构为两相连续。

IPN 法虽然开发较晚，但发展很快。以具体操作方式而言，前述的典型操作可称为分步 IPN 法。该法虽然可得到形态均匀稳定的共混体系，而且可根据交联固化顺序的不同而调整和改变共混物性能，但其产物成型加工成制品却是困难的。同步 IPN 法的开发使产物制备与加工都更方便一些，并且可在更宽广范围内改变产物的化学组成。此外，还有胶乳 IPN 法为制造具有核-壳结构的 IPN 类共混物创造了多种途径。就其方法的特点和共混组成的局限性，IPN 法对于聚合物共混物的制备而言，只能是一种特殊的方法。

综上所述，由于经济原因和工艺操作方便的优势，机械共混法使用得最为广泛，制备某些高性能的聚合物共混物时也常使用共聚-共混法。近年来，IPN 技术也开始在工业生产上采用。

7.3　聚合物共混状态的描述

混合物的状态可以用总体均匀度、织态结构和局部结构来表征。下面介绍统计学上的混合指标。

7.3.1　分散度

为表示分散相的分散程度，引入平均粒径的概念。平均粒径有平均算术直径 $\bar{d}_{\mathrm{n}}$ 和平均表面直径 $\bar{d}_{\mathrm{a}}$。

$$\bar{d}_{\mathrm{n}}=\frac{\sum n_i d_i}{\sum n_i} \tag{7-2}$$

$$\bar{d}_{\mathrm{a}}=\frac{\sum n_i d_i^3}{\sum n_i d_i^2} \tag{7-3}$$

式中，d_i 为分散相粒子 i 的粒径；n_i 为分散相粒子 i 的数目。

之所以引入平均表面直径 $\bar{d}_{\mathrm{a}}$，是因为直接影响聚合物共混物力学性能的主要是粒子的球体表面积而不是直径，而球体表面积与直径成三次方关系。$\bar{d}_{\mathrm{n}}$ 比 $\bar{d}_{\mathrm{a}}$ 能更好地反映出分散程度与力学性能之间的关系。但即使平均粒径一样，其粒径也会因分布不同而有所不同，甚至差别很大，这与聚合物分子量分布的概念是一致的。所以，在研究混合分散状态时，不仅要得知平均直径，而且还要获取粒径分布的信息。可以通过电子显微镜配合图像自动分析仪获得分散相粒子的平均直径及粒径分布状况等信息。

7.3.2 均匀度

在大多数实际情况中，完美的整体均匀度是达不到的。可能得到的最大均匀度受混合方法控制，实际上总体均匀度由混合条件和混合时间决定。在无规混合过程中，可能得到的最大均匀度是通过二项分布给出的。二项分布方差：

$$\sigma^2 = \frac{p(1-p)}{n} \tag{7-4}$$

式中，p 为少组分体积分数；n 为试样包含粒子数目。

通过考察 σ^2，证明试样中包含的颗粒越多，分布越窄。在由真溶液中取出的试样中（此处最终的颗粒是分子），在最小的实际取样中分子的数目是庞大的，方差将趋于 0，分布实际上将是均匀的。实际上，当测定由混合过程所得混合物的若干试样中少组分的含量时，它们总是不同的。因此，用试样中少组分浓度的方差与二项分布方差作比较，而定义为少组分的总体均匀度 M。

$$M = \frac{S^2}{\sigma^2} S^2 = \frac{1}{N-1}\sum_{i=1}^{N}(X_i - \bar{X})^2 \bar{X} = \frac{1}{N}\sum_{i=1}^{N} X_i \tag{7-5}$$

式中，σ^2 为二项分布方差；S^2 为试样中少组分浓度方差；X_i 为试样 i 中少组分的体积分数；$\bar{X}$ 为试样中少组分平均体积分数；N 为试样数目。

显然，对于无规混合，$M=1$；对于一种完全分离系统的未混合状态（这时试样只包含多组分或者只包含少组分），方差为 $\sigma^2 = p(1-p)$，则 $M = n$（M 是试样中颗粒的总数）。

7.4 聚合物共混设备

共混设备主要包括高温开炼机、密炼机、螺杆挤出机和连续混炼机，连续混炼机分为密炼挤出组合式和转子螺杆组合式两种形式。高温开炼机和密炼机为间歇式混炼设备，螺杆挤出机和连续混炼机为连续式混炼设备。连续混炼机结合了密炼机和螺杆挤出机的优点，生产效率高，将成为今后最主要的共混设备。本节针对常用共混设备结构及原理等做重要介绍。一台理想的共混设备，它应当具备如下功能：

① 均匀的剪切应力场和拉伸应力场；

② 均匀的温度场、压力场，物料在其中的停留时间可以柔性地控制；

③ 能够均化不同流变性能物料的能力；

④ 物料分解之前，能有效地均化物料；

⑤ 把混合过程中产生的气体排除；

⑥ 在可控范围内改变混合过程参数，适应不同要求。

7.4.1　高速混合机

普通高速混合机主要由混合锅、回转盖、折流板、搅拌桨、排料装置、驱动电动机、机座等部分组成，如图 7-3 所示。

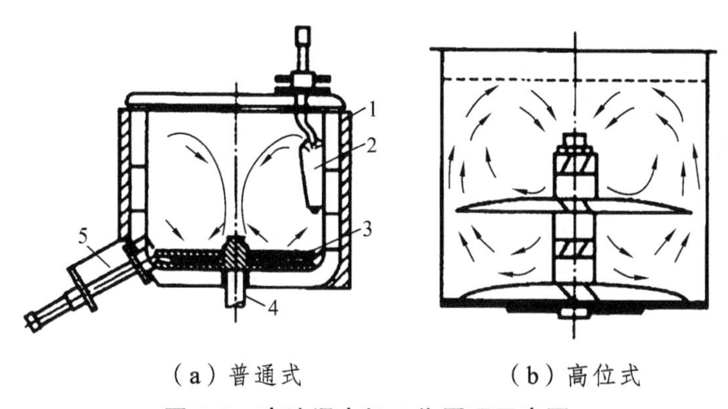

图 7-3　高速混合机工作原理示意图

1—混合锅；2—折流板；3—搅拌桨；4—驱动电动机；5—排料装置

高速混合机的工作原理如图 7-3（a）所示，搅拌桨叶在驱动电动机的作用下高速旋转，其表面和侧面分别对物料产生摩擦和推力，迫使物料沿桨叶切向运动。同时，物料由于离心力的作用而被抛向锅壁，物料受锅壁阻挡，只能从混合锅底部沿锅壁上升，当升到一定的高度后，由于重力的作用又回到中心部位，接着又被搅拌桨叶抛起上升。这种上升运动和切向运动的结合，使物料实际上处于连续的螺旋状上、下运动状态。由于桨叶运动速度很高，物料间及物料与所接触的各部件相互碰撞、摩擦频率很高，使得团块物料破碎。加上折流板的进一步搅拌，使物料形成无规的漩涡状流动状态而导致快速的重复折叠和剪切撕捏作用，从而达到均匀混合的目的。

对于高位安装搅拌桨叶的高速混合机，如图 7-3（b）所示，工作时，物料在桨叶上下都形成了连续交叉流动，因而混合速度快，效果好，且物料装填量较多。

在高速混合的过程中，由于物料之间以及物料与搅拌桨、锅壁、折流板间较强的剪切摩擦产生的摩擦热，以及来自外部加热夹套的热量使物料的温度迅速升高，使一些助剂（润滑剂等）熔融及互相渗透、吸收，同时还对物料产生一定的预塑化作用，有利于后序加工。实际生产中，在较高的搅拌桨转速下，当混合锅内的摩擦生热可以达到较好的混合效果时，混合过程中可不需要外加热。

塑料混合机的混合质量与设备结构因素，如搅拌桨的形状、搅拌桨的安装位置等有关，也与混合过程中的控制、操作因素，如桨叶转速、物料的温度、投料量、混合时间、助剂的加入次数及加入方式等有关。

7.4.2　开炼机

开炼机是大量应用的混炼机。它有良好的混炼性能，可以进行分散混合和分布混合。其混合时间和混合强度可方便地进行调节，直至达到混合质量要求，且在混合过程中可很方便地检查混合状态。但其操作条件太差，散热量大，能量利用不合理，间歇操作也使混合出的不同批量物料的质量有差别。

在开炼机中，两个辊筒以不同的转速转动，从而在辊筒之间产生较大的剪切力。开炼机的操作取决于塑炼物料，一般物料容易包在转得较快的辊筒，但不绝对。操作时，对包辊物料实行切割，这有助于界面在整个系统中的均匀分布。开炼机也可以连续操作，例如，以粒料或粉料聚合物在辊筒的一端加入，物料沿着混炼机移动，“刮板”把已熔的料层翻转并使之重新分布，在辊筒的远端已混合的物料连续地从辊筒上剥离下来。运行混炼操作的过程中，可把添加剂加到混炼机中，用这种方式把填充剂和油加到橡胶中。含有 3 个和 5 个辗筒的混炼机，在具有多于两个辊筒的开炼机中，物料是由一个辊隙到下一个辊隙的。

开炼机的主要工作部件是相向旋转的两个辊筒，辊筒内部可通蒸汽加热以及通冷水冷却，以便控制混炼的温度。两辊转速不等，速比一般为（1.05～1）：1。两辊之间的辊隙可调，通常开始加料时稍大，物料软化包覆辊筒后即可调小辊隙。开炼机结构如图 7-4 所示。

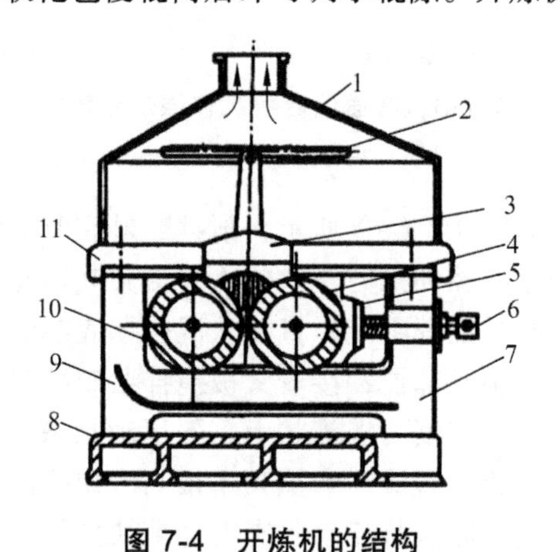

图 7-4　开炼机的结构

1—排风罩；2—紧急停车装置；3—挡料板；4—前辊筒；5—轴承；6—调距装置；
7，8—机架；9—接料盘；10—后辊筒；11—横梁

操作时，当将物料堆放于辊筒上方的，由于辊筒旋转，依靠摩擦力和黏附作用而被拉入辊隙，在辊隙内物料受到强烈挤压和剪切作用，起到分布和分散混合的作用。物料受热（加热及摩擦热）软化，辊压成片，一般使之包覆于温度较高的前辊，操作者应用铜质刀具不断切割该料片，以促进物料充分混炼（均化）。用开炼机进行熔体共混的物料是否要经过粉料预混，要根据共混的聚合物特性、使用助剂的种类以及共混物应用范围等多方面因素而定。

橡胶塑料共混时，一般都要加热到塑料的软化点以上甚至熔融温度。因此，要求共混开炼机等设备具有调节辊温和控制辊温的能力。目前，普通开炼机辊筒为冷硬铸铁，内腔是中空的结构，中间可通入蒸汽加热或用电加热。这种设备适用于一般共混胶料的制备，其剪切速率较低，要求共混时间长，分散效果也不理想，分散相的粒径一般达不到 1 μm 以下。高温开炼机的辊筒为内腔中空的钢制组合结构，表面用硬质合金喷焊处理，周边钻孔插有电热元件，用电刷导入导出电流。这种设备具有温度高、升温快和节能等优点，适用于橡胶与塑料共混。开炼机辊筒加热温度随设备不同而异。一般蒸汽加热的开炼机辊温可以用蒸汽压来调节，电加热的有的可达到 180 °C，甚至可达 200 °C，而高温开炼机可达 250 °C。共混时，开炼机的温度应严格控制，因为温度对共混物结构形态影响很大，达不到聚合物的熔融温度，

黏度很高，很难甚至不能在另一种聚合物中分布，而温度过高又会使高分子材料产生一定程度的降解，降低其物理机械性能。因此，控制好开炼机的辊筒温度是获得分散良好共混料的前提。

此外，分散相达到平衡时其粒径大小及其分布也受开炼机产生的剪切速率的影响。当切变剪切增加时，将产生较大剪切力，这有利于分散相粒径的破碎及其分布均匀，同时还有利于聚合物包辊，提高了工艺性能。

7.4.3 密炼机

密炼机是密闭式操作的混炼塑化设备，又称为密闭式炼塑机，是高强度密闭式分批混合机，属聚合物特别是塑料加工业规模化生产的常规设备，是塑料塑化与混炼的基本设备之一，有非常优异的混炼性能，特别是分散混合性能。其混合效率很高，但能耗大，价格很贵。相对于开炼机来说，密炼机具有物料混炼时密封性好、混炼条件优越、自动化条件高、工作安全、混炼效果好、生产效率高等优点。

密炼机的基本构造主要由五大部分和多个附属系统组成。五大部分包括密炼室和转子部分、加料和压料部分、卸料部分、传动部分及机座部分等。附属系统主要包括加热冷却系统、液压传动系统、气压传动系统、电气控制系统和润滑系统等。如图 7-5 所示为 S（X）M-30 型椭圆转子密炼机的基本结构。

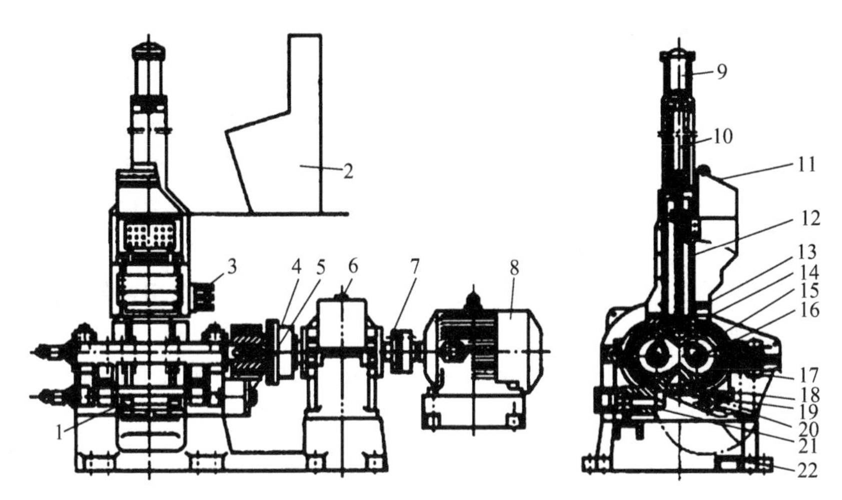

图 7-5　S（X）M-30 型椭圆转子密炼机基本结构示意图

1—卸料装置；2—控制柜；3—加料自摆动油缸；4—齿轮联轴器；5—摆动油缸；6—减速机；7—弹性联轴器；8—电动机；9—氮气缸；10—油缸；11—顶门；12—加料门；13—上顶栓；14—上机体；15—上密炼室；16—转子；17—下密炼室；18—下机体；19—下顶栓；20—旋转轴；21—卸料门锁吸装置；22—机座

7.4.4 FCM（LCM）连续混炼机

FCM（Farrel Continuous Mixer）是由间歇式密炼机发展而来的两转子连续混炼机。其两根转子不啮合，可以同向，也可以逆向旋转。转子有固体输送段、混炼段、泵出段。固体输送段的构型无异于非啮合双螺杆挤出机的固体输送段；混炼段的转子形状像密炼机转子。机筒是剖分式。在转子末端有排料阀门。FCM机的下游要接一台单螺杆熔体挤出机，用来造粒。FCM机吸收了密炼机的特点，有优异的分布混合和分散混合性能。但将密炼机的间歇工作变为连续工作，因而操作条件好，过程便于控制，可以进行共混、填充、增强改性。LCM（Long Continuous Mixer）是在FCM的基础上发展而来的（见图7-6）。它的转子比FCM长，有两个混炼段，两混炼段之间还有一螺纹段，用于排气和加入添加剂。由于转子加长，且有两个混炼段，还有排气段，故其混炼效果优于FCM，可以完成FCM一样的混炼任务。国内用的FCM、LCM机大都依赖进口。

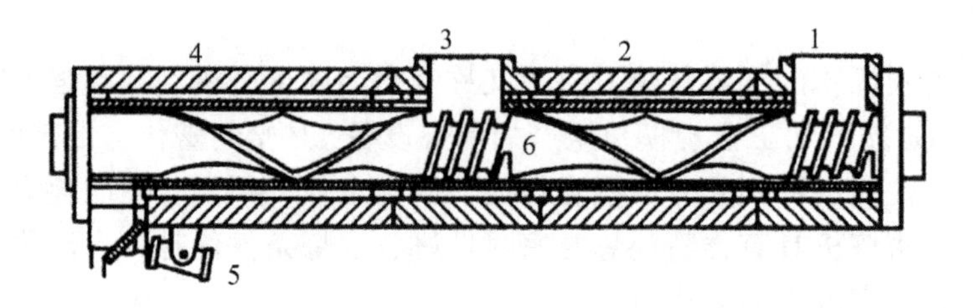

图7-6　LCM连续混炼机

1—主加料口；2—第一混合室；3—附加料口；4—第二混合室；5—卸料门；6—转子

7.4.5　单螺杆挤出机

单螺杆挤出机是聚合物加工中最常应用的设备。但单螺杆挤出机又可分为两类：一类是常规单螺杆挤出机；另一类是装有混炼元件的单螺杆挤出机。所谓常规单螺杆挤出机，是指其螺杆系由全螺纹组成的三段（加料段、压缩段、计量段）螺杆。常规单螺杆挤出机主要用于板、管、丝、膜等塑料制品的挤出。在这些制品的挤出过程中虽也有混合，但对混合不是主要要求。一般而言，常规单螺杆挤出机的混合性能较差，不能提供良好的分散混合和分布混合效果。若要通过提高螺杆转数来提高剪切速率，以增加混合能力，又会影响熔融塑化质量。总之，常规单螺杆挤出机不适合用于混合作业。这也许就是选用常规单螺杆挤出机来进行混合作业时得不到预期结果的原因。

为克服常规单螺杆挤出机的上述缺点，设计了形形色色的非螺纹元件或非常规螺纹元件，并将它们装到常规单螺杆的不同轴向位置上，以取代该位置上的螺纹区段。虽然，这些元件中的一部分当初研制出来时不是为提高混合能力，而是为促进熔融，但它们的确能同时改进常规螺杆的混合能力。这些螺杆元件有销钉螺杆（机筒）、屏障螺杆（直槽和斜槽，见图7-7）、BM螺杆、波状螺杆等。可以将它们分为两大类：混合元件、剪切元件。混合元件以销钉螺杆为代表，其特点是在螺杆的不同轴向位置设置了不同直径、不同数目、不同排列、不同疏密度的销钉。这些销钉能对已熔融的物料进行分流、合并，增加界面，故能起到分布混合作用。若将销钉安在固液相共存区，还可促进熔融。但销钉螺杆无窄间隙的高剪切区，因而不能提供高的剪应力，故不能进行分散混合。若在螺杆和机筒相应部位同时装有专门设计的销钉（销钉区），形成窄间隙的高剪切区，则可能进行分散混合。剪切元件以屏障螺杆为代表，它们为非螺纹元件，其上有窄间隙的高剪切区，可以提供高的剪速率和剪应力，适于分散混合，也适于分布混合。其他混炼螺杆如波状螺杆、BM螺杆、CTM（Cavity Transfer Mixer）

元件等，它们除了能促进熔融外，还可以增加分布混合和分散混合。另外，在螺杆末端和口模之间可装上静态混合器（有很多种），可以提高挤出机的分布混合能力，但不能提高分散混合能力；如果在螺杆末端和口模之间装上拉伸流动混合器 EFM（Extensional Flow Mixer），则可以提高分布混合和分散混合能力。应当指出，用于混合作业的单螺杆挤出机最好设有排气区，因为在混合过程中需要把产生的气体和加料时带入的空气排出。

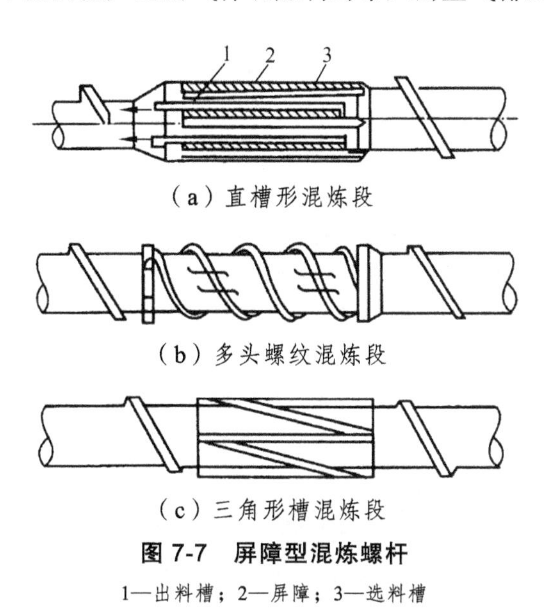

（a）直槽形混炼段

（b）多头螺纹混炼段

（c）三角形槽混炼段

图 7-7　屏障型混炼螺杆

1—出料槽；2—屏障；3—选料槽

7.4.6　DIS 螺杆挤出机

近些年来，新创制了一种轴向和径向都具有很好混合分散效果的高效混炼型单螺杆挤出机，称为 DIS 螺杆挤出机。

DIS 螺杆挤出机是一种新型的分配混合装置，它使用具有特殊结构的 DIS（Distributive Mixing）螺杆，其形状见图 7-8。

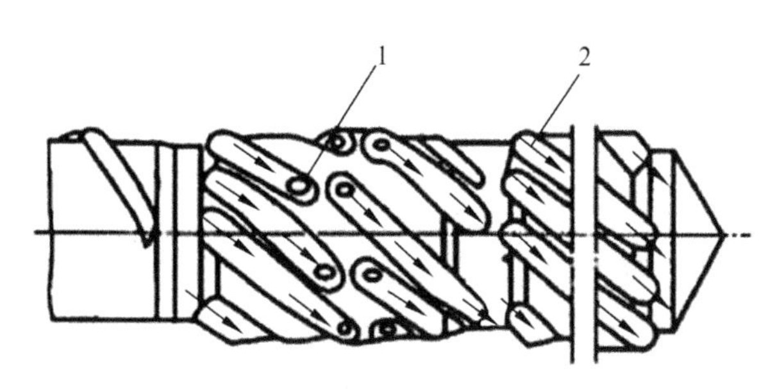

图 7-8　DIS 螺杆示意图

1—流道孔；2—料槽

DIS 螺杆的前端设有若干个混炼段，在每个混炼段的外表面上均有盘成与螺杆本体螺纹方向相同的螺旋形进、出料槽。进料槽的终点与出料槽的起点以通道相连接，但出料槽出口在混炼段圆周上的排列顺序与进料槽进口在混炼段圆周上的排列顺序不同。依据这种结构，物料通过混炼段时，首先被进料槽所分割，再从进料槽出口沿通道进入出料槽，最终自出料槽出口送出。与此同时，各料层又在混炼段后部的拼合室内重新拼合。显然，物料在其流动的交叉方向上受到了强烈的剪切作用。物料通过一个混炼段，被分割成的料层数与进料槽数目相等，而物料若通过几个混炼段，则总的被分割的流体层数 S 可由式（7-6）计算：

$$S = a^n \tag{7-6}$$

式中，S 为流体总层数；a 为进料槽数目；n 为混炼段数。

DIS 螺杆混炼效果卓越，因而用于聚氯乙烯和某些热稳定性差的塑料挤压中空或曲面制品时，可保证制品内、外壁面的光滑程度一致。用于挤压聚氯乙烯泡沫塑料时，可以消除内外层气泡大小不均匀的现象；在塑料共混及共混制品的生产方面，DIS 螺杆显著地增进了组分之间的混合分散程度。具有 DIS 螺杆的循环式双螺杆挤出机（见图 7-9）对于相容性不良的聚合物体系的共混和挤出尤为适用。此种设备的操作程序为：首先将物料自料斗 1 加入，通过混炼螺杆 3 送至模头 4。第一阶段，物料借换向阀 5 控制进入 DIS 螺杆 7，并通过循环通道 8 返回螺杆 3 再加以混炼。混炼充分后，第二阶段，转动换向阀 5 使物料从喷嘴 6 压出。

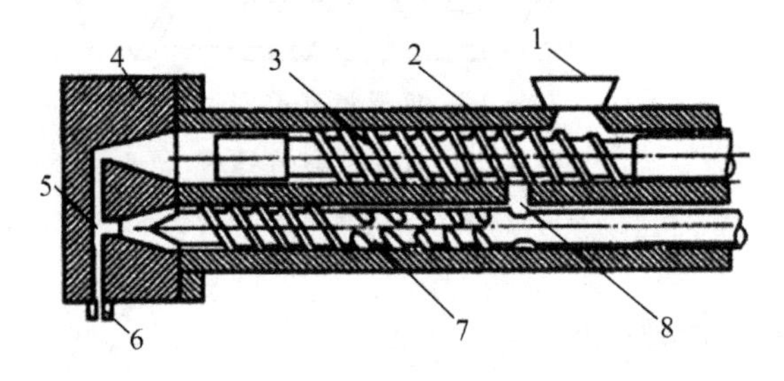

图 7-9　采用 DIS 螺杆的循环式双螺杆挤出机

1—料斗；2—料筒；3—混炼螺杆；4—模头；5—换向阀；6—喷嘴；7—DIS 螺杆；8—循环通道

DIS 螺杆的造价仅为普通螺杆的 1.5 ~ 2 倍，较为便宜。它还可以方便地与普通螺杆换用。

7.4.7　行星螺杆式挤出机

行星螺杆式挤出机也是一种很有特色的连续混炼机，它把行星轮系的概念引入单螺杆挤出机的设计中（见图 7-10）。

行星螺杆式挤出机，是在挤出机中螺杆的螺旋中段（即塑化段）或是整个螺杆（只有进料部分加料段不是行星螺杆）为行星螺杆式的结构。工作时以中心螺杆为主动螺杆，其外圆有多根小直径螺杆与其啮合转动，这些小直径螺杆既能自转，又能围绕中心螺杆公转，这是由于小螺杆的外围还有内带螺旋齿的外套与其啮合。这个外套也是机筒，与前后机筒用螺栓连接固定。螺杆的螺纹截面为渐开线齿形，螺旋为多头螺纹。图 7-10 中的中心螺杆、行星小直径螺杆和内有螺纹齿的外套机筒这 3 种零件组合，成为行星螺杆的混炼塑化机构。它们的螺纹距、螺纹深和垂直截面的齿形啮合角都相等；距外套螺旋齿的分度圆距离也相等；各个行星螺杆间的中心距相等，而且大于行星螺杆直径，以避免啮合传动时出现干涉现象。这些数据是保证这组行星螺杆正常啮合转动必须具备的工作参数。

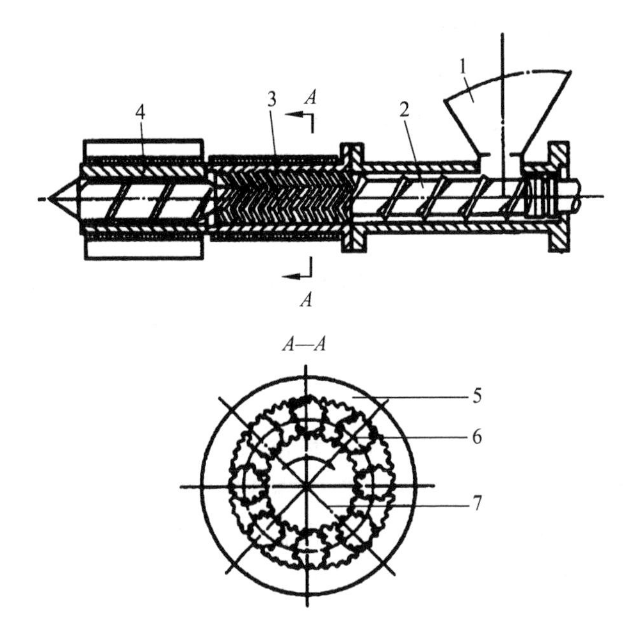

图 7-10　行星螺杆式挤出机

1—料斗；2—输送段；3—行星段；4—计量段；5—料筒；6—行星螺杆；7—中心螺杆

行星螺杆混炼塑化原料的方式是：被加料段螺纹推到行星段的物料，在其后部螺杆进料的连续强力推动下，向螺杆前方机头挤出处移动，从中心螺杆和机筒间的内螺纹齿间和与其啮合的行星小直径螺杆齿间通过；由于行星螺杆中各螺杆不断转动，当物料通过这些间隙时会受到高的剪切和分流，合并，再取向，使物料在相互啮合转动的螺纹齿间隙中受到强烈的挤压、拉伸和剪切等多种力作用，使物料在此段不断地被翻动、混合，因而能进行分布混合和分散混合，最后成熔融状态，被均匀塑化，逐渐被推向螺杆前段，从机头挤出。它是一种性能优异的连续混炼机，目前主要用于 PVC 的加工，如造粒，为生产 PVC 硬片的压延机喂料等。根据其工作机理和混炼特点，还可用于其他聚合物加工和共混改性。

7.4.8　往复式单螺杆挤出机

这是一种很有特色的混炼机，它属于单螺杆挤出机。其特点是螺杆除了做旋转运动外，还做往复运动，螺杆每转一转，轴向往复运动一次。其机筒是剖分的，在机筒内表面上装有按一定规律排列的许多销钉，而螺杆上的 3 条螺纹是断开的。当螺杆旋转时，销钉通过断开的螺纹。销钉和断开的螺纹间有很小的间隙。螺杆旋转时，该间隙中有很高的相对运动速度，可以产生很高的剪切速率。可以想象，当物料由加料段进入混合段时，在机筒外加热和螺杆与销钉的剪切作用产生的热量作用下，得以熔融，同时物料在螺杆的旋转、轴向往复运动中产生的剪切、拉伸、分流、合并、折叠、再取向等作用下，得以混合，混合过程产生的气体也得以排除。往复式螺杆的长径比较短，$L/D = 7 \sim 23$，转数高，每分钟可达几百转，是一种性能优异的连续混炼机，它能提供良好的分布混合和分散混合。用它进行共混、填充、增强物理改性和化学改性可以得到良好的效果。

由于其螺杆的往复运动，在螺杆末端出料是脉动的，压力是脉动的，而且建立压力能力低，故不能直接接机头进行造粒和挤出制品。通常在螺杆末端接熔体齿轮泵，用以建立高的压力和稳定压力。在齿轮泵后接造粒机头，或在往复式单螺杆挤出机下游接一台单螺杆熔体挤出机进行造粒，还可在两台机器之间进行排气。

7.4.9 双螺杆挤出机

这是应用最广泛的另一种挤出机。双螺杆挤出机有很多种：啮合同向双螺杆挤出机、啮合异向双螺杆挤出机（又分平行的、锥形的）、非啮合双螺杆挤出机。它们的工作机理、性能及用途有很大不同。

（1）啮合同向旋转双螺杆挤出机。

这种双螺杆挤出机采用组合式，其螺杆和机筒都是组合的。其长径比大，$L/D = 36 \sim 48$，螺杆转速高（新一代最高可达 1 200 r/min），配有各种混合元件和剪切元件。通过科学的组合，可以提供高的剪切速率和剪应力，能进行分布混合和分散混合。可对不同聚合物（两种及两种以上聚合物）和配方（聚合物中加有各种添加剂）进行共混、填充、增强改性，也可进行反应挤出。它比单螺杆挤出机的混合能力有大幅度的提高，是目前聚合物（如塑料）改性中用得最多的一种设备。正确的使用应当是根据不同的物料和配方，以及要完成的混合工艺目标，选用不同的螺杆（机筒）元件，对螺杆（甚至机筒）进行组合。

（2）啮合异向旋转双螺杆挤出机。

这种双螺杆挤出机又分平行的和锥形的两种。目前国内使用的这两种形式的异向双螺杆挤出机，主要用于 RPVC（硬聚氯乙烯）制品的挤出和造粒。

① 用于 RPVC 制品挤出的啮合异向平行双螺杆挤出机，其工作机理和啮合同向双螺杆挤出机不同。对于在两螺杆啮合区纵横向皆封闭的异向双螺杆挤出机，它是靠正位移输送物料的。螺杆是整体式，各区段一般由螺纹组成，螺槽较深，长径比 L/D 要比啮合同向双螺杆挤出机短得多，$L/D = 10 \sim 20$。螺杆转数低，大约每分钟几十转。它的分布混合能力较差。但在两螺杆的压延间隙中有拉伸流动和剪切流动，故有较好的分散混合能力。但将这种双螺杆挤出机用作专用混炼机，其混合能力还是有限的。锥形双螺杆挤出机的性能和用途与啮合异向平行双螺杆挤出机相同。其混合能力也有限，主要用于 RPVC 制品的挤出。

② 用于配混料的啮合异向平行双螺杆挤出机，不同于用于 RPVC 制品挤出的啮合异向平行双螺杆挤出机，它的螺杆构型中组合了许多非常规螺纹元件（螺棱窄，螺槽宽，在啮合区纵横向皆开放）、特殊混合元件及剪切元件。螺杆长径比大（$L/D = 30 \sim 40$），螺杆转数高达每分钟几百转。设有排气区，可以有几个加料口，其分散混合性能甚至优于啮合同向双螺杆挤出机。

（3）非啮合双螺杆挤出机，它与啮合型双螺杆挤出机不同，两螺杆外径相切，不啮合，做异向内向旋转。在两个机筒孔之间有通道，因而两螺杆之间有物料交换。其长径比大，L/D 可达 100。螺杆转数高，每分钟可达几百转。这种双螺杆挤出机的分布混合性能好，但因无窄间隙的高剪切区，分散混合能力较差。其建立压力能力也较低，可用于混料造粒。如想建立压力，则两根螺杆不一样长，长的那根螺杆多出的部分相当于一根螺杆，可以建立较高的压力。这种双螺杆挤出机用于共混、填充、增强改性、脱挥发分、塑料回收，更适于反应挤出。该双螺杆挤出机问世很早，国外很多知名双螺杆生产厂家都有此产品。

双螺杆挤出机在机筒中有两根螺杆，其机筒截面呈8字形，如图7-11所示。由于它具有可以直接加入粉料、混炼塑化效果好、物料在机器中停留时间分布窄、生产能力高等一系列优点，已在塑料混配和成型加工领域获得越来越广泛的应用，尤其在塑料填充、共混改性以及硬PVC制品的生产方面具有单螺杆挤出机无法比拟的优势。

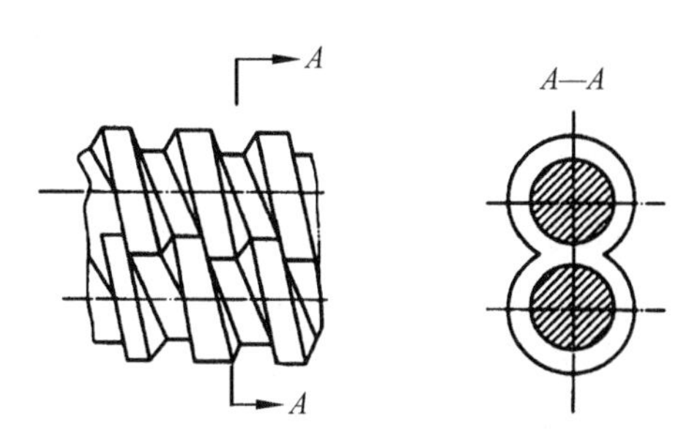

图7-11　双螺杆示意图

双螺杆挤出机的种类很多，从不同角度可分为平行和锥形双螺杆挤出机；同向旋转和异向旋转双螺杆挤出机；啮合型与非啮合型双螺杆挤出机，另外还可以按啮合型螺槽是否开放而分类。主要的双螺杆结构分类如表7-1所示。

表7-1　主要双螺杆结构分类

啮合程度		纵横通道情况	反向转动螺杆	同向转动螺杆
啮合	全部	纵、横向封闭	实际上存在	理论上不可能
		纵向开口，横向封闭	理论上不可能	螺杆
		纵、横向开口	理论上可能，但实际上不行	捏合盘
	部分	纵向开口，横向封闭	实际上存在	理论上可能
		纵、横向开口	实际上存在	实际上存在
		实际上存在	实际上存在	实际上存在
非啮合		纵、横向开口	实际上存在	实际上存在

双螺杆挤出机的工作原理与单螺杆挤出机有很大不同。对于单螺杆挤出机，物料由加料段到计量段，在固体输送区是靠物料与螺杆和物料与机筒间摩擦系数之差而形成的摩擦力来输送的，在熔体输送区则是靠物料与螺杆和机筒间的黏性拖曳力输送的。双螺杆挤出机的物送机理要复杂得多，而且因类而异。

啮合异向旋转双螺杆挤出机，当全啮合且螺槽纵横向完全封闭时，遵从完全的正位移输送机理。若螺槽纵向或横向有一定程度的开放，就会丧失一定的正位移输送能力，因为在压力梯度作用下，会产生漏流。不过，正位移输送能力的损失，可以换来混合能力或其他特性（如排气）的提高。

啮合同向旋转双螺杆挤出机的螺槽纵向不可能封闭，否则螺纹啮合不上，会发生干涉，因而正位移输送能力必然有所丧失，至于丧失的多少则取决于纵向开放的程度，程度越大，损失越多。所以这种双螺杆挤出机既有正位移输送，也有摩擦、黏性拖曳输送，各占多大比例，视螺槽开放程度而定。

非啮合型双螺杆挤出机因两根螺杆不能形成封闭或半封闭的腔室，无正位移输送条件，故其输送机理与单螺杆挤出机相同。

锥形双螺杆挤出机的两根螺杆是啮合型、异向旋转的，故其输送机理与啮合平行异向旋转双螺杆挤出机相同。即如果螺槽纵横向皆封闭，其输送为正位移输送；如果螺槽纵横向有一定程度开放，则正位移输送能力下降，混合作用加大。

一般来说，用啮合型双螺杆挤出机进行塑料配混和聚合物共混具有下述优点：

① 混炼效果好。单螺杆挤出机的混炼效果不够理想，其原因是单螺杆挤出机的分散、混合作用仅依靠螺杆的压缩比及螺杆旋转时产生的机头压力，以及由机头压力产生的反向流动。双螺杆挤出机的两根互相啮合的螺杆在啮合处产生了强烈的剪切作用，对物料的分散与混合极为有利。

② 物料在料筒内停留时间分布窄。物料在单螺杆挤出机中的流动有正流、逆流、漏流、横流 4 种情况。逆流与漏流的产生是由于机头、过滤板等的反压，它们导致物料在挤出机料筒中停留时间分布较宽。双螺杆挤出机的“正位移输送”使物料在其中的平均停留时间比单螺杆挤出机少 1/2 以上，停留时间分布范围也仅为单螺杆挤出机的 1/5 左右。因此，物料各部分在挤出机料筒内所经历的物理、化学变化过程大体相同，因而聚合物共混物的性能更均匀。双螺杆挤出机的两根螺杆互相啮合，旋转时彼此刮拭，从而可以避免物料对螺杆的黏附、缠包。上述效果称为螺杆的自清理作用，这种作用是使得物料在双螺杆挤出机中停留时间分布窄的另一原因。

显然，停留时间短及停留时间分布窄，对于热敏性聚合物的共混尤为重要。

③ 挤出量大，能量消耗少。双螺杆挤出机的螺距小，螺槽深，有效螺槽容积比单螺杆挤出机大，加之有两根螺杆，故当螺杆直径和转速相同时，双螺杆挤出机的实际挤出量可达单螺杆挤出机的 3 倍。

双螺杆挤出机运转时，机械能可通过螺杆啮合处直接施加到其间的薄层物料上，使物料受到强烈的剪切作用，因而机械能可有效地转换为热能，从而提高了能量转化率。异向旋转双螺杆挤出机可将 85%的机械能转化为热能，这对于降低聚合物共混操作的成本极为有利。

锥形双螺杆挤出机与平行啮合异向双螺杆相比，主要有以下优缺点：

① 由加料端到排料端，直径及螺槽容积逐渐变小，故可加入较松散的物料，随着物料向前输送而被压缩。

② 由于螺杆直径逐渐缩小，其圆周速度和对物料的剪切力作用也相应逐渐降低。这对于缺少排料段已熔融物料的过热是重要的，因而尤其适用于易热解聚合物的混配和共混。

③ 虽然在止推轴承和机头设计方面较有利（因机头压力较小），但螺杆、机筒的加工困难，使用中磨损较严重。

综上所述，虽然双螺杆挤出机种类繁多，各有特点，不过由于聚合物共混物料的多样性、对共混物形态结构要求的复杂性，因此不可能准确评定哪一种类型最适用。

组合式螺杆由若干个起不同作用的螺杆区段（元件）组装而成，一般按作用分为输送元件、压缩元件、混合元件等。使用时可根据具体情况进行调节，由于尚无理论计算可以依据，人们还只能通过不断的实践来确定最佳的组合。

双螺杆挤出机的机筒可以根据需要设置一个以上的加料口。若两种黏度差异较大的树脂进行共混，当低黏度树脂比例很少时，可在一个加料口将两种树脂同时加入；若两组分比例相近，则宜在第一加料口加入高黏度物料，在接近其全熔处设置的第二个加料口高速加入低黏度树脂，否则高比例的低黏度树脂犹如润滑剂，会阻止剪切元件把能量有效地传给高黏度树脂，使之不易熔融，最终影响到共混聚合物的形态结构和性能。当树脂与橡胶共混时，一般需在第一加料口加入配方中的全部橡胶以及少部分树脂以使橡胶分散，然后在第二加料口加入其余树脂。当共混物中还加入填料进行复合改性时，纤维状填料通常都是在第二个加料口加入，这是为避免纤维状填料的过分切断。

以上简单介绍了塑料改性中的混合及常用混炼机的性能和选用。关于混炼机的选择，要根据改性任务、产品种类、产量等综合情况来决定。

复习思考题

1. 聚合物加工过程中的混合机理或原理是什么？分布混合与分散混合有何区别与联系？
2. 聚合物共混体系的制备方法有哪些？各有何优缺点？
3. 聚合物共混过程及状态如何描述？
4. 高速捏合机的混合锅内料是如何形成翻转的？高速捏合机的加热温度应在什么范围之内？
5. 高速捏合机中的折流板起什么作用？
6. 简述开炼机的正常工作条件。
7. 二辊开炼机的混炼效果与哪些因素有关？
8. 往复式螺杆挤出机的混合塑化原理是什么？
9. 行星螺杆式挤出机的混炼塑化原理是什么？
10. 新型螺杆有哪些基本类型？
11. 双螺杆挤出机有哪些类型？其工作原理及用途有何不同？
12. 熔体泵有何特点及作用？规格如何表示？如何清理？
13. 浅谈国内外共混改性设备的发展现状及趋势。

第 8 章　聚合物共混改性的应用实例

内容提要： 介绍聚合物共混改性在塑料和橡胶中的应用。在塑料中的应用包括通用塑料、工程塑料以及特种工程塑料的共混改性；在橡胶中的应用包括通用橡胶、特种橡胶的共混改性以及共混型热塑性弹性体。

8.1　聚合物/聚合物共混体系

聚合物与聚合物的共混是最常见的共混体系，主要包括塑料（P）/塑料（P）、塑料（P）/橡胶（R）及橡胶（R）/橡胶（R）共混体系。聚合物/聚合物共混体系的选取，须考虑相容性、结晶性、性能、价格等诸多因素。

1. 相容性因素

选取共混体系时，共混组分间的相容性是应考虑的首要因素。相容是共混的基本条件，一般而言，两相之间良好的相容性是两相体系共混产物具有良好性能的前提。相容性还影响共混过程的难易，相容性好的两相体系，共混过程中分散相较易分散。因此，一般应首选相容性较好的聚合物体系进行共混。例如，PVC 的共混体系宜选用 NBR、CPE、EVA 等相容性较好的聚合物为其共混组分。在相容性得不到满足时，则考虑采取措施改进相容性，如添加相容剂。

2. 结晶性因素

在制备塑料共混物时，为使不同塑料组分的性能达到较好的互补，需要考虑塑料组分的结晶性能。结晶性塑料与非结晶性塑料在性能上有明显的不同。结晶性塑料通常具有较高的刚性和硬度、较好的耐化学药品性和耐磨性，加工流动性也相对较好。结晶性塑料的缺点是较脆，且制品的成型收缩率高。非结晶性工程塑料则具有尺寸稳定性好而加工流动性较差的特点。结晶性塑料的品种有 PO、PA、PET、PBT、POM、PPS、PEEK 等。非结晶性塑料的品种有 PS、ABS、PC、PSF、PAR 等。

按结晶性能分类，塑料共混物可分为非结晶性工程塑料/非结晶性通用塑料、非结晶性工程塑料/结晶性通用塑料、结晶性工程塑料/非结晶性通用塑料、结晶性工程塑料/结晶性通用塑料、非结晶性工程塑料/结晶性工程塑料、非结晶性工程塑料/非结晶性工程塑料，以及结晶性工程塑料/结晶性工程塑料等类型。

在工程塑料与通用塑料的共混体系中，由于通用塑料与工程塑料相比，一般都具有较好的加工流动性，所以，不仅结晶性通用塑料可以用于改善非结晶性工程塑料的加工流动性（如PC/PO体系），非结晶性通用塑料也可以起改善加工流动性的作用（如PPO/PS、PC/ABS体系）。此外，脆性的通用塑料可以对工程塑料起增韧作用，这一增韧作用属于非弹性体增韧，已在工程塑料共混体系中广泛应用。通用塑料加入工程塑料中，还可以降低成本。

在工程塑料与工程塑料的共混体系中，采用非结晶性品种与结晶性品种共混，制成的共混物可以兼有结晶性品种与非结晶性品种的优点，如非结晶性品种的高耐热性、结晶性品种加工流动性较好等。这一类型的塑料合金由于所具有的优越特性，近年来已得到较多的开发，主要品种有PC/PBT、PC/PET、PPO/PA等。

3. 性能的改善或引入新性能

性能因素主要考虑共混组成之间的性能互补，或改善聚合物的某一方面的性能，或引入某种特殊的性能。对于加工流动性较差的聚合物，可以与加工流动性较好的品种共混，以改善其加工流动性。例如，将PE与PC共混，可以改善PC的加工流动性。又如，PVC有良好的阻燃性，将ABS与PVC共混，可以提高ABS的阻燃性。

利用共混，还可以在聚合物中引入某种特殊的性能。例如，ABS具有良好的电镀性能，许多塑料与ABS共混，都可以改善其电镀性能。又如，将橡胶与高吸水性树脂共混，可以制备具有遇水膨胀性能的橡胶。

4. 价格因素

考虑价格因素，是通过价格昂贵的聚合物品种与较为廉价的聚合物品种共混，在性能影响不大的前提下，使成本下降。价格因素在市场竞争的环境下，显得尤为重要。

利用无机填充体系，采用一些价格较为低廉的填充剂，也是降低聚合物材料成本的一个重要途径。应用适当的表面改性技术对填充剂进行改性，可以使性能少受影响。采用无机纳米颗粒（如纳米碳酸钙）制备聚合物纳米复合材料，还可以使价格降低的同时提高性能。

8.2 通用塑料的共混改性

通用塑料，如聚氯乙烯（PVC）、聚丙烯（PP）、聚乙烯（PE）、聚苯乙烯（PS）等是应用最为广泛的塑料类型，对通用塑料的改性具有重要的工程价值。

8.2.1 PVC的共混改性

PVC是一种用途广泛的通用塑料，其产量仅次于聚乙烯而居于第二位。PVC在加工应用中，因添加增塑剂量的不同而有“硬制品”与“软制品”之分。其中，PVC硬制品是不添加增塑剂或只添加少量的增塑剂。硬质PVC若不经改性，其抗冲击强度甚低，作为结构材料使用的硬质PVC都要进行增韧改性。增韧改性常以共混的方式进行，所用的增韧改性聚合物包括氯化聚乙烯（CPE）、MBS、ACR、EVA等。

软质 PVC 是指加入适量增塑剂，使制品具有一定柔软性的 PVC 材料。PVC 与增塑剂混合塑化后的产物，也可视为 PVC 与增塑剂的共混物。PVC 的传统增塑剂为小分子液体增塑剂，如邻苯二甲酸二辛酯（DOP）。液体增塑剂具有良好的增塑性能，但却易于挥发损失，使 PVC 软制品的耐久性降低。采用高分子弹性体取代部分或全部液体增塑剂，与 PVC 进行共混，可显著提高 PVC 软制品的耐久性。这些高分子弹性体实际上起到了 PVC 的大分子增塑剂的作用。可用作 PVC 大分子增塑剂的聚合物有 CPE、NBR、EVA 等。

经共混改性的 PVC 硬制品可广泛应用于门窗异型材、管材、片材等。添加高分子弹性体的 PVC 软制品可适于户外用途及耐热、耐油等用途。

1. PVC/CPE 共混体系

PVC/CPE 共混体系可以用于 PVC 硬质品中。在 PVC 硬制品中添加 CPE，主要是起增韧改性的作用。CPE 是聚乙烯经氯化后的产物。通常采用氯含量为 36%的 CPE 作为 PVC 的增韧改性剂。在 PVC/CPE 共混体系中，体系的组成、共混温度、共混方式、混炼时间等因素都会影响增韧效果。

杨文君等研究了 PVC/CPE 共混物中 CPE 含量对力学性能的影响，于 170 °C 在开炼机上混炼 10 min，所得的 PVC/CPE 共混物中 CPE 含量与力学性能的关系如图 8-1 所示。可以看出，随着 CPE 用量的增加，缺口冲击强度上升，且曲线呈 S 形，在 CPE 用量（质量份）为 5 ~ 20 份时，冲击强度上升幅度较大。断裂伸长率在 CPE 用量为 15 份以内时呈上升趋势，在超过 15 份后不再增大。拉伸强度则随着 CPE 用量的增加而呈下降趋势。综合考虑 PVC/CPE 共混体系的各方面性能，在具体应用中，CPE 的用量一般为 8 ~ 12 份。

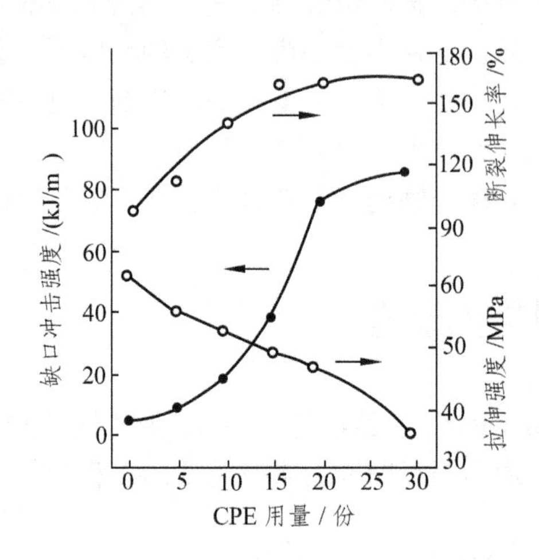

图 8-1　CPE 用量对 PVC/CPE 共混物力学性能的影响

PVC/CPE 共混体系还可以用于 PVC 软制品中。在 PVC 软制品中添加高分子弹性体以取代部分（或全部）小分子液体增塑剂，其主要目的是将高分子弹性体用作 PVC 的不迁移、不挥发的永久性增塑剂，以提高 PVC 软制品的耐久性。因此，所选用的弹性体本身也应具有良好的耐久性、耐候性。CPE 的大分子中不含双键，因而具有良好的耐候性。在 CPE 与 PVC 共混配制的软质 PVC 中，CPE 用量通常不低于 20 份，同时要添加适量的液体增塑剂。在此共混物体系中，CPE 本身具有良好的耐候性，且 CPE 与液体增塑剂相容性很好，可以减少液体增塑剂的挥发，进一步改善共混物的耐候性。

在软质 PVC/CPE 共混材料中，随着 CPE 用量的增大，一般会导致拉伸强度略有下降，而耐老化性能则明显提高。

2. PVC/NBR 共混体系

丁腈橡胶（NBR）也是常用的 PVC 共混改性剂。NBR 可用于软质 PVC 的共混改性，也可用于硬质 PVC 的共混改性。将 NBR 用于 PVC 软制品中，NBR 可以起到大分子增塑剂的作用，避免或减少增塑剂的挥发，提高 PVC 软制品的耐久性。用于 PVC 软制品的 NBR，宜选用丙烯腈含量为 30%左右的品种。例如，广泛应用于 PVC 软制品的粉末丁腈橡胶含有 33%的丙烯腈。

在 PVC 软制品中加入粉末 NBR，不仅可以提高增塑剂的耐久性，而且可以改善其力学性能。此外，粉末丁腈橡胶还可以降低软质 PVC 的压缩永久变形，提高其弹性，还可以改善软质 PVC 的耐挠曲性。

在粉末丁腈橡胶与 PVC 及液体增塑剂等助剂的共混工艺中，必须考虑粉末丁腈橡胶对液体增塑剂的吸收速度比 PVC 快这一因素。因而，在捏合时，应先将 PVC 与液体增塑剂混合，待液体增塑剂被 PVC 吸收后，再加入粉末丁腈橡胶。

对于以 PVC 为主体的 PVC/NBR 体系，一般不需要对 NBR 进行硫化。但对于以 NBR 为主体的 PVC/NBR 体系，则需要对 NBR 进行硫化。

软质 PVC/NBR 共混体系广泛应用于鞋料、密封圈、密封条、软管、电线包覆材料、电器绝缘材料以及泡沫材料等。

NBR 也可以在硬质 PVC 中用作 PVC 的增韧改性剂。NBR 中的丙烯腈含量对 PVC/NBR 体系的冲击性能有重要影响。在丙烯腈含量约为 20%时，PVC/NBR 共混体系的冲击性能最高。丙烯腈含量过低的 NBR，与 PVC 的相容性不好。而丙烯腈含量达到 40%以上时，NBR 与 PVC 接近于完全相容。在丙烯腈含量为 20%左右时，NBR 与 PVC 有一定的相容性，共混体系为分散相粒径较小且两相界面结合较好的两相体系，因而具有良好的抗冲性能。

3. PVC/EVA 共混体系

EVA 是乙烯和醋酸乙烯的无规共聚物。PVC 与 EVA 进行共混改性，可采用机械共混法，也可采用接枝共聚-共混法。其中，接枝共聚-共混法是将氯乙烯接枝于 EVA 主链，形成以 EVA 为主链，PVC 为支链的接枝共聚物。EVA 可用于硬质 PVC 的增韧改性，也可用于软质 PVC，作为 PVC 的大分子增塑剂。

用作硬质 PVC 的抗冲改性剂的 EVA，如采用机械共混法，可选用较高 VA（乙酸乙烯酯）含量和较低熔体流动速率的 EVA，如 VA 含量为 30%和熔体流动速率为 10 g/10 min 的 EVA30/10。较高的 VA 含量可以改善 PVC 与 EVA 的相容性。如采用接枝共聚-共混法，则可选用 VA 含量较低的 EVA，也可以用高、低 VA 含量的 EVA 共用，改性效果更好。

将 EVA 用于软质 PVC，可明显改善 PVC 的耐寒性，PVC/EVA 共混物的脆化温度可达到 −70 °C。此外，软质 PVC/EVA 共混物还具有良好的手感。

硬质 PVC/EVA 共混物可用于生产板材和异型材，也可用于生产低发泡产品。软质 PVC/EVA 共混物可用于生产耐寒薄膜、片材、人造革等，也可用于生产发泡制品。

4. PVC/ABS 共混体系

ABS 为丙烯腈-丁二烯-苯乙烯共聚物，具有冲击性能较高、易于成型加工、手感良好以及易于电镀等特性。PVC 则具有阻燃、耐腐蚀、价格低廉等特点。将 PVC 与 ABS 共混，可综合二者的优点，成为在电器外壳、电器元件、汽车仪表板、纺织器材、箱包等方面有广泛用途的新型材料。

ABS 可以用作硬质 PVC 的增韧改性剂。由于 PVC 与 ABS 之间为中等程度的相容性，所以在共混时应加入相容剂，如 CPE、SAN 等。在 ABS/PVC 共混体系中加入相容剂 CPE 后，共混体系的冲击强度可显著提高。此外，由于 ABS 含不饱和双键，其热稳定性及抗氧性等较低，故在配方中除加入热稳剂外，还应添加抗氧剂。

在 PVC/ABS 共混体系中也可以加入适量增塑剂而成为半硬制品，可用于制造汽车仪表板。

5. PVC/TPU 共混体系

PVC 可与热塑性聚氨酯（TPU）共混，制备软质 PVC 材料，用于医用制品。将 TPU 与 PVC 共混，以 TPU 取代 DOP 等液体增塑剂，制成软质 PVC 医用制品，可避免液体增塑剂的迁移。

选用与 PVC 共混的 TPU 品种时，应首先考虑 TPU 与 PVC 的相容性。此外，软段与硬段比例的适当调整，对调节共混物的力学性能，以及改善加工性能都是有作用的。

PVC/TPU 共混体系用于医用材料时，为避免液体增塑剂的迁移，可以用 TPU 完全取代液体增塑剂。在这种情况下，TPU 与 PVC 的用量应接近于相等。

在 PVC/TPU 共混体系中，为提高力学性能，可添加补强剂。各种补强剂中，白炭黑（二氧化硅）的补强效果较好。PVC 的热稳定剂则可选用硬脂酸钙等。

TPU 也可以用在 PVC 硬制品中，用作 PVC 的增韧剂，制备 PVC/TPU 共混增韧材料。此外，PVC 还可以与 EPDM、LLDPE 等聚合物共混。

6. 不同品种 PVC 的共混

PVC 的共混改性，不仅包括 PVC 与其他聚合物的共混，也应包括不同品种 PVC 的共混。

（1）高聚合度 PVC 与普通 PVC 共混。

高聚合度 PVC 树脂（HPVC）是指聚合度大于 2 000 的 PVC 树脂。HPVC 可用于制造 PVC 热塑性弹性体。但由于聚合度较高，HPVC 的加工成型有一定困难。将 HPVC 与普通 PVC 共混，可以改善 HPVC 的加工流动性。对于普通 PVC 而言，HPVC 则可以看作是一种改性剂，可提高普通 PVC 的性能。HPVC 对增塑剂的容纳量较普通 PVC 高，在 HPVC/PVC 共混体系中，可以添加较多的增塑剂，提高制品的耐寒性和弹性。在这里，HPVC 起到了类似丁腈橡胶的作用。例如，在软质 PVC 薄膜中加入 20 份以上的 HPVC，制品富有弹性，且具有良好的低温柔软性。

（2）悬浮法 PVC 与 PVC 糊树脂共混。

在机械共混（熔融共混）中使用的 PVC 树脂，一般为悬浮法 PVC。这一共混方法相应于工业上所用的挤出、压延等成型方式。在某些产品中，可采用 PVC 糊树脂与悬浮法 PVC 共混，以改善加工性能。PVC 糊树脂的颗粒远较悬浮法 PVC 树脂要小，易于塑化。此外，在悬浮法 PVC 中加入少量发泡性能好的 PVC 糊树脂，还可改善发泡性能。

8.2.2　聚丙烯（PP）的共混改性

聚丙烯（PP）是一种应用十分广泛的塑料。PP 具有原料来源丰富、合成工艺较简单、密度小、价格低、加工成型容易等优点。PP 的拉伸强度、压缩强度等都比低压聚乙烯高，而且还有突出的刚性和耐折叠性，以及优良的耐腐蚀性和电绝缘性。PP 均聚物的主要缺点是冲击性能不足，特别是低温条件下易脆裂，且成型收缩率较大、热变形温度不高等。另外，PP 的耐磨性和染色性也有待提高。

通过共混改性，可以使 PP 的性能得到显著改善。

1. PP/弹性体共混体系

PP/弹性体共混体系是弹性体增韧塑料的代表性体系，其研究已有数十年的历史，早已实现了工业化。常用于 PP 共混的弹性体有三元乙丙橡胶（EPDM）、乙丙橡胶（EPR）、乙烯-1-辛烯共聚物（POE）、SBS、SBR 等。PP/弹性体共混可以是二元体系，也可以添加第三种聚合物而成为三元体系。在二元体系中，EPDM、POE 对 PP 的增韧改性效果最佳，EPR 也常用于 PP 的增韧改性。也可以在 PP/弹性体二元体系中添加无机纳米颗粒。PP 的三元共混体系，如在 PP/SBS 共混体系中添加 HDPE，成为 PP/SBS/HDPE 三元共混体系。由于第三组分 HDPE 的引入，可以减少弹性体 SBS 的用量，少量弹性体就可以显著提高冲击强度。PP 三元共混体系还有 PP/POE/HDPE 体系和 PP/EPDM/SBS 体系。PP 也可与 CPE、热塑性聚氨酯（TPU）、顺丁胶（BR）、NBR 等弹性体共混。

关于弹性体对 PP 的增韧机理，主要认为是弹性体作为分散相分散在 PP 基体中，有引发银纹和剪切带的作用。均聚 PP 自身抗冲击强度很低，为脆性基体，增韧机理应以引发银纹为主；共聚 PP 自身抗冲击强度较高，为韧性基体，增韧机理应以引发剪切带为主。此外，PP 为结晶聚合物，且易于生成大的球晶，这是 PP 脆性的主要原因。弹性体分散相粒子可以抑制 PP 的结晶，使其形成微晶，这也是弹性体使 PP 增韧的重要机理。诸多研究者的工作表明，使 PP 的晶体细微化，可提高其抗冲击性能。马晓燕等采用差示扫描量热仪（DSC）研究了 PP/POE 共混物降温过程的非等温结晶动力学。当相对结晶度相同时，PP/POE 共混物所需要的降温速率比纯 PP 小，这说明弹性体起到了 PP 结晶成核剂的作用。同时，采用偏光显微镜研究了 PP 及 PP/POE 共混物的结晶形貌，结果表明，弹性体改性的共混物的结晶-晶粒明显细化。

2. PP/PE 共混体系

PP 为结晶性聚合物，其生成的球晶较大，这是 PP 易于产生裂纹、冲击性能较低的主要原因。若能使 PP 的晶体细微化，则可使冲击性能得到提高。

PP 与 PE 同属聚烯烃，都是产量很大的通用塑料品种，因而，PP 与 PE 的共混成为受到关注的体系。PP 与 PE 共混体系中，PP 与 PE 都是结晶性聚合物，它们之间没有形成共晶，而是各自结晶。但 PP 晶体与 PE 晶体之间发生相互制约作用，这种制约作用可破坏 PP 的球晶结构，PP 球晶被 PE 分割成晶片，使 PP 不能生成球晶。随着 PE 用量的增大，PP 晶体进一步被细化。PP 晶体尺寸的变小，使其冲击性能得到提高。

PP 与 PE 相容性不好。为改善相容性，可以采用添加相容剂的方法。此外，交联也是增进 PP/PE 体系相容性的方法。可在 PP/PE 体系中添加三烯丙基异三聚氰酸酯（TAIC），并进行辐射交联。由于 TAIC 主要分布在 PP/PE 共混物的相界面，所以交联反应可以改善两相间的界面结合，使 PP/PE 共混物性能提高。

3. PP 与其他聚合物的共混体系

PP 的耐热性、耐磨性和着色性都较差，这些缺点在以 PP 为原料制造纤维时尤为明显。将 PP 与 PA 进行共混，可以改善 PP 的上述性能。为了增进 PP 与 PA 的相容性，可以利用少量的马来酸酐（MAH）接枝 PP 作为相容剂。此外，PP/PA 共混体系的相容剂还有 EPR-g-MAH、SEBS-g-MAH 等。添加有适当相容剂的 PP/PA 共混体系，其冲击强度比 PP 有明显提高，刚性则基本不变。

PP 与 PBT 共混，采用马来酸酐接枝 EVA 作为相容剂，可使力学性能得到提高。此外，PP 还可与 PC 共混，制成具有优良耐热性和尺寸稳定性的共混物。PP 与 EVA 共混，则可得到加工性能、印刷性能优良的共混材料。

8.2.3 聚乙烯（PE）的共混改性

聚乙烯（PE）是产量最高的塑料品种。PE 有多种品种，包括高压聚乙烯［又称低密度聚乙烯（LDPE）］和低压聚乙烯［又称高密度聚乙烯（HDPE）］。此外，还有线性低密度聚乙烯（LLDPE），是乙烯与α-烯烃的共聚物。还有一类超高分子量聚乙烯（UHM-WPE），分子量一般为 200 万～400 万，分子结构与 HDPE 相同。

PE 具有价格低廉、原料来源丰富、综合性能较好等优点。但也有一些缺点，如软化点低、拉伸强度不高、耐大气老化性能差、对烃类溶剂和燃油类阻隔性不足等。

PE 的不同品种之间，在性能上也有差别，如 HDPE 与 LDPE 相比，具有较高的硬度、拉伸强度、软化温度，而断裂伸长率则较低。此外，LLDPE、UHMWPE 的加工性较差。

对 PE 进行共混改性，可以改善 PE 的一些性能，使之获得更为广泛的应用。

1. LDPE 与 HDPE 共混体系

LDPE 与 HDPE 在性能上各有所长，也各有不足。将 LDPE 与 HDPE 共混，可以在性能上达到互补，使综合性能得到提高。HDPE 硬度大，因缺乏柔韧性而不适宜制造薄膜等制品；LDPE 则因强度和气密性较低（气体透过率较高）而不适宜制造容器等。将 HDPE 与 LDPE 共混，可以制备出软硬适中的 PE 材料，适应更广泛的用途。在 LDPE 中适量添加 HDPE，可降低气体透过率和药品渗透性，还可提高刚性，更适合于制造薄膜和容器。不同密度的 PE 共混可使熔融的温度区间加宽，这一特性对发泡过程有利，适合于 PE 发泡制品的制备。

2. PE/EVA 共混体系

PE 为非极性聚合物，印刷性、黏结性能较差，且易于应力开裂。EVA 则具有优良的黏结性能和耐应力开裂性能，且挠曲性和韧性也很好。将 PE 与 EVA 共混，可制成具有较好印刷性、黏结性，且柔韧性、加工性能优良的材料。

在 PE/EVA 共混体系中，EVA 中的 VAC 含量、EVA 的分子量、EVA 的用量以及共混工艺等因素，都会影响共混物的性能。HDPE/EVA 共混体系拉伸强度与组成的关系如图 8-2 所示。从图 8-2 中可以看出，EVA 的加入会降低 HDPE 的拉伸强度，而在 EVA 用量较大时，拉伸强度下降也较为明显。因而，考虑到力学性能，EVA 的加入量不宜过多。少量添加 EVA，可使 HDPE 的加工流动性明显改善。HDPE/EVA 共混物还适合于制造发泡制品。

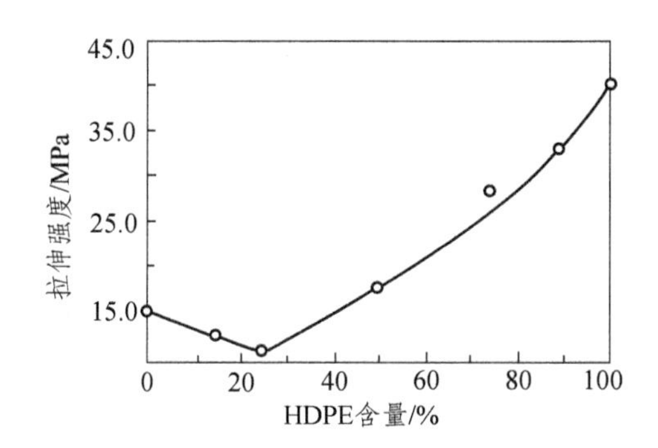

图 8-2　HDPE/EVA 共混体系拉伸强度与组成的关系

3. PE/CPE 共混体系

PE/CPE 共混体系，可用于提高 PE 的印刷性能。所用的 CPE 宜采用氯含量较高的品种。例如，采用氯含量为 55%的 CPE 与 HDPE 共混，当 CPE 用量为 5%时，共混物表面与油墨的黏结力比 HDPE 可提高 3 倍。

PE/CPE 共混物的力学性能也与 CPE 中的氯含量有关。当 CPE 的氯含量为 45% ~ 55%时，与 HDPE 相容性良好，共混物的力学性能与 HDPE 基本相同。

CPE 中因含有氯的成分而具有阻燃性。将 CPE 与 PE 共混，可以提高 PE 的耐燃性。此外，阻燃剂三氧化二锑需在有卤素存在的条件下才能发挥阻燃作用。在 PE/CPE 中加入三氧化二锑，可获得较好的阻燃效果。

此外，CPE 还可改善 HDPE 的耐环境应力开裂性。HDPE 对环境应力开裂极为敏感，与 CPE 共混后，可使其抵抗开裂的能力大为提高。

4. PE/弹性体共混体系

HDPE 与 SBS 共混体系，是颇有应用价值的 PE/弹性体共混体系。SBS 是一种用途广泛的热塑性弹性体。HDPE/SBS 共混体系具有卓越的柔软性和良好的拉伸性能、冲击性能，还具有优良的加工性能和高于 100 °C 的软化点。HDPE/SBS 共混体系适合于采用常规的挤出吹塑法生产薄膜。SBS 加入 HDPE 后，能够提高其透气、透湿性，原因在于 SBS 本身具有良好的透气、透湿性，而且 SBS 加入 HDPE 可降低其结晶度和大分子取向度，也有利于透气、透湿性提高。

除 HDPE/SBS 共混体系外，HDPE/SIS、HDPE/丁基橡胶（IIR）也是重要的 HDPE/弹性体共混体系。SIS 是苯乙烯-异戊二烯-苯乙烯嵌段共聚物。HDPE/SIS 共混体系的伸长率大大高于 HDPE，且加工流动性良好。HDPE/丁基橡胶共混体系可显著提高 HDPE 的冲击性能。

5. PE/PA 共混体系

如前所述，PE 对烃类溶剂的阻隔性较差。为提高 PE 的阻隔性，可采用 PE/PA 共混的方法。

PA 本身具有良好的阻隔性。为使 PE/PA 共混体系也具有理想的阻隔性，PA 应以层片状结构分布于 PE 基体之中。PE/PA 共混体系的阻隔效应示意图如图 8-3 所示。当溶剂分子透过层片状结构的共混物时，透过的路径发生曲折，路径变长。将此具有层片状 PA 分散相的 PE/PA 共混物应用于制造容器，相当于增大了容器壁的厚度，阻隔性能可显著提高。

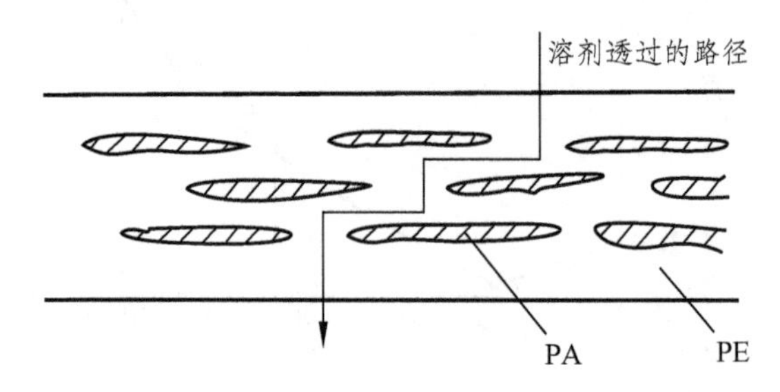

图 8-3　PE/PA 共混物阻隔效应示意图

在 PE/PA 共混体系的共混过程中，为使 PA 呈层片状结构，应使 PA 的熔体黏度高于 PE 的熔体黏度。适当调节共混温度，可以使 PA 的黏度与 PE 的黏度达到所需的比例。此外，PA 的层片状结构是在外界剪切力的作用下形成的。因而，适当的剪切速率也是形成层片结构的必要条件。

为改善 PE 与 PA 的相容性，在 PE/PA 共混体系中应添加相容剂。承民联等在 LDPE/PA6 共混体系中，采用 PE-g-MAH 作为相容剂，吹塑制成 LDPE/PA6 共混阻透薄膜，阻透性能与纯 LDPE 薄膜相比提高了 10 倍以上。美国杜邦（Du Pont）公司生产的 SELAR-RB 树脂，就是加有相容剂的 PA 树脂，用于与 HDPE 共混生产阻隔性材料。SELAR-RB 在 HDPE 中的用量一般为 5% ~ 20%，可获得良好的阻隔效果。

6. LLDPE 的共混改性

线性低密度聚乙烯（LLDPE）的分子链基本为线形，有许多短小而规整的支链。与 LDPE 相比，在分子量相同的情况下，LLDPE 的主链较长，分子排列较为规整，结晶也更完整。因而，LLDPE 比 LDPE 有较高的拉伸强度和耐穿刺性。用 LLDPE 制造的薄膜，在强度相同的条件下，膜的厚度可以减少，从而可以使生产单位面积薄膜的成本降低。但是，LLDPE 也有一些缺点。如熔体在挤出机中易产生高背压、高负荷、高剪切发热，并易于发生熔体破裂等。对于这些弊病，可以通过共混改性加以避免。将 LLDPE 与 LDPE 共混，可以改善 LLDPE 的加工流动性。LLDPE/LDPE 共混体系已在吹塑薄膜中获得广泛应用。当两者以等量之比共混时，吹塑薄膜的力学性能明显优于 LDPE，而接近于 LLDPE。

LLDPE 也可以与 EVA 共混，改善加工流动性能。吴彤等研究了 LLDPE/EVA 共混体系，采用的 LLDPE 是茂金属催化的 mLLDPE。结果表明，EVA 添加到 mLLDPE 中，增加了 mLLDPE 的剪切敏感度（切力变稀的幅度），降低了 mLLDPE 的熔体黏度，改善了 mLLDPE 的加工流动性；在一定的添加比例范围内，mLLDPE 和 EVA 具有很好的相容性，可以在改善 mLLDPE 加工性能、引入极性基团的同时，保持与纯 mLLDPE 相近的拉伸等性能，但会导致材料的刚性下降。

在 LLDPE 中添加低分子聚合物，也可改善 LLDPE 的加工流动性。常用的低分子聚合物有含氟聚合物、有机硅树脂、聚乙烯蜡、聚α-甲基苯乙烯等。

7. UHMWPE 的共混改性

超高分子量聚乙烯（UHMWPE），分子量一般为 200 万 ~ 400 万，具有优越的力学性能，但是加工流动性差，可以采用共混方法加以改善。

李炳海等采用不同熔体流动速率（MFR）的 HDPE 与 UHMWPE 进行共混。结果表明，UHMWPE/ HDPE 共混物流动性和力学性能的变化受共混体系组成、熔体黏度比等因素的影响。HDPE 的 MFR 过高、过低，都不利于共混物熔融流动性及综合力学性能的改善。HDPE 的 MFR 过低，显然不利于共混物熔融流动性的改善；而当 HDPE 的 MFR 过高，UHMWPE 与 HDPE 二者熔体的黏度比相差过大时，混合效果变差，共混物综合力学性能下降。

8.2.4　聚苯乙烯（PS）及 ABS 的共混改性

聚苯乙烯（PS）具有透明性、电绝缘性能好，刚性强，以及耐化学腐蚀性、耐水性、着色性和良好的加工流动性等特点，且价格低廉，在电子、日用品、玩具、包装、建筑、汽车等领域有广泛应用。PS 最大的缺点是冲击性能较差。提高 PS 的冲击性能，是使其更具应用价值的重要途径。早在 1948 年，Dow 化学公司就开发出了抗冲聚苯乙烯；1952 年，Dow 化学公司又开发出高抗冲聚苯乙烯（HIPS）。此后，关于高抗冲聚苯乙烯的研究不断取得进展，其他 PS 共混体系的研究也取得了成果。此外，ABS、AS 等改性 PS 系列产品也纷纷开发出来。ABS 为丙烯腈-丁二烯-苯乙烯共聚物，是一种改性的 PS，而 ABS 本身也可以通过共混加以进一步改性。

1. PS/聚烯烃共混体系

PS 与聚烯烃共混，有助于提高 PS 的冲击性能。但是，PS 与聚烯烃相容性差，需采取措施提高 PS 与聚烯烃的相容性。可以添加 SEBS（即氢化 SBS）作为相容剂，用于制备具有良好冲击性能的 PS/PE 共混物。此外，反应共混也可应用于提高 PS/聚烯烃共混体系的相容性。

2. 高抗冲聚苯乙烯（HIPS）的制备

将 PS 与各种弹性体共混，可以制备高抗冲聚苯乙烯（HIPS）。主要方法有机械共混法、接枝共聚-共混法等。机械共混法生产 HIPS，所用的弹性体有 SBS、SBR（丁苯橡胶）等。SBR、SBS 与 PS 的相容性较好。在 PS 中加入 15%的 SBR，制成的 HIPS 的冲击强度可达 25 kJ/m^2 以上。接枝共聚-共混法生产 HIPS，是以橡胶为骨架，接枝苯乙烯单体而制成的。在共聚过程中，也会生成一定数量的 PS 均聚物。聚合过程中要经历相分离和相反转，最终得到以 PS 为连续相、橡胶粒为分散相的共混体系。接枝共聚-共混法又可分为本体-悬浮聚合与本体聚合两种制备方法。

本体-悬浮法是先将橡胶（聚丁二烯橡胶或丁苯橡胶）溶解于苯乙烯单体中，进行本体预聚，并完成相反转，使体系由橡胶溶液相为连续相转化为 PS 溶液相为连续相。当单体转化率达到 33%～35%时，将物料转入置有水和悬浮剂的釜中进行悬浮聚合，直至反应结束，得到粒度分布均匀的颗粒状聚合物。

本体聚合法首先将橡胶溶于苯乙烯单体中进行预聚，当转化率达 25%～40%时，物料进入若干串联反应器中进行连续本体聚合。

在 HIPS 中，橡胶含量一般在 10%以下，过高的橡胶含量会导致共混物的刚性下降。但因在 HIPS 的橡胶粒子中包藏有微小的塑料粒子，形成包藏结构，使橡胶粒的体积分数大为增加，可超过 20%。这就大大提高了增韧效果，且对刚性的降低较小。

HIPS 具有良好的韧性、刚性、加工性能，可通过注射成型制造各种仪器外壳、纺织用纱管、电器零件、生活用品等，也可采用挤出成型方法生产板材、管材等。

3. HIPS 的共混改性

可以对 HIPS 进一步进行共混改性，使其性能提高。将 HIPS 与 SBS 共混，可使冲击强度提高，但拉伸强度、硬度等有所下降。HIPS 与 PP、PPO 共混，可提高其耐环境应力开裂性能。

8.2.5 ABS 的共混改性

ABS 作为 PS 的改性产品，以其优良的综合性能，已经获得了广泛的应用。ABS 还可与其他聚合物共混，制成具有特殊性能和功能的塑料合金材料，以满足不同应用领域的不同要求，如 ABS/PC、ABS/PVC、ABS/PA、ABS/PBT、ABS/PET、ABS/PMMA 等共混体系。ABS 有许多牌号，力学性能、流变性能各有差异。例如，其丁二烯含量不同，会使冲击强度不同，因而有高抗冲 ABS、中抗冲 ABS 等品种。在研究 ABS 共混物时，采用不同性能的 ABS，共混的效果也会有差别。

以 ABS/PMMA 共混体系为例。ABS 和 PMMA 都可以用于制作板材等装饰、装修材料，ABS 的冲击强度优于 PMMA，而 PMMA 的表面光洁度优于 ABS。金敏善等研究了 ABS/PMMA 共混体系，结果表明，ABS、PMMA 的品种及配比对共混体系的性能有影响。有选择地采用 ABS、PMMA 品种，当 PMMA 含量达到 40%时，共混物的表面光洁度提高，拉伸强度由 44.8 MPa 提高到 55.3 MPa，冲击强度则有所下降。

ABS 与其他聚合物的共混体系可参见本章有关各节，ABS/PVC 体系见 PVC 共混体系，ABS/PA 体系见 PA 共混体系，ABS/PC 体系见 PC 共混体系。

8.3 工程塑料的共混改性

工程塑料按档次分类，可分为通用工程塑料和特种工程塑料。通用工程塑料的品种包括 PA、POM、PPO、PC、PET、PBT 等。特种工程塑料的品种包括 PPS、PEK、PEEK、PES、PSF、PAR 等。

8.3.1　聚酰胺（PA）的共混改性

聚酰胺（PA）通常称为尼龙，主要品种有尼龙 6、尼龙 66、尼龙 1010 等，是应用较广泛的通用工程塑料。

PA 为具有强极性的结晶性聚合物，它有较高的抗弯强度、拉伸强度，耐磨、耐腐蚀，有自润滑性，加工流动性较好；其缺点是吸水率高、低温冲击性能较差，耐热性也有待提高。

PA 共混改性的主要目的之一是提高冲击强度。一般认为，改性尼龙的缺口冲击强度小于 50 kJ/m^2 的为增韧尼龙，缺口冲击强度大于 50 kJ/m^2 的则称为超韧尼龙。

此外，PA 共混体系还包括增强体系、阻燃体系等。这些体系也可以相互组合，形成增韧增强体系、增韧阻燃体系等，以满足相应的应用需求。

1. PA 共混体系的组成

不同的 PA 共混体系，根据改性的需要，有不同的组成，包括增韧剂、相容剂、增强剂、阻燃剂等。PA 增韧体系所用的增韧剂，主要是弹性体。常用的弹性体为三元乙丙橡胶（EP-DM）。1975 年，美国杜邦公司开发出超韧尼龙，开发的品种中包括 EPDM 增韧 PA。此后，世界各大公司相继开发出增韧、超韧 PA 产品。热塑性弹性体，如 SBS，也可以用于 PA 的增韧。此外，近年来在 PP 增韧获得广泛应用的 POE，作为新兴的热塑性聚烯烃弹性体，也可以在 PA 增韧中应用。另一类应用于 PA 的弹性体增韧剂，是具有“核-壳”结构的弹性体。这种增韧剂是通过共聚的方法制备的，以微小的弹性体粒子为核，以塑料（如 PMMA）为壳。由于弹性体粒子的粒径在聚合中已控制在适宜的范围内，可以不受共混工艺的影响，因而，有利于获得较好的增韧效果。除弹性体增韧剂外，PA 的非弹性体增韧剂，包括有机刚性粒子增韧和无机纳米粒子增韧。除弹性体之外，PA 还可以与其他聚合物组分共混，以改善有关性能。常见的 PA 共混体系，包括 PA/PP、PA/ABS、PA/PET、PA/PPO 等。

PA 的共混体系，如 PA/弹性体、PA/PP 等，相容性较差，因而需添加相容剂以改善相容性。用于 PA 共混体系的相容剂，其分子上应含有能与 PA 的极性基团反应的基团，主要有如下类型。

（1）马来酸酐接枝共聚物，如 EPDM-g-MAH、PP-g-MAH、PE-g-MAH 等，分别用于 PA/EPDM、PA/PP 等共混体系。马来酸酐接枝聚合物目前是 PA 共混体系中应用最为普遍的相容剂。

（2）丙烯酸（AA）、甲基丙烯酸（MAA）等接枝共聚物，如 EPDM-g-AA、PP-g-AA 等。例如，PP-g-AA 可用于 PA/PP 共混体系，可显著提高相容性；PS-g-AA 可用于 PA/PS 共混体系。

（3）甲基丙烯酸缩水甘油醚（GMA）接枝共聚物，由于这类环氧型接枝共聚物具有很高的反应活性，已越来越多地应用于聚合物共混体系的相容剂，在 PA 共混体系中也有应用。

此外，也可以采用接枝率较低的马来酸酐接枝共聚物（或其他接枝共聚物），不是作为第三组分（相容剂）使用，而是直接作为增韧剂添加。这样经接枝改性的增韧剂，与 PA 基体有良好的相容性。

增强尼龙复合材料，主要采用玻璃纤维增强。此外，碳纤维、芳纶纤维，也可用于增强尼龙复合材料。

阻燃尼龙所用的阻燃剂，可以采用卤素阻燃剂、磷系阻燃剂、氮系阻燃剂，以及氢氧化镁阻燃剂。由于卤素阻燃剂对环境的不利影响，无卤阻燃体系的开发正在深入进行。

2. PA/聚烯烃弹性体共混体系

PA 与聚烯烃弹性体的共混，主要目的在于提高 PA 的冲击强度。PA 与聚烯烃的相容性不佳，因而要添加相容剂。目前主要采用马来酸酐（MAH）接枝共聚物作为相容剂。所用的弹性体一般为聚烯烃共聚物，如 EPDM。

图 8-4 所示为 PA6 与马来酸酐接枝聚烯烃弹性体（E-g-MAH）共混物的冲击强度与组成的关系，这里是直接采用马来酸酐接枝聚烯烃弹性体作为增韧剂。从图中可以看出，经改性的聚烯烃弹性体可以显著提高 PA 的冲击强度，且在弹性体用量为 20%时，冲击强度达到峰值。

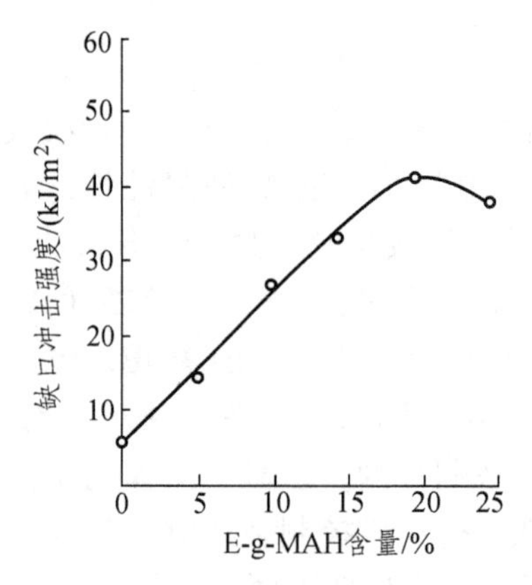

图 8-4　PA6/E-g-MAH 共混物冲击强度与组成的关系

美国杜邦公司以马来酸酐改性的聚烯烃弹性体对 PA66 进行改性，制得的超韧尼龙的冲击强度可达 PA66 的 17 倍，同时还保留了 PA 的耐磨性、抗挠曲性和耐化学药品性。

3. PA/PP 共混体系

PA/PP 共混体系，也是常见的 PA 共混体系。由于 PA 与 PP 相容性不好，所以共混中要添加相容剂，常用的相容剂为马来酸酐接枝聚丙烯（PP-g-MAH）。

马来酸酐接枝热塑性弹性体（TPE-g-MAH）也可作为 PP/PA6 共混体系的相容剂，使 PP/PA6 共混物的韧性大大提高，同时拉伸强度及模量仍保持较好的水平。李海东等用甲基丙烯酸环氧丙酯（GMA，甲基丙烯酸缩水甘油酯）对 PP 进行接枝，以改善 PP/PA1010 共混体系的相容性。将接枝 PP 与 PA1010 共混，其力学性能比普通 PP/PA1010 共混物有明显的改善。

4. PA/苯乙烯系共聚物共混体系

多种苯乙烯系共聚物，如苯乙烯-丙烯腈共聚物（SAN）、ABS、苯乙烯-马来酸酐共聚物等，都可以与 PA 共混。

PA 与 ABS 之间有一定的相容性。为进一步提高 ABS 与 PA 的相容性，可先用丙烯酰胺接枝改性 PA，再与 ABS 共混。PA/ABS 共混物具有良好的耐热性，热变形温度明显高于 PA。此外，ABS 还对 PA 有增韧作用。

5. PA 与其他聚合物的共混体系

PA 与聚酯（PET、PBT）共混，共混物具有良好的耐热性、耐溶剂性和尺寸稳定性。

以 PP-g-MAH 为相容剂，可将 PA6 与 SEBS 进行共混改性，当 SEBS 加入量达到 20 份时，共混物冲击强度大幅度提高。PA 与聚苯醚（PPO）共混，采用聚苯乙烯接枝马来酸酐作为相容剂，共混物冲击强度高，尺寸稳定性优良，且具有突出的耐热性，以及较低的吸湿性。张世杰等在 PA6 中混入 3%～10%的聚乙烯吡咯烷酮（PVP），研究了共混物的吸湿性。丁永红等研究了 PA66/HDPE 共混体系，将 PA66、HDPE、马来酸酐及引发剂加入双螺杆挤出机进行反应共混，PA66 的韧性可以得到明显改善。

PA 合金在汽车、纺织机械零件及电子、体育器械等领域有广泛的应用。

8.3.2　聚碳酸酯（PC）的共混改性

PC 是透明且冲击性能好的非结晶型工程塑料，且具有耐热、尺寸稳定性好、电绝缘性能好等优点，已在电器、电子、汽车、医疗器械等领域得到广泛的应用。

PC 的缺点是熔体黏度高，流动性差，尤其是制造大型薄壁制品时，因 PC 的流动性不好，难以成型，且成型后残余应力大，易于开裂。此外，PC 的耐磨性、耐溶剂性也不好，而且售价也较高。

通过共混改性，可以改善 PC 的加工流动性。PC 与不同聚合物共混，可以开发出一系列各具特色的合金材料，并使材料的性能/价格比达到优化。

1. PC/ABS 共混体系

PC/ABS 合金是最早实现工业化的 PC 合金。这一共混体系可提高 PC 的冲击性能，改善其加工流动性及耐应力开裂性，是一种性能较为全面的共混材料。

PC/ABS 共混物缺口冲击强度与组成的关系如图 8-5 所示。可以看出，在 PC/ABS 含量配比为 60/40 时，共混物冲击性能明显优于纯 PC。

PC/ABS 共混物的性能还与 ABS 的组成有关。PC 与 ABS 中的 SAN 部分相容性较好，而与 PB（聚丁二烯）部分相容性不好。因此，从相容性方面考虑，在 PC/ABS 共混体系中，不宜采用高丁二烯含量的 ABS。但是，高丁二烯含量的 ABS 对 PC 的增韧效果较好。所以，两方面的因素应综合加以考虑，选择适宜的 ABS 品种。为改善 PC/ABS 共混体系的相容性，可以添加马来酸酐接枝 ABS 作为增容剂。

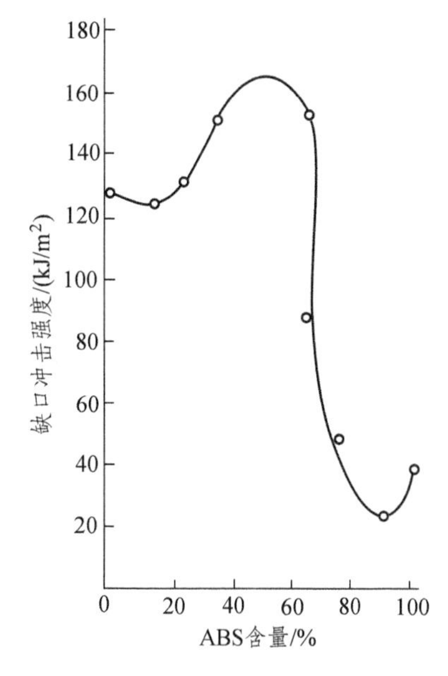

图 8-5　PC/ABS 共混物缺口冲击强度与组成的关系

ABS 本身具有良好的电镀性能，因而将 ABS 与 PC 共混，可赋予 PC 以良好的电镀性能。日本帝人公司开发出电镀级的 PC/ABS 合金，可采用 ABS 的电镀工艺进行电镀加工。

ABS 具有良好的加工流动性，与 PC 共混，可改善 PC 的加工流动性。通用电气（GE）公司已开发出高流动性的 PC/ABS 合金。

PC/ABS 合金还有阻燃级产品，可用于汽车内装饰件、电子仪器的外壳和家庭用具等。

2. PC/PET、PC/PBT 共混体系

PC 为非结晶聚合物，PET、PBT 为结晶性聚合物，PC 与 PET 或 PBT 共混，可以在性能上互相补充。PC/PET、PC/PBT 共混物可以改善 PC 在成型加工性能、耐磨性和耐化学药品性方面的不足，同时又可以克服 PET、PBT 耐热性差、冲击强度不高的缺点。PC/PET、PC/PBT 合金可用于汽车保险杠、车身侧板等方面。在 PC/PET、PC/PBT 体系中，可以适当添加弹性体作为增韧剂，以提高抗冲击性能。

在 PC 与 PBT 或 PET 进行熔融共混时，易于发生酯交换反应。酯交换反应是在两种聚合物的主链之间进行的，会导致共混物的耐热性等性能下降。因此，在 PC 与 PBT、PET 共混中，应避免酯交换反应的发生。特别是以本体聚合法生产的 PBT，其聚合催化剂残存于 PBT 中，对酯交换反应有促进作用。

3. PC/PE 共混体系

PE 可以改善 PC 的加工流动性，并使 PC 的韧性得到提高。此外，PC/PE 共混体系还可以改善 PC 的耐热老化性能和耐沸水性能。PE 是价格低廉的通用塑料，PC/PE 共混也可起降低成本的作用。因此，PC/PE 共混是很有开发前景的。

PC 与 PE 相容性较差，可加入 EPDM、EVA 等作为相容剂，也可采用马来酸酐进行反应增容。在 PC 中添加 5%的 PE，共混材料的热变形温度与 PC 基本相同，而冲击强度可显著提高。

4. PC 与其他聚合物的共混体系

PC/PS 共混体系，可改善 PC 的加工流动性。在 PS 用量为 6 ~ 8 份时，共混物的冲击性能可以得到提高。

PC 与 PMMA 共混，产物具有珍珠光泽。由于 PC 的折射率为 1.59，PMMA 的折射率为 1.49，相差较大，共混后形成的两相体系，因光的干涉现象而产生珍珠光泽。PC/PMMA 共混物适于制作装饰品、化妆品容器等。

PC 与热塑性聚氨酯（TPU）共混，可获得具有优异的低温冲击性能、良好的耐化学药品性及耐磨性的材料，可用作汽车车身部件。

8.3.3 PET、PBT 的共混改性

聚对苯二甲酸乙二醇酯（PET）的早期用途主要是制造涤纶纤维。在塑料用途方面，PET 主要用于制造薄膜和吹塑瓶。在塑料薄膜中，PET 薄膜是力学性能最佳者之一。但是，PET

的结晶速度较慢，因而不适合注射和挤出加工成型。对 PET 进行共混改性，可使上述性能得到改善。此外，PET 共混体系还可用于制备共混型纤维等。

聚对苯二甲酸丁二醇酯（PBT）是美国在 20 世纪 70 年代首先开发的工程塑料，具有结晶速度快、适合于高速成型的优点，且耐候性、电绝缘性、耐化学药品性、耐磨性优良，吸水性低，尺寸稳定性好。PBT 的缺点是缺口冲击强度较低。另外，PBT 在低负荷（0.45 MPa）下的热变形温度为 150 °C，但在高负荷（1.82 MPa）下的热变形温度仅为 58 °C。PBT 的这些缺点可通过共混改性加以改善。

此外，PET、PBT 都适合于以纤维填充改性，大幅度提高其力学性能。

1. PET/PBT 共混体系

PET 与 PBT 化学结构相似，共混物在非晶相是相容的，因而 PET/PBT 共混物只有一个熔点 T_g。但是二者的晶相是分别结晶，而不生成共晶，于是，共混物就出现了两个熔点。PET/PBT 共混物 T_g 及 T_m 与组成的关系如图 8-6 所示。

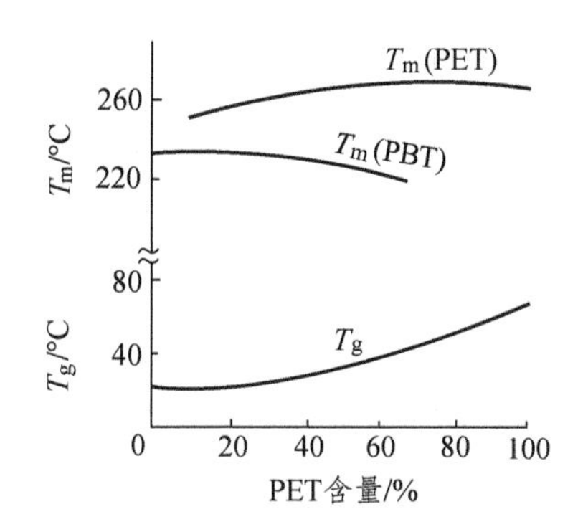

图 8-6　PET/PBT 共混物的 T_g 及 T_m 与组成的关系

PET 与 PBT 共混，对于 PET 而言，可以使结晶速度加快。对于 PBT 而言，在 PET 用量较高时，可提高冲击性能。此外，共混物具有较好的表面光泽。

PBT/PET 共混过程中易发生酯交换反应，最终可生成无规共聚物，使产物性能降低。因此，PBT/PET 共混物应避免酯交换反应发生。可采取的措施包括预先消除聚合物中残留的催化剂（可促进酯交换反应）、控制共混时间（避免时间过长）、外加防止酯交换的助剂等。

美国 GE 等公司有 PET/PBT 共混物商品树脂。PET/PBT 共混物价格较 PBT 低，表面光泽好，适于制造家电把手、车灯罩等。

2. PET/PE 及 PBT/PE 共混体系

LDPE 或 LLDPE 可以与 PET（或 PBT）共混，对 PET（或 PBT）起增韧作用。PET、PBT 与 PE 为不相容体系，需要对 PE 进行接枝改性，才能与 PET、PBT 进行共混。通常用马来酸酐（MAH）对 PE 进行改性。

经 MAH 接枝改性的 PE 与 PET 共混，可以显著提高 PET 的结晶速度，并使冲击强度提高。经改性的 LLDPE 与 PBT 共混，可使冲击强度提高。

除 PE 外，EVA、PP 也可用于与 PET 共混。

3. PET/弹性体共混体系

采用 EPDM 对 PET 增韧改性，加入烷基琥珀酸酐改善两者的相容性，可制成高抗冲 PET 合金，可用于制造电子仪器外壳、汽车部件等。采用 EPR 与 PET 共混，添加少量的 PE-g-MAH 接枝共聚物，也可获得良好的增韧效果。PE-g-MAH 不仅起到相容剂的作用，还可提高 PET 的结晶速度。此外，PET 与 PC 及弹性体（EPDM）共混，也可制成高抗冲 PET 合金。

4. PBT 的共混改性

如前所述，PBT 的主要缺点是冲击强度不高。将 PBT 与乙烯类共聚物共混，可以提高 PBT 的冲击强度。

EVA 与 PBT 有一定的相容性，与 PBT 共混，在 PBT/EVA 的比例为 85∶15 时，冲击性最佳，且 PBT 原有的优良性能保持率也较高。

PBT 与马来酸酐接枝的乙烯-丁烯共聚物共混，在共聚物添加量为 20%（质量分数）时，共混物的冲击强度可比 PBT 提高两倍以上。但采用上述共聚物改性 PBT，PBT 的刚性损失较大，表现为弯曲模量和抗弯强度有较大降低。

任华等选用适当品种的 ABS 对 PBT 进行改性，用含环氧官能团的聚合物作为相容剂，使共混体系分散良好，能有效地改善 PBT 的性能，得到性能稳定的共混物。

8.3.4 聚苯醚（PPO）的共混改性

聚苯醚（PPO）是一种耐热性较好的工程塑料，其玻璃化转变温度为 210 °C，脆化温度为 – 170 °C，在较宽的温度范围内具有良好的力学性能和电性能。PPO 具有高温下的耐蠕变性，且成型收缩率和热膨胀系数小，尺寸稳定，适于制造尺寸精密的制品。PPO 还具有优良的耐酸、耐碱、耐化学药品性，水解稳定性也极好。PPO 的主要缺点是熔体流动性差，成型温度高，制品易产生应力开裂。

PPO 的另一个特点是与 PS 相容性良好，可以以任意比例与 PS 共混。PS 具有良好的加工流动性，可以改善 PPO 的加工性能。

由于 PPO 本身在加工性能上的不足，必须进行改性才能应用；又由于 PPO 与 PS 相容性好，易于进行改性，所以，工业上应用的 PPO 绝大部分是改性产品。除了 PPO/PS 共混体系外，PPO 还可以与 PA、PBT、PTFE 等共混。

1. PPO/PS 共混体系

PPO 与 PS 相容性良好，PPO/PS 共混体系是最主要的改性 PPO 体系。为提高 PPO/PS 共混体系的冲击性能，要加入弹性体，或采用 HIPS 与 PPO 共混。

PPO/PS/弹性体共混物的力学性能与纯 PPO 相近，加工流动性能明显优于 PPO，且保持了 PPO 成型收缩率小的优点，可以采用注射、挤出等方式成型，特别适合于制造尺寸精确的结构件。

PS 改性 PPO 的耐热性比纯 PPO 低。纯 PPO 热变形温度（1.82 MPa 负荷下）为 173 °C，改性 PPO 的热变形温度因不同品级而异，一般在 80 ~ 120 °C。

PS 改性 PPO 主要用于制造电器、电子行业中。

2. PPO/PA 共混体系

将非结晶性的 PPO 与结晶性的 PA 共混，可以使两者性能互补。但是，PPO 与 PA 的相容性差。因此，制备 PPO/PA 合金的关键是使两者相容化。

PPO/PA 合金主要采用反应型相容剂，如 MAH-g-PS。如果加入的相容剂本身又是一种弹性体，则可以进一步提高 PPO/PA 共混物的冲击强度。这样的弹性体相容剂有 SEB-g-MAH、SBS-g-MAH 等。

孙皓等在双螺杆挤出机中，将 PPO 与 MAH 接枝反应，然后与 PA66、SEBS 挤出共混，制成的合金具有较高的抗冲击性能。

国外一些公司已商品化的 PPO/PA 合金具有优异的力学性能、耐热性、尺寸稳定性，热变形温度可达 190 °C，冲击强度达到 20 kJ/m^2 以上，适合于制造汽车外装材料。

PPO/PBT 也是非结晶聚合物与结晶聚合物的共混体系。PPO/PBT 共混物在潮湿环境中仍能保持其物理性能，更适合于制造电器零部件。

3. PPO/PTFE 共混体系

PPO 可与聚四氟乙烯（PTFE）共混。PPO/PTFE 合金吸收了 PTFE 的耐磨性、润滑特性，适合于制造轴承部件。由于 PPO/PTFE 合金尺寸稳定性好，成型收缩率小，更适合于制造大型的轴承部件。

PTFE 具有极好的自润滑性能，可以和 PPO、POM 等多种工程塑料共混，以改善摩擦性能。但添加 PTFE 的共混体系也要面对一些问题。其一，PTFE 的熔点高、熔融黏度很大，难以采用常规的熔融共混。因而，通常是采用 PTFE 粉末与基体聚合物（如 PPO、POM）熔融混合的方法，制备共混材料。其二，PTFE 极低的表面活性和不黏性限制了它与其他聚合物的复合，因此必须对 PTFE 进行一定的表面改性，以提高其表面活性。常用技术有表面活化技术等。可以采用高能射线的辐射使其表面脱氟，在一定装置和条件下进行接枝改性；或用低温等离子法处理 PTFE 材料，发生碳—氟或碳—碳键的断裂，生成大量自由基，以增加 PTFE 的表面自由能。

8.3.5　聚甲醛（POM）的共混改性

聚甲醛（POM）是高密度、高结晶性的聚合物，其密度为 1.42 g/m^3，是通用型工程塑料中密度最高的材料。POM 具有硬度高、耐磨、自润滑、耐疲劳、尺寸稳定性好、耐化学药品等优点。但是，POM 的冲击性能不是很高，冲击改性是 POM 共混改性的主要目的。

由于 POM 大分子链中含有醚键，与其他聚合物相容性较差，因而 POM 合金的开发有一定难度，开发也较晚。

与 POM 共混的聚合物为各种弹性体。其中，热塑性聚氨酯（TPU）是 POM 增韧改性的首选聚合物。

1. POM/TPU 共混体系

POM/TPU 的共混，关键问题是相容剂选择。徐卫兵等以甲醛与一缩二乙二醇缩聚，缩聚物经 TDI 封端，再经丁二醇扩链，制成 POM/TPU 共混物的相容剂。将该相容剂应用于 POM/TPU 共混物，在 POM/TPU 的比例为 90/10，相容剂用量为 TPU 用量的 500 倍时，共混物的冲击强度可达 18 kJ/m^2，如图 8-7 所示。

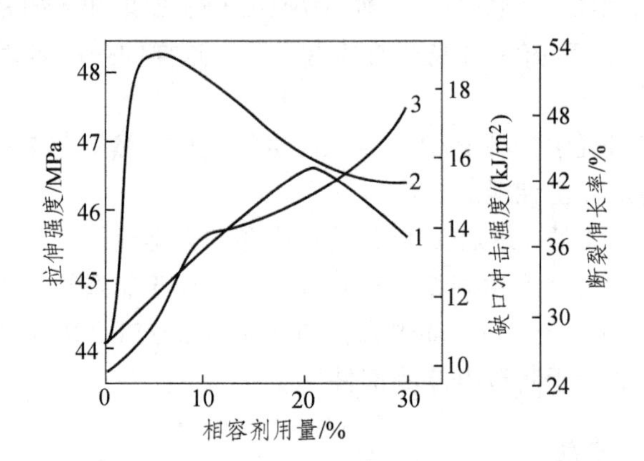

图 8-7　相容剂用量对 POM/TPU 共混物冲击强度及其他力学性能的影响

1—拉伸强度；2—缺口冲击强度；3—断裂伸长率

美国杜邦公司于 1983 年开发成功超韧聚甲醛，牌号为 Derlin 100ST（S 表示超级，T 表示增韧）。Derlin 100ST 是采用 TPU 增韧的 POM，其悬臂梁冲击强度比未增韧的 POM 提高了 8 倍，达到了 907 J/m。

2. POM 与其他聚合物的共混体系

POM 可与聚四氟乙烯（PTFE）共混，用于制造滑动摩擦制品。POM 本身有一定的自润滑性，但在高速、高负荷的情况下作为摩擦件使用时，其自润滑性难以满足需要，制品会因摩擦发热而变形。POM/PTFE 共混物可克服上述缺点。

国外通过共混法制成多种 POM/PTFE 共混物，具有优异的自润滑性能。

超高分子量聚乙烯（UHMWPE）是自润滑性能仅次于 PTFE 的材料，也可用于与 POM 共混，改善 POM 的自润滑性能。陈金耀等用 3 种不同的 UHMWPE 与 POM 共混，制成 POM 自润滑材料，并研究了共混物的摩擦磨损性能。结果表明，采用经改性的 UHMWPE 与 POM 共混，能有效地提高 POM 的摩擦磨损性能；当 UHMWPE 质量分数为 5%时，POM/UHMWPE 共混物的摩擦因数从纯 POM 的 0.32 降低到共混物的 0.16。SEM 分析表明，在摩擦过程中，UHMWPE 向磨损界面转移形成磨屑，有效地隔离了两摩擦面的接触，明显降低了 POM 树脂的摩擦因数，提高了 POM 的耐磨损性能。

此外，国内研究过共聚尼龙（Co-PA）等聚合物对 POM 的增韧作用。张秀斌等研究了 POM/Co-PA、POM/LDPE 和 POM/HDPE 三种共混体系，结果表明，Co-PA 对 POM 的增韧效果最佳，且 Co-PA 与 POM 分子间有氢键作用；EVA 可在 POM/LDPE 及 POM/HDPE 共混体系中起相容剂的作用；对 HDPE 进行紫外线辐射，在其分子链上引入了极性羰基，可以大大提高其对 POM 的增韧效果。

国内还研究过 POM/EPDM 共混物，以 EPDM-g-MMA 作为相容剂，使拉伸强度、缺口冲击强度提高。

8.3.6　高性能工程塑料的共混改性

高性能工程塑料（亦称特种工程塑料）的品种，包括聚苯硫醚（PPS）、聚酰亚胺（PI）、液晶聚合物（LCP）、聚苯醚砜（PES）、聚芳酯（PAR）、聚芳醚酮（PEK、PEEK）等。高性能工程塑料大都具有较高的力学性能，较高的耐热性，但加工流动性一般不太好，且价格较为昂贵。高性能工程塑料往往也需要通过共混改性，使其性能得到改善。

1. PPS 共混体系

聚苯硫醚（PPS）为含硫的芳香族聚合物，是一种耐高温的工程塑料，具有卓越的刚性、耐化学药品性、电绝缘性能，以及黏结性能。PPS 为半结晶性塑料，结晶熔点为 287 °C，结晶度约为 65%。PPS 不溶于 170 °C 以下的绝大多数溶剂。由于优良的耐腐蚀性，PPS 广泛用作防腐材料。PPS 电绝缘性能好，也被应用于制造电机、电器零部件。在高性能工程塑料中，PPS 价格最低，性价比较高。PPS 的主要缺点是冲击强度较低。

将 PPS 与 PA 共混，可以显著提高 PPS 的冲击强度。PPS 与 PA 溶解度参数相近，相容性较好。PPS/PA 共混配比为 60/40 时，共混物冲击强度可比纯 PPS 提高 1 倍以上，拉伸强度、抗弯强度也有提高，热变形温度仅略有下降。

PPS 与 PC 共混，也可提高 PPS 的冲击强度。PPS/PC 共混物还可具有优良的表面光洁度。国外采用 PPS/PC 共混物注射成型的制品，表面如镜面般光洁。

PPS 与 PS、ABS 等苯乙烯类聚合物共混，可以改善 PPS 的成型加工性能。ABS 还可以提高 PPS 的冲击强度。此外，PPS 还可以与 PTFE 共混，制成优良的耐磨和低摩擦因数材料。

PPS 的增强材料，主要采用玻璃纤维增强，也可以使用无机填充剂。

2. 液晶聚合物（LCP）共混体系

液晶聚合物是一类耐高温、具有高强度和高模量的高性能工程塑料。液晶聚合物与其他聚合物共混，可起到显著的增强作用。在共混中，LCP 中的刚性大分子在熔融状态下，会沿外界剪切力的方向形成液晶微纤。这种在共混过程中“原位”形成的微纤可对基体聚合物起增强作用，可使共混物力学性能大幅度提高。与传统的纤维增强相比，LCP 原位生成微纤在工艺上省去了预先制造纤维的工作，简便易行。LCP 的熔体黏度一般低于作为基体的特种工程塑料，因而添加 LCP 可改善加工流动性。特别是在高剪切条件下，LCP 刚性大分子充分取向，黏度降低尤为明显。

LCP 可与 PES、POM、PBT、PC、PA、PET 等多种工程塑料制成塑料合金，制品性能都有显著提高。现以 LCP/PES 合金为例，介绍 LCP 共混体系的性能。

LCP 可分为全芳香聚酯型（简称聚酯型）、聚酯酰胺型等类型。将两类 LCP 分别与聚苯醚砜（PES）共混，所得 LCP/PES 合金性能如表 8-1 所示。

表 8-1　LCP/PES 合金的性能

材　料	拉伸强度/MPa	断裂伸长率/%	拉伸弹性模量/GPa	弯曲弹性模量/GPa
PES	64	122	2.5	2.6
PES/聚酯型 LCP	127	3.8	5.0	4.1
PES/聚酯酰胺 LCP	175	2.6	8.9	6.8

注：表中 PES/LCP 配比为 70/30（质量分数）。

PES 是一种耐热性良好、力学强度适中的工程塑料。从表 8-1 中可以看出，LCP 可以对 PES 起显著的增强作用。其中，聚酯酰胺 LCP 的增强效果更高一些。LCP/PES 共混物的成型加工条件如表 8-2 所示。可以看出，LCP 可以有效地提高熔体的流动性，改善共混物的挤出、注射等成型加工性能。

表 8-2　LCP/PES 共混物的成型加工条件

材　料	拉伸压力/MPa	注射压力/MPa	成型温度/°C
PES	5.5	110	350
PES/聚酯型 LCP	2.1	55	350

8.3.7　其他高性能工程塑料的共混体系

1. PI 共混体系

聚酰亚胺（PI）为芳杂环聚合物之一，具有突出的耐高温性能。芳杂环聚合物是伴随着航空、航天和火箭技术的发展而开发研究的。在各种耐高温芳杂环聚合物中，PI 的应用最为广泛。PI 的品种有聚醚酰亚胺（PEI）、聚酰胺-酰亚胺（PAI）等。PI 有极好的耐热性，在 260 °C 条件下可长期使用。PI 制成的薄膜在 250 °C 条件下可连续使用 70 000 h 以上。此外，PI 的力学性能、难燃性、尺寸稳定性、电性能也都良好。

近年来，PI 新品种的开发，解决了其难于成型加工的问题。如聚醚酰亚胺（PEI）就具有良好的熔融加工性能。PEI 的共混体系也受到关注。PEI 与未固化的环氧树脂有很好的相容性，被用于环氧树脂的增韧。PEI 还可与 PC 或 PA 共混。

2. 聚芳酯（PAR）共混物

PAR 为透明性、耐候、耐冲击的高性能工程塑料。由于熔体黏度高，难于成型薄壁制品。PAR 与 PET、PBT 等有较好的相容性，可制成共混材料。例如，将 PAR 与 PET 共混，在保留了 PAR 耐热、耐紫外线的优越品质的情况下，改善了加工流动性。PAR 还可与 PA 共混，对 PAR 而言，可改善加工流动性；对 PA 而言，则可大幅度提高热变形温度。

3. 聚醚醚酮（PEEK）共混物

PEEK 是结晶性耐高温工程塑料，具有优良的综合性能，特别是耐辐射性能优良。PEEK 可应用于航天、原子能工程部件，以及矿山、油田、电器工业等。PEEK 可以注射成型，也可制成单丝。于全蕾等研究了 PEEK 与聚苯醚砜（PES）的共混物，结果表明，PEEK/PES 相容性良好，改性后的 PEEK 玻璃化转变温度提高，加工流动性明显改善，加工温度可降低 100 °C。

4. 聚砜的共混物

聚砜分为双酚 A 型聚砜（PSF）、聚苯醚砜（PES）、聚芳砜（PASF）等类型。

PSF 为透明树脂，韧性、电绝缘性、耐热水性、耐蠕变性优良。它的缺点是加工流动性差。PSF 与 ABS 共混，可改善 PSF 的成型加工性能，且具有优良的抗冲击性能，对 ABS 而言，则可大幅度提高耐热性。PSF 也可以与 PET、PBT 共混。

PES 可与 LCP、PEEK、PPS、 PC 等共混。江东等以双酚 S 型聚芳酯为增容剂，对聚苯醚砜/聚碳酸酯（PES/PC）共混体系的形态结构及力学性能进行了研究，结果表明，双酚 S 型聚芳酯可有效地增加两相间的界面结合，改善两组分间的相容性。

8.4 橡胶的共混改性

本节主要介绍以橡胶为主体的共混体系。橡胶可以分为通用橡胶和特种橡胶。通用橡胶包括天然橡胶（NR）、顺丁橡胶（BR）、丁苯橡胶（SBR）、三元乙丙橡胶（EPDM）、丁腈橡胶（NBR）、氯丁橡胶（CR）、丁基橡胶（IIR）等。特种橡胶包括氟橡胶、硅橡胶、丙烯酸酯橡胶等。

以橡胶为主体的共混体系包括橡胶与橡胶的共混，通常称之为橡胶并用；橡胶与塑料的共混，通常称之为橡塑并用。橡胶的共混，可以实现橡胶的改性，也可以降低产品成本。因此，橡胶的共混已成为橡胶制品生产的重要途径。

8.4.1 橡胶共混的基本知识

8.4.1.1 助剂在共混物两相间的分配

在橡胶共混中，需添加许多助剂，如硫化剂、硫化促进剂、补强剂、防老剂等。这些助剂在聚合物两相间如何分配，对橡胶共混物的性能影响很大。

1. 硫化助剂在两相间的分配

橡胶共混改性的一个重要问题是橡胶的交联（硫化）问题。对于两种橡胶共混形成的两相体系，两相都要达到一定的交联程度，这就是两相的同步交联，或称为同步硫化。为实现同步硫化，就要求硫化助剂在两相间分配较为均匀。否则，就会造成一相过度交联，一相交联不足，严重影响共混物的性能。

硫化助剂在两相间的分配，主要影响因素是硫化助剂在橡胶中的溶解度。而这又与硫化助剂的溶解度参数及橡胶的溶解度参数有关。一般来说，可以用溶解度参数来初步判定硫化助剂在橡胶中的溶解度。例如，硫黄的溶解度参数较高，在高溶解度参数的橡胶（如 BR）中的溶解度就较高，而在低溶解度参数的橡胶（如 EPDM）中的溶解度就较低。根据共混橡胶的品种，适当选用硫化助剂，以调节硫化助剂在两相橡胶中的溶解度，可以控制硫化助剂在两相间的分配。此外，温度对硫化助剂的溶解度也有影响。硫化助剂从一相向另一相的迁移也会影响其在两相间的分配。

2. 补强剂在两相间的分配

炭黑等补强剂在两相间的分配，也会影响橡胶共混物的性能。其影响因素首先是炭黑与橡胶的亲和性。由于炭黑与橡胶大分子中的双键有很强的结合力，所以含双键较多的橡胶与炭黑的亲和力较大。在橡胶共混物中，炭黑与丁基橡胶亲和力最小，其次是EPDM，亲和力较大的则是天然胶和丁苯胶。因此，如果一种对炭黑亲和力很强的橡胶与一种对炭黑亲和力很弱的橡胶共混时，炭黑将大部分存留于前者中。补强剂在两相间分布不匀，显然会损害橡胶共混物的性能。

橡胶共混物两相的熔融黏度对补强剂的分配也有影响，补强剂倾向于进入黏度低的一相。

为了调整补强剂在两相间的分配，可以采用如下方法：其一，适当选择补强剂品种，或对补强剂进行表面处理，以调节补强剂对橡胶的亲和性；其二，通过改变混炼温度等方式，调节两相的黏度；其三，改变加料顺序，先将补强剂与亲和性较弱的橡胶共混，再与另一种橡胶共混。这样，补强剂在第二步共混中会自动向亲和力较强的橡胶中迁移，以达到最终的较为均匀的分布。

其他助剂在两相间的分配也会影响共混物的性能，可以参照以上方法进行调节。

8.4.1.2 橡胶共混物两相的共交联

为提高橡胶共混物两相间的界面结合力，最有效的方法是在两相间实现交联，这就是共交联（又称共硫化，或界面交联）。界面交联实际上是不同聚合物之间的交联反应。界面交联可使共混物形成统一的交联网络结构，可获得更好的改性效果。

两相共混物能否实现共交联，主要取决于交联活性点的特征。如果参与共混的聚合物具有相同性质的交联活性点，可选用共同的交联助剂；如果共混组分的交联活性点的性质不同，应采用多官能团交联剂，也可以对聚合物进行化学改性，使其具有新的活性点。

在NR、BR、SBR、NBR等通用橡胶的共混中，由于这些橡胶具有相同性质的交联活性点，可采用相同的硫化体系。但是，由于硫化助剂在不同橡胶中溶解度不同，所以在实际应用中还需精心设计配方，才能达到较好的共硫化。

其他橡胶共混体系，可选用适宜的硫化体系。如EPDM/IIR可采用硫黄促进剂体系，氟橡胶、丙烯酸酯橡胶共混体系可选用胺类交联剂，乙丙橡胶与硅橡胶共混可选用过氧化物交联剂等。

8.4.2 通用橡胶的共混改性

8.4.2.1 橡胶并用共混体系

1. NR/BR 共混物

天然橡胶（NR）具有良好的综合力学性能；顺丁橡胶（BR）则具有高弹性、低生热、耐寒性、耐屈挠和耐磨耗性能优良的特点。NR 与 BR 相容性较好，两者共混后，可以在性能上得到互补。将 BR 与 NR 共混，可提高 NR 的耐磨性，在轮胎工业中广泛应用于胎面胶和胎侧胶中。

NR 与 BR 的硫化机理相同，硫化速度也相差不大。但不同的硫化助剂体系应用于 NR/BR 体系，交联速度是不同的。如选用 CZ （N-环己基-2-苯并噻唑次磺酰胺）体系交联，则 NR 的交联速度与 BR 相差就要大一些；选用 DM（二硫化二苯并噻唑）交联体系，交联速度相差就甚小。

2. NR/SBR 共混物

丁苯橡胶（SBR）是最早实现工业化生产的合成橡胶，其加工性能、力学性能接近于 NR，耐磨性、耐热老化性能还优于 NR。在 NR/SBR 共混体系中若采用 DM 交联体系，则交联反应速度相差较小。

NR/SBR 共混物可应用于制造轮胎、输送带等方面。

3. 其他 NR 共混物

NR 还可与 NBR 共混。NR 与 NBR 的相容性较差，但由于两相间的界面交联，力学性能下降并不太大。NR 还可改善 NBR 的耐寒性。

在橡胶轮胎的使用过程中，抗臭氧老化和抗日光老化是需要解决的重要问题。氯化丁基橡胶（CIIR）具有丁基橡胶的优良的耐臭氧老化和耐天候老化性能，同时又具有较快的硫化速度和较好的黏合性。采用 NR 与 CIIR 共混，对 NR 而言，可改善其耐老化性能；对 CIIR 而言，则可进一步提高其黏合性和抗撕裂性能。

4. BR/1, 2–聚丁二烯橡胶共混物

1, 2-聚丁二烯橡胶（1, 2-PB）具有优良的抗滑、低生热、耐老化等性能，但耐低温性、弹性、耐磨耗和压出工艺性能较差。BR 的耐老化、耐湿滑性能较差。将二者共混，可以互相取长补短。

1, 2-PB 的脆性温度为 – 38 °C，而 1, 2-PB/BR 配比为 80/20（质量比）时，脆性温度可降至 – 70 °C。BR/1, 2-PB 共混还可明显改善 BR 的耐湿滑性和耐热老化性，并可使其生热降低。对 1，2-PB 而言，则可提高其弹性和耐磨性。BR 还可与 CIIR 共混，以提高其耐老化性能。

5. EPDM/IIR 共混物

丁基橡胶（IIR）具有优异的气密性、耐热老化和耐天候老化性能，适用于制造内胎。但在使用中会出现变软、粘外胎及尺寸变大等问题。这些缺点可通过与 EPDM 共混来解决。EPDM 有完全饱和的主链，耐臭氧和耐氧化性能优良。EPDM 老化后会产生交联而变硬。所以，EPDM 与 IIR 共混不仅具有极好的耐老化性能，而且能互相弥补缺陷。

在 EPDM/IIR 共混体系中，EPDM 品种的选择很重要。宜选用 ENB 型（第三单体为亚乙基降冰片烯）的 EPDM，且乙烯含量在 4%～55%为宜。EPDM 分子量分布宽一些的，较为容易混炼。

6. EPDM/聚氨酯橡胶共混物

EPDM具有优良的耐候性和低温性能。但是，由于EPDM大分子链中缺少极性基团，其黏附性较差，影响了EPDM制品的黏合性能。为提高EPDM的黏附性，可选用强极性的聚氨酯橡胶（PU）与EPDM共混。EPDM/PU共混可选用DCP作为交联剂。

EDPM中混入PU后，可使黏着力得到明显提高。在EPDM中加入PU的量为10份时，即可使黏着力明显提高。而在这一配比下，EPDM/PU共混物的拉伸强度与EPDM基本相同。EPDM/PU共混物的耐老化性也很好。

8.4.2.2 橡塑并用共混体系

1. NBR/PVC共混物

丁腈橡胶（NBR）是丁二烯和丙烯腈的共聚物，耐油性好，耐磨性和耐热性也较好。其缺点是耐臭氧性差，拉伸强度也较低。丁腈橡胶主要用于制造耐油橡胶制品，如耐油密封制品。

NBR与PVC相容性较好，其共混体系应用颇为广泛。以PVC为主体的PVC/NBR共混物已在通用塑料的共混改性中作了介绍。在以丁腈橡胶为主体的NBR/PVC共混体系中，PVC可对丁腈橡胶产生多方面的改性作用，可提高NBR的耐天候老化、抗臭氧性能和耐油性，使共混物具有一定的自熄阻燃性和良好的耐热性，还可提高NBR的拉伸强度、定伸应力。

NBR中的丙烯腈含量对NBR/PVC共混物的相容性影响较大。一般来说，中等丙烯腈含量（含量为30%~36%）的NBR，与PVC共混有较好的综合性能。NBR/PVC多采用硫黄硫化体系，只对NBR产生硫化作用，促进剂多用促进剂M。

NBR/PVC共混物可广泛应用于制造耐油的橡胶制品，如油压制动胶管、输油胶管、耐油胶辊、耐油性劳保胶鞋等。

2. 其他橡胶/PVC共混物

氯丁橡胶（CR）与PVC共混，可提高CR的耐油性，CR/PVC共混物可用于制造各种耐油橡胶制品。

聚氨酯（PU）橡胶也可与PVC共混，两者有一定的相容性。PVC可提高PU橡胶的弹性模量。氯磺化聚乙烯弹性体也可以与PVC共混。PVC可显著改善氯磺化聚乙烯的加工性能。

3. 橡胶/PE共混物

丁基橡胶（IIR）与PE有良好的相容性。IIR/PE共混硫化胶的拉伸强度、定伸应力、撕裂强度、硬度都随PE用量增大而增加，断裂伸长率则随之下降。在IIR中并用PE，还可改善IIR的电绝缘性能。IIR/PE共混胶可采用硫黄体系硫化。

乙丙橡胶与PE也有良好的相容性，可制成性能良好的并用硫化胶。PE对乙丙橡胶有明显的补强作用，还可提高其耐溶剂性能。除了制备硫化胶之外，乙丙橡胶还可与PE制成共混型热塑性弹性体。

丁苯胶（SBR）与 PE 的并用，应用颇为广泛。PE 对 SBR 有优良的补强作用。在 SBR 中并用 15 份的 PE，可显著提高 SBR 的抗多次弯曲疲劳性能。PE 还可显著提高 SBR 的耐臭氧性能和耐油性。

此外，PE 还可与 NR、BR 等橡胶并用。

4. 橡胶/PP 共混物

EPDM/PP 共混体系是相容性良好的并用体系。PP 对 EPDM 有良好的补强作用。在 PP/EPDM 中加入 3 ~ 5 份的丙烯酰胺，有更显著的补强作用，并降低了永久变形。EPDM/PP 并用体系可采用硫黄硫化体系，或者马来酰亚胺化合物。EPDM/PP 共混物还可制成热塑性弹性体。

在橡胶中还可并用无规聚丙烯（APP），可降低成本。一些非极性橡胶（如 BR）与 APP 共混，明显地改善了橡胶的加工性能。APP 对橡胶没有补强作用，随着 APP 用量的增大，橡胶力学性能有所下降。所以，APP 用量不宜太大。APP 可改善 NR、EPDM 的耐油性或耐溶剂性。

5. 橡胶与其他塑料的共混物

非极性的二烯类橡胶（如 NR、SBR、BR）可与 PS 共混，显著地改善橡胶的加工性能。对于 BR/PS 并用体系，PS 有良好的补强作用。

NBR 可与 PA 共混，两者有较好的相容性。PA 对 NBR 有较明显的补强作用，且可改善 NBR 的耐热、耐油及耐化学腐蚀性。

橡胶还可与各种合成树脂（如酚醛树脂、氨基树脂、环氧树脂）等共混。

8.4.3 特种橡胶的共混改性

8.4.3.1 氟橡胶共混物

氟橡胶是指主链或侧链的碳原子上连接有氟原子的高分子弹性体。氟橡胶具有优异的耐热性（200 ~ 250 °C），耐候性、耐臭氧性、耐油性、耐化学药品性都很好，气体透过性低，且属自熄型橡胶。氟橡胶的缺点是耐寒性差，而且价格颇为昂贵。将氟橡胶与一些通用橡胶共混，目的在于获得性能优异而成本较低的共混物。

氟橡胶与 NBR 共混，宜选用与氟橡胶相容性较好的高丙烯腈含量的 NBR，氟橡胶可选用偏氟乙烯-六氟乙烯-四氟乙烯三元共聚物。对 NBR 而言，氟橡胶可明显提高其耐热性、耐油性。

将四丙氟橡胶（四氟乙烯-丙烯共聚物）与 EPDM 共混，可改善四丙氟橡胶的耐寒性，同时降低其成本。四丙氟橡胶的脆性温度为 – 26 °C，四丙氟橡胶/EPDM 的配比为 50/50 时，脆性温度降至 – 40 °C。该共混体系需选用 DCP 和 TAIC 作为交联剂和交联助剂。

8.4.3.2 硅橡胶共混物

硅橡胶是指主链以 Si—O 单元为主，以单价有机基团为侧基的线性聚合物弹性体。硅橡胶耐寒性极好，耐热性则仅次于氟橡胶。

将硅橡胶与氟橡胶共混，可以改善氟橡胶的耐寒性，且成本降低。当硅橡胶与氟橡胶的适当品种共混时，硅橡胶用量为20%，脆性温度可降低10 °C。

硅橡胶的力学性能较低，耐油性差。将硅橡胶与EPDM共混，共混物兼具硅橡胶的耐热性和EPDM的力学性能。共混中添加硅烷偶联剂，以白炭黑补强，可得到耐热性优于EPDM，而力学性能优于硅橡胶的共混物。

8.4.3.3 丙烯酸酯橡胶共混物

丙烯酸酯橡胶（ACM）是以丙烯酸酯为主单体经共聚而得的弹性体，其主链为饱和碳链，侧基为极性酯基。由于特殊结构赋予其许多优异的特点，如耐热、耐老化、耐油、耐臭氧、抗紫外线等，力学性能和加工性能优于氟橡胶和硅橡胶，其耐热、耐老化性和耐油性优于丁腈橡胶。ACM具有高温下的耐油稳定性能，一般可达175 °C。ACM已成为近年来汽车工业着重开发的一种密封材料。ACM的缺点是耐寒性差，可通过共混加以改善。

对ACM可进行如下共混改性。

1. ACM/硅橡胶共混物

ACM的耐寒性较差；硅橡胶具有优良的耐高、低温性能，但是耐油性不佳。将硅橡胶与ACM共混，可以使ACM的耐寒性得到提高。采用的硫化剂为1, 4-双叔丁基过氧化异丙苯，助硫化剂为N，N′-间亚苯基双马来酰亚胺。

2. ACM/丁腈橡胶（NBR）共混物

ACM和NBR均为耐热、耐油橡胶，通过共混改性可以改善ACM的拉伸性能、加工性能并降低成本。但是，由于ACM和NBR的硫化机理、硫化剂种类和用量均不相同，共混的主要困难是硫化不同步，NBR的硫化速度明显快于ACM。国内外都对此进行过研究。

3. ACM/氯醚橡胶（ECO）共混物

氯醚橡胶（又称氯醇橡胶）由环氧氯丙烷和环氧乙烷共聚而成。ECO具有良好的耐油性、耐高温性和优异的化学稳定性，耐低温也良好（−45 °C）。ECO与ACM相容性较好。ACM/ECO共混可以改善ACM的耐寒性。

8.4.4 共混型热塑性弹性体

共混型热塑性弹性体是采用动态硫化方法生产的新型热塑性弹性体材料。所谓动态硫化，是指共混体系在共混过程中的剪切力作用下进行的硫化反应。在动态硫化过程中，橡-塑共混体系中的橡胶组分在机械共混的同时就完成了硫化。动态硫化是一种反应性共混过程。

动态硫化又分为部分硫化型和全硫化型。1972年，美国尤尼罗伊尔（Uniroyal）公司推出经动态硫化制出的部分交联的三元乙丙橡胶与聚丙烯的共混型热塑性弹性体，这是部分动态硫化型的最早工业产品。在这类产品中，橡胶相有少量交联结构存在。1980年，美国孟山都公司又生产出全交联型的聚烯烃热塑性弹性体，又称全动态硫化热塑性弹性体。在这种热塑性弹性体中，橡胶相是完全交联的。

全动态硫化型热塑性弹性体比其他类型的热塑性弹性体（如 SBS）有优越的力学性能。与传统橡胶相比，又具有可用挤出、注塑等方式成型，加工方便、能耗低、边角料可重复利用等优点。

全动态硫化热塑性弹性体的生产，可采用密炼机或双螺杆挤出机。双螺杆挤出机的炼胶速度明显快于密炼机，制成的共混型热塑性弹性体的性能，也优于密炼机的产物。

共混型热塑性弹性体的形态，是以橡胶为分散相，塑料为连续相。一般来说，橡胶相粒子粒径较小时，弹性体的性能较好。橡-塑两组分的配比、橡胶粒子的交联程度，都对共混型热塑性弹性体的性能产生重要影响。

8.4.4.1　全动态硫化热塑性弹性体品种简介

全动态硫化型热塑性弹性体又称为热塑性动态硫化橡胶（TPV）。在众多 TPV 中，乙丙橡胶的 TPV 受到格外重视。其中，EPDM/PP 体系制备的 TPV 又是进行了最为广泛研究的一种。

EPDM/PP 体系的 TPV 具有优良的力学性能。一种硬度（邵氏 A 硬度）为 73 的 EPDM/PP 热塑动态硫化橡胶，其拉伸强度为 9.31 MPa，100%定伸应力为 3.53 MPa，断裂伸长率为 510%，撕裂强度为 34.3 kN/m，拉伸永久变形（伸长 100%）为 8%，回弹性为 53%，脆性温度为 − 60 °C。EPDM/PP 热塑性动态硫化橡胶的耐热老化性能、耐臭氧老化性能、耐溶剂性能、耐化学药品性能、电绝缘性能也很好。

除 EPDM/PP 体系的 TPV 外，EPDM 还可与 PE 等塑料共混，制成 TPV。美国孟山都公司生产了 EPDM/PE 热塑性动态硫化橡胶的商业产品，牌号为 Santoprene。

此外，TPV 的品种还有 NBR/PP 体系、NR/HDPE 体系、NR/PP 体系、SBR/HDPE 体系、NBR/PA 体系、EPR/PA 体系等。

8.4.4.2　TPV 的主要用途

TPV 可广泛应用于除轮胎以外的各种橡胶制品，具有广阔的发展前景。这里以 EPDM/PP 体系为例，介绍 TPV 的主要用途。

1. 汽车配件

许多原采用热固性硫化橡胶的汽车配件，在国外已为 TPV 所替代。如以前用 EPDM 生产的净化空气通风管已改用 Santoprene 生产。此外，高硬度的 EPDM/PP 体系 TPV 可生产方向盘、保险杠等，较低硬度的则可生产风挡、密封条等。

2. 建筑材料

在国外，EPDM/PP 体系的 TPV 正在代替氯丁橡胶，用于制造门窗密封条。TPV 还可代替硅橡胶、EPDM 等，用作建筑物的膨胀接头。此外，TPV 还可用于制造防水卷材。

3. 医疗领域

由于 EPDM/PP 体系的 TPV 在制造过程中较少有化学药品残留，且可用高压蒸汽消毒，因而在医疗领域有广泛的应用前景。

4. 电子、电器领域

TPV 可用来生产洗衣机配件及导管、电线电缆绝缘护套、吸尘器软管等。此外，还可用来生产农业及园艺灌溉用管道。

TPV 是一种新型的共混材料，它的研究开发尚在进行之中。随着研究的深入进行，更多的 TPV 品种和更多的用途将会被开发出来。

复习思考题

1. PVC 的弹性体增韧剂有哪些种类？各有什么特点？
2. PP 的弹性体增韧剂有哪些种类？
3. PPO 最常用的共混体系是什么？有什么特点？
4. 液晶聚合物的共混体系有何特点？
5. 简述影响橡胶硫化助剂在橡胶两相间分配的因素。

第 9 章　聚合物填充（增强）体系与复合材料

内容提要： 本章首先介绍填充剂与增强纤维的种类、性能，填充剂的表面改性与界面特性，然后分别介绍聚合物增强体系、填充阻燃体系和天然材料/聚合物复合体系，最后简要介绍聚合物基体复合材料。

聚合物的填充体系，是指在聚合物基体中添加与基体在组成和结构上不同的固体添加物制备的复合体系。这样的添加物称为填充剂，也称为填料。“填充”一词有增量的含义。某些填充剂，确实是主要作为增量剂使用的。但随着材料科学的发展，越来越多的具有改性作用或特殊功能的填充剂被开发出来并获得了应用。

由于聚合物填充改性在工艺、设备上与共混改性相似，乃至在原理上也可以借鉴一些聚合物共混的理论，因而，聚合物填充体系可以视为广义的共混体系。

聚合物中添加填充剂的目的，有的仅仅是为了降低成本，但更多的是为了改善性能。例如，有的填充体系是为增强或改善加工性能，有的可以具有提高耐热性或耐候性；有一些填充剂可以改善聚合物的质感，还有一些填充剂具有阻燃或抗静电等作用。

纤维增强是提高聚合物力学性能的重要手段。短纤维增强聚合物复合材料的制备方法与共混方法接近，将在本章进行简单介绍。

9.1　填充剂与增强纤维

9.1.1　填充剂的种类

填充剂的种类繁多，可按多种方法进行分类。按化学成分划分，填充剂可分为无机填充剂和有机天然材料填充剂两大类。目前实际应用的填充剂大多为无机填充剂。

无机填充剂主要有碳酸盐类、硫酸盐类、金属氧化物类、金属粉类、金属氢氧化物类、含硅化合物类、碳素类等。其中，碳酸盐类包括碳酸钙、碳酸镁、碳酸钡，硫酸盐类包括硫酸钡、硫酸钙等，金属氧化物类包括二氧化钛（钛白粉）、氧化锌、氧化铝、氧化镁、三氧化二锑等，金属氢氧化物类如氢氧化铝，金属粉类如铜粉、铝粉，含硅化合物类如二氧化硅（白炭黑）、滑石粉、陶土、硅藻土、云母粉、硅灰石等，碳素类如炭黑。

天然材料填充剂主要为木粉等天然纤维类填充剂。

填充剂按形状划分，有粉状、粒状、片状、纤维状等。

9.1.2 无机填充剂

（1）碳酸钙。

碳酸钙（$CaCO_3$）是用途广泛而价格低廉的填充剂。因制造方法不同，碳酸钙可分为重质碳酸钙和轻质碳酸钙。重质碳酸钙是石灰石经机械粉碎而制成的，其粒子呈不规则形状，粒径在 10 μm 以下，相对密度为 2.7 ~ 2.95。轻质碳酸钙是采用化学方法生产的，粒子形状呈针状，粒径在 10 μm 以下，其中大多数粒子在 3 μm 以下，相对密度为 2.4 ~ 2.7。近年来，超细碳酸钙、纳米级碳酸钙也相继研制出来。将碳酸钙进行表面处理，可制成活性碳酸钙。活性碳酸钙与聚合物有较好的界面结合，有助于改善填充体系的力学性能。轻质碳酸钙的扫描显微照片如图 9-1 所示。

图 9-1　轻质碳酸钙的扫描照片

在塑料制品中采用碳酸钙作为填充剂，不仅可以降低产品成本，还可改善性能。例如，在硬质 PVC 中添加 5 ~ 10 份的超细碳酸钙，可提高冲击强度。碳酸钙广泛应用于 PVC 中，可制造管材、板材、人造革、地板革等，也可用于 PP、PE 等塑料中，在橡胶制品中也有广泛的应用。

（2）陶土。

陶土，又称高岭土，是一种天然的水合硅酸铝矿物，经加工可制成粉末状填充剂。作为塑料填充剂，陶土具有优良的电绝缘性能，可用于制造各种电线包皮。在 PVC 中添加陶土，可使电绝缘性能大幅度提高。陶土在橡胶工业上也有应用，可用作 NR、SBR 等的补强填充剂。

（3）滑石粉。

滑石粉是天然滑石经粉碎、研磨、分级而制成的。滑石粉的化学成分是含水硅酸镁，为层片状结构。滑石粉用作塑料填充剂，可提高制品的刚性、硬度、阻燃性能、电绝缘性能、尺寸稳定性，并具有润滑作用。滑石粉常用于填充 PP、PS 等塑料。粒度较细的滑石粉可用作橡胶的补强填充剂。超细滑石粉的补强效果更好。

（4）云母。

云母是多种铝硅酸盐矿物的总称，为鳞片状结构，具有玻璃般光泽。云母经加工成粉末，可用作聚合物填充剂。云母粉易与塑料树脂混合，加工性能良好。

云母粉可用于填充 PE、PP、PVC、PA、PET、ABS 等多种塑料，可提高塑料基体的拉伸强度、模量，还可提高耐热性，降低成型收缩率，防止制品翘曲。云母粉还具有良好的电绝缘性能。

云母粉在橡胶制品中主要用于制造耐热、耐酸碱及电绝缘制品。

（5）二氧化硅（白炭黑）。

用作填充剂的二氧化硅大多为化学合成产物，其合成方法有沉淀法和气相法。二氧化硅为白色微粉，用于橡胶可具有类似炭黑的补强作用，故被称为“白炭黑”。白炭黑是硅橡胶的专用补强剂，在硅橡胶中加入适量的白炭黑，其硫化胶的拉伸强度可提高 10 ~ 30 倍。白炭黑还常用作白色或浅色橡胶的补强剂，对 NBR 和氯丁胶的补强作用尤佳。气相法白炭黑的补强效果较好，沉淀法则较差。

在塑料制品中，白炭黑的补强作用不大，但可改善其他性能。白炭黑填充 PE 制造薄膜，可增加薄膜表面的粗糙度，减少黏连。在 PP 中，白炭黑可用作结晶成核剂，缩小球晶结构，增加微晶数量。在 PVC 中添加白炭黑，可提高硬度，改善耐热性。

（6）硅灰石。

天然硅灰石具有针状结构。经加工制成硅灰石粉，为针状填充剂。天然硅灰石粉化学稳定性和电绝缘性能好，吸油率较低，且价格低廉，可用作塑料填充剂。硅灰石可用于 PA、PP、PET、环氧树脂、酚醛树脂等，对塑料有一定的增强作用。

硅灰石粉白度较高，用于 NR 等橡胶制品，可在浅色制品中代替部分钛白粉。硅灰石粉在胶料中分散容易，易于混炼，且胶料收缩性较小。

（7）二氧化钛（钛白粉）。

二氧化钛在高分子材料中用作白色颜料，也可兼作填充剂。根据结晶结构不同，二氧化钛可分为金红石型和锐钛型等晶型。金红石型着色力高、遮盖力好、耐光性好；锐钛型在紫外线照射下会发生反应，一般不应用到塑料着色中。钛白粉不仅可以使制品达到相当高的白度，而且可使制品对日光的反射率增大，保护高分子材料，减少紫外线的破坏作用。添加钛白粉还可以提高制品的刚性、硬度和耐磨性。钛白粉在塑料和橡胶中都有广泛应用。

（8）氢氧化铝。

氢氧化铝为白色结晶粉末，在热分解时生成水，可吸收大量的热量。因此，氢氧化铝可用作塑料的填充型阻燃剂，与其他阻燃剂并用，对塑料进行阻燃改性。作为填充型阻燃剂，氢氧化铝具有无毒、不挥发、不析出等特点，还能显著提高塑料制品的电绝缘性能。经过表面处理的氢氧化铝，可用于 PVC、PE 等塑料中。氢氧化铝还可用于氯丁胶、丁苯胶等橡胶中，具有补强作用。除氢氧化铝外，填充型阻燃剂还有氢氧化镁等。

（9）炭黑。

炭黑是一种以碳元素为主体的极细的黑色粉末。炭黑因生产方法不同，分为炉法炭黑、槽法炭黑、热裂法炭黑和乙炔炭黑。

在橡胶工业中，炭黑是用量最大的填充剂和补强剂。炭黑对橡胶制品具有良好的补强作用，且可改善加工工艺性能，兼作黑色着色剂之用。

在塑料制品中，炭黑的增强作用不大，可发挥紫外线遮蔽剂的作用，提高制品的耐光老化性能。此外，在 PVC 等塑料制品中添加乙炔炭黑或导电炉黑，可降低制品的表面电阻，起抗静电作用。炭黑也是塑料的黑色着色剂。

（10）粉煤灰。

粉煤灰是热电厂排放的废料，化学成分复杂，主要成分为二氧化硅和氧化铝。粉煤灰中含有圆形光滑的微珠，易于在塑料中分散，因而可用作塑料填充剂。可将经表面处理的粉煤灰用于填充 PVC 等塑料制品。粉煤灰在塑料中的应用具有工业废料再利用和减少环境污染的作用，对于塑料制品，则可降低其成本。

（11）玻璃微珠。

玻璃微珠是一种表面光滑的微小玻璃球，可由粉煤灰中提取，也可直接以玻璃制造。由粉煤灰中提取玻璃微珠可采用水选法，产品分为“漂珠”与“沉珠”。漂珠是中空玻璃微珠，相对密度为 0.4 ~ 0.8。

直接用玻璃生产微珠的方法又分为火焰抛光法与熔体喷射法。火焰抛光法是将玻璃粉末加热，使其表面熔化，形成实心的球形珠粒。熔体喷射法则是将玻璃料熔融后，高压喷射到空气中，可形成中空小球。

实心玻璃微珠具有光滑的球形外表，各向同性，且无尖锐边角，因此没有应力高度集中的现象。此外，玻璃微珠还具有滚珠轴承效应，有利于填充体系的加工流动性。玻璃微珠的膨胀系数小，且分散性好，可有效地防止塑料制品的成型收缩及翘曲变形。实心玻璃微珠主要应用于尼龙，可改善加工流动性及尺寸稳定性。此外，也可应用于 PS、ABS、PP、PE、PVC 以及环氧树脂中。玻璃微珠一般应进行表面处理以改善与聚合物的界面结合。

中空玻璃微珠除具有普通实心微珠的一些特性外，还具有密度低、热导率低等优点，电绝缘、隔音性能也良好。但是，中空玻璃微珠壳体很薄，不耐剪切力，不适用于注射或挤出成型工艺。目前，中空玻璃微珠主要应用热固性树脂为基体的复合材料，采用浸渍、注模、压塑等方法成形。中空玻璃微珠与不饱和聚酯复合可制成“合成木材”，具有质量轻、保温、隔音等特点。

（12）金属粉末。

金属粉末包括铜粉、铝粉等，可用于制备抗静电或导电高分子材料。

9.1.3 增强纤维及晶须

用于纤维增强复合材料的纤维品种很多，主要品种有玻璃纤维、碳纤维、芳纶纤维，此外还有尼龙、聚酯纤维以及硼纤维。晶须也可用于增强复合材料的制备。

9.1.3.1 增强纤维

（1）玻璃纤维。

玻璃纤维增强塑料是已获得广泛应用的纤维增强复合材料。玻璃纤维可用于增强 PP、PET、PA 等热塑性塑料，也广泛应用于热固性塑料。

玻璃纤维增强塑料具有比强度高、耐腐蚀、隔热、介电、容易成形等优点。玻璃纤维与基体塑料的界面结合情况对复合材料的力学性能影响很大，一般应用偶联剂处理。

（2）碳纤维。

碳纤维是由聚丙烯腈纤维或沥青原丝经碳化而制成的。由于原料不同和制造方法不同，碳纤维的强度和模量也不相同。碳纤维的相对密度为 1.3 ~ 1.8，而玻璃纤维的相对密度则为 2.5 左右，采用碳纤维增强的复合材料，其模量明显高于采用玻璃纤维增强的复合材料。碳纤维增强复合材料是一种质轻、高强度的新型复合材料，不仅在航空、航天工业中有广泛用途，而且已在体育、生活用品中获得应用。碳纤维还具有耐高温、导电等特性，可用于 PC、PA、PP、PE 等热塑性塑料，以及环氧树脂等热固性塑料。

（3）芳纶纤维。

芳香族聚酰胺纤维，简称芳纶纤维，是一种高强度、高模量且质轻的新型合成纤维。其代表性品种是美国杜邦公司开发的 Kevlar 纤维，化学组成为聚对苯二甲酸对苯二胺。Kevlar 纤维的比强度为钢丝的 5 倍，相对密度仅为 1.43 ~ 1.45，且具有良好的耐热性。

（4）其他纤维。

硼纤维也是一种新型纤维，模量高于玻璃纤维，主要应用于航空领域。

聚酯纤维和尼龙纤维，主要应用于汽车轮胎及胶带、胶管的骨架材料。

9.1.3.2　晶　须

晶须（whiskers）是以单丝形式存在的小单晶体。晶须的种类很多，代表性品种有碳化硅晶须和硫酸钙晶须等。晶须具有很高的强度和模量，如碳化硅晶须的模量为钢丝的 4 倍，拉伸强度约为钢丝的 3 倍。与其他增强纤维材料相比，晶须具有更微细的尺寸和较大的长径比，如硫酸钙晶须的长度为 100 ~ 200 μm，直径仅为 1 ~ 4 μm。因此，将晶须添加到聚合物中，不仅很少增加熔体黏度，而且还可以使加工流动性得到改善。晶须还具有卓越的耐热性，质量也较轻。硫酸钙晶须的形态照片如图 9-2 所示。硫酸钙晶须具有很高的强度，且价格与其他品种晶须相比较低，有较高的性价比。

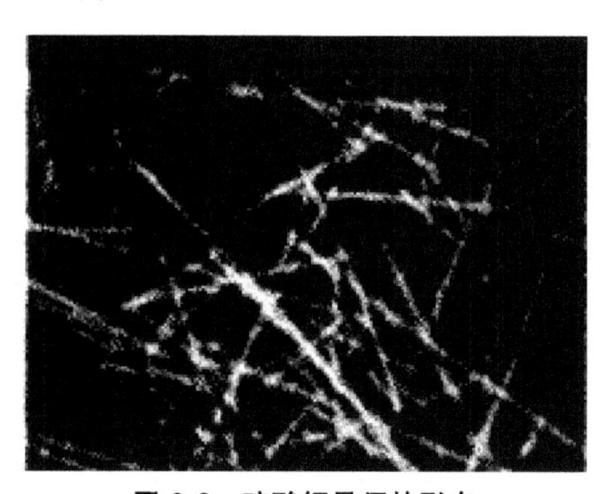

图 9-2　硫酸钙晶须的形态

利用晶须对聚合物进行增强或增韧，在国外已得到广泛应用，主要用于汽车、机器制造、电子仪器以及航空航天等。国内自 20 世纪 80 年代以来也已开展对于晶须的研究。

9.1.4 天然材料填充剂

天然材料填充剂包括木粉、竹纤维、麻纤维、秸秆纤维、果壳粉、淀粉等。

木粉是采用木材生产中的下脚料经机械粉碎、研磨而成。木粉的细度通常为 50 ~ 100 目。木粉被大量地用作酚醛、脲醛等热固性树脂的填充剂。近年来，由木粉/热塑性塑料（主要采用废旧塑料）复合制成木塑复合材料的制备技术取得了重大的进展，木塑复合材料也获得了日益广泛的应用。竹纤维、麻纤维、秸秆纤维与聚合物的复合材料，近年来也在进行研究和应用开发。

9.2 填充剂及填充体系的性能

9.2.1 填充剂的基本特性

填充剂的基本特性包括填充剂的形状、粒径、表面结构、相对密度等，这些基本特性对填充改性体系的性能有重要影响。

9.2.1.1 填充剂的细度

填充剂的细度是填充剂最重要的性能指标之一。颗粒细微的填充剂粉末，如能在聚合物基体中达到均匀分散，可获得增韧、增强等作用，或者至少可以利于保持基体原有的力学性能。而颗粒粗大的填充剂颗粒，则会使材料的力学性能明显下降。填充剂的改性作用，如补强、增韧、提高耐候性、阻燃、电绝缘或抗静电等，也要在填充剂颗粒达到一定细度且均匀分散的情况下，才能实现。

填充剂的细度可用目数或平均粒径来表征。对于超细粉末填充剂和纳米级填充剂，亦常用比表面积表征其细度。

9.2.1.2 填充剂的形状

填充剂的形状多种多样，有球形（如玻璃微珠）、不规则粒状（如重质碳酸钙）、片状（如陶土、滑石粉、云母）、针状（如硅灰石），以及柱状、棒状、纤维状等。

对于片状的填充剂，其底面长径与厚度的比值是影响性能的重要因素。陶土粒子的底面长径与厚度的比值不大，属于“厚片”，所以提高塑料刚性的效果不明显。云母的底面长径与厚度的比值较大，属于“薄片”，用于填充塑料，可显著提高其刚性。

针状（或柱状、棒状）填充剂的长径比对性能也有较大影响。短纤维增强聚合物体系，也可视作是纤维状填充剂的填充体系，因而，其长径比也会明显影响体系的性能。

9.2.1.3 填充剂的表面特性

填充剂的表面特性，包括填料颗粒的表面自由能、表面形态等。

固体的表面自由能，可通过固体表面与液体的接触角来测定。但一般的接触角测定仪，不适于测定粉末状填料的接触角。对于粉末状填料，可采用浸润速度法和相应的接触角测定仪测定其接触角。

浸润速度法又称动态法，其基本原理如图 9-3 所示，是将固体粉末装入一根管子中（管子一端有微孔板封闭），将管子垂直放置，下端与液体接触；液体浸润粉末后，在粉末空隙的毛细作用下，会在管内上升。

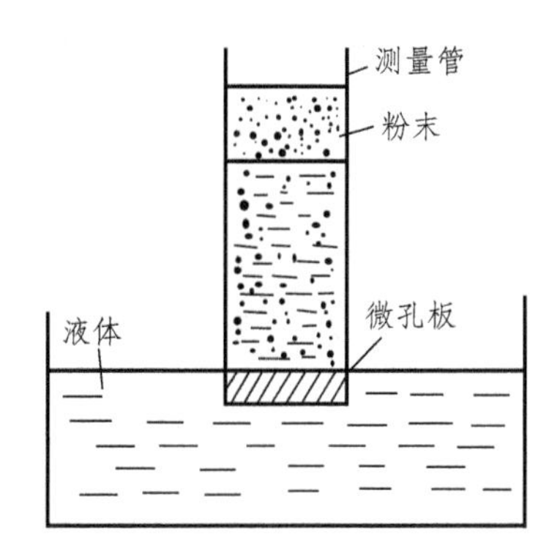

图 9-3　浸润速度法的测试原理

采用浸润速度法，记录不同时间（t）对应的液体浸润粉末的高度（h），可测定粉末状填料的接触角。采用 Washburn 方程：

$$h^2 = \frac{r\sigma_L \cos\theta}{2\eta}t \tag{9-1}$$

式中　h——时间 t 时液体浸润粉末的高度；

r——等效毛细半径，表征粉末试样颗粒间空隙的大小；

σ_L——液体的表面张力；

η——液体的黏度；

θ——液体与粉末的接触角。

对于同一种液体与试样粉末的数据，用 h^2 对 t 作图，可得一条直线。由直线的斜率 σ_L、η值，可以得到 $r\cos\theta$ 值。对于确定的粉末试样而言，如果在管子中装填的密实程度相同，则 r 值应为定值。但是，r 值不易确定。通常的做法，是对指定的粉末试样采用不同的液体测定，在测定结果中，选取最大的 $r\cos\theta$ 值，取该值为 r 值（即假定该液体对该粉末的接触角为 0，相应地 $\cos\theta = 1$）。这样获取的 r 值称为“形式半径”。此法虽有些勉强，但有实用意义。“形式半径”确定后，可求得该试样对不同液体的不同接触角的值。

也可用浸润粉末的液体的质量替代浸润高度，对 Washburn 方程进行修改，并形成相应的测试方法。质量法比高度法更为精确和方便，因此许多商品化的测试仪器采用该方法测定。

填充剂表面的化学结构各不相同，影响其表面特性。例如，炭黑表面有羧基、内酯基等官能团，对炭黑性能有一定影响。许多无机填充剂的表面具有亲水性，与聚合物基体的亲和性不佳，因而，需要通过表面处理，使表面包覆偶联剂等助剂，以改善其表面特性。

填充剂的表面形态多种多样，有的光滑（如玻璃微珠），有的则粗糙，有的还有大量微孔。

9.2.1.4 其他特性

填充剂的密度不宜过大。密度过大的填充剂会导致填充聚合物的密度增大，不利于材料的轻量化。硬度较高的填充剂可增加填充聚合物的硬度。但硬度过大的填充剂会加速设备的磨损。填充剂的含水量和色泽也会对填充聚合物体系产生影响。含水量应控制在一定限度之内。色泽较浅的填充剂可适用于浅色和多种颜色的制品。填充剂特性还包括热膨胀系数、电绝缘性能等。

9.2.2 填充剂对填充体系性能的影响

9.2.2.1 力学性能

填充剂的形状、取向状态、界面结合状况等，都会影响填充体系的力学性能。对于棒形或纤维状填充剂，长径比也是影响其性能的重要因素。

对于许多填充体系而言，特别是对于粒径较大或未经表面处理的颗粒状填充剂填充塑料体系，随着填充量的增大，体系的拉伸性能、冲击性能等力学性能下降。对填充剂进行表面处理，可以减少力学性能下降的幅度。当填充剂的粒径足够细，且进行了适当的表面处理时，还会有一定的增强效果。关于超细填充剂对聚合物的增强作用的机理，一般认为，这是因为随着填充剂粒子变细，比表面相应增大，填充剂与聚合物基体之间的相互作用（如吸附作用）也随之增大，使力学性能得到提高。此外，云母（薄片状）、硅灰石（针状）等填料对聚合物也有增强效果。填充体系的弯曲弹性模量（刚性），通常会得到提高。

9.2.2.2 结晶性能

填充剂颗粒可以起结晶性塑料的结晶成核剂作用。以 PP 为例，等规 PP 有α、β等晶型，其中，α 晶型最稳定也最常见，β晶型的 PP 则具有较高的冲击强度。在 PP 中添加碳酸钙等无机颗粒，可以促成 PP 的β晶型的形成。碳酸钙作为 PP 结晶成核剂的作用，与碳酸钙的粒径和表面改性剂的种类都有关系。选择适当粒径和适当表面改性剂（如特定品种的铝酸酯偶联剂）改性的碳酸钙，可以增加β晶型在 PP 结晶总量中所占的比例，同时使 PP 的冲击强度提高。

超细的填充剂颗粒可以使结晶性塑料的结晶细化。添加了纳米碳酸钙的 PP 与纯 PP 的结晶结构的偏光显微镜照片如图 9-4 所示，纳米碳酸钙作为结晶成核剂，使 PP 的球晶明显细化。PP 的球晶细化后，冲击强度会有提高，成型收缩率会降低。

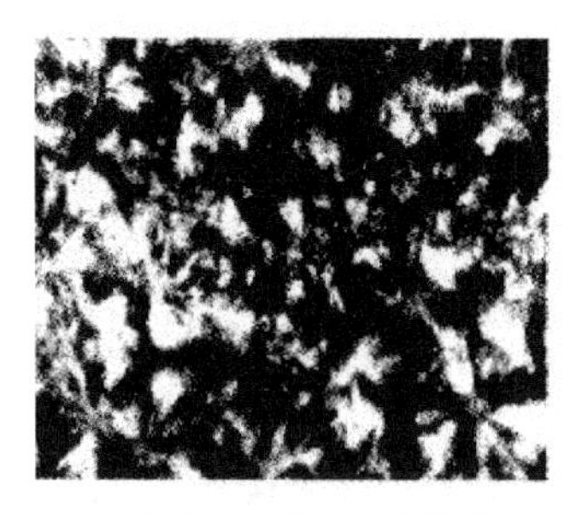

（a）纯 PP 的球晶结构

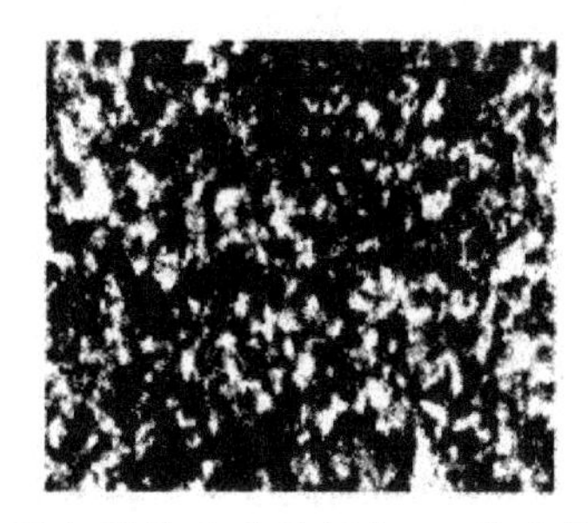

（b）添加了纳米碳酸钙的 PP 的球晶结构

图 9-4　纳米碳酸钙对 PP 结晶结构的影响（偏光显微镜照片）

9.2.2.3　热学性能

对于 PP、PBT 等结晶性聚合物，添加填充剂可使其热变形温度提高。例如，纯 PP 的热变形温度为 90 ~ 120 °C，填充滑石粉（填充量为 4 000）的 PP 的热变形温度可达 130 ~ 140 °C。

一般无机填充剂的热膨胀系数只有聚合物的 20% ~ 50%，所以填充改性聚合物的热膨胀系数会比纯聚合物的热膨胀系数小，提高了尺寸稳定性。

9.2.2.4　熔体流变性能

一般来说，由于填充剂的加入，聚合物熔体黏度会增大，影响加工流动性。当填充量较大时，这一现象尤为明显。另一方面，聚合物熔体的弹性会因填充剂的加入而降低。

填充聚合物体系的熔体也表现出切力变稀行为。例如，在滑石粉填充 PP 体系中，在较高剪切速率条件下，滑石粉对 PP 熔融流动性的影响变得不明显了，这正是切力变稀的结果。

可通过添加加工流动改性剂来改善加工流动性。对填充剂进行表面改性，也可以改善加工流动性。此外，利用填充聚合物熔体的切力变稀行为，在较高剪切速率下加工，也是改善加工流动性的途径。

除上述性能外，填充体系还有一些特殊性能。由于填充剂品种多样，性能特点各异，就为聚合物的各种改性提供了有效的途径。譬如，氢氧化铝等填充剂具有阻燃效果，中空玻璃微球可隔音、隔热，陶土可提高电绝缘性，炭黑（特别是导电炭黑）可赋予填充体系一定的导电性等。

9.3　填充剂的表面改性

为改善填充剂颗粒与聚合物基体的界面结合，通常需要对填充剂颗粒进行表面改性，或称为表面处理。经适当表面处理的填充剂，用于聚合物填充材料，与采用未经改性的填充剂相比，力学性能可以显著提高，成形加工过程中的熔融流动性也可以得到明显改善。表面改性剂种类和改性工艺条件，对聚合物填充体系的性能会有重要影响。

9.3.1 表面改性剂的种类

表面改性剂的种类，包括偶联剂、表面活性剂、有机高分子处理剂、无机处理剂等，分述如下。

9.3.1.1 偶联剂

偶联剂（Coupling agent）在填充剂的表面改性中有广泛应用。偶联剂的化学结构含有两类基团，一类是亲无机填料的基团，另一类是亲有机聚合物的基团。借助于偶联剂的作用，可以使表面性质悬殊的无机填料和有机聚合物之间获得良好的界面结合。

偶联剂的主要品种有钛酸酯偶联剂、硅烷偶联剂等。

（1）钛酸酯偶联剂。

钛酸酯偶联剂的分子结构由中心原子 Ti 和亲无机基团、亲有机基团组成。其亲无机基团为易水解的短链烷氧基或对水有一定稳定性的螯合基，可以与填料表面的单分子层结合水或者羟基的质子（H^+）作用，结合于填料表面。亲有机基团为较长链的酰氧基或烷氧基，可与带羧基、酯基、羟基、醚基或环氧基的聚合物发生化学反应而使填充剂与聚合物偶联。经钛酸酯偶联剂处理的填充剂，可用于 PVC、PP、PE、PA 等多种聚合物的填充体系。不同品种钛酸酯偶联剂亲有机基团的不同结构，可适用于不同的聚合物基体。

钛酸酯偶联剂的品种包括单烷氧基型、单烷氧基焦磷酸酯型、螯合型、配位型 4 种类型。单烷氧基型钛酸酯偶联剂的分子只有一个易水解的短链烷氧基，适合于表面不含游离水而只含单分子层吸附水或者表面有羟基、羧基的无机填料，如碳酸钙等。单烷氧基焦磷酸酯型适合于含水量较高的填料，如陶土、滑石粉等。螯合型钛酸酯偶联剂以对水有一定稳定性的螯合基团取代了易水解的短链烷氧基，可适用于高湿度的填料。配位型钛酸酯偶联剂适合在环氧树脂、聚酯等中使用。

（2）硅烷偶联剂。

硅烷偶联剂是开发最早的一种偶联剂。硅烷偶联剂是一类具有特殊结构的低分子有机硅化合物，其分子结构通式为 $R\text{-}SiX_3$，式中 R 代表与聚合物分子有亲和力或反应能力的基团，如乙烯基、环氧基、氨基、酰氨基等，为亲有机聚合物基团；X 代表能够水解的烷氧基，如甲氧基、乙氧基等，为亲无机填充剂基团。

大多数硅烷偶联剂适合于对二氧化硅（白炭黑）及硅酸盐含量较高的填充剂的表面改性，如玻璃纤维、石英粉等，亦可用于陶土、氢氧化铝等的改性。目前，硅烷偶联剂主要用于玻璃纤维的表面改性，应用于环氧树脂、不饱和聚酯等热固性塑料的复合材料。硅烷偶联剂使用时，一般要用水、乙醇等为溶剂，配成一定浓度的溶液来处理填充剂。同时，要设法使处理液维持一定的 pH 值。

用于填充剂表面处理的偶联剂还有铝酸酯偶联剂、硼酸酯偶联剂、锆类偶联剂等。

选择偶联剂品种时，应依据填充剂的性质和聚合物基体的类型进行选用。例如，硅烷偶联剂适合于对二氧化硅、玻璃纤维等的表面改性，主要应用于环氧树脂等热固性塑料的复合材料。不同的钛酸酯偶联剂，亲无机基团的不同结构适用于不同含水情况的填充剂，亲有机基团的不同结构则适用于不同的聚合物基体。

9.3.1.2　表面活性剂

表面活性剂是能够改变材料表面性质的物质。表面活性剂的分子结构包含两个组成部分，其分子的一端为羧基等极性基团，可以与无机填充剂粒子表面发生吸附或化学反应；其分子的另一端为长链烷基，结构与聚合物分子相似，因而和聚烯烃等高聚物有一定的相容性。表面活性剂覆盖于填充剂粒子表面，可形成一层亲油性结构，使填充剂和树脂有良好的亲和性，以改善填充剂的分散性，提高填充剂的添加量。

表面活性剂分为离子型和非离子型两大类，离子型又包括阴离子、阳离子和两性离子型。其中，脂肪酸及其盐类、酯类，是广泛应用于无机填充剂改性的表面活性剂。

9.3.1.3　有机高分子表面改性剂

采用有机高分子表面改性剂，可在无机填充剂的表面形成高分子包覆层，改变无机填充剂的表面性质。

用于无机填充剂改性的有机高分子表面改性剂，包括高分子表面活性剂（如聚丙烯酸钠等）、高分子溶液或乳液等。此外，也可以采用原位聚合的方法，在无机填充剂表面形成高分子包覆层。如果在刚性的无机填充剂表面包覆弹性的高聚物层，再填充于塑料中，可对塑料起增韧的作用。

某些低熔点的或熔体黏度很低的聚合物（如氧化聚乙烯），应用于无机填充剂改性，也可视为有机高分子表面改性剂。不过，这些低熔点或熔体黏度很低的聚合物，通常是作为流动改性剂使用的。

在聚合物填充体系中使用的大分子相容剂（如马来酸酐接枝 PP、马来酸酐接枝 EVA 等），具有改善填充剂与聚合物界面结合的作用，也可视为有机高分子表面改性剂。但大分子相容剂对填充剂的“表面改性”，通常不能采用对填充剂进行预处理的方式，而一般是在熔融共混的过程中完成的。

9.3.1.4　无机改性剂

无机改性剂应用于钛白粉等颜料以及云母等填充剂的表面改性。

钛白粉表面经氧化铝、氧化锆等氧化物的包覆处理，可以提高钛白粉的耐候性，适用于户外用途的塑料制品和涂料等。

采用四氯化钛等处理白云母，可制备珠光云母。

9.3.2　表面改性的方法

9.3.2.1　按设备与工艺分类

填充剂的表面改性方法很多，根据表面改性过程中所使用的设备与工艺的不同，可分为以下 4 种改性方法。

（1）干法改性方法。

干法改性方法是将表面改性剂和填充剂颗粒在高速搅拌机中搅拌，对填充剂颗粒表面进行改性处理。该方法将表面改性剂直接加到高速搅拌机中，或将表面改性剂用少量稀释剂稀释后加到高速搅拌机中，使填充剂颗粒在“干态”的状态下，借助于高速搅拌的高剪切力和高速混合作用，将改性剂包覆于无机颗粒表面，并形成表面处理层。

干法改性方法的优点是简便易行，是最常采用的表面改性方法。对于微米级无机颗粒的表面改性，干法可以获得较好的效果。但对于纳米级无机颗粒的表面改性，由于纳米颗粒粒径和质量微小，纳米颗粒在高速搅拌运动时获得的动能也很小，不足以带动表面改性剂在纳米颗粒间的分散，也就难以实现表面改性剂在纳米颗粒表面的均匀包覆。

（2）湿法改性方法。

湿法改性方法是将填充剂颗粒悬浮分散于液体介质中，将表面改性剂添加并分散于液体介质，使填充剂颗粒在“湿态”的状态下进行表面改性的方法。液体介质可以采用水，也可以采用有机溶剂。采用有机溶剂涉及成本、回收、环境等诸多问题，因此最常采用的介质是水。当以水为介质时，要求改性剂能在水中溶解或乳化成乳液状态，且改性剂要有耐水解性。

湿法改性方法的优点是改性剂能均匀包覆在填充剂颗粒表面，改性效果好。该法的缺点是需要经过干燥过程，工艺较为复杂，成本也相应提高。而且，湿法改性对改性剂有特殊的要求，因此限制了改性剂的选择范围。只有少数品种的改性剂可以用于水作介质的湿法改性。

（3）气相法改性方法。

气相表面处理法是采用气态的改性剂进行表面改性的方法，可以在较高温度下使改性剂汽化，以蒸汽的形式与填充剂颗粒的表面接触，发生化学反应，实现表面改性。采用低温等离子体的方法，也可以进行气相法改性。例如，采用乙烯的低温等离子体处理云母粉，可在云母表面形成很薄的聚乙烯膜层。

与其他方法相比，气相表面处理法效果好，改性剂利用率高。但是，气相表面处理法对改性剂有特殊要求，限制了改性剂的选择范围，对改性设备也有特殊要求。因而，该方法只适用于特殊的品种，不具有普遍适用性。

（4）加工现场处理法。

加工现场处理法是指在塑料制品制备时，在某一操作过程中将表面改性剂加入，在“现场”对填充剂颗粒进行表面改性的一类方法。其主要有捏合法、反应共混法（如反应挤出法）和研磨法。捏合法是将表面改性剂与填充剂颗粒和其他物料一起在高速搅拌机中进行混合（捏合），在捏合过程中实现表面改性。反应挤出法是熔融共混过程中，在挤出机中进行改性剂对填充剂颗粒的包覆改性，并完成熔融共混，其对设备的要求较高。研磨法是在研磨设备中进行填充剂颗粒的表面改性，一般用于涂料生产中对填充剂和颜料的表面改性。

9.3.2.2 按作用机理分类

表面改性的方法也可按照表面改性的作用机理分类，分为表面涂覆和表面化学改性。表面涂覆是改性剂在填充剂表面的均匀包覆。表面化学改性又分为表面反应和表面聚合。偶联剂与填充剂表面发生化学反应的方法，属于表面反应。采用原位聚合的方法，在无机填充剂表面形成高分子包覆层，则属于表面聚合。

干法和湿法，都可以用于表面涂覆和表面化学改性，包括表面反应和表面聚合。前述采用乙烯的低温等离子体处理云母粉，在云母表面形成很薄的聚乙烯膜层，也属于表面聚合方法。

9.3.3 表面改性工艺条件

表面改性的工艺条件，对改性效果有重要的影响。改性剂的品种和用量、搅拌速度、搅拌时间、改性温度，都是需要选择和调控的因素。

改性剂的品种应依据填充剂的性质和聚合物基体的类型进行选用。改性剂的用量与填充剂的粒径有关：粒径小的填充剂，改性剂的用量相应要大一些。此外，采用“加工现场处理法”，改性剂的用量也相应要大一些。某些改性剂需要稀释后使用。为增进改性剂的分散，对液态或稀释后呈液态的改性剂，可以采用喷雾添加的方法。

对于干法改性，搅拌速度、搅拌时间、改性温度，都是重要的影响因素。搅拌速度、搅拌时间直接影响改性剂在填料颗粒表面的包覆状况，应保证必要的搅拌速度、搅拌时间。控制改性温度可以调节改性剂的黏度，或使某些在一定温度下熔融的改性剂达到熔融，对改性效果也很重要。此外，高速搅拌机内的物料温度，通常要借助于搅拌中的摩擦生热，所以，搅拌速度、搅拌时间是与改性温度相关联的。但是，搅拌时间过长或改性温度过高，会造成能耗提高、生产周期延长，也有可能造成一些物料的分解，对改性是不利的，因此应通过试验，确定适宜的改性工艺条件。

对于湿法改性，改性剂对填料颗粒表面的包覆和反应也需要一个过程，很多改性剂在液体介质中的状态也与温度有关，因而，搅拌速度、搅拌时间、改性温度也是湿法改性的重要影响因素。特别是当改性剂以悬浮液的状态存在于液体介质中时，这些影响因素就尤为重要。

9.4 聚合物填充体系的界面

聚合物填充体系的界面结合，对填充体系的性能有重要影响。因而，对填充体系界面的形成、界面的结构、界面作用机理，应有基本的了解。

9.4.1 界面的形成与界面结构

填充体系界面的形成分为两个阶段。第一阶段是基体聚合物与填充剂的接触和浸润。基体聚合物与填充剂之间良好地浸润，是获得性能优良的填充材料的前提。第二阶段是基体聚合物的固化。对于热固性树脂，固化过程通过交联反应完成；对于热塑性树脂，固化过程就是聚合物熔体冷却凝固的过程。

由于填料与聚合物分子之间的选择性吸附、固化过程中的物理及化学变化等的作用，在填料与聚合物之间会形成一个界面层，界面层的结构与聚合物本体和填料本体都不相同，是包含两相过渡区的界面相（或称界面区）。

由于填料粒子表面的吸附作用，界面区聚合物分子的排列通常会较本体紧密，使界面区聚合物的密度较本体高。对于结晶聚合物，填料粒子可起成核剂作用，促进结晶。因而，界面的聚合物结晶结构也会与本体不同。

填充体系经常要使用偶联剂。偶联剂一端与填料粒子表面形成化学键，另一端与聚合物形成化学键或较强的吸附作用。这样，偶联剂就成为界面层的重要组分。聚合物中若含有助剂（如润滑剂、稳定剂、增塑剂等），在界面层也会有与聚合物本体不同的分布。

9.4.2 界面的作用及机理

界面区对填充体系有重要的作用：其一，通过界面区使填料与基体聚合物成为一个整体，并通过界面区传递应力；其二，界面的存在可阻止裂纹扩展，减缓应力集中；其三，在界面区，填充塑料若干性能（包括力学、热学、光学性能等）产生不连续性，可赋予填充体系特殊的功能。

填充体系有如下界面作用机理。

（1）化学键机理。

按化学键机理，界面结合是通过化学键的建立而实现的。该机理适用于使用适当偶联剂的填充体系。

（2）表面浸润机理。

按表面浸润机理，界面的结合首先要求填料表面与聚合物之间有良好的浸润（物理吸附）。对于填充体系的界面结合，浸润的作用确实很重要。填料与聚合物的浸润作用取决于两者之间的界面自由能。表面浸润机理可作为化学键机理的一个重要补充。

（3）酸碱作用机理。

填充体系两相间的吸附（浸润）作用，包括色散力和酸碱相互作用。广义的酸碱相互作用（Lewis 酸碱性），已被证实在许多填充体系的界面结合中起重要作用。可以用表面自由能的酸碱分量来表征各种物质的表面酸碱性。当物质表面具有 Lewis 酸碱性时，可以用 γ^+ 表示酸性分量，即电子接受体或质子给予体对表面自由能的贡献；用 γ^- 表示碱性分量，即质子接受体或电子给予体对表面自由能的贡献。两者与表面自由能酸碱分量 γ^{AB} 的关系为

$$\gamma^{AB}=2\sqrt{\gamma^+\gamma^-} \tag{9-2}$$

色散力作用对表面自由能的贡献可用 γ^{LW} 表示。

填料和聚合物的 γ^+ 值和 γ^- 值可以通过接触角法进行实验测定。该方法运用固-液两相之间黏附功的表达式：

$$(1+\cos\theta)\gamma_L=2\sqrt{\gamma_S^{LW}\gamma_L^{LW}}+\sqrt{\gamma_S^+\gamma_L^-}+\sqrt{\gamma_S^-\gamma_L^+} \tag{9-3}$$

式中 γ_L——液体的表面自由能；

γ_S^{LW}、γ_S^+、γ_S^-——固体表面自由能的色散、酸、碱分量；

γ_L^{LW}、γ_L^+、γ_L^-——液体表面自由能的色散、酸、碱分量。

填料和聚合物都是固体，可以选用若干种（至少 3 种）已知表面特性参数的液体，通过测定固-液之间的接触角，测定聚合物（或填料）的 γ^+ 值和 γ^- 值。粉末填料的接触角，可以采用浸润速度法测定。

如果填料和聚合物表面的 Lewis 酸碱性相互匹配，则有利于获得强的界面结合。若两者都呈较强的酸性，或都呈较强的碱性，则不利于界面结合。酸碱作用机理是表面浸润机理的重要补充。

此外，填充体系的界面作用机理还有变形层理论和拘束层理论，以及对界面黏合不良的体系作出解释的弱界面层理论。

（4）界面作用的类型。

根据上述机理，填充体系界面可分为 6 种类型。

① 界面层两侧都是化学键结合；

② 界面层一侧是化学键结合，另一侧是酸碱作用；

③ 界面层一侧是化学键结合，另一侧是色散作用；

④ 界面层两侧都是酸碱作用；

⑤ 界面层一侧是色散作用，另一侧是酸碱作用；

⑥ 界面层两侧都是色散作用。

这 6 种类型较全面地涵盖了填充体系界面结合的各种情况。

9.5　聚合物增强体系

获得高强度聚合物材料的主要途径，是制备纤维增强复合材料。在纤维增强复合材料中，短纤维增强热塑性聚合物的方法，与共混法有相近之处，故在此做一简单介绍。此外，晶须增强聚合物体系也有较大的发展前景。其他一些填充剂，对塑料也有一定的增强作用。

9.5.1　短纤维增强热塑性塑料

纤维增强复合材料，是以聚合物为基体，以纤维为增强材料制成的复合材料。复合材料综合了基体聚合物与纤维的性能，是具有优越性能和广泛用途的材料。复合材料的最大特点是复合后的材料特性优于各单一组分的特性。

纤维增强复合材料可按聚合物基体的不同分为塑料基体和橡胶基体。其中，塑料基体又可分为热固性塑料与热塑性塑料；还可按纤维的长度分类，分为长纤维增强复合材料和短纤维增强复合材料。本书只介绍热塑性塑料基体的短纤维增强复合材料。

短纤维增强热塑性塑料复合材料是采用高强纤维与热塑性塑料通过挤出机等设备进行复合而制成的复合材料。作为复合材料基体的热塑性塑料有 PP、PA、PC、PBT 等。纤维的品种有玻璃纤维、碳纤维、芳纶纤维等，其中，玻璃纤维增强复合材料应用最广。由于采用热塑性成形方法的增强复合材料中的纤维必为短纤维，所以通常不必加以特别说明，也可称之为纤维增强复合材料。

纤维增强复合材料（包括短纤维增强热塑性塑料）具有轻质高强的优点。衡量材料的承载能力，通常用比强度、比模量来表征。比强度、比模量分别是材料的强度、模量与其密度的比值。以玻璃纤维短纤维增强 PP 为例，如表 9-1 所示，随着纤维用量的增大，复合材料的拉伸强度、抗弯强度、模量、冲击强度都大幅度上升，热变形温度也明显提高，而其密度只是略有增大。可以看出，短纤维增强热塑性塑料复合材料也是一种质轻高强的材料。纤维增强复合材料还可以显著提高基体聚合物的耐热性。

表 9-1 玻璃纤维短纤维增强 PP 复合材料的性能

性能	玻璃纤维含量/%			
	0	10	20	30
相对密度	0.91	0.96	1.03	1.12
拉伸强度/MPa	32	55	77	88
伸长率/%	800	4	3	2
抗弯强度/MPa	44	74	98	118
弯曲模量/MPa	1 570	2 551	3 924	5 396
缺口冲击强度/（J/m）	20	59	88	88
热变形温度/°C	65	135	150	153

此外，纤维增强复合材料还具有较好的耐腐蚀性。与金属材料相比，纤维增强复合材料的热膨胀系数小，在有温差时产生的热应力远比金属材料低。

制备纤维增强复合材料是获得高强度聚合物材料的主要途径。短纤维增强复合材料的基本原理，是利用纤维与聚合物良好的界面结合，将作用于复合材料的外力传导到纤维上，使纤维的强度得到充分发挥。为达到这一目的，纤维的强度、纤维的长径比、纤维与聚合物基体的界面结合、纤维在聚合物基体中的分布状况，都是重要的影响因素。首先，保持短纤维在复合材料中有一定的长度，是获得良好增强效果的必要条件。但是，纤维长径比的增大，对加工流动性的不利影响也会增大。

对纤维进行表面处理，以保证纤维与聚合物良好的界面结合，也是获得良好增强效果的必要条件。为改善塑料与纤维的界面结合，应先对纤维进行偶联剂处理。对于玻璃纤维，宜采用硅烷偶联剂。

对于 PP 等非极性高聚物，为与玻璃纤维有良好的界面结合，除对玻璃纤维进行偶联剂处理外，还应对聚合物进行改性，增加极性基团，或添加过氧化物，或添加双马来酰亚胺等，使树脂与玻璃纤维产生一定的化学作用。

短纤维增强热塑性塑料复合材料也可称为热塑性树脂基纤维增强复合材料（FRTP）。FRTP 的成型加工方法与通用型热塑性塑料类似，可以采用挤出、注射、模压等工艺成型。但在工业生产中，大都采用挤出机制成粒料，再注射成形，制成 FRTP 制品。FRTP 制品的制造工艺流程图如图 9-5 所示。在 FRTP 制品中，纤维用量一般为 20% ~ 40%。

图 9-5 FRTP 制品制造工艺流程示意图

9.5.2 其他增强体系

（1）云母粉增强体系。

云母粉作为薄片状填料，可用于提高塑料的拉伸强度、刚性和耐热性。为达到增强塑料的目的，云母粉应经过适当的表面改性，并在塑料/云母复合体系的成型加工过程中，尽可能保持云母粉的片状形貌（保持其径厚比）。

云母粉填充 PP 体系的拉伸强度如表 9-2 所示。经过适当表面改性的云母粉，可以显著提高 PP 的拉伸强度。

表 9-2 云母粉填充 PP 体系的拉伸强度

性 能	纯 PP	PP + 40%云母 （未表面改性）	PP + 40%云母 （经表面改性）
拉伸强度/MPa	33.99	27.92	42.68

此外，针状的硅灰石经适当表面改性后，也有一定的增强效果。

（2）超细及纳米填料增强体系。

聚合物填充体系的力学性能，一般会随填料颗粒的细化而增高。纳米碳酸钙对 PE 等塑料有一定的增强效果，纳米二氧化硅也可增强 PA、PBT 等工程塑料。

（3）晶须增强体系。

晶须是以单丝形式存在的小单晶体，具有高强、耐热等优点，晶须增强聚合物体系是很有发展前景的增强材料。晶须的种类很多，代表性品种有碳化硅晶须和硫酸钙晶须等。目前，以晶须填充聚合物提高复合材料力学性能的研究越来越多。在国外，晶须被广泛用在尼龙、聚甲醛、PBT、聚苯硫醚等一些工程塑料中。

9.6 聚合物填充阻燃体系

环境友好是阻燃高分子材料领域一个重要的发展方向。近年来，出于安全性及环境保护方面的考虑，阻燃高分子材料无卤化（或低卤化）、抑烟低毒化已成为阻燃剂开发应用研究的重点。填充型阻燃剂在无卤阻燃高分子材料的研究中具有重要地位。

9.6.1 阻燃剂的基本分类

阻燃剂的品种繁多，按化学组成可分为两大类：有机阻燃剂与无机阻燃剂。有机阻燃剂又分为反应型和添加型两类。其中，反应型阻燃剂是含有阻燃元素且具有反应活性的化合物，可与聚合物单体共聚，生成阻燃共聚物，或使之接枝到聚合物的主链或侧链中。添加型阻燃剂是将阻燃剂混合分散于聚合物基体中。无机阻燃剂均属添加型。由于无机阻燃剂为固体颗粒，所以，也可以称为填充型阻燃剂。

反应型阻燃剂需共聚或接枝，工艺复杂，应用受到限制。有机添加型阻燃剂和无机阻燃剂则在阻燃领域占有重要地位。

有机添加型阻燃剂包括卤系阻燃剂、磷系阻燃剂等。其中，卤系阻燃剂因用量少、阻燃效率高且适应性广，是目前阻燃剂市场的主流产品。但卤系阻燃剂燃烧时生成大量的烟和有毒且具有腐蚀性的气体，因而，开发无卤阻燃剂取代卤素阻燃剂已成为阻燃材料领域的发展趋势。

9.6.2 填充型阻燃剂的主要品种

填充型阻燃剂的主要品种包括氢氧化铝、氢氧化镁、硼酸锌等，分述如下。

9.6.2.1 氢氧化铝

氢氧化铝[$Al(OH)_3$]也称为三水合氧化铝（$Al_2O_3 \cdot 3H_2O$），在 200 °C 以上即开始热分解，释放出结晶水，吸收大量的热（吸热量为 2.09 kJ/g），生成氧化铝。

氢氧化铝/聚合物体系的阻燃机理为：（1）氢氧化铝热分解吸收大量的热，使聚合物材料温度降低，减慢了分解速度；（2）氢氧化铝热分解放出的水汽，稀释了可燃性气体和氧气的浓度，可阻止燃烧；（3）生成的难燃氧化铝沉积在聚合物表面，可以起到阻燃作用；（4）氢氧化铝填充于聚合物，使可燃高聚物的浓度下降。此外，氢氧化铝还具有良好的抑烟效果。氢氧化铝分解释放出的是水蒸气，不会产生腐蚀性气体。

氢氧化铝作为填充型阻燃剂，除阻燃、消烟的作用外，还具有如下优点：一是氢氧化铝无毒，不会产生二次污染；二是氢氧化铝的白度值高，而且对着色剂的遮盖性小，可使制品获得美观的色调；三是氢氧化铝具有低到中度的耐磨性（莫氏硬度为 3），在成型加工过程中具有自洁作用（例如，在压延成型中可防止树脂黏附辊筒）；四是氢氧化铝的价格较为低廉，有利于降低阻燃材料的成本。

由于氢氧化铝具有无毒、阻燃、抑烟、不产生腐蚀性气体、不会产生二次污染等优点，顺应了当前阻燃技术领域发展的无卤化趋势，因而被称为无公害阻燃剂，是最具发展前景的填充型阻燃剂之一。目前，氢氧化铝已成为用量最大的一种无机阻燃剂。

但是，氢氧化铝作为阻燃剂，有两个主要缺点。其一，氢氧化铝在 200 °C 以上即开始热分解，不能适用于需在高温下成型加工的聚合物体系。对氢氧化铝进行改性，提高其耐热温度，可以在一定程度上解决这一问题。国内外都已开发出了耐热温度较高的改性氢氧化铝产品。其二，若单独采用氢氧化铝作为阻燃剂，则添加量需达到 40% ~ 60%（质量分数），甚至更高，才能达到较好的阻燃效果。但是，这样高的添加量，使材料的力学性能降低较多。为解决这一问题，需采用协效阻燃剂与氢氧化铝并用，提高阻燃效果，减少阻燃剂用量。氢氧化铝粒径的细微化，也有利于提高阻燃效果，减少用量。氢氧化铝粒径的细微化本身也有利于减少阻燃材料力学性能的损失。近年来，超细氢氧化铝、纳米氢氧化铝的研究与应用，都取得了重要进展。

9.6.2.2 氢氧化镁

氢氧化镁[$Mg(OH)_2$]在 340 ~ 490 °C 时分解，发生脱水反应，吸热量为 0.77 kJ/g。氢氧化镁的起始分解温度比氢氧化铝高得多，热稳定性好，具有良好的阻燃及消烟效果，特别适宜加工温度较高的塑料。氢氧化镁用于 PP、PE（添加量大于 50%）时，具有良好的阻燃效果。

氢氧化镁具有良好的抑烟效果。例如，含氢氧化镁的 PP 试样的发烟开始时间明显延迟，其发烟量也低。因此，在适当添加量的条件下，氢氧化镁是聚合物的高效消烟填充剂。

9.6.2.3　硼酸锌

硼酸锌是一种有效的多功能阻燃剂、抑烟剂，是开发较早的无机阻燃剂品种，已应用于塑料、橡胶和涂料中。硼酸锌在 300 °C 开始释放出结晶水，这些释放出来的水蒸发吸收热量，并稀释了氧含量；硼酸锌同时可在聚合物表层形成碳化层，还可以与其他金属化合物在材料表面形成硼酸盐隔离层，这些都可以起到阻燃作用。

硼酸锌与含卤阻燃剂并用，有协同阻燃作用，同时可以抑烟。因而，硼酸锌在某些用途中可与三氧化二锑并用，部分地代替三氧化二锑。

此外，膨胀石墨、蒙脱土等，在填充阻燃高分子材料中也有应用前景。

9.6.3　填充型阻燃剂的表面改性

填充型阻燃剂的表面改性，可以参照填充剂的表面改性进行。现以氢氧化铝的表面改性为例加以介绍。

氢氧化铝具有较强的极性及亲水性，同非极性聚合物材料间难以形成良好的界面结合。为了改善氢氧化铝与聚合物间的界面亲和性，并改善氢氧化铝在聚合物中的分散，应采用偶联剂对氢氧化铝阻燃剂进行表面处理。由于氢氧化铝等填充型阻燃材料是高填充体系，所以，其表面改性尤为重要。

氢氧化铝常用的偶联剂是硅烷和钛酸酯类。例如，经硅烷处理后的氢氧化铝，应用于不饱和聚酯复合材料，能有效提高材料的抗弯强度。在氢氧化铝填充 PVC 及 NBR/PVC 体系中，采用适当品种的硅烷偶联剂对氢氧化铝进行表面处理，与未处理的氢氧化铝相比，可以改善体系的力学性能。适当品种的钛酸酯或铝酸酯偶联剂，也可以用于氢氧化铝等填充型阻燃剂的表面改性。

9.6.4　填充型阻燃剂的协同效应

如前所述，若单独采用氢氧化铝作为阻燃剂，则添加量需达到 40% ~ 60%，甚至更高，才能达到较好的阻燃效果，这导致材料的力学性能降低较多。其他填充型阻燃剂也同样存在这个问题。利用阻燃剂之间的协同效应，可以在一定程度上提高阻燃效果，减少阻燃剂用量。

9.6.4.1　氢氧化铝/氢氧化镁的协同效应

将氢氧化铝与氢氧化镁复配使用，阻燃效果比单独使用要好。氢氧化铝、氢氧化镁的阻燃机理虽都是脱水反应，但在分解温度和吸热量上有差别。氢氧化铝的吸热量较大，因而其抑制材料温度上升的效果优于氢氧化镁；而氢氧化镁可在更高的温度下脱水，并同时发生碳化，具有较好的抑烟效果。两者复合使用，可相互补充，协同阻燃。

9.6.4.2 阻燃增效剂

少量的阻燃增效剂可以显著改善氢氧化铝、氢氧化镁填充阻燃材料的性能，如提高阻燃性、抑制滴落、改善材料的力学性能等。与氢氧化铝等填充阻燃剂起协同作用的阻燃增效剂种类很多。

（1）硼酸锌。

硼酸锌具有促进材料燃烧时碳化和抑烟的作用，是氢氧化铝（镁）常用的阻燃增效剂。例如，在阻燃 EVA 材料中将硼酸锌与氢氧化铝并用，可提高阻燃效果。

（2）含磷阻燃剂。

含磷阻燃剂包括有机磷阻燃剂（如磷酸酯等）和无机磷阻燃剂（如红磷等），对氢氧化铝都有较好的协同效应。其中，红磷对氢氧化铝的增效效果最为明显。但红磷的颜色，影响了其作为增效剂在白色及浅色制品中的应用。

此外，氢氧化铝等无机阻燃剂的增效剂还有有机硅化合物、含氟化合物等。

（3）阻燃剂、增效剂的复配。

氢氧化铝（镁）与某一种阻燃剂发生增效作用是有限的，因而常常是把多种阻燃剂复配在一起，使它们相互增效，取长补短，达到降低阻燃剂的用量，提高材料阻燃性能、加工性能和力学性能的目的。郭锡坤等研究了氢氧化铝、氢氧化镁、红磷复配体系的阻燃增效作用，氢氧化镁、红磷不但能使氢氧化铝阻燃体系在较宽的温度范围内起作用，而且氢氧化铝的用量减少，体系的阻燃性能高，力学性能也较好。

（4）氢氧化铝与含卤阻燃剂的协同效应。

卤系阻燃剂具有很强的阻燃效果，但具有可促进高分子材料在火焰下发烟的缺点。氢氧化铝可以有良好的抑烟作用，但单独使用时需较多的添加量，这样会引起材料力学性能的显著降低。因此，对氢氧化铝与卤系阻燃剂并用进行了较多研究。添加氢氧化铝后，卤系阻燃剂可以起到良好的抑烟作用，且可以减少含卤阻燃剂的用量，制成低卤、低烟的阻燃材料。

9.6.5 填充型阻燃剂在聚合物中的应用

氢氧化铝等无机阻燃剂作为阻燃剂的主要应用领域，包括聚烯烃低烟无卤阻燃电缆料、软质及硬质 PVC 阻燃材料、LDPE 发泡材料等。

在以 PE 或 EVA 为基体的低烟无卤阻燃电缆料中，氢氧化铝等无机阻燃剂是复合阻燃剂体系的主体。在低烟无卤阻燃电缆料中，聚合物基体可以选用 PE、EVA，或 PE、EVA 并用；无机阻燃剂可以选用氢氧化铝、氢氧化镁，或氢氧化铝、氢氧化镁并用；协同阻燃剂可以选用红磷、聚磷酸酯等。

在软质PVC阻燃材料，如阻燃输送带、阻燃篷布革中，氢氧化铝等无机阻燃剂也是复合阻燃剂体系的重要组分。

氢氧化铝也可应用于LDPE发泡材料中。采用粒度为400目的氢氧化铝，制备的氢氧化铝/LDPE发泡材料的阻燃性能如表9-3所示。

表9-3 氢氧化铝/LDPE发泡材料的阻燃性能

性能	氢氧化铝含量/%		
	65	70	75
氧指数/%	31	33	40
UL94V	不能自熄	V-2	V-0

表9-3中，UL94V等级为采用垂直燃烧方法测定的阻燃等级，V-0级为垂直燃烧阻燃性能的最高等级。由于PE为易燃高分子材料，发泡材料又比不发泡的材料更为易燃，所以，在氢氧化铝/LDPE发泡材料中，氢氧化铝含量要达到75%，才能达到UL94V阻燃V-0级的指标。在氢氧化铝/LDPE发泡材料的工业应用中，通常要采用一些协效阻燃剂，以减少氢氧化铝的用量。

将填充型阻燃剂添加于聚合物中，在阻燃性能提高的同时，力学性能通常是下降的。例如，氢氧化镁/PP复合体系的性能如表9-4所示。从表9-4中可以看出，随着氢氧化镁用量的加大，氧指数升高，但拉伸强度下降。

表9-4 氢氧化镁/PP复合体系的性能

性能	玻璃纤维含量/%				
	0（纯PP）	10	20	50	60
拉伸强度/MPa	33.6	35.1	32.4	28.1	23.3
氧指数/%	19.0	19.5	20.0	26.5	29.5

氢氧化铝等无机阻燃剂还可以用于ABS、PA等聚合物的阻燃体系。

氢氧化铝等填充型无机阻燃剂的粒径与阻燃效果密切相关。无机阻燃剂的粒度越小，比表面积就越大，阻燃效果就越好。因而，达到相同的阻燃效果，阻燃剂的粒度越小，阻燃剂的用量越少。超细填充剂（含填充型无机阻燃剂）在适量添加时，对材料有增韧、增强作用；在较高填充量的情况下，超细填充剂对力学性能的不利影响也小于粗粒的填充剂。随着无机粒子微细化技术和粒子表面处理技术的发展，纳米级氢氧化铝、氢氧化镁也被开发出来，将具有可观的应用前景。

9.7 天然材料/聚合物复合体系

9.7.1 概　述

天然材料/聚合物复合体系，是指采用天然材料填充剂（如木粉）与塑料或橡胶复合制成的材料。其中，塑料基体的有机填充体系，包括热固性塑料基体和热塑性塑料基体两大类。本书重点采用热塑性塑料基体制备的聚合物有机填充体系，主要包括木塑（木粉/塑料复合材料）、竹塑复合材料、秸秆/塑料复合材料等种类。这类制品中，相当一部分是采用废旧塑料作为基体制成的。

随着全球经济发展，近 20 多年来塑料的用量急速上升，废旧塑料垃圾对环境造成的污染也日益严重。世界各国都对各种废旧塑料污染加大了治理和综合利用力度，同时为了不使生态环境进一步恶化，加强了对森林等资源的保护工作。在这种条件下，用木粉或其他天然植物纤维来填充的塑料的再生料（或新料），经专用设备制成的天然材料填充剂/塑料材料及制品应运而生，并逐渐成为各界关注和开发的热点。

9.7.2 加工工艺概述

在天然材料填充剂/塑料复合材料中，用聚乙烯、聚丙烯树脂和木粉共混生产的塑木板材，因可在多种场合替代木材使用，发展尤为迅速。

该生产工艺的特征，是将废弃的天然纤维材料（如锯末、枝杈、糠壳、花生壳等）粉碎，添加到废旧塑料（如聚乙烯、聚丙烯、聚氯乙烯等）中，经挤出、压制等成型工艺加工成板材或型材。该工艺结合了传统木材加工和塑料加工技术的特点，是目前国内较为普遍采用的生产工艺流程。

目前，国内竹塑复合材料、秸秆/塑料复合材料等的生产，实际上主要也是沿用木塑复合材料的生产工艺。

9.7.3 性能与应用

可用于天然材料填充剂/塑料复合材料的天然纤维品种很多，除各种木材废料（如下脚料、枝杈、锯屑）外，还包括稻草、秸秆、糠壳等。这些材料在我国资源丰富，但利用水平很低。除少量农业植物纤维被用于生产饲料和经济作物外，大部分被焚烧处理，不仅造成自然资源严重浪费，还污染了环境。竹子也可用于天然纤维/塑料复合材料。我国竹子资源丰富，但尚有待进一步开发利用。

目前，天然材料填充剂/塑料复合材料的大规模应用以木塑制品为主。木塑复合材料除具有木材制品的特点外，还具有力学性能好、强度高、防腐、防虫、防湿、抗强酸强碱、不易变形、使用寿命长、可重复使用等优点，且主要原料为废旧材料，价格便宜，成本低廉，有利于环保。它还具有传统木材所不及的优越特性，如无木节疤、斜纹，制品表面光滑、平整、坚固，并可压制出各种立体图案和形状，不需要复杂的二次加工等。

木塑制品的应用已相当广泛。例如，在建筑装修和装饰材料中可作护墙板、地板、踢脚板、装饰板、壁板及建筑模板等；在市政交通中可制成标牌、广告板、汽车装饰板材、高速公路噪声隔板等；用于包装材料的搬运垫板和托盘；此外，还可用于制成露天桌椅、围墙、防潮隔板等。

天然材料填充剂/塑料复合材料以聚乙烯、聚丙烯、聚氯乙烯等各种废弃塑料为原料，大大提高了废旧资源的综合利用水平，促进了环境综合治理。

9.7.4 研究与开发概况

天然材料填充剂/塑料复合材料备受全球青睐，各国都投入了较大的人力与物力进行开发研究。国外早已开始天然材料填充剂/塑料复合材料的研究，主要研究木粉填充塑料。日本、加拿大、奥地利、韩国等国的一些公司先后开发出木塑板材制品，美国的一些公司更是积极地开发和推广这类产品。

近年来，我国在此方面的研究也有不少进展，在木粉填充塑料挤出成型的工艺、配方、专用设备、制品模具设计等方面已取得较大突破；还进行了竹塑复合材料和秸秆/塑料复合材料的研发。工业化生产方面，国内已开发出了木塑复合材料技术及成套设备，生产各种木塑复合材料制品，包括木塑托盘、木塑型材等。

资源综合利用技术，将是21世纪各个国家重点发展的技术之一。原料来源广泛、价格低廉、综合性能优良的天然纤维/塑料复合材料是新世纪的新型环保材料，加快天然纤维/塑料复合材料的开发生产，一方面会给企业在经济上创造良好的收益，更重要的是对保护生态环境、合理利用资源将起到积极的促进作用。

9.7.5 木塑复合材料

9.7.5.1 技术难点

木塑复合材料制备中，要解决如下技术问题。

（1）由于木粉中的主要成分是纤维素，纤维素中含有大量的羟基，极性很强。这些羟基形成分子间氢键或分子内氢键，使木粉具有吸水性，吸湿率可达8%~12%；而木塑复合材料制备采用的聚烯烃等热塑性塑料多数为非极性的，具有疏水性，两者之间的相容性较差，界面的黏结力很小，会影响木塑复合材料的力学性能。

（2）纤维素中含大量的羟基，而羟基间可形成氢键，所以植物纤维之间有很强的相互作用，使得其在树脂基体中的分散差，要达到均匀分散较为困难。

（3）木粉含水量较高，水分对加工过程会产生影响。

（4）木塑复合材料属高填充体系，成型加工时，物料在强剪切力的作用下会有较强的温升作用。而如果温度过高，木粉易降解，基体聚合物也会热降解。

在木塑复合材料制备中，要通过对原料（木粉）的改性、配方的设计、加工设备的改进和加工工艺的调控，使基体聚合物与木粉之间具有良好相容性，同时使木塑高填充复合体系具有良好的加工流动性，防止物料的降解，生产出具有较高性能的木塑复合制品。

9.7.5.2 原材料

（1）木粉的选择。

由于木粉品种不同，其理化性能有较大的差异。硬木粉材质较硬，热稳定性好，可加工性能要求较高的制品，但大多数硬木粉颜色较深，对制品外观有影响，因此应根据不同需求，选择不同的木粉。如生产木塑门窗、建筑装饰品时，应采用色泽均匀的材料；在生产托盘等结构型材时，则需考虑材料的物理力学性能。

木塑复合材料要求各种木粉的粒径在 20 ~ 60 目。木粉的粒度越小，其加工制品的物理力学性能也越好。木粉和塑料在混合前要进行烘干处理。一般木粉含水量应控制在 3%以内。烘干设备可采用电加热，也可用微波加热烘干或自然干燥。烘干后的木粉应存放在干燥的地方（室内），不可二次吸潮，否则会对加工造成较大影响。

（2）木塑复合材料用废旧塑料。

木塑复合材料一般采用废塑料作为聚合物基体材料，所用废塑料的种类一般以聚烯烃（聚乙烯、聚丙烯）和聚氯乙烯为主。这是因为这三种塑料占据了塑料的大部分产量和市场，因而也是回收废塑料的主体，对这三种废塑料的开发应用具有极大的经济效益和社会效益。其中，大力开发废旧聚烯烃和木粉的木塑复合材料最为重要。废旧的聚烯烃制品（如农用地膜、棚膜、包装袋、包装膜等）数量极大，所谓的“白色污染”主要就是指旧聚烯烃地膜、塑料袋等。通过进一步研究，可开发 PS、ABS、PET、PC、TPU、SBS 等废旧塑料及热塑性弹性体用作木塑复合材料的原料。

（3）助剂。

木塑复合材料制备中，要添加表面改性剂和相容剂等助剂。木粉的改性处理是木塑复合材料制备的关键。

此外，还要添加相容剂，改善木粉与塑料基体的相容性。对于多组分废旧塑料和木粉共混合生产木塑制品，多组分的废旧塑料彼此之间的相容性问题也是必须解决的。相容剂可以用氯化聚乙烯（CPE）、马来酸酐改性聚烯烃或丙烯酸酯类聚合物。

使用适当的表面改性剂和相容剂，可以提高木粉与基体树脂之间的界面亲和力，达到提高复合材料强度的作用。

此外，还要添加润滑剂，以改善物料的加工流动性；添加紫外线吸收剂和抗氧剂，提高耐候性；还要添加颜料、防霉剂等。

9.7.5.3 原材料的改性处理

（1）木质部分的处理。

对木质部分的处理，可采用如下方法。

接枝法：在木质纤维上接枝马来酸酐等，是一种有效的改性方法。可以在木塑复合前，对木粉进行改性，一般采用干法，在高速混合机中进行；也可以在木塑复合的过程中，原位地进行接枝改性。

偶联剂处理：用偶联剂改性木质纤维，来改变与塑料基体的界面结合性。可采用硅烷偶联剂、钛酸酯偶联剂、铝酸酯偶联剂等处理。

乙酰化处理：木质纤维表面的羟基经乙酸酐处理后，被非极性的乙酰基取代而生成酯，可改善与塑料基体的界面结合。

其他处理方法，包括碱处理法、酸处理法等。其中，碱处理法采用 NaOH 等溶解木粉中的果胶等低分子组分，提高微纤的断裂强度。酸处理法采用低浓度的酸液处理木粉，也主要是除去果胶等影响材料性能的组分。

（2）基体聚合物的处理。

通过在基体聚合物上引入极性基团，改变其极性，可以改善基体聚合物与木粉的界面结合。常用的方法是用马来酸酐接枝处理聚烯烃。改性后，聚烯烃大分子上的极性基团与木纤维的羟基有较强的相互作用力，可提高木塑复合材料的整体性能。

9.7.5.4　成型加工工艺及设备简介

木塑复合制品的总体工艺流程，主要包括塑料的粉碎、清洗、干燥和造粒，木粉的干燥、表面处理，塑料、木粉的混配以及制品成型工艺。

木塑复合制品的成型过程，可采用挤出成型、压延成型、注射成型、压制成型等。较为成熟的工艺路线主要有三种，现简单介绍如下。

（1）挤出成型工艺，可采用单螺杆或双螺杆挤出机，适宜生产型材和板材。该工艺又可分为单机挤出、双机（或多机）复合挤出。复合挤出的目的是在木塑制品的外表共挤出一层（或两层）纯塑料表层。

（2）挤压成型工艺，即挤出机和压延机联用的一种边挤出边压制的工艺。该工艺成型的制品主要是板材，板材长度要长于热压成型的板材的长度，板材制品的综合性能要好于挤出工艺的板材制品。

（3）热压成型工艺，可成型一定规格的不连续的木塑制品。

在上述工艺中，挤出成型工艺是最常用的工艺，一般采用双螺杆挤出机，可采用同向平行双螺杆挤出机或异向锥形双螺杆挤出机，后者在木塑制品中更为常用。设备选用中应注意如下问题：其一，锥形双螺杆挤出机的螺杆的加料区应较长，螺杆设计要考虑到对木纤维切断少，在聚合物含量少时仍能使木纤维均匀分散，使物料完全熔融；其二，要有良好的排气功能，以排出木粉中的水气；其三，要有高效的冷却系统，以应对高填充木塑体系加工过程中的温度上升，防止物料降解。

国内外一些知名的挤出机生产企业，已开发出木塑复合材料专用挤出机和成套生产装置。

9.7.5.5　木塑复合材料的力学性能

木塑复合材料中，木粉添加量和材料的力学性能有直接的关系。随着木粉填充份数的增加，木塑复合材料的抗弯强度、弯曲模量会升高，冲击强度会有所降低。

木塑复合材料用于包装托盘，与使用木材相比，在力学性能上与木材相当，使用寿命则较长，每次使用的费用较低，且具有吸水率低、可回收、节约资源方面的诸多优势。

由于木塑复合材料的性能和环保优势，近年来木塑复合材料在园艺景观的构建中也获得了应用，应用领域正在向高档设施发展。

麻纤维复合材料也是具有环保优势的新型复合材料，在汽车内饰件等用途中颇有应用前景。

9.7.6　麻纤维及其复合材料

麻纤维包括洋麻、大麻、亚麻、黄麻和剑麻等。麻纤维及其复合材料具有如下性能方面的优势。

麻纤维生长期短，生长过程对环境的要求不高；采用麻纤维替代化纤等人造材料，可节约资源；麻纤维焚烧时无毒物排放，填埋后可生物降解，也可再生循环利用。

麻纤维复合材料有优良的隔热、吸音性能，质量较轻，冲击强度高，耐低温性能好，燃烧速率也较低。麻纤维价格低廉，其复合材料在成本方面也有优势。

9.7.6.1 麻纤维复合材料的成型加工

麻纤维复合材料的成型加工可以采用挤出成型、模压成型、注塑成型等工艺。

（1）挤出成型。

采用常规的熔融共混挤出法，在挤出机内将聚合物（如 PP）和麻纤维进行共混，挤出后再压制成型。

（2）模压成型。

模压成型工艺可以有两种方式：其一，模压前使用纤维状的聚合物与麻纤维制成混杂的毡板，然后模压成型；其二，模压前在麻纤维毡上加入聚合物粉末，然后模压成型。

（3）注塑成型。

注塑法是采用麻纤维的短纤维与聚合物共混后注塑成型。

9.7.6.2 麻纤维复合材料的性能和应用

随着人们保护环境意识的日益增强，麻纤维复合材料已进入汽车部件等应用领域。麻纤维具有隔热、隔声、阻尼功能，特别是作为塑料的增强材料，因在质量和成本方面的优势，在汽车内饰件制造中应用日益普遍。

麻纤维/PP 复合材料的拉伸强度和缺口冲击强度都比无机填充 PP 复合材料高。麻纤维复合材料具有较高的强度/质量比，可替代玻璃纤维填充塑料用于汽车内饰。

张安定等采用注塑成型，研究了黄麻纤维增强聚丙烯的力学性能，使用了不同长度的黄麻短纤维。结果表明，添加黄麻纤维能使聚丙烯的拉伸强度和弯曲模量升高，但冲击强度则有所降低。增加纤维含量或采用较长的纤维，复合材料的拉伸强度和弯曲模量是增加的，而冲击强度则递减。

麻纤维复合材料可用来替代木纤维和玻璃纤维增强的复合片材以及 ABS 塑料件，在相同的质量情况下麻纤维增强材料制成的产品可具有更高的强度。

目前，各汽车工业大国都已经开始使用天然纤维（主要是麻纤维）复合材料，生产的产品有轿车的门内板、行李箱、顶棚、座椅背板、衣帽架、仪表盘，以及卡车和客车的车厢内衬板等。

9.7.7 竹/塑复合材料

利用竹材加工的剩余物与回收的废旧塑料或其他再生塑料进行复合，可生产新型的竹塑人造板，实现竹材剩余物的高附加值利用。目前，国内竹/塑复合材料的生产，采用的是与木塑复合材料相似的工艺。

9.7.8 秸秆/塑料复合材料

我国每年有大量的农业副产品——麦秆和稻秆产生，对秸秆进行有效的处理和利用是十分重要的。利用天然材料填充剂/聚合物复合材料加工方法和工艺，使秸秆形成一种新型复合材料，用于制造各种用途的建筑装饰材料，既可解决秸秆资源再利用的问题，又可提供一种全新的木材替代品。

秸秆/塑料复合材料的综合性能优于中高密度纤维板，而且还具有阻燃、防虫蛀、吸水率低、不易变形等优点，且成本低廉，可以用一般木工加工方法加工，且加工过程中损失少，废料仍可重复使用。

9.8 聚合物基纳米复合材料

纳米复合材料是指复合材料的多相结构中，至少有一相的一维尺度达到纳米级。纳米粒子则是指平均粒径小于 100 nm 的粒子。由于纳米粒子尺寸大于原子簇而小于通常的微粉处在原子簇和宏观物体的过渡区域，因而在表面特性、磁性、催化性、光的吸收、热阻和熔点等方面与常规材料相比较显示出特异的性能，得到极大的重视。

20 世纪 90 年代以来，纳米材料研究的内容不断扩大，领域逐渐拓宽，所取得的成就及对各个领域的影响和渗透一直引人注目。

无机纳米粒子/聚合物复合材料是纳米材料研究的一个重要领域。制备无机纳米粒子/聚合物复合材料可采用的方法有多种。其中，共混法是最适合于大规模工业化生产的方法。将无机纳米粒子与聚合物共混，制备无机纳米粒子/聚合物共混复合材料，可以对聚合物产生多方面的改性效果。采用的无机纳米粒子有纳米碳酸钙、纳米二氧化硅等诸多品种。

9.8.1 无机纳米粒子的制备方法简介

按纳米材料制备过程的物态分类，无机纳米粒子的制备方法可分为气相制备方法、液相制备方法和固相制备方法。下面做简要介绍。

（1）气相法。

气相制备法主要包括气相蒸发冷凝法和气相反应法。气相蒸发冷凝法是一种物理方法。其方法是使原料气化或形成等离子体，然后骤冷，使之凝结成超细粒子。气相蒸发冷凝法适合于制备由液相法和固相法无法合成的非氧化物，如金属单质、氮化物、碳化物的纳米粉体。气相反应法是通过金属卤化物等的蒸汽的气相热分解等反应，合成超细粒子的方法，可用于制备 ZnO、TiO_2、SiO_2、Sb_2O_3、Al_2O_3 等氧化物，以及氮化物、碳化物等的纳米粉体。

（2）液相法。

液相法是制备纳米粉体的常用方法。液相法可分为物理法和化学法两大类别。物理法是将溶解度高的盐水溶液雾化成小液滴，使其中的盐成球状均匀地快速析出，从而得到超细金属盐微粒。将这些超细金属盐微粒进一步加热分解，可得到金属氧化物纳米微粒。液相化学法，是通过在液相进行的化学反应制备纳米粉体的方法。液相化学法可制备的纳米粉体种类很多，包括氢氧化物、碳酸盐、氧化物、氮化物等。液相合成法可以具体地分为沉淀法、水解法、溶胶-凝胶法等。液相化学法是目前广泛采用的制备纳米粒子和超细粒子的方法。

（3）固相法。

固相法包括机械化学法、固相反应法等。其中，机械化学法（如机械反应球磨法）可使一种超细粒子包覆在另一种粒子表面，并在机械能作用下发生反应，增加两者的结合力，可制备纳米复合粒子。

9.8.2 无机纳米粒子/聚合物复合材料的制备方法

无机纳米粒子具有巨大的比表面积，表面能很高。由于能量趋低的原因，纳米粒子很容易发生团聚。纳米粒子之间相互团聚，形成团聚体，使之难以在聚合物基体中很好地分散，这样就不仅不能发挥纳米粒子改性聚合物的效果，反而可能会降低性能。无机纳米粒子/聚合物复合材料制备方法研究的一个重要内容，就是解决纳米粒子的团聚问题，实现纳米级的分散。纳米粒子/聚合物复合材料的主要制备方法介绍如下。

（1）插层复合法。

插层复合法用于制备具有层状结构的无机物（如蒙脱土、石墨烯等）与聚合物的复合材料，其方法有多种。以层状硅酸盐为例，可以在层状硅酸盐的层间插入插层剂，使层间距被撑大，进而将经过上述处理的层状硅酸盐与聚合物单体复合，使聚合物单体插入层间，再在一定条件下使单体聚合。层状硅酸盐以纳米尺度分散于聚合物基体中，形成纳米复合材料，也可采用聚合物熔体、溶液或乳液进行插层的方法。

（2）原位聚合法。

原位聚合（In Situ Polymerization），又称原位分散聚合。该方法先使纳米粒子在聚合单体中均匀分散，然后在一定条件下聚合，形成纳米复合材料。这一方法制备的复合材料中纳米粒子可均匀分散。原位聚合也有其不足之处，就是某些纳米粒子或纳米粒子的表面改性剂，可能使聚合过程产生不利影响，如阻聚或发生副反应。

（3）共混法。

共混法是将各种无机纳米粒子与聚合物直接进行机械共混而制得的一类复合材料，有溶液共混、悬浮液或乳液共混、熔融共混等。其特点是过程较简单，容易实现工业化。缺点是要使纳米粒子呈纳米级的均匀分散较困难。目前通过对纳米粒子的表面改性和选择合适的加工工艺，已经可以通过共混法使纳米粒子在聚合物基体中达到纳米级分散。

9.9 无机纳米粒子/聚合物复合材料的性能

9.9.1 力学性能

聚合物与无机粒子制备的复合材料，其力学性能会随无机粒子的粒径的降低而升高。当无机粒子的粒径达到纳米级时，对聚合物可以有显著的增韧、增强等作用。

无机纳米粒子对聚合物的增韧、增强等作用能否得到发挥，不仅取决于纳米粒子的品种、粒径和用量，而且取决于纳米粒子在聚合物中的分散状况、纳米粒子与聚合物基体的界面结合。由于纳米粒子比表面积大，表面能高，易于发生团聚。采取措施使纳米粒子在聚合物中均匀分散，并与聚合物基体有良好的界面结合，无机纳米粒子/聚合物复合材料的力学性能才能得到显著提高。

针对纳米粒子/聚合物复合材料的特定性能和特定的作用机理，纳米粒子的粒径有一个适宜的范围，并不一定是越小越好。此外，粒径越小的纳米粒子，分散也会更加困难。

9.9.2　其他性能

无机纳米粒子/聚合物复合材料体系的性能，还包括阻隔性能、光学性能、电学性能等。蒙脱土/聚合物纳米复合材料除具有增韧、增强的作用外，还具有阻隔性能。蒙脱土以纳米级的层片状形态分散于聚合物中，赋予复合材料阻隔性。纳米 TiO_2 粒子（粒径 30 ~ 44 nm）与聚合物复合制成薄膜，可制成紫外线吸收材料。无机纳米粒子/聚合物复合材料用于非线性光学材料也在研究当中。某些金属或半导体的纳米颗粒，表现出较大的非线性效应和超快速的时间响应，可用于非线性光学材料。在纳米 SiO_2/炭黑/硅橡胶复合材料中，纳米 SiO_2 与炭黑作用，可赋予材料更显著的压敏电阻特性。采用纳米 Al_2O_3 与橡胶复合，可显著提高介电常数。无机纳米粒子/聚合物复合材料用于抗静电材料也在研究之中。此外，无机纳米粒子对高分子材料的阻燃、耐老化、抗菌等性能，也有重要的作用。

9.10　无机纳米粒子在聚合物基体中的分散

纳米粒子的应用中会遇到两个问题：一是纳米粒子易于团聚，难以在聚合物基体中均匀地分散；二是纳米 $CaCO_3$ 等无机纳米粒子的表面性质是亲水疏油的，与聚合物基体的界面结合较弱。如前所述，从无机纳米粒子/聚合物复合材料的大规模工业应用的角度考虑，熔融共混法是方便可行的技术路线。但是，采用共混法制备无机纳米粒子/聚合物复合材料，首先要研究和解决无机纳米粒子在聚合物基体中的分散问题，实现纳米级分散，并改善无机纳米粒子与有机聚合物基体之间的界面结合性，才能使纳米粒子的作用得以发挥，使复合材料的性能得到大幅度的提高。目前主要采用的是进行表面改性或制备母料的方法。

微细粒子（包括纳米粒子）的团聚可分为软团聚和硬团聚两种形式。软团聚主要是由粒子间的静电力和范德华力所致，其作用力相对较小；硬团聚除了静电力和范德华力之外，还存在化学键作用等，粒子间相互作用力比软团聚更大，更难分散。

防止纳米粒子团聚的举措包括两个方面：首先，在纳米粒子制备过程中防止其团聚，特别是防止发生硬团聚；然后，采取措施，使纳米粒子可以在与聚合物复合的过程中均匀地分散。

关于纳米粒子形成团聚的可能原因有多种，对于软团聚的体系，团聚的主要原因有如下两点：

（1）纳米粒子的表面积大，表面能高，处于能量的不稳定状态，倾向于发生团聚而达到稳定状态。

（2）纳米粒子之间因范德华力导致粒子相互吸引而团聚。纳米颗粒的团聚倾向取决于范德华引力与静电斥力的相互抗衡。

无机纳米粒子表面改性通常的做法是在纳米粒子的表面包覆一层有机物，即表面改性剂。通过表面改性能够增加无机纳米粒子和高聚物之间的界面结合力，同时降低无机纳米粒子的表面能，使得纳米粒子团聚的倾向被削弱；也可在无机纳米粒子表面包覆无机物，改变表面特性。

9.11 无机纳米粒子/聚合物共混体系研究进展

无机纳米粒子/聚合物复合材料的研究与应用，为聚合物共混研究提供了新的课题和广阔的拓展空间；而已历经数十年发展的聚合物共混理论和应用经验，又为无机纳米粒子/聚合物复合材料的研究开发和工业化，提供了可行而便捷的技术通道。

无机纳米粒子/聚合物复合材料中可采用的无机材料种类很多，包括纳米 $CaCO_3$、蒙脱土、纳米 SiO_2、纳米 $A1_2O_3$、纳米 TiO_2、纳米 ZnO、碳纳米管、石墨烯等。可采用的聚合物基体则几乎包括了各种塑料和弹性体。

无机纳米粒子/聚合物复合材料的研究目前还在进行之中，相关的研究进展可以参阅相关文献。

复习思考题

1. 填充剂有哪些基本特性？填充剂的细度如何表征？
2. 表面改性剂有哪些种类？
3. 试对表面改性的干法与湿法进行比较。
4. 试述氢氧化铝作为阻燃剂的优点与不足。
5. 简述纳米复合材料的制备方法。
6. 参考溶胶体系的稳定性理论，解决纳米粒子分散问题有哪些思路？
7. 查阅文献，论述当前聚合物基纳米复合材料在制备技术、界面增强、性能研究等方面的研究进展。

参考文献

[1] 吴培熙，张留城. 聚合物共混改性[M]. 北京：中国轻工业出版社，2013.
[2] 励杭泉，张晨，张帆. 高分子物理[M]. 北京：中国轻工业出版社，2009.
[3] 何曼君，陈维孝，董西侠. 高分子物理[M]. 3 版. 上海：复旦大学出版社，2007.
[4] 马德柱. 高聚物的结构与性能[M]. 2 版. 北京：科学出版社，1995.
[5] 邓本诚，李俊山. 橡胶塑料共混改性[M]. 北京：中国石化出版社，1996.
[6] 辛浩波. 塑料合金及塑橡共混改性：配方·工艺·性能·应用技术[M]. 北京：中国轻工业出版社，2000.
[7] 王国全，王秀芬. 聚合物改性[M]. 2 版. 北京：中国轻工业出版社，2008.
[8] 沈家瑞. 聚合物共混物与合金[M]. 广州：华南理工大学出版社，1999.
[9] 王经武. 塑料改性技术[M]. 北京：化学工业出版社，2004.
[10] 陈世煌. 塑料成型机械[M]. 北京：化学工业出版社，2006.
[11] 刘西文. 塑料成型设备[M]. 北京：中国轻工业出版社，2009.
[12] 邓如生. 共混改性工程塑料[M]. 北京：化学工业出版社，2003.
[13] 段予忠. 塑料改性[M]. 北京：科学技术文献出版社，1988.
[14] 曾人泉. 塑料加工助剂[M]. 北京：中国物资出版社，1997.
[15] 沈钟，王果庭. 胶体与表面化学[M]. 北京：化学工业出版社，1991.
[16] 刘英俊，刘伯元. 塑料填充改性[M]. 北京：中国轻工业出版社，1998.
[17] 丁浩. 塑料工业实用手册[M]. 北京：化学工业出版社，1995.
[18] HAN C D. Rheology in polymer processing [M]. New York：Acdemic press，1976.
[19] HAN C D. Multiphase Flow In Polymer Processing[M]. New York：Academic press，1981.
[20] VTRACKIR L A. Polymer Alloys and Blends：Thermodynamics and Rheology[M]. New York: Hanser Publishers，1990.
[21] [美]DAVID B T. 塑料混合工艺及设备[M]. 詹茂盛，等，译. 北京：化学工业出版社，2002.
[22] 耿孝正，张沛. 塑料混合及设备[M]. 北京：中国轻工业出版社，1992.
[23] [美]D R 保罗. 聚合物共混物：组成与性能[M]. 殷敬华，等，译. 北京：科学出版社，2004.
[24] FOLKES M J，HOPE P S. Polymer Blends and Alloys[J]. Blackie Academic and Professional，1993，70-71（1）：235-244.
[25] MCKELVEY J M. Polymer Processing[M]. New York: John Wiley&Sons，1962.

[26] JANSSEN J M，MEIJER H E. Droplet Breakup Mechanisms：Stepwise Equilibrium Versus Transient Dispersion [J]. Journal of Rheology. Rheol，1993，37（37）：597-608.

[27] TOMOTIKA S. On the Instability of a Cylindrical Thread by another Viscous Fluid[J]. Proc. Roy. Soc.，London，1935，150（870）：322-337.

[28] TOKITA N. Analysis of Morphology Formation in Elastomer Blends[J]. Rubber Chemistry Technol，1977，50（2）：292-300.

[29] 许岳剑. 小角光散射研究 PP/EOC 增韧体系[J]. 中国塑料，2004，18（9）：43-46.

[30] 李云岩. 聚乙烯/聚丙烯共混物相结构形成演变及其动力学研究[D]. 天津：天津大学，2008.

[31] CHAN C C，ELLIOTT A W，WILLIAMS M C. Investigation of the dependence of inferred interfacial tension on rotationrate in a spinning drop tensiometer[J]. Journal Colloid Interfacial Sci，2003，260（1）：211-218.

[32] PALIERNE J F. Linear theology of viscoelastic emulsions with interfacial tension[J]. Rheologica Acta，1990，29（3）：204-214.

[33] XING P X，BOUSMINA A M，RODRIGUE D. Critical Experimental Comparison between Five Techniques for the Determination of Interfacial Tension in Polymer Blends；Model System of Polystyrene/Polyamide-6[J]. Macromolecules，2000，33（21）：8021-8024.

[34] LUCIANI A，CHAMPAGNE M F，UTRACKI L A. Interracial tension coefficient from the retraction of ellipsoidal drops[J]. J Polym Sci B Polym Phys，1997，35（9）：1393-1403.

[35] TJAHJADI M，OTTINO J M，STONE H A. Estimation Interfacial tension via relaxation of drop shapes and filament breakup[J]. AICHE Journal，1994，40（3）：385-394.

[36] CARRIERE C J，COHEN A. Evaluation of the interracial tension between high molecular weight polycarbonate and PMMA resins with the imbedded fiber retraction technique[J]. J Rheology，1991，35（2）：205-212.

[37] SON Y G，MIGLER K B. Interfacial tension measurement between immiscible polymers：improved deformed drop retraction method[J]. Polymer，2002，43（10）：3001-3006.

[38] MO H Y，ZHOU C X，YU W. A new method to determine interfacial tension from the retraction of ellipsoidal drops[J]. J Non-Newtonian Fluid，2000，91（2）：221-232.

[39] SCHUBERT D W，ABETZ V，STAMM M，et al. Composition and Temperature Dependence of the Segmental Interaction Parameter in Statistical Copolymer/Homopolymer Blends[J]. Macromolecules，1995，28（7）：2519-2525.

[40] TAYLOR G I. The Viscosity of a Fluid Containing Small Drops of Another Fluid[J]. Proc Roy Soc，1932，138（834）：41-48.

[41] KIM W S，SKATSCHKOW W W，JEWMENOW S D. Theoretische Beschreibung des Mischprozess in den Schneckenkanalen von Doppel schneckenextrudern[J]. Plaste and Kautschuk，1973，20（9）：696-702.

[42] VALENTIN F H. Mixing of Powders and Particulate Solids[J]. Chem Process Eng，1965（1）：181-187.

[43] LACEY P M. Developments in the Theory of Particle Mixing[J]. J Appl Chem，1954，4（5）：254-268.

[44] MOHR W D，SAXTON R L，JEPSON C H. Mixing in Laminar Flow Systems[J]. Industrial Engineering Chemisty，1957，49（11）：1855-1856.

[45] SCHOTT N R，WEIDSTEM B，LABOMBARD D. Mouorless Mixers in Plastics Processing[J]. Chem Eng Prog，1975（71）：54-58.

[46] MERZ E H，CLAVER G. The Mechanism of Rubber Toughening Polymer[J]. J Polym Sci，1956（22）：325-329.

[47] NEWMAN S，STRELLA S. Stress-Strains Behavior of Rubber Reinforced Glassy Polymers[J]. J Appl Polym Sci，1965，9（6）：2297-2308.

[48] SCHMITT J A. Craze of Rubber Toughing Plastics[J]. J Appl Polym Sci，1960，6：132-137.

[49] BUCKNALL C B. Blends Containing Core-shell Impact Modifiers，Partl：Structure and Tensile Deformation Mechanisms[J]. Pure Appl Chem，2001，73（6）：897-912.

[50] 陈绪煌，盛京，彭少贤. 多相聚合物体系相界面研究进展[J]. 高分子通报，2007（7）：47-52.

[51] 陈绪煌，马桂秋，盛京. 聚合物共混相态形成过程及其理论研究进展[J]. 高分子通报，2009（1）：31-36.

[52] 陈绪煌，李渭清，盛京. 聚合物二元体系动态力学性能的估算[J]. 高分子通报，2008（2）：10-15.

[53] 陈绪煌，严海彪，李纯清. 顺酐化聚苯乙烯对 PVC/SEBS 共混物的增容作用[J]. 合成橡胶工业，2006，29（5）：380-383.

[54] 龚兴厚，邱巧锐，李纯清. 接枝改性 SBS 对 PS/SBS/$CaCO_3$ 复合材料形态和力学性能的影响[J]. 塑料，2009，38（6）：94-96.

[55] 龚兴厚，李纯清，陈绪煌. 溶液聚合法改性 SBS 对 HIPS/SBS/纳米 $CaCO_3$ 复合材料形态和力学性能的影响[J]. 塑料工业，2009，37（8）：25-28.

[56] 彭少贤，周海，李学锋. 反式-1，4 聚异戊二烯改性聚丙烯的研究[J]. 中国塑料，2002，16（4）：30-34.

[57] 严海彪，石文鹏，潘国元. 动态硫化粉末 NBR/高聚合度 PVC 热塑性弹性体性能的研究[J]. 高分子材料科学与工程，2004，20（2）：165-167.

[58] 严海彪，石文鹏，陈艳林. NBR/PVC 热塑性弹性体的耐油性能研究[J]. 现代塑料加工应用，2004，16（3）：19-21.

[59] 严海彪，陈名华，胡圣飞. 共混设备工艺对 EPDM/PP 热塑性弹性体性能的影响[J]. 塑料，2004，33（2）：94-96.

[60] 严海彪，石文鹏，陈艳林. NBR/PVC 热塑性弹性体耐热老化性能研究[J]. 现代塑料加工应用，2004，16（2）：6-8.

[61] 郑强，冯金茂，俞月初. 聚合物增韧机理研究进展[J]. 高分子材料科学与工程，1998，17（4）：12-15.

[62] 彭静，乔金梁，魏根栓. 橡胶增韧塑料机理[J]. 高分子通报，2001（5）：13-24.

[63] 黄源，王国全，陈绪煌. 基本断裂功方法表征 PP 及弹性体增韧 PP 的冲击韧性[J]. 工程塑料应用，2007，35（12）：57-60.

[64] 刘浙辉，朱晓光，张学东，等. 聚合物共混物脆韧转变性能研究Ⅲ：分散相形态参数之间的关系[J]. 高分子学报，1998，1（1）：32-37.

[65] 吴爱民，孙载坚. 悬滴法高分子熔体界面张力测量仪[J]. 中国塑料，1994，6（2）：47-49.

[66] 张中岳，乔金梁. 高分子共混体系界面张力的研究[J]. 高分子学报，1993，1（3）：343-347.

[67] 郭天瑛，沈宁祥，唐多强，等. ABS/PA6/St-Co-NPMI 共混体系相界面特征研究[J]. 南开大学学报，2000，33（3）：112-116.

[68] 李伟生，施良和，沈德言. 聚合物共混物相容性的理论和实验[J]. 高分子材料科学与工程，1988（3）：1-8.

[69] 童玉华，刘诤，刘佑习，等. PBT/PET 共混体系的晶区的相容性及形态结构[J]. 高分子材料科学与工程，1998，14（3）：51-55.

[70] 姚日生，边侠玲. 聚甲醛/聚醚型聚氨酯共混体系的溶混性及微晶结构[J]. 高分子材料与工程，1999，15（1）：97-99.

[71] 俞春芳，黑恩成，刘国杰. 聚合物的溶剂选择与新的两维溶解度参数[J]. 化工学报，2001，52（4）：288-294.

[72] 杨文君，吴其哗，周丽玲，等. PVC/CPE 共混物的结构与性能[J]. 现代塑料加工应用，1993，5（4）：17-20.

[73] 华幼卿. 高聚合度 PVC/部分交联粉末丁腈橡胶热塑性弹性体的亚微相态与力学性能研究[J]. 北京化工大学学报，1999（3）：12.

[74] 邵军，张桂荣. 注塑成型用 ABS/PVC 合金的研究[J]. 现代塑料加工应用，1994 ，6（3）：21-25.

[75] 乔巍巍，王国英. ABS/PVC/CPE 共混体系的力学性能[J]. 塑料工业，2004，32（6）：20-21.

[76] 张金柱，陈弦，官青. 电视机壳用 ABS/PVC 塑料合金[J]. 塑料科技，1995（5）：1-5.

[77] 卞军，李志君，阮元超，等. GMA/St 双组分单体熔融接枝聚丙烯的研究[J]. 弹性体，2005，15（6）：4-9.

[78] 李志君，谢续明，郭宝华. PA6/HIPS/PP-g-（GMA-co-St）反应共混体系的研究[J]. 高等学校化学学报，2004，25（10）：1941-1944.

[79] 卞军，李志君，余浩川，等. PP-g-（GMA-co-St）增容 PVC/PP 共混物的研究[J]. 弹性体，2006，16（3）：10-16.

[80] 黄成棣，郑会乐，陈炯，等. 热塑性聚氨酯和聚氯乙烯共混材料的研制[J]. 塑料工业，1991（1）：39-41.

[81] 叶成兵，张军. 热塑性聚氨酯与聚氯乙烯共混改性研究[J]. 中国塑料，2004，18（8）：48-52.

[82] 许晓秋，常津. PVC/PU 共混改性的研究[J]. 塑料工业，1999，27（4）：9-11.
[83] 付东升，朱光明. PVC 的共混改性研究进展[J]. 塑料科技，2003（3）：60-64.
[84] 叶福根. HPVC 与 PVC 共混技术的应用研究[J]. 聚氯乙烯，1992（3）：16-20.
[85] 王国全，胡佩国. S- PVC/MS-PVC 共混体系的研究[J]. 聚氯乙烯，1992（5）：7-9.
[86] 解磊，王国全，陈建峰. PP/POE/纳米 $CaCO_3$ 复合材料力学性能研究[J]. 中国塑料，2006，20（1）：36-39.
[87] 张增民，赵丹心，肖季驹，等. PP/HDPE/SBS 三元共混物的研究[J]. 现代塑料加工应用，1996，8（6）：1-5.
[88] 邱桂学，崔丽梅. 高韧性高流动性 PP/POE 复合材料的制备及其形态分析[J]. 青岛科技大学学报，2004，25（2）：139-143.
[89] 赵永仙，黄宝深. 聚丙烯/聚丁烯热塑性弹性体共混物力学性能的研究[J]. 中国塑料，2004，18（7）：28-31.
[90] 樊敏，陈金周. PP/EPDM-g-MAH/TPU 共混物流变行为的研究[J]. 塑料工业，2004，32（11）：43-45.
[91] 马晓燕，梁国正. 聚丙烯/聚烯烃弹性体共混物非等温结晶动力学及力学性能研究[J]. 中国塑料，2004，18（7）：11-15.
[92] 田野春，杨其，曾邦禄，等. PP/LLDPE 共混体系的研究[J]. 塑料工业，2003，31（8）：25-28.
[93] 宣兆龙，易建政，杜仕国. 聚丙烯的共混改性研究[J]. 塑料科技，1999（6）：17-20.
[94] 庞纯，张世杰. PP/LLDPE 交联共混物的力学性能研究[J]. 塑料工业，2004，32（3）：33-35.
[95] 李炳海，陈勇. PP/UHMWPE 共混物力学性能的研究[J]. 塑料工业，2003，31（7）：9-13.
[96] 刘功德，李惠林. 聚丙烯/超高摩尔质量聚乙烯共混物的结构与性能研究[J]. 塑料工业，2003，31（1）：20-23.
[97] 何慧，杨波，曾捷，等.（E/VAC）-g-MAH 对 PP/PBT 共混体系的增容改性[J]. 工程塑料应用，2004，32（8）：5-8.
[98] 沈经纬，阮文红. 无规共聚 PP 与嵌段共聚 PP 共混的研究[J]. 中国塑料，2001，15（7）：21-24.
[99] 安峰，李炳海. PPH/PPR/PPB 共混体系力学性能的研究[J]. 塑料工业，2003，31（11）：39-41.
[100] 徐定宇，常秀贞，鲍续进. HDPE/SBS 共混方式对薄膜形态结构及性能的影响[J]. 高分子材料科学与工程，1990（6）：44-51.
[101] 承民联，斐峻峰. LDPE/PA6 共混阻透薄膜的研制[J]. 中国塑料，2001，15（7）：43-46.
[102] 罗卫华，周南桥. HDPE/PC 分散相纤维化及其原位复合材料的研究[J]. 塑料工业，2004，32（4）：16-18.
[103] 吴彤，部华萍. 乙烯-醋酸乙烯酯共聚物对茂金属聚乙烯的改性研究[J]. 中国塑料，2003，17（3）：25-31.

[104] 李炳海，陈勇. UHMWPE/HDPE 共混物的流动性及力学性能的研究[J]. 塑料工业，2003，31（9）：9-12.
[105] 金敏善，洪重奎. ABS/PMMA 合金组成与性能的研究[J]. 塑料，2003，32（1）：82-85.
[106] 张良均，童身毅. PP-g-MAH 增容 PP/PA66 共混物形态结构和性能[J]. 塑料科技，2004，161（3）：35-36.
[107] 贺爱华，欧玉春，方晓萍，等. 马来酸酐接枝热塑性弹性体在 PP/PA6 共混物中的作用[J]. 高分子学报，2004（4）：534-540.
[108] 李海东，程凤梅，蒋世春，等. 聚丙烯的官能化及与尼龙 1010 相容性研究[J]. 塑料科技，2004，161（3）：1-3.
[109] 张新颖，谢建军，敬波. 酯交换反应对 PET/PA6 共混体系性能的影响[J]. 中国塑料，2004，18（5）：19-22.
[110] 周伟平，刘先珍，朱建军，等. PA6/SEBS/PP-g-MAH 的共混改性[J]. 高分子材料科学与工程，2004，20（6）：203-206.
[111] 张世杰，杨得志，赵建青，等. 吸湿性 PA6/PVP 共混物的结构及性能研究[J]. 塑料工业，2003，31（1）：33-36.
[112] 丁永红，俞强，承民联，等. 一步法反应性共混制备 PA66/HDPE 合金[J]. 中国塑料，2003，17（3）：64-67.
[113] 张金根，杨晓慧，朱文炫，等. PC/ABS 塑料合金的研制[J]. 工程塑料应用，1987（2）：6.
[114] 白绘宇，张勇，张隐西，等. 酯交换反应稳定剂对 PBT/PC 共混物性能和结构的影响[J]. 中国塑料，2004，18（3）：23-26.
[115] 董建华，苗荣正，刘敬琨. PET 塑料改性进展[J]. 工程塑料应用，1985（3）：21.
[116] 宋学智. 改性 PET 工程塑料的研究进展[J]. 工程塑料应用，1992（1）：50.
[117] 金日光，杨宏. PBT/EVA 共混合金的物机性能研究[J]. 北京化工学院学报，1989，16（2）：37-42.
[118] 任华，张勇，张隐西. PBT/ABS 共混体系研究进展[J]. 中国塑料，2001，15（11）：6-9.
[119] 孙皓，丁胜飞，朱新宇. PPO/PA 合金的研制[J]. 塑料工业，2003，31（9）：13-15.
[120] 徐卫兵，周正发，朱士旺. POM/PU 共混物增容剂的合成与应用[J]. 塑料工业，1995（2）：39.
[121] 马瑞申，黄秀云，江明. 增韧聚甲醛的研究[J]. 工程塑料应用，1987（1）：7-9.
[122] 陈金耀，曹亚，李惠林. POM/UHMWPE 共混物摩擦磨损性能研究[J]. 塑料工业，2004，32（11）：39-42.
[123] 徐卫兵，朱士旺，蔡琼英. 共聚尼龙增韧改性聚甲醛的研究[J]. 塑料工业，1994（3）：21-23.
[124] 张秀斌，房桂明. POM 共混增韧改性研究[J]. 塑料科技，2004（6）：9-12.
[125] 徐卫兵，周正发，朱士旺. EPDM-g-MMA 对 POM/EPDM 的增容作用[J]. 现代塑料加工应用，1995，7（3）：6-9.

[126] 梅庆祥. 高性能工程塑料合金[J]. 现代塑料加工应用，1992（3）：49-53.
[127] 于全蕾，于笑梅，郑玉斌. 聚醚醚酮/聚醚砜共混物的研究[J]. 塑料工业，1990（3）：25-27.
[128] 江东，张丽梅. 聚醚砜与聚碳酸酯增容共混物及性能[J]. 吉林大学学报（理学版），2005，43（5）：673-676.
[129] 吴福生，王真琴. 丙烯酸酯橡胶与丁腈橡胶并用研究[J]. 弹性体，2001，11（6）：27-30.
[130] 张中岳，乔金梁. 动态全硫化乙丙橡胶/聚烯烃共混型热塑性弹性体[J]. 合成橡胶工业，1986，9（5）：361-363.
[131] 高翔，廖立兵，白志民. 非金属矿物橡塑填料应用现状及发展趋势[J]. 地质科技情报，1999，18（1）：75-78.
[132] 葛铁军，杨洪毅，韩跃新. 硫酸钙晶须复合增强聚丙烯性能研究[J]. 塑料科技，1997（1）：16-19.
[133] 王晓丽，韩跃新，朱一民，等. 硫酸钙晶须的研究进展[J]. 有色矿冶，2005，21（s1）：77-80.
[134] 笪有仙，孙慕瑾. 增强材料的表面处理[J]. 玻璃钢/复合材料，2001（2）：46-50.
[135] 窦强. 聚丙烯/碳酸钙复合材料中 R 晶型聚丙烯生成及其作用[J]. 中国塑料，2006，20（1）：6-11.
[136] 章文贡，陈田安，陈文定. 铝酸酯偶联剂改性碳酸钙的性能与应用[J]. 中国塑料，1988，2（1）：22-34.
[137] 张文治，章文贡，汤永艳. 硅灰石粉的偶联活化改性研究[J]. 塑料，2005，34（1）：69-72.
[138] 林美娟，章文贡. DL-414 铝酸酯偶联剂的性质及其在天然橡胶中的应用[J]. 特种橡胶品，2000，21（1）：16-18.
[139] 邵长生，沈钟，陈丽特，等. 氢氧化铝阻燃剂的研究[J]. 塑料工业，1988（6）：40-43.
[140] 苑会林，张立新. 软质 PVC 阻燃抑烟的研究[J]. 聚氯乙烯，2005（5）：21-25.
[141] 朱德钦，刘希荣，生瑜，等. 聚合物基木塑复合材料的研究进展[J]. 塑料工业，2005，33（12）：1-4.
[142] 张明珠，薛平. 木粉/再生热塑性塑料复合材料性能的研究[J]. 塑料，2000，29（5）：39-40.
[143] 张安定，马胜黄. 麻纤维增强聚丙烯的力学性能[J]. 玻璃钢/复合材料，2004（2）：3-5.
[144] 李凤生，杨毅，马振叶，等. 纳米功能复合材料及应用[M]. 北京：国防工业出版社，2003.
[145] 张立德，牟季美. 纳米材料和纳米结构[M]. 北京：科学出版社，2001.
[146] 贾巧英，马晓燕. 纳米材料及其在聚合物中的应用[J]. 塑料科技，2001（2）：6-10.
[147] 郝顺利，王新，崔银芳，等. 纳米粉体制备过程中粒子的团聚及控制方法研究[J]. 人工晶体学报，2006，35（2）：342-346.
[148] 张雪琴，毋伟，陈建峰，等. 聚苯乙烯/丙烯酸丁酯/纳米碳酸钙复合微粒的制备与表征[J]. 北京化工大学学报（自然科学版），2005，32（1）：1-4.

[149] 张雪琴，毋伟，陈建峰，等. 纳米 $CaCO_3$ 复合微粒对 ABS 性能的影响[J]. 高分子材料科学与工程，2006，22（1）：107-110.

[150] 郭涛，王炼石. 镧化物改性超细碳酸钙对聚丙烯结晶性能的影响[J]. 塑料工业，2004，32（8）：45-47.

[151] 凤雷，李道火. 无机纳米材料对聚合物改性的研究进展[J]. 中国粉体技术，1999，5（5）：31-4.

[152] 王国全，曾晓飞，陈建峰，等. PP/POE/纳米 $CaCO_3$ 复合材料的制备与性能研究[J]. 中国塑料，2006，20（7）：40-42.

[153] 俞江华，王国全，陈建峰，等. PP/SBS/纳米 $CaCO_3$ 复合材料结构与性能研究[J]. 中国塑料，2005，19（2）：22-25.

[154] 赵红英，王国全，陈建峰，等. 纳米 $CaCO_3$ 增韧聚丙烯的研究[J]. 塑料工业，2002，30（4）：23- 24.

[155] 俞江华. 纳米 $CaCO_3$/弹性体/PP 三元复合材料的研究[D]. 北京：北京化工大学，2004.

[156] 张芳，夏茹，吴蕾，等. PP/POE/纳米 $CaCO_3$ 复合材料流变性能的研究[J]. 中国塑料，2005，19（2）：26-30.

[157] 钟明强，俞延丰. 聚丙烯/弹性体 POE/纳米碳酸钙共混复合材料研究[J]. 新型建筑材料，2003（5）：40-41.

[158] 陈俊，杨伟，黄锐. 纳米 $CaCO_3$ 对 PET/M-POE 体系力学性能的影响[J]. 中国塑料，2005，19（2）：16-21.

[159] 陈光明，李强，漆宗能. 聚合物/层状硅酸盐纳米复合材料研究进展[J]. 高分子通报，1999（4）：1-10.

[160] 刘立敏，朱晓光，漆宗能. 尼龙 6/蒙脱土纳米复合材料的等温结晶动力学研究[J]. 高分子通报，1999，1（3）：274-278.

[161] 马继盛，漆宗能，李革. 聚丙烯/蒙脱土纳米复合材料的等温结晶研究[J]. 高分子学报，2001（5）：589-593.

[162] 吴唯，徐仲德. 纳米刚性微粒与橡胶弹性微粒同时增强增韧聚丙烯的研究[J]. 高分子学报，2000（1）：99-104.

[163] 江涛，王旭，金日光. PP/纳米 SiO_2 /POE 复合材料的研究[J]. 塑料，2002，31（6）：11-14.

[164] 王平华，严满清. 纳米 SiO_2 粒子对 PP 结晶行为的影响[J]. 中国塑料，2003，17（3）：21-24.

[165] FU Q，WANG G H，SHEN J S. PolyethyleneToughened by $CaCO_3$ Particle：Brittle-Ductile Transition of CaCO3-Toughened HDPE[J]. Journal of Applied Polymer Science，1993，49（4）：673.

[166] BIAN J，WEI X W，GONG S J，et al. Improving the Thermal and Mechanical Properties of Poly（propylene carbonate）by Incorporating Functionalized Graphite Oxide[J]. Journal of Applied Polymer Science，2012，123（5）：2743-2752.

[167] BIAN J，WEI X W，LIN H L，et al. Comparative study on the exfoliated expanded graphite nanosheet-PES composites prepared via different compounding method[J]. Journal of Applied Polymer Science，2012，124（5）：3547-3557.

[168] BIAN J，LIN H L，WEI X W，et al. Fabrication of Microwave Exfoliated Graphite Oxide Reinforced Thermoplastic Polyurethane Nanocomposites：Effects of Filler on Morphology，Mechanical，Thermal and Conductive Properties[J]. Compoistes Part A：Applied Science and Manufacturing，2013，47（1）：72-82.

[169] BIAN J，LIN H L，HE F X，et al. Processing and Assessment of High-Performance Poly（butylene terephthalate）Nanocomposites Reinforced with Microwave Exfoliated Graphite Oxide Nanosheets[J]. European Polymer Journal，2013，49（6）：1406-1423.

[170] 王刚，蔺海兰，何飞雄，等. 石墨烯/碳纳米管协同改性聚合物纳米复合材料的研究进展[J]. 塑料工业，2014，42（5）：7-12 .

[171] 蔺海兰，李常青，蒋少强，等. SBS 和纳米 SiO_2 协同增韧增强 PP 复合材料的研究[J]. 工程塑料应用，2014，42（11）：11-16.

[172] 胡文梅，周强，孙坤程，等. EDA-GO/CPE/PS 纳米复合材料的制备及性能研究[J]. 弹性体，2015，25（2）：21-26.

[173] 李佳镁，王刚，陈立兴，等. 功能化石墨烯片/碳纳米管协同改性聚苯乙烯纳米复合材料的制备和力学性能研究[J]. 塑料工业，2015，43（4）：74-78.

[174] 卞军，何飞雄，蔺海兰，等. 聚亚苯基砜/石墨烯纳米复合材料的制备与性能[J]. 高校化学工程学报，2015，29（5）：1229-1237.

[175] BIAN J，LIN H L，WANG G，et al. Morphological，Mechanical and thermal properties of Chemically Bonded Graphene Oxide Nanocomposites with Biodegradable Poly（3-hydroxybutyrate）by Solution Intercalation[J]. Polymers & Polymer Composites，2016，24（2）：81-88.

[176] 王刚，蔺海兰，李丝丝，等. GS-EDA/CNTs 协同改性 PS 纳米复合材料的制备及力学性能[J]. 弹性体，2015，25（3）：7-14.

[177] 王正君，申亚军，周醒，等. 聚丙烯/石墨烯纳米复合材料的研究进展[J]. 弹性体，2016，26（6）：74-78.

[178] 蔺海兰，朱庆兰，卞军，等. 共混型石墨烯-nano SiO_2/TPU 复合材料的制备与性能[J]. 复合材料学报，2016，33（7）：1382-1389.

[179] 周强，卞军，王刚. 功能化氧化纳米石墨烯/POE-g-MAH/聚苯乙烯复合材料的制备与性能[J]. 复合材料学报，2016，33（2）：240-248.

[180] 蔺海兰，申亚军，王正君，等. 功能化石墨烯/弹性体协同强韧化聚丙烯纳米复合材料的制备和性能研究[J]. 材料研究学报，2016，30（5）：393-400.

[181] 肖文强，周醒，蔺海兰，等. PBT/石墨烯纳米复合材料的制备及性能研究进展[J]. 塑料工业，2016，44（11）：12-15.

[182] 卞军，王刚，周醒，等. 功能化石墨烯-碳纳米管协同强韧化 HDPE 纳米复合材料的制备和性能[J]. 材料研究学报，2017，31（2）：136-144.

[183] BIAN J，WANG G，LIN H L，et al. HDPE Composites Strengthened-toughened Synergistically by L-Aspartic Acid Functionalized Graphene/Carbon Nanotubes Hybrid Nanomaterials[J]. Journal of Applied Polymer Science，2017，134（29）：120-127.

[184] BIAN J，WANG Z J，LIN H L，et al. Thermal and mechanical properties of polypropylene nanocomposites reinforced with nano-SiO_2 functionalized graphene oxide[J]. Composites Part A：Applied Science and Manufacturing，2017（97）：120-127.

[185] 周醒，夏元梦，蔺海兰，等. 纳米 SiO_2 功能化改性石墨烯/热塑性聚氨酯复合材料的制备与性能[J]. 复合材料学报，2017，34（4）：699-707.